电子信息前沿技术丛书

雷达极化技术

肖顺平　主　编

徐振海　副主编

代大海　陈思伟　编　著

清華大學出版社

北　京

内 容 简 介

雷达目标极化信息是目标时域、频域、空域信息之外可资利用的又一重要信息，在目标检测、目标增强、抗干扰、目标识别等方面具有重要的应用价值。本书全面、系统地归纳总结雷达极化基础理论并梳理若干关键技术，是作者团队多年来科研和教学实践的成果总结。

全书共8章。第1章简要介绍雷达极化技术发展进程中的一些历史性成果，并归纳极化信息获取与处理的主要研究内容，以及在雷达装备中的应用。第2章主要论述单色波的极化及其表征。第3章主要论述极化信号的接收问题，以及非单色波的极化与接收问题。第4章主要论述雷达目标变极化效应以及目标极化信息类别。第5章主要论述目标极化测量技术。第6章主要论述目标极化校准技术。第7章主要论述极化滤波技术，包括最优极化滤波理论和工程实现算法。第8章主要论述极化目标分解理论及其应用。

本书内容深入浅出，通俗易懂、体系性强，可作为高等院校电子工程专业研究生的教材，也可供雷达极化技术领域的科研人员参考借鉴。

图书在版编目(CIP)数据

雷达极化技术/肖顺平主编. —北京：清华大学出版社，2022.9（2023.8重印）
(电子信息前沿技术丛书)
ISBN 978-7-302-61213-1

Ⅰ. ①雷…　Ⅱ. ①肖…　Ⅲ. ①雷达－极化(电子学)　Ⅳ. ①TN95

中国版本图书馆CIP数据核字(2022)第110258号

责任编辑：文　怡
封面设计：王昭红
责任校对：胡伟民
责任印制：沈　露

出版发行：清华大学出版社
网　　址：http://www.tup.com.cn，http://www.wqbook.com
地　　址：北京清华大学学研大厦A座　　**邮　　编：**100084
社 总 机：010-83470000　　**邮　　购：**010-62786544
投稿与读者服务：010-62776969，c-service@tup.tsinghua.edu.cn
质量反馈：010-62772015，zhiliang@tup.tsinghua.edu.cn
课件下载：http://www.tup.com.cn，010-83470236
印 装 者：三河市铭诚印务有限公司
经　　销：全国新华书店
开　　本：185mm×260mm　　**印　张：**17　　**字　　数：**428千字
版　　次：2022年9月第1版　　**印　　次：**2023年8月第2次印刷
印　　数：1501～2100
定　　价：79.00元

产品编号：095506-01

序一

FOREWORD

极化是所有矢量波的共同属性。对电磁波而言，极化是其除幅度、频率、相位之外的另一个重要参量。极化可以兼容雷达现有测量方法，极化测量是提高雷达探测与抗干扰性能的重要发展方向，能够极大地丰富目标特征信息的内容，在目标检测、抗干扰、宽带成像、目标识别等多个方面具有很大的应用潜力。但因深刻揭示极化散射机理的难度和工程应用上技术实现方面的严峻挑战，在半个多世纪的发展过程中，极化信息的开发与利用并不充分。近十年来，雷达极化信息已经获得了若干成功的实际应用，这已足以显示出对其推广应用的前景和价值。

作者团队深耕雷达极化领域30余年，已有深厚的学术积累，在基础理论和关键技术等方面都取得了丰硕的研究成果，同时已为研究生开设了“雷达极化技术”等相关课程。本书内容基础性、系统性、严谨性强，深入浅出，有不少的新提法；也融入了教学实践经验，语言通俗易懂，是一份十分有价值的学术文献资料。

就我所知，本书在内容安排方面有过精心设计，内容并未囊括他们的全部成果，所精选的部分研究成果非常适合用作研究生教材内容，相信本书的问世将为该领域的广大科技工作者提供有益的参考借鉴，大家一起共同努力开发和利用好雷达极化这个维度的信息，不断促进我国雷达事业的创新发展。

郭桂蓉

国防科技大学自动目标识别(ATR)重点实验室

2022年8月

序二

FOREWORD

本书从电磁波极化基础理论出发，阐述了电磁波电场的极化矢量性以及矢量的时变特性，综述了电磁波极化的参数化表征，分析了极化多种表征参数之间的互推关系，为本书后面各章展开分析打下了坚实基础，也使本书具有基础性特点。

本书主要从雷达极化匹配接收与目标变极化效应的两个角度阐述极化在雷达中的应用。首先讨论了雷达对目标接收的极化匹配条件，针对实际雷达的窄带系统，分析了非单色波的极化度量及其参数表征，继而阐述了非单色波的极化接收。接着讨论了雷达目标的极化散射，目标受电磁波照射后，其散射回波极化不再与照射波相同，书中称为目标变极化效应，实际就是通过雷达目标极化散射矩阵变换，获取最宝贵的目标特征信息。各类雷达对目标特征信息的接收与不同处理，有效提高了雷达的目标检测水平、抗干扰性能和目标识别能力。

本书作者及其团队具有较长期从事雷达极化专业的研究经验，书中还梳理了目标极化测量和极化校准等方面科研成果，示范了极化技术在雷达装备中的实际应用。

黄培康

中国工程院院士

2022 年 9 月

序

本书从电磁波极化基础理论出发，阐述了电磁波电场的极化矢量性以及矢量的时变特性，综述了电磁波极化的参数化表征，分析了极化多种表征参数之间的互推关系，为书后面的章展开分析打下了坚实基础，也使本书具有基础性特点。

本书主要从雷达极化匹配接收与目标变极化效应的两个角度阐述极化在雷达中的应用。首先讨论了雷达对目标接收的极化匹配条件，针对实际雷达的宽带系统，分析了非单色波的极化度量及其参数表征，继而阐述了非单色波的极化接收。接着讨论了雷达目标的极化散射，目标受电磁波照射后，其散射回波极化不再与照射波相同，书中称为目标变极化效应，实际就是通过雷达目标极化散射矩阵变换，获取最宝贵的目标特征信息。这类雷达对目标特征信息的接收与不同处理，有效提高了雷达的目标检测水平、抗干扰性能和目标识别能力。

本书作者及其团队具有较长期从事雷达极化专业的研究经验，书中还梳理了目标极化测量和极化校准等方面研究成果，示范了极化技术在雷达装备中的实际应用。

黄培康

中国工程院院士

2022年9月

前言

PREFACE

常常听到有人说，“电磁波极化很难理解，不好掌握”。其实不然，对单色波而言，极化是随电磁(电场或磁场)振荡有周期变化规律的矢量。故单色波的极化就两层含义，是矢量，有周期律。这似乎还是有点儿玄乎，让人摸不着头脑。

对极化进行参数化表征，可让极化这一神秘的周期律矢量现形为标量参数，看得见摸得着了。关于参数化，读者自然会想到这样一些问题，比如“极化性质的物理基础是什么?”“怎样进行参数化?”“参数如何反映极化的性质?”。回答诸如此类的问题就构成了第2章的核心内容，特别还出现了“极化对称性”这样的新鲜说法，浅显易懂，更便于宏观把握关键知识点。无论是从参数化后各参数组的值域还是从参数组合的几何绘图，都会让读者强烈地感受到极化对称性的数学美感，感觉很容易理解并记得牢。极化对称性是因为有极化椭圆的左旋和右旋这一对互逆的旋向；而旋向的物理源头则是两个正交分量之间的相位差，互反取值就决定了极化的互反旋向。

绝对单色电磁波是理想化的，非单色波才是常态，常见发射信号均如此。信号振荡源做不到绝对稳定，它所产生信号的幅度和相位相较于振荡频率都有一个慢速变化，加上信号传输链路的非线性作用，以及实际系统带宽限制等，这些因素及综合影响使天线辐射出去的电磁波有了一个频率范围。因此第3章试图从物理上阐释取平均频率的合理性，这样非单色波就可以借鉴单色波的数学表征模样。因为非单色波的幅度和相位皆是时变的，故合成电场矢量的时变特性存在有规律、有一定规律或者无规律这三种情况。幸亏有相干矩阵这一数学工具，让我们可以研究非单色波正交分量的相关度，以及定义非单色波的极化度。极化度可以衡量非单色波极化的宏观特性，它为1时是完全极化波，为0时是未极化波，在0和1之间就是所谓的部分极化波了。部分极化波可分解成完全极化波和未极化波之和，反之亦然；如果将“完全极化”和“未极化”引申为正交的概念，那么第3章的特色之一，便是出现了不少的正交情形，可谓是正交分解的思想在电子系统分析中无处不在。另外，将非单色波的窄带压缩成单频点时，就可以得到非单色波蜕变为单色波的全极化结果。关于非单色波的接收，第3章对极化匹配条件、极化失配条件各自在不同坐标系下的等价性进行了详细的证明，而且对极化匹配和极化失配这两者本身也作了物理上的直观解释，给出了相应的数学结论，本书也许是这些理论研究工作的最早出处，藉此希望能够引起读者对极化内涵的更加深入的思考。

极化的描述与表征是研究电磁波极化与目标作用的基础性工程。如果极化作为照射目标的输入并且目标固有极化特性已知，就可以得到目标对照射极化的散射输出，目标回波的极化特性就可确定。G. Sinclair 提出了目标极化散射矩阵概念，用以描述与表征目标固有极化特性，反映目标对照射极化的调制效应，决定着目标回波极化特性。以极化散射矩阵为基础，研究目标极化散射特性有两大类思路：一是研究极化散射矩阵(是照射波给定频率和目标姿态的函数)各种特征量以获得目标内质极化特征信息；二是探究目标回波极化特性以提取目标极化特征信息(时域、频域、极化域、空域及其联合域，可根据不同雷达体制和实验情形来选择恰当的论域)，尤其是宽带与极化结合的新体制雷达可以获取目标的精细极化特征。围绕目标极化散射，第 4 章进行了详细阐述。

雷达增加了极化这一维测量能力，极大丰富了目标特征信息的内容，而目标极化散射矩阵以其卓越的基础性成为雷达极化技术发展过程中最有影响力的学术成果之一。自此以后，在目标极化信息的开发与利用等方面，国内外的雷达科技工作者进行了长期不懈的努力，投入了持续的研究热情，取得了丰硕的研究成果，有效提升了雷达探测与抗干扰性能，并已在气象雷达、遥感成像等民用领域和诸多军用领域获得了成功应用。第 5～8 章，围绕目标极化信息获取与处理，简要介绍了作者们的一些研究心得。

我博士毕业后，于 20 世纪 90 年代末在学院新开设了“雷达极化信息处理及应用”这门研究生课程，二十多年中经历了多轮次的研究生培养方案修订和课程调整，至今它依然是很受欢迎的研究生课程之一，徐振海、代大海、陈思伟、李永祯、施龙飞等教授，以及庞晨副教授等都是该课程的教学团队成员。

无比感激我的导师郭桂蓉院士、庄钊文教授，是两位恩师睿智地把我带入了雷达极化领域，使我到了即将退休的年龄还在吃着这碗饭，可见他们是多么的富有远见，能让学生一辈子被它深深地吸引并为之奋斗了三十多年依然觉得它是如此的崭新，足见该领域的发展空间和应用潜力是多么的巨大。

关于极化研究的学术成果很多，本书的内容选择有限，主要根据肖顺平教授“雷达极化信息处理及其应用”研究生课程的讲义，并挑选了作者部分的学习和研究心得。本书共 8 章，依次是：绪论、电磁波的极化、极化信号接收、目标极化散射、目标极化测量、目标极化校准、极化滤波技术以及极化目标分解。

本书由肖顺平教授牵头、规划和统稿，第 1～4 章由肖顺平教授编写，第 5 章和第 7 章由徐振海教授编写，第 6 章由代大海教授编写，第 8 章由陈思伟教授编写。在本书的编写过程中得到了戴幻尧研究员、杨勇副教授和曾晖、杨功清、陈吉源等博士生的热情帮助，谨向他们表达崇高的敬意和谢意。

由于作者水平有限，书中疏漏与不足在所难免，恳请读者不吝批评指正。

肖顺平

国防科大 CEMEE 国家重点实验室

2022 年 8 月 1 日于长沙

目录

CONTENTS

第1章

绪　论

极化是所有矢量波共有的一种性质。电磁波的极化可以等价地从电场和磁场两个角度去定义和描述,但历史选择了从电场的角度。电磁波的极化本质上等同于光的偏振,反映了电磁波的矢量特性;极化同时还描述了电磁波电场强度矢量端点在传播方向的横截面上随时间变化的运动轨迹。极化与幅度、相位及频率三个参量一起,共同构成了对电磁波的时域、频域和极化域特性的完整表征。

雷达目标的电磁时域信息、频域信息和空域信息等,在军用和民用的诸多领域得到广泛应用,而目标极化域信息是另一可资利用的重要信息。雷达增加极化这一信息维度,使其可以获得更加全面的目标信息,大量的实验已经充分证明,极化为雷达探测系统性能的改善提供了广阔的空间,能够有效提高雷达的目标检测性能、抗干扰能力和目标识别能力,在防空反导、空间监视、侦察遥感以及气象观测等领域都有广阔的应用前景。特别是,极化因其矢量性以及对目标物理特性的极度敏感,使其与信号的高分辨特性一起,成为在雷达系统智能化发展过程中信息开发与利用的主要研究方向。

1.1　雷达极化研究的历史性成果

电磁波极化的表征是雷达极化理论与技术的基础性问题,是极化信息开发与利用的奠基性工作,其核心思想就是对电磁波极化这一矢量进行参量化的描述,具体包括单色波极化的表征和非单色波极化的表征。

单色的平面横电磁波是一种完全极化波,其电场强度两个正交分量的振幅和相位差是恒定不变的,电场矢量端点随时间的变化有固定的走向和轨迹。对于这类电磁波极化特性的表征,借鉴极化在光学领域的研究成果,已经形成了多种表征方法,如极化椭圆几何描述子、极化相位描述子、线极化比、圆极化比以及 Stokes 矢量等。这些表征方法是等价的,各种方法的参数之间是可以互推的。

非单色波具有很强的工程背景。在电磁工程领域，一个振荡源做不到绝对的稳定，所产生的信号不可能是恒定频率的，并且它的振幅和起始相位会受到一些随机因素的影响而产生某种程度的变化，再经过链路各环节处理的非线性影响，直至天线辐射出去，实际产生的电磁波绝不可能是单色波，通常都具有一定的带宽。此时电场矢量随时间的变化情况比较复杂，其端点在空间给定点处的横截面上描绘出的轨迹不再规则。研究非单色波极化特性的表征，首先解决了紧密相关的两个基础问题，一是非单色波的数学表征，二是用于描述非单色波的两个正交分量关系的相干矩阵定义；然后，在此基础上定义了“极化度”这一核心概念，从而清晰地得到未极化波(极化度为 0)、完全极化波(极化度为 1)、部分极化波(极化度在 0 和 1 之间)的情况和相应的概念。另外，在满足某些条件时，非单色波的线极化比可以蜕化到单色波的线极化比，由此能够说明非单色波极化表征的正确性。

1946 年，G. Sinclair 及时总结了自己的研究心得，认为在窄带条件下，雷达目标可以看作一个“极化变换器”，在照射信号频率和目标姿态固定不变的情况下，目标电磁散射特性的全部信息可以用一个二阶相干散射矩阵来描述，后人称之为目标的 Sinclair 极化散射矩阵。这是雷达极化探索过程中最有影响力的学术成果之一。此后，在目标极化信息的开发与利用等方面，国内外的雷达科技工作者进行了长期不懈的努力，投入了持续的研究热情，至今已有七十余年，取得了丰富的研究成果。

1952 年，E. M. Kennaugh 研究目标的极化散射矩阵时提出了目标最佳极化的概念。在收发同址、共天线、传播介质各向同性、目标线性散射等满足目标互易性的单静态测量条件下，任何目标都有两对最佳极化：一对共极化零点和一对交叉极化零点。共极化零点是指当发射和接收都是同一部天线(收发极化相同)的单站雷达进行发射和接收时，目标回波中不存在与天线极化相同的散射分量，此时的接收电压为零，雷达发射极化称为零极化；交叉极化零点是指发射和接收都是同一部天线(收发极化相同)的单站雷达进行发射和接收时，目标回波中不存在与天线极化正交的散射分量，此时的接收电压具有极值性，为最大或最小，这种情况下对应的雷达发射极化称为(伪)本征极化。目标的这两对最佳极化是目标极化散射特性研究的重要理论成果，在目标极化增强、目标极化识别等方面都获得了成功的应用。

1965 年，S. H. Brickel 提出了极化不变量的概念。人们在研究极化散射矩阵变换时发现，矩阵中代表目标散射能量的特征值等一些数字特征量不随极化基的改变而改变，或与目标绕视线旋转无关，称为极化不变量。极化不变量概念的重要成果之一，就是从理论上回答了为什么组成极化基时，通常选择简单的垂直极化和水平极化，或者选择左旋圆极化和右旋圆极化。这主要有三方面原因：一是选择椭圆极化使散射矩阵变得复杂，二是一般的椭圆极化都可以按照这两对极化基进行正交分解，三是它们在系统硬件上易于实现且便于目标散射的直观物理解释。极化不变量很多，主要包括散射矩阵行列式值、散射矩阵的迹、功率散射矩阵行列式值、功率散射矩阵的迹和去极化系数等，极化不变量反映了目标的极化内质可以直接作为目标识别的特征。

1978 年，A. B. Kostinski、W. M. Boerner 在著作 *Almost Everything About Wawes* 中详细讨论了有关雷达极化测量的基础问题，包括坐标约定、二维极化状态等基本定义和雷达极化测量的基本方程。首次揭示了有关变换特性的散射算子方程和电压方程之间的重要差别。提出了求解最佳照射极化、最佳接收极化的三步法，其核心思想是把电磁散射与接收问题解耦，这个三步法的实质是把 Kennaugh 法和 Graves 法结合起来并加以推广。他们基于自身的研究成果并对前人研究成果进行系统性总结，给出了雷达极化测量的清晰思路，奠定了雷达极化信息开发与利用的坚实理论基础。

1978 年，J. R. Huynen 研究了雷达目标的唯象理论，阐述了极化散射矩阵元素与目标结构属性之间的内在联系，将雷达目标粗略划分为线状目标、球状目标、对称目标、螺旋目标等，指出了利用极化信息进行目标分类和识别的可能性，并最早提出了基于极化信息的雷达目标分解理论。同时，他还提出了颇具启发意义的基于轨迹分布特征的目标识别思路，即随着目标取向的连续变化，零极化会在 Poincaré 极化球上描绘出一条轨迹，目标不同，其轨迹特征也不同，可以作为目标分类识别的依据。Huynen 的研究成果很多，他还提出了极化叉的概念，也可尝试用于目标识别。

1981 年，A. J. Poelman 提出了虚拟极化适配的概念，其核心思想是：利用脉间极化捷变系统对同一目标进行两次连续正交极化测量，通过对两次回波进行线性加权求和，等效获得任意的照射极化。同样，虚拟极化概念也可用在目标回波的接收环节。虚拟变极化取代了物理天线极化状态的改变。他在虚拟极化适配的基础上进一步提出了单凹口极化滤波器、多凹口逻辑乘极化滤波器以及极化矢量变换滤波器，虚拟极化适配可以用于目标探测，也可以进行抗干扰和杂波抑制。

1991 年，E. K. Walton 提出了瞬态极化响应概念（Transient Polarization Response，TPR），从系统论出发，在时域引入目标冲击响应函数，在频域引入目标频谱函数来描述目标的特性。目标可以看作一系列散射中心的集合，目标特性由目标多散射中心的极化特性描述，多散射中心极化的概念更有利于宽带目标识别。从雷达技术的发展进程来看，当时的 Walton 确实是抓住了雷达技术的一个重要发展方向，即宽带与极化的结合，人们所研制的诸多实际应用系统也证明，这两者的结合是雷达智能化发展的必然趋势。

在国内，郭桂蓉院士、黄培康院士、柯有安教授、庄钊文教授、王被德研究员等是早期开展雷达极化问题研究的学者，并取得了卓有成效的研究成果。庄钊文在 1989 年完成了博士论文《雷达频域极化域目标识别的研究》，这是国内最早涉及极化信息利用这一难题的博士论文。肖顺平教授在郭桂蓉院士、庄钊文教授的指导下于 1995 年完成了博士论文《宽带极化雷达目标识别的理论与应用》，整篇论文专门讨论极化信息在飞机目标识别中的应用问题，是国内在该领域的第一篇博士论文，之后的近 30 年间，又合作发表了大量研究成果。

本书的其他三位作者，徐振海教授在庄钊文教授的指导下于 2004 年完成了博士论文《极化敏感阵列信号处理》；代大海教授于 2008 年完成了博士论文《极化雷达成像处理与目标特征提取》，导师是肖顺平教授；陈思伟教授于 2012 年 8 月完成了博士论文

Characterization and Application of Electromagnetic Scattering in Polarimetric Imaging Radar 并获得日本东北大学环境科学的博士学位。他们三位从研究生阶段的课题研究到博士毕业留校任教，一直致力于雷达极化信息处理及应用的研究，在极化敏感阵列信号处理、极化雷达成像与处理、目标极化鉴别、目标极化识别等方面取得了丰富的研究成果。

需要特别指出的是，时至今日，在雷达极化领域，国内已经出现了一大批取得突出成就的科技工作者，在此不一一列举。

1.2 雷达极化信息的获取与处理

雷达极化信息获取与处理技术的内容很多，从应用角度看，主要有目标极化测量、目标极化校准、目标极化检测、极化滤波、真假目标极化鉴别以及目标极化识别等。

1.2.1 目标极化测量

目标极化测量的根本目的就是获取目标的极化散射矩阵，是目标极化信息充分利用的前提，在目标检测、目标识别等方面具有重要的应用潜力。理论上的目标极化散射矩阵，是目标在特定姿态、特定频率下的散射矩阵，特定姿态是指目标处于静态或等效静态。根据雷达发射、接收过程中极化波形的应用方式，先后提出过三类极化测量体制：时分极化测量体制、波分极化测量体制、频分极化测量体制。

在时分极化测量体制中，极化正交的两个通道“分时发射、同时接收”，适用于对静止目标的极化测量，对慢动目标也可作近似测量，但当目标运动速度快到其姿态的变化难以被忽视时此法不适用。

在波分极化测量体制中，极化正交的两个通道“同时发射、同时接收”，为了同时获取极化散射矩阵的四个元素，发射正交极化的两个信号需要设计成正交波形，所以也称为波分极化测量体制，这种测量体制适用于一切静止或运动状态目标的极化测量。波分极化测量体制最早由意大利学者 Giuli 于 20 世纪 90 年代提出，重点分析了静止目标极化散射矩阵测量问题，没有分析目标运动对极化散射矩阵测量的影响。2008 年国防科大的徐振海等提出了极化-多普勒耦合矩阵概念描述目标运动对极化测量的影响，并通过矩阵求逆运算获得运动目标精确极化散射矩阵，为该测量体制走向工程应用奠定理论基础，并且大大降低了对波形正交性的苛刻要求。

频分极化测量体制也出现过，在该体制中，极化正交的两个通道“同时发射不同频率”，这似乎不符合“在特定频率下”的物理条件，因此并没有看到更多实际的应用案例。

1.2.2　目标极化校准

通常情况下，极化雷达在极化测量过程中会受到极化通道的幅相不均衡、极化隔离不理想、背景杂波等非理想因素的影响，使得极化雷达对目标极化散射矩阵的测量偏离了真实值，极化雷达的测量误差无法完全消除，只能对其进行校准。极化校准的思路是利用乘性误差矩阵和加性误差矩阵对极化测量误差进行建模，并通过测量极化散射矩阵已知的定标体来反推误差矩阵，再对待测目标的测量结果进行修正，解算出目标的真实散射矩阵。常见的定标体有金属球、二面角、三面角以及圆柱体等。由于除金属球以外的其他定标体的极化散射矩阵测量值均与定标体姿态有关，因此需要提高校准过程中对定标体姿态摆放精度的要求，增加了校准的实施难度。这一部分的国内外研究情况和取得的成果，在第6章会有详细的介绍。

在单静态测量条件下，对于收发同址、远场、线性目标、各向同性且均匀的传播介质，此时理论上的目标极化散射矩阵是对称的，即次对角线元素相等，称为目标互易性。进行互易性目标的极化测量时，无论采用多么精确的目标极化测量技术并辅以优质的极化校准技术，也不可能获得互易目标理论上的对称散射矩阵，目标实测极化散射矩阵一般来讲都是非对称的，或者说是变质的，也就是散射矩阵次对角线上的元素不再相等，即目标的互易性受到了破坏。为了更科学地研究雷达目标的极化散射特性，无论是从物理概念本身还是从应用的角度来讲，都有必要恢复目标的互易性。这一部分的研究成果，在第4章会有详细的介绍。

1.2.3　目标极化检测

在有极化信息测量能力的雷达出现以前，常规的雷达目标检测只是利用了回波的幅度信息，利用极化分集技术可以增强雷达系统的目标检测性能，为此在发展过程中形成了雷达极化测量的多种体制，包括单极化测量体制、双极化测量体制、多极化测量体制以及全极化测量体制。单极化测量有“收发共极化”和“收发正交极化”两种体制，它们的设计目的都有对测量目标的针对性。双极化测量也有两种体制，即“单极化发，正交双通道同时收”和“正交双极化同时发收”。多极化测量体制，分为脉内极化捷变、脉间极化捷变、脉组极化捷变三种类型。全极化测量体制，在1.2.1节已有简要介绍。

目标极化检测的思路是利用目标和噪声的极化特性差异推导统计检验量，设定检测门限。面向不同应用场景可以设计出不同的极化检测器。比如极化SAR图像目标的检测问题，假定目标和杂波均服从零均值复高斯分布，在先验已知目标和杂波的协方差矩阵的情况下可以推导出最优极化检测器。实际工程应用中最优极化检测器是难以实现的，在对该检测器进行深入研究的基础上，能够进一步得到恒等性似然比检测器、极化白化滤波器、极化恒虚警检测器、张成检测器、功率最大合成检测器等适合工程应用的准最优极化检测器，虽然它们难以达到最优检测器的性能，但是比不利用极化信息的单通道检测器性能要好。极化检测技术在原有检测器的基础上增加了目标和环境的信息维度，有助于提高雷达对弱目标的检测性能。

1.2.4 极化滤波技术

极化滤波的基本原理是利用目标回波和干扰信号极化状态的差异来设计最佳接收极化，从而达到增强回波信号、抑制干扰的目的。极化滤波的研究通常包含两方面：一是最优极化滤波器的求解，即在已知回波信号和干扰的极化特征参数条件下求解理论最优滤波器，并给出滤波器的最优性能，最优极化滤波器求解为滤波器的实现提供理论指导。二是最优极化滤波器的实现，即在未知或时变电磁环境下求解极化滤波器的自适应实现算法，使得实际滤波器性能能够最大限度地逼近理论上的“最优”。

极化滤波技术主要利用干扰信号与期望信号在极化特性上的差异，在极化域中抑制干扰、增强目标信号。从系统工程实现角度而言，极化滤波系统需要具备同时正交极化双通道的接收能力，每一极化通道都进行 I/Q 正交解调。从信号处理角度而言，极化滤波本质上是二维复信号的处理问题，也可以看作简单的二维阵列信号处理问题，信号自由度为 1，其最优解有解析表达式，无须复杂的矩阵运算。另外，如果用 Stokes 矢量这一极化表征方法来描述极化滤波问题，并将二维复矢量转化为四维实矢量，那么最优极化滤波问题可以最终转化为一个“一元二次方程”的求解问题，求解过程不需要复杂的矩阵运算以及数值迭代过程，因此该求解方法是迄今为止最简捷的方法。更多与极化滤波相关的问题以及部分的研究成果将在第 7 章有比较详细的介绍。

1.2.5 目标极化鉴别

雷达极化鉴别是利用干扰与目标在极化特性方面的差异，抑制或消除干扰对雷达探测的影响。雷达极化鉴别是雷达抗干扰领域的一个重要分支，尤其是当干扰与目标在时、频、空域无明显差异可资利用时，雷达极化鉴别能够发挥独特的作用。早在 1975 年，美国佐治亚理工学院的 Nathanson 就提出了自适应极化对消器的电路结构，针对雨杂波干扰在时域（距离）、频域（多普勒）、空域（角度）上覆盖目标回波信号而难以使用时、频、空域抗干扰手段的问题，利用它们之间的极化状态差别进行极化域对消，有效改善了航管雷达在降雨中的目标探测能力。荷兰学者 A. J. Poelman、美国乔治·华盛顿大学的 Stapor 团队以及意大利佛罗伦萨大学的 D. Giuli、Gherardelli 团队拓展了极化对消方法的应用，提出了多凹口极化滤波器（MLP）、次最优极化对消器、虚拟极化变换等重要概念。这些工作是雷达极化抗干扰最早的应用，具有重要的意义。20 世纪 90 年代，荷兰代尔夫特理工大学的 Moisseev、

Unal 等发现气象雷达中含地杂波区域具有不同的极化特性，提出了将混入气象目标回波中的地杂波干扰有效滤除的极化滤波方法，提高了气象雷达的探测能力。进入 21 世纪，电子对抗程度的不断升级，尤其是基于 DRFM(数字射频存储技术)的干扰、精确欺骗干扰等干扰样式的相继出现，使得雷达抗干扰面临很大的压力，极化信息作为雷达信息获取与利用的重要要素受到了更大的关注，在预警监视、跟踪制导、精确打击等方面的需求已变得十分迫切。然而，由于军事保密原因，这方面国内外公开报道的研究工作较为有限。

国防科大的施龙飞教授、李永祯教授、陈思伟教授等，在雷达极化鉴别方面都开展了卓有成效的研究工作，施龙飞主要从极化-空间联合域探寻谱特征差异性，李永祯定义了多种类极化特征描述子，陈思伟主要针对成像雷达的极化鉴别技术，这些技术思路与方法都获得了令人满意的结果。

1.2.6 目标极化识别

在雷达信号处理中，极化技术的应用大体上分为三类：一是最优化/目标增强，即增强雷达对目标的检测和鉴别能力；二是杂波抑制，即改善信号杂波功率比；三是目标识别，即利用极化信息判别目标属性。前二者是雷达信号处理中的正问题，而后者属于逆问题。对于极化目标识别这一雷达信号处理中的逆问题，很多学者都做出了艰苦的努力并有重要贡献。下面列举若干早期学者的学术思想。

E. M. Kennaugh 建议用零极化作为目标的分类特征。J. R. Huynen 在 E. M. Kennaugh 思想的基础上，提出利用零极化在极化球面上的轨迹变化特征分类简单目标。直接依据目标极化散射矩阵的元素来辨识目标也是人们早期探索的技术途径，三参数轨迹法是最具代表性的思想，由 S. H. Brickel 和 O. Lowenshuss 分别提出，针对的是简单目标的识别试验。比起三参数轨迹法，Kuhl 在研究任意形状目标在任意观测方位下的识别问题时提出了五参数轨迹法，更具一般性意义。另一个十分重要的学术思想也是由 S. H. Brickel 提出的，他在研究极化散射矩阵变换时意识到极化不变量是描述目标极化散射特性的有效参量，可用于雷达目标识别。

以上的极化雷达目标识别方法，只是涉及了目标宏观的极化散射特性，缺少目标局部极化散射特性的分析和描述。国外的 J. L. Eaves、E. K. Reedy、L. A. Morgan、E. M. Kennaugh、W. M. Boerner 等学者，国内的郭桂蓉院士、黄培康院士、庄钊文教授等都曾指出，最有希望解决目标识别问题的研究方向在于将全极化技术和宽带高分辨识别技术加以综合。在宽带条件下，雷达距离分辨单元远小于目标视向尺寸，目标连续占据多个距离单元，目标散射变成局部行为的延展并分布在时间轴上，形成一幅在雷达视线上投影的目标图像，称为目标一维距离像，又称为目标径向散射中心分布，它反映了目标精细几何结构特征。目标可以看作一系列散射中心的集合，目标极化散射特性可由目标各个散射中心的极化特性来描述，而每个散射中心在物理结构上又可等效为金属圆盘、金属球、二面角辐射体等简单的形体。也就是说，宽带与极化的结合，可以在极化域将一个复杂目标分解为多种类简单形体目标的加权组合，这样更有利于目标的分类与识别。

在雷达目标极化特征提取与识别需求的牵引下，极大地深化发展了极化目标分解的内涵。极化目标分解方法大致可以分为两大类：一类为相干目标分解，包括基于 Pauli 基的分解、Cameron 分解以及 Krogager 的 SDH 分解等；另一类是部分相干目标分解，包括 Huynen 分解 Freeman 等提出的奇次偶次漫反射分解、H/A/α 分解、Holm&Barnes 分解、基于 Kennaugh 矩阵的最小二乘分解等。极化目标分解理论已经成功应用在极化 SAR 目标的鉴别、分类与识别等应用场合。

1.3 极化技术在雷达装备中的应用

随着雷达极化信息处理技术的发展与进步，越来越多的雷达极化研究成果投入到实际应用中，已经成功应用到气象、遥感、防空反导等诸多领域，显著提升了雷达的探测性能。

1.3.1 在气象领域的应用

美国洛克希德马丁公司研制的 WSR-88D(图 1.3.1)是世界上最强大、最先进的天气监视极化多普勒雷达。该雷达工作在 S 波段，天线极化隔离度小于−40dB，H 和 V 极化波束的增益误差小于 0.05dB。目前已经在美国超过了 160 个地点安装和使用。

荷兰代尔夫特理工大学在 2008 年成功研制了全数字化气象雷达 PARSARX(图 1.3.2)，该雷达具有极化捷变能力，工作于 S 波段和 X 波段，虽然该雷达是一部气象雷达，但是该雷达具有气动目标极化散射矩阵的测量能力。

图 1.3.1 WSR-88D

图 1.3.2 PARSARX

2006 年,美国联邦航空局、国家海洋与大气局和海军研究局联合资助并启动了全极化多功能相控阵雷达(Multifunction Phased Array Radar, MPAR)的研制计划,服务于飞机跟踪、风廓线和天气的监视、空中交通管制、国土防御等任务,该雷达(图 1.3.3)工作于 S 波段,拥有同时双极化测量能力。其中,麻省理工学院林肯实验室(MIT LL)牵头提出并实施多平面阵方案,该面阵中每个阵元采用平衡馈电多层双极化微带天线,以实现低交叉极化性能。同时,每个 8×8 面阵采用一种独特的极化可重构 T/R 组件。美国俄克拉荷马大学先进雷达研究中心(OU ARRC)牵头提出了圆柱形相控阵方案,也称 CPPAR(Cylindrical Polarimetric Phased Array Radar)。CPPAR(图 1.3.4)的共形天线设计方式不仅可以简化对每个波束的校准过程,使其具有匹配的主极化方向图,而且扫描时阵元分布的对称性会降低交叉极化分量。该系统的柱面共形天线具有 96 列一维频率扫描线阵,每一列包括 19 个双极化多层贴片阵元天线。

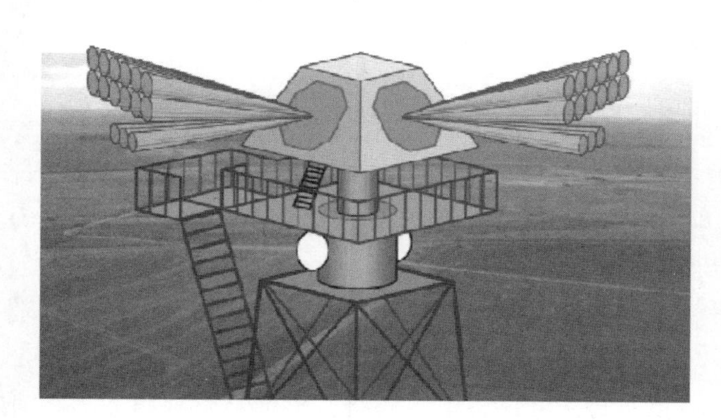

图 1.3.3 MPAR 示意图

图 1.3.4 CPPAR

美国国家大气研究中心(NCAR)联合科罗拉多州立大学(CSU)共同研制了一种机载双极化相控阵气象雷达,也称 APAR (Airborne Phased Array Radar)。APAR(图 1.3.5)有 56 个面阵,每个面阵有 64(8×8)个辐射单元。该雷达作为美国下一代机载气象雷达,包含 4 个 C 波段的双极化二维电扫有源相控阵天线。该雷达计划安装在 NCAR 的 C-130 飞机后部机身两侧、机身顶部和尾部,并有三种工作模式:监视、多普勒和双极化反射率测量。

2018 年,日本东芝(Toshiba)公司、大阪大学(Osaka University)和日本国家信息与通信技术研究所(NICT)联合研制了双极化相控阵(多普勒)气象雷达(Multi-Parameter Phased-Array Weather Radar, MP-PAWR)。MP-PAWR(图 1.3.6)具有先进的数字波束形成技术,能够实现同时多波束。MP-PAWR 的极化测量体制为“同时发射,同时接收”(SimultaneousTransmission and Simultaneous Reception, STSR)模式。该雷达能够获取高的空时分辨率双极化信息,将是日本下一代气象雷达。

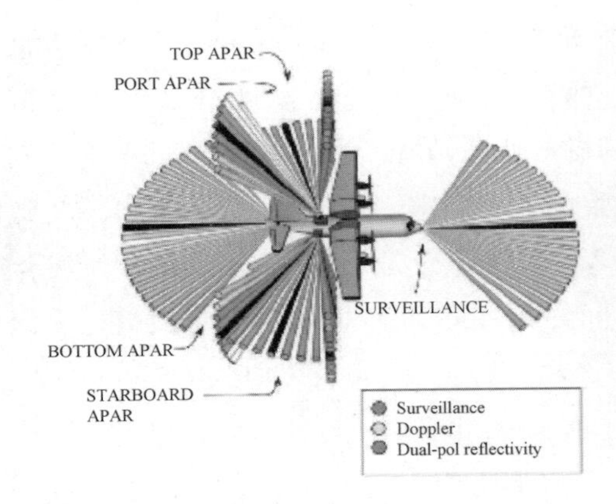

图 1.3.5 APAR

图 1.3.6 MP-PAWR

1.3.2 在遥感领域的应用

RADARSAT-2 是一颗搭载 C 波段传感器的高分辨率商用雷达卫星，由加拿大太空署与 MDA 公司合作，于 2007 年 12 月 14 日在哈萨克斯坦拜科努尔基地发射升空。卫星设计寿命 7 年而预计使用寿命可达 12 年。RADARSAT-2(图 1.3.7)具有多种分辨率成像能力(最高分辨率可达 1m)，多种极化方式使用户选择更为灵活，根据指令进行左右视切换获取图像因而缩短了卫星的重访周期，增加了立体数据的获取能力。另外，卫星具有强大的数据存储功能和高精度姿态测量及控制能力。

2007 年 6 月 15 日，德国 TerraSAR-X 雷达卫星搭乘"第聂伯"火箭从拜科努尔基地升空。TerraSAR-X 雷达卫星(图 1.3.8)是德国研制的一颗高分辨率雷达卫星，携带一部 X 波段合成孔径雷达传感器，能够以聚束式、条带式和推扫式等 3 种模式成像，并拥有多种极化方式，可全天时、全天候地获取用户要求的任一成像区域的高分辨率影像。高分辨率雷达卫星 TerraSAR-X，不受天气条件和光照的影响，提供分辨率高达 1m 的可靠 SAR 影像。TerraSAR-X 雷达卫星具有独特的、至今任何其他商业星载传感器都无法比拟的几何精度，以及卓越的辐射精度。

图 1.3.7 RADARSAT-2 雷达

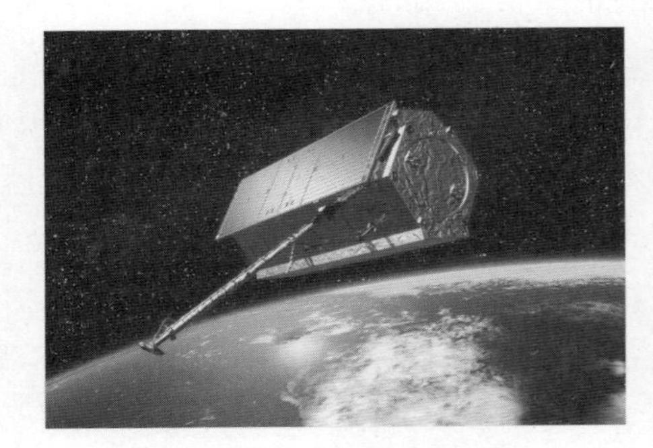

图 1.3.8 TerraSAR-X 雷达

1.3.3　在反导领域的应用

GBR 雷达(图 1.3.9)是美国国家导弹防御(NMD)系统中首要的火控雷达，它为 NMD 提供目标监视、截获、跟踪、鉴别、火控支持以及杀伤评估。该雷达是一部具有极化测量能力的固态相控阵地基反导雷达。据报道，该雷达具有包含极化识别在内的 24 种目标识别方法，能够在复杂场景下识别出真目标。

LRDR(图 1.3.10)是一部 S 波段双极化相控阵体制的远程鉴别雷达，采用了双极化测量体制，能够获取目标形状方面的信息，据称得益于极化分集能力的 LRDR 具有真假弹头的识别能力，为陆基中段导弹防御提供关键技术支撑。

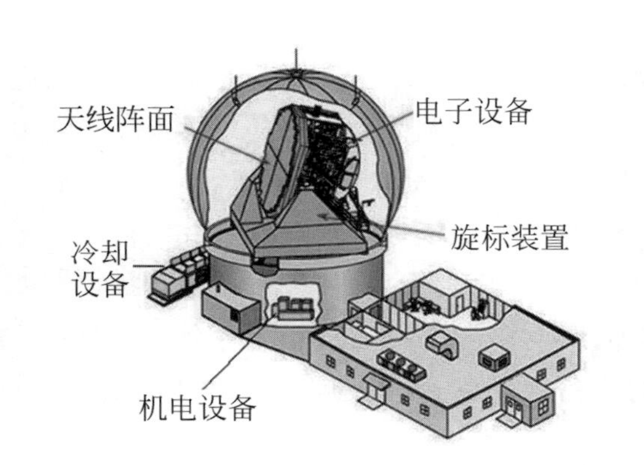

图 1.3.9　GBR 雷达系统

图 1.3.10　LRDR 雷达系统

1.4　本书概貌

第 1 章绪论，简要介绍雷达极化技术发展进程中的一些历史性成果，并归纳极化信息获取与处理的主要研究内容，以及在雷达装备中的应用。

第 2 章电磁波极化表征，首先介绍单色平面电磁波的矢量相量概念及表征；其次，在电磁波场矢量性的矢量相量表征基础上再讨论电磁波场矢量的时变特性；然后讲述电磁波极化的参数化表征和对称性，对称性的物理基础是极化的互反旋向，而旋向的源头则是波场正交分量间的相位差；最后介绍极化多种表征参数之间的互推关系。

第 3 章极化信号接收，首先介绍极化匹配接收概念、极化匹配条件、极化失配条件；其次，给出极化匹配系数或极化效率的概念和计算式；然后试图阐释极化匹配条件、极化失配条件的物理内涵；最后详细阐述非单色波的极化和接收问题。

第 4 章目标极化散射，首先介绍目标变极化效应的概念及其极化散射矩阵的描述和表征；其次，详细阐述目标互易性修正和变基极化散射矩阵变换等问题，给出不随极化基变化的极化不变量；然后详细讨论目标最优极化的概念和求解；最后阐述目标RCS的区间性等问题。

第5章目标极化测量，主要讨论运动目标极化散射矩阵的精确测量。首先对比分析时分、频分和波分三种极化雷达测量体制，分别阐述其基本原理、特点以及不足之处；然后围绕波分极化测量体制，重点讲解同时发射极化波形的自模糊函数与互模糊函数；最后给出基于正负线性调频波形的同时极化测量雷达信号处理过程，提出极化-多普勒耦合矩阵的概念来描述目标运动对极化测量的影响，利用正、负斜率调频信号的模糊函数特性来测量目标时延和多普勒频率，通过求解线性方程得到目标极化散射矩阵的四个元素。

第6章极化校准技术，主要内容为静止目标极化校准经典算法。首先给出极化测量误差模型与校准流程；然后重点阐述基于无源定标体的四种极化校准算法；最后简要阐述有源极化校准技术。

第7章极化滤波技术，内容包含最优极化滤波器求解和最优滤波器实现两部分，即最优极化滤波和自适应极化滤波算法。在最优极化滤波器方面，从阵列信号处理的角度和利用Stokes矢量表征工具，分别求解最优极化滤波器。在自适应极化滤波器方面，给出自适应极化对消算法和自适应正交极化滤波算法，并分析滤波器的"稳态"性能和"暂态"性能。

第8章极化目标分解技术，主要内容为极化目标分解的原理及应用。首先介绍相干极化目标分解，包括Pauli分解、Krogager分解及Cameron分解；其次介绍基于特征值分解的非相干极化目标分解；然后介绍基于模型的非相干极化目标分解，主要包括Freeman-Durden分解、Yamaguchi分解及广义极化目标分解等；最后分析震灾前后的散射机理，利用广义极化目标分解结果对建筑物损毁进行评估。

第2章

电磁波的极化

本章共4节。2.1节主要介绍单色平面电磁波的矢量相量概念及表达式，首先介绍均匀平面电磁波、时谐平面电磁波（又称简谐波、单色波）等概念，然后落脚于时谐平面电磁波即单色波的数学表征，最后从该表征式中引出矢量相量的概念，以表达电磁波场的矢量性。2.2节讨论电磁波电场矢量的时变特性，此处首次给出极化概念恰到好处，因为此时才能完整清晰地将它阐述清楚。极化是指电磁波电场的矢量性及矢量的时变特性，物理本质等同于光的偏振。本节详细介绍极化椭圆的数学推导，使极化从无形变得有形，阐述极化椭圆与椭圆极化的概念区别，并进一步给出由普通椭圆极化转化为几种特殊极化的数学条件。2.3节讲述电磁波极化的参数化表征和对称性。极化对称性的这一说法，是作者长期的研究心得，有助于消除对极化的抽象感，易于宏观把握极化知识点。读者能从多种数学表征及其图形展示上，深刻感受到参数化表征后的极化在参数值域或参数组几何图形所具有的对称性，这种对称性的物理基础就是极化的旋向，而旋向的根源则是波场正交分量间的相位差。2.4节主要介绍极化的多种表征参数之间的互推关系，这种互推关系是必然存在且毫无疑问的，同一事物的不同正确表征，表征参数之间必相关联。

2.1 平面电磁波的矢量相量

随时间做正弦振荡的时谐电磁波在工程上地位独特：容易产生，且时谐信号激励的线性系统中，所有导出结果都与基准函数（正弦或余弦）有关；周期性时间函数或信号都可以展开为时谐正弦分量的傅里叶级数；瞬时的非周期性函数或信号可用傅里叶积分表示。这些周期性或非周期性的信号，作用于线性系统，系统内部各节点或输出结果，都是时谐振荡的合成。

一般情况下，电磁波是由天线辐射到自由空间的电磁振荡，如果它的振荡频率是单一固定的,就是单色波,该波的参数包括振荡幅度、振荡频率、起振初始相位和振荡指向,这四个因素(或称参量)共同决定单色波的物理特性。

2.1.1 均匀平面电磁波

均匀平面电磁波是指在波传播方向任一无限大的横截面上,电磁波的方向、幅度以及相位均相同。这是理想化的电磁波,只有无限大的波源才能产生这样的波,它是概念上的假设,有助于理论研究,而实际中并不存在。均匀平面电磁波示意如图 2.1.1(图中波场是电磁波电场的简称,以后均同)所示。

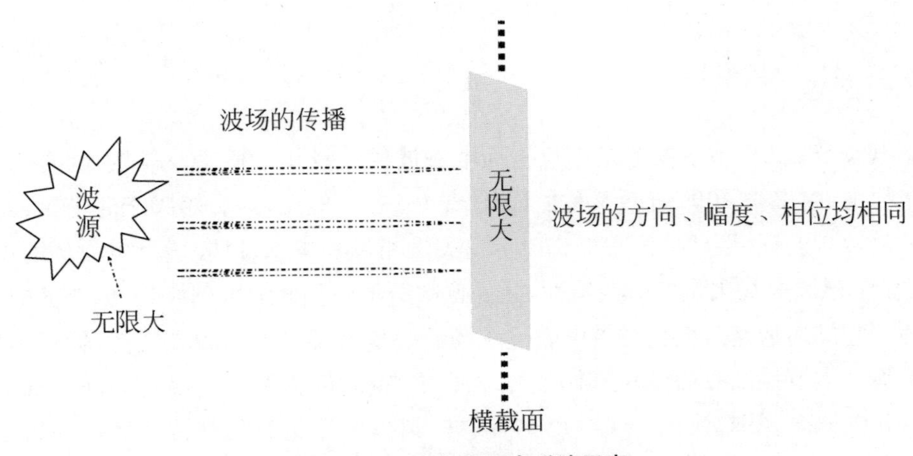

图 2.1.1 均匀平面电磁波示意

均匀平面电磁波虽然是理想化的,但在满足一定的约束条件下通过近似可以得到,如图 2.1.2 所示。

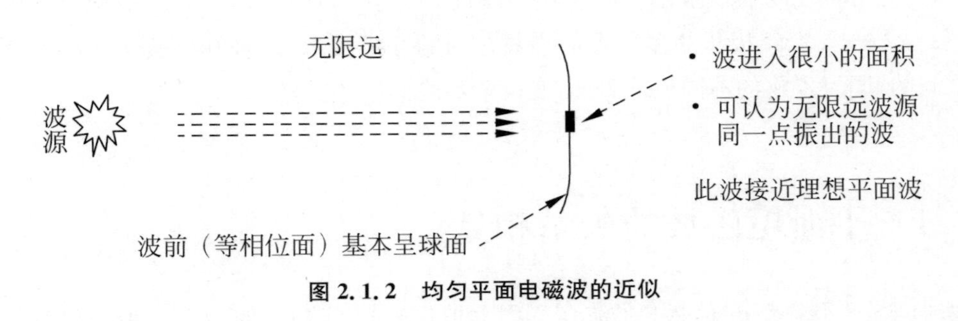

图 2.1.2 均匀平面电磁波的近似

2.1.2 单色平面电磁波

单色波,即简谐波,也就是时谐平面电磁波,其场对应地称为时谐场,处于稳态时为正弦振荡,既随空间坐标变化又是时间正弦函数的场矢量。本书只涉及横电磁波(TEM)波,它只在其传播方向的横截面上(建立笛卡儿坐标系)有随时间变化的分量,而在传播方向上没有,并以此为前提展开相关内容的介绍。TEM 波如图 2.1.3 所示。

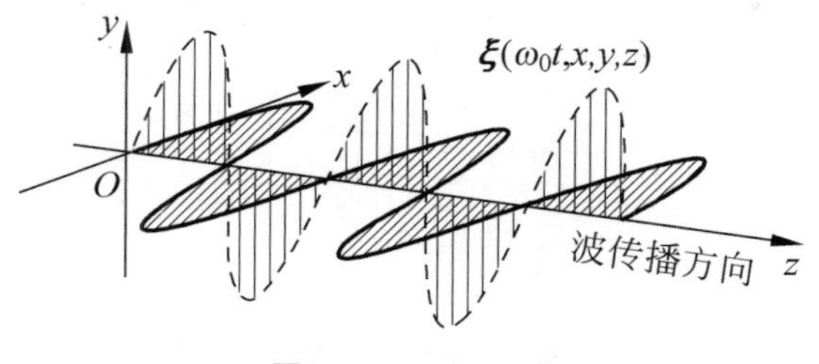

图 2.1.3　TEM 波

垂直方向振荡的电磁波如图 2.1.4(a)所示,电磁波电场强度矢量只在 y 轴上变化。水平方向振荡的电磁波如图 2.1.4(b)所示,电磁波电场强度矢量只在 x 轴上变化。

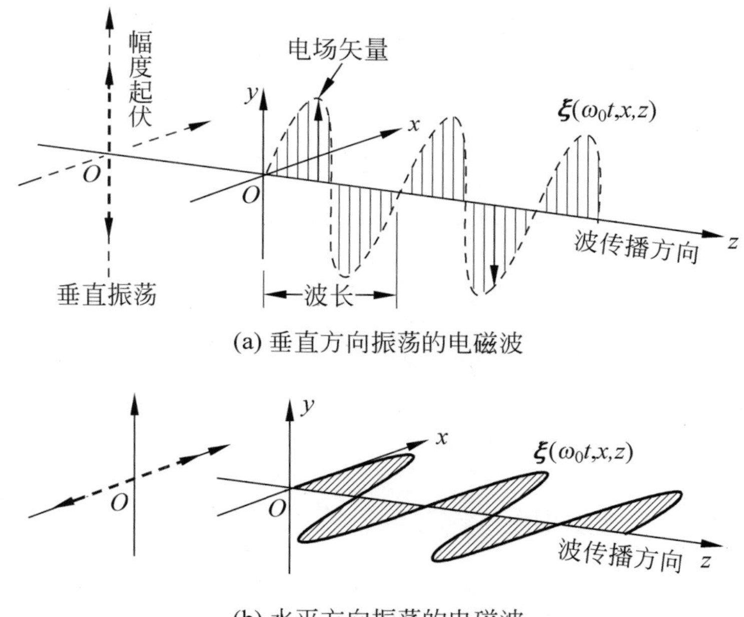

(a) 垂直方向振荡的电磁波

(b) 水平方向振荡的电磁波

图 2.1.4　垂直方向和水平方向振荡的电磁波

2.1.3　单色波的数学表达

在波传播方向任意距离上作一横截面并建立包含传播方向的右手坐标系,横电磁波电场强度矢量只有水平方向和垂直方向的两个分量。如果传播是在自由空间或传播媒介为均匀且各向同性的,则电磁波场的矢量性在任意传播距离上所表现的特性都是一样的。据此可以简化表达,通常选择在传播途径的零距离点上作正交分解,如图 2.1.5 所示。

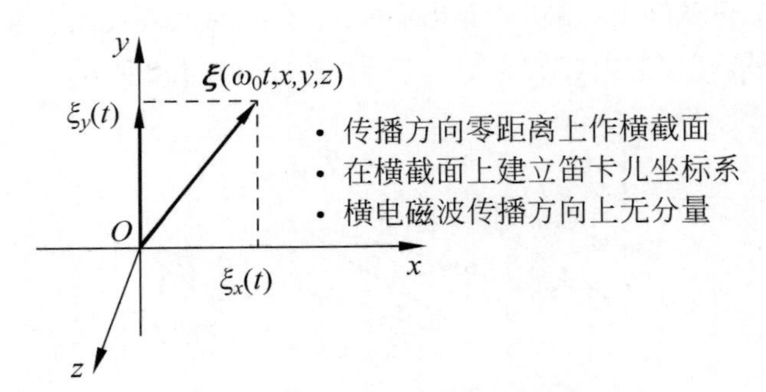

图 2.1.5 电场强度矢量正交分解

因为实际中只有实信号(写成复数形式时主要是为了方便运算),所以振荡频率为 ω_0 的单色平面电磁波电场强度矢量(简称单色波场或波场)写成

$$\begin{aligned}\boldsymbol{\xi}(\omega_0 t,x,y,z) &= \mathrm{Re}[(|E_x|\mathrm{e}^{\mathrm{j}\phi_x}\hat{\boldsymbol{x}}+|E_y|\mathrm{e}^{\mathrm{j}\phi_y}\hat{\boldsymbol{y}})\mathrm{e}^{-\mathrm{j}kz}\mathrm{e}^{\mathrm{j}\omega_0 t}] \\ &= \xi_x(t)\hat{\boldsymbol{x}}+\xi_y(t)\hat{\boldsymbol{y}}\end{aligned} \tag{2.1.1}$$

它的两个分量为

$$\begin{cases}\xi_x(t)=|E_x|\cos(\omega_0 t-kz+\phi_x) \\ \xi_y(t)=|E_y|\cos(\omega_0 t-kz+\phi_y)\end{cases} \tag{2.1.2}$$

式中:$|E_x|$、ϕ_x 分别为波场的 x 分量的振幅和起始相位;$|E_y|$、ϕ_y 分别为波场的 y 分量的振幅和起始相位。

2.1.4 单色波的矢量相量

式(2.1.1)表征的单色波场,以零距离点为例,其矢量性可完全由下式描述和表征,即

$$\boldsymbol{E}(x,y,z=0)=[|E_x|\mathrm{e}^{\mathrm{j}\phi_x}\hat{\boldsymbol{x}}+|E_y|\mathrm{e}^{\mathrm{j}\phi_y}\hat{\boldsymbol{y}}] \tag{2.1.3}$$

称 $\boldsymbol{E}(x,y,z=0)$ 为 $\boldsymbol{\xi}(\omega_0 t,x,y,z=0)$ 的矢量相量(本部分内容的后面介绍了标量相量,以此作为对照来理解矢量相量这个概念)。

对矢量相量式(2.1.3)作如下变形,即

$$\boldsymbol{E}(x,y,z=0)=\sqrt{|E_x|^2+|E_y|^2}\,\mathrm{e}^{\mathrm{j}\phi_x}\cdot \mathrm{e}^{-\mathrm{j}kz}\left(\frac{|E_x|}{\sqrt{|E_x|^2+|E_y|^2}}\hat{\boldsymbol{x}}+\frac{|E_y|}{\sqrt{|E_x|^2+|E_y|^2}}\mathrm{e}^{\mathrm{j}(\phi_y-\phi_x)}\hat{\boldsymbol{y}}\right)$$

$$=\sqrt{|E_x|^2+|E_y|^2}\,e^{j\phi_x}(\cos\gamma\hat{\boldsymbol{x}}+\sin\gamma e^{j\phi}\hat{\boldsymbol{y}}) \tag{2.1.4}$$

故矢量相量也经常表示成

$$\begin{aligned}\boldsymbol{E}(x,y,z=0)&=\sqrt{|E_x|^2+|E_y|^2}\,e^{j\phi_x}(\cos\gamma\hat{\boldsymbol{x}}+\sin\gamma e^{j\phi}\hat{\boldsymbol{y}})\\&\triangleq E_0(a\hat{\boldsymbol{x}}+b\hat{\boldsymbol{y}})\end{aligned} \tag{2.1.5}$$

其中,式(2.1.4)和式(2.1.5)中的参数为

$$\phi=\phi_y-\phi_x;\quad \tan\gamma=\frac{|E_y|}{|E_x|},\quad \sin\gamma=\frac{|E_y|}{\sqrt{|E_x|^2+|E_y|^2}},\quad \cos\gamma=\frac{|E_x|}{\sqrt{|E_x|^2+|E_y|^2}}$$

为方便表达且不失一般性,可选择 E_0 和 ϕ,使得 a 和 b 都是实数,且

$$\begin{cases}a=\cos\gamma,\quad b=\sin\gamma e^{j\phi}\\|a|^2+|b|^2=1\end{cases} \tag{2.1.6}$$

这样,E_0 与 E_x 同相,而 E_y 的相位比 E_x 超前 ϕ。

波场的矢量性除了矢量相量的数学表达,还可以写成坐标向量形式,即$[\cos\gamma \quad \sin\gamma e^{j\phi}]^{\mathrm{T}}$,$[1 \quad \tan\gamma e^{j\phi}]^{\mathrm{T}}$,它是二维复矢量,完全表征了单色平面电磁波的矢量特性。这里特别指出,上述各式中出现的 γ 角,是一个频繁出现的非常重要的参量,将在 2.3 节给出它的名称。

附:以下是标量相量概念的介绍,以便理解矢量相量这个概念。

图 2.1.6 为 RLC 串行电路,施加的端口电压为

$$v(t)=V\cos(\omega_0 t+\phi_0) \tag{2.1.7}$$

求回路电流 $i(t)$。

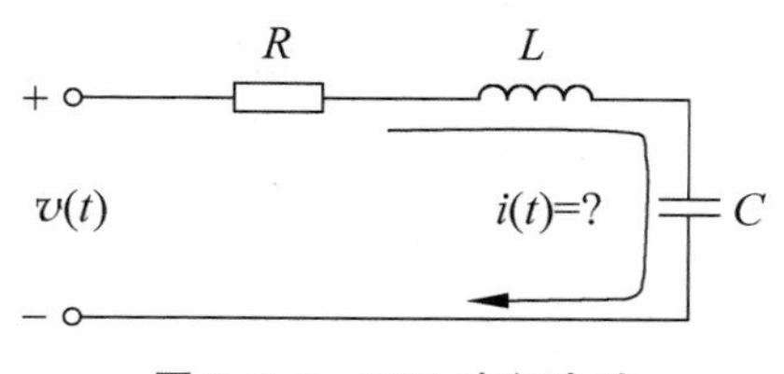

图 2.1.6　RCL 串行电路

解:列出回路方程为

$$L\frac{\mathrm{d}i(t)}{\mathrm{d}t}+Ri(t)+\frac{1}{C}\int i(t)\mathrm{d}t=v(t) \tag{2.1.8}$$

求解方程式(2.1.8)需要找准方法。如果令实数电流 $i(t)=I\cos(\omega_0 t+\phi)$，并将它代入方程式(2.1.8)中，求解 I 和 ϕ 是十分烦琐的，甚至难以求解得出来，而利用标量相量法就很方便解算。

如果将实际中的实信号表示成复信号，接着定义标量相量，然后将要解算的回路电流写成标量相量的形式后代入回路方程，这样就很容易求出标量相量，最后将标量相量乘上时间因素 $\mathrm{e}^{\mathrm{j}\omega_0 t}$ 后取实部即为所求电流。具体过程如下：

$$\begin{cases}v(t)=V\cos(\omega_0 t+\phi_0)=\mathrm{Re}[(V\mathrm{e}^{\mathrm{j}\phi_0})\mathrm{e}^{\mathrm{j}\omega_0 t}]=\mathrm{Re}(V_{\mathrm{s}}\mathrm{e}^{\mathrm{j}\omega_0 t})\\ i(t)=\mathrm{Re}[(I\mathrm{e}^{\mathrm{j}\phi})\mathrm{e}^{\mathrm{j}\omega_0 t}]=\mathrm{Re}(I_{\mathrm{s}}\mathrm{e}^{\mathrm{j}\omega_0 t})\end{cases} \tag{2.1.9}$$

式中：V_{s}、I_{s} 为标量相量，由振幅和相位两个参量组成，与时间无关。

对式(2.1.9)中的所求电流进行微分和积分运算，得到结果如下：

$$\frac{\mathrm{d}i(t)}{\mathrm{d}t}=\mathrm{Re}(\mathrm{j}\omega_0 I_{\mathrm{s}}\mathrm{e}^{\mathrm{j}\omega_0 t}),\quad \int i(t)\mathrm{d}t=\mathrm{Re}\left(\frac{I_{\mathrm{s}}}{\mathrm{j}\omega_0}\mathrm{e}^{\mathrm{j}\omega_0 t}\right) \tag{2.1.10}$$

将式(2.1.10)代入式(2.1.8)，得到的回路方程为

$$\left[R+\mathrm{j}\left(\omega_0 L-\frac{1}{\omega_0 C}\right)\right]I_{\mathrm{s}}=V_{\mathrm{s}} \tag{2.1.11}$$

所以，引入标量相量的概念后，结果求解变得特别清晰而简单，由式(2.1.11)容易得到电流相量：

$$\begin{aligned}I_{\mathrm{s}}&=\frac{1}{R+\mathrm{j}\left(\omega_0 L-\frac{1}{\omega_0 C}\right)}V_{\mathrm{s}}\\&=\frac{\sqrt{R^2+\left(\omega_0 L-\frac{1}{\omega_0 C}\right)^2}}{R^2+\left(\omega_0 L-\frac{1}{\omega_0 C}\right)^2}V\mathrm{e}^{\mathrm{j}\left(\phi_0-\arctan\frac{\omega_0 L-\frac{1}{\omega_0 C}}{R}\right)}\end{aligned} \tag{2.1.12}$$

标量相量确定以后，再按照 $I_{\mathrm{s}}\mathrm{e}^{\mathrm{j}\omega_0 t}$、$\mathrm{Re}(I_{\mathrm{s}}\mathrm{e}^{\mathrm{j}\omega_0 t})$ 两个步骤很容易得到所求的回路电流：

$$i(t)=\mathrm{Re}[I_{\mathrm{s}}\mathrm{e}^{\mathrm{j}\omega_0 t}]$$

$$=V\frac{\sqrt{R^2+\left(\omega_0 L-\frac{1}{\omega_0 C}\right)^2}}{R^2+\left(\omega_0 L-\frac{1}{\omega_0 C}\right)^2}\cos\left(\omega_0 t+\phi_0-\arctan\frac{\omega_0 L-\frac{1}{\omega_0 C}}{R}\right) \tag{2.1.13}$$

采用标量相量表征的思路，将电磁波场表征式拆分成矢量部分和非矢量部分，矢量部分用矢量相量表征。若需获得电磁波场的完整表达式，按上述两个步骤进行即可，在矢量相量表征的基础上加上时间因素。

2.2　电磁波场矢量的时变特性

2.1节详细介绍了单色波场的数学表达及其矢量性的矢量相量表征。显然，如果考虑时间因素，则矢量相量是时间的函数，从物理事实来讲，电磁波电场强度矢量是时变的，其幅度和指向要么之一在变，要么两者都在变。

2.2.1　极化含义

电磁波的极化，简单地说就是电磁波电场强度的矢量性及矢量的时变特性。极化在物理上的含义等同于光的偏振。电磁波极化示意如图2.2.1所示。

第3章将介绍非单色波的极化，思路是基于窄带性假设对频率取平均，再回归到单色波表征式，只不过该表征式中的幅相均随时间慢变，然后采用相干矩阵描述波场正交分量间的相关度和极化度。本书从此往后到3.5节，讨论的均为单色波的极化。

图2.2.1中电场强度矢量两旁的虚实箭头代表了波场矢量的两种相反旋转方向。通常情况下，以横电磁波传播的零距离点作横截面，波场矢量在横截面上要么顺时针旋转，要么逆时针旋转。也可能出现特殊的情况，后面的内容将会介绍到，波场矢量始终指向水平方向、垂直方向或斜线方向。

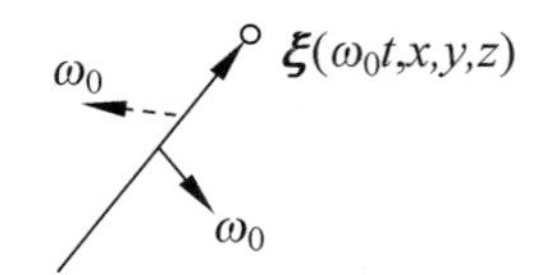

图2.2.1　电磁波极化示意

需要特别说明的是，从电场和磁场两个角度都可以等价地定义和研究电磁波的极化问题，但先前已经选择了从电场的角度论极化。电磁波的极化也称为极化状态、极化态、极化矢量、极化向量、极化方式等，这些名称的含义都一样。注意，电磁波极化与雷达极化、天线极化不能等同，是有区别的。

电磁波极化的两层含义：一是电磁波的矢量性，由其电场强度的矢量性来体现，并通过矢量相量进行描述和表征；二是电磁波在传播过程中电场强度矢量随时间变化的规律，其端点运动轨迹在传播距离横截面上的投影一般为椭圆形状，故用极化椭圆对极化的时变特性进行描述和表征。因为电磁波是周期振荡的，一个周期内的变化规律就能够代表整个时间轴上的变化规律。

电磁波电场强度矢量的时变特性也就是电磁波极化的时变特性，下面详细介绍其推导过程。

2.2.2 极化椭圆

极化时变规律在数学上的描述是一个椭圆形状。在波场传播方向上任作一横截面，在横截面上建立笛卡儿坐标系，并与传播方向一起构成右手坐标系。波场正交分解为水平和垂直两个分量，则单色平面电磁波的时变场为实数：

$$\begin{aligned}\boldsymbol{\xi}(\omega_0 t, x, y, z) &= \mathrm{Re}[\boldsymbol{E}(x,y,z)\mathrm{e}^{\mathrm{j}\omega_0 t}] \\ &= \mathrm{Re}[(|E_x|\mathrm{e}^{\mathrm{j}\phi_x}\hat{\boldsymbol{x}} + |E_y|\mathrm{e}^{\mathrm{j}\phi_y}\hat{\boldsymbol{y}})\mathrm{e}^{-\mathrm{j}kz}\mathrm{e}^{\mathrm{j}\omega_0 t}] \\ &= |E_x|\cos(\omega_0 t - kz + \phi_x)\hat{\boldsymbol{x}} + |E_y|\cos(\omega_0 t - kz + \phi_y)\hat{\boldsymbol{y}} \\ &= \xi_x(t)\hat{\boldsymbol{x}} + \xi_y(t)\hat{\boldsymbol{y}}\end{aligned} \tag{2.2.1}$$

显然，式(2.2.1)就是矢量相量加上了振荡周期的因素。令

$$\beta = \omega_0 t - kz \tag{2.2.2}$$

则有

$$\begin{cases}\dfrac{\xi_x(t)}{|E_x|} = \cos(\beta + \phi_x) = \cos\beta\cos\phi_x - \sin\beta\sin\phi_x & (2.2.3\mathrm{a}) \\ \dfrac{\xi_y(t)}{|E_y|} = \cos(\beta + \phi_y) = \cos\beta\cos\phi_y - \sin\beta\sin\phi_y & (2.2.3\mathrm{b})\end{cases}$$

式(2.2.3a)乘以 $\cos\phi_y$ 减去式(2.2.3b)乘以 $\cos\phi_x$，可得

$$\frac{\xi_x(t)}{|E_x|}\cos\phi_y - \frac{\xi_y(t)}{|E_y|}\cos\phi_x = \sin\beta\sin(\phi_y - \phi_x) \tag{2.2.4}$$

式(2.2.3a)乘以 $\sin\phi_y$ 减去式(2.2.3b)乘以 $\sin\phi_x$，可得

$$\frac{\xi_x(t)}{|E_x|}\sin\phi_y-\frac{\xi_y(t)}{|E_y|}\sin\phi_x=\cos\beta\sin(\phi_y-\phi_x) \tag{2.2.5}$$

式(2.2.4)、式(2.2.5)各自两边平方，平方后的两式再相加，可得到

$$\frac{\xi_x^2(t)}{|E_x|^2}-2\frac{\xi_x(t)}{|E_x|}\frac{\xi_y(t)}{|E_y|}\cos\phi+\frac{\xi_y^2(t)}{|E_y|^2}=\sin^2\phi \tag{2.2.6}$$

式中：$\phi=\phi_y-\phi_x$，是波场两个正交分量的相位差。

显然，该曲线是一个椭圆，该方程称为极化椭圆方程，简称为极化椭圆，如图 2.2.2 所示。

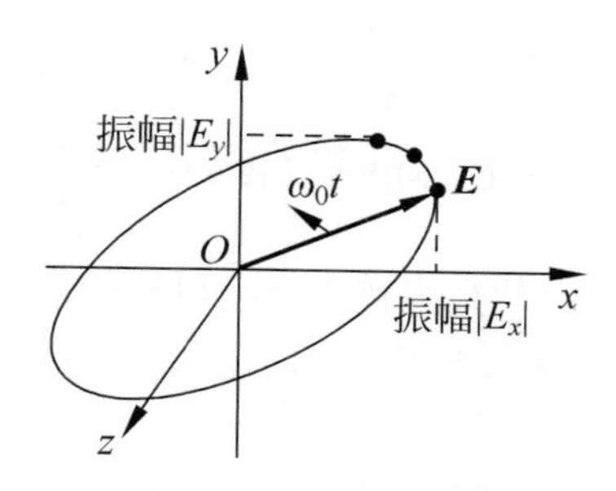

图 2.2.2　极化椭圆

极化椭圆物理含义：电磁波在一个振荡周期内或一个波长传播距离上，其电场强度矢量全部端点所形成的轨迹，投影到传播距离任一横截面上的几何形状，通常是一个椭圆，特殊时是一条直线(水平方向线、垂直方向线或过坐标原点的斜线)或一个圆。

由式(2.2.6)可以得到结论：极化椭圆由波场两个分量的振幅及其相位差决定，与传播距离、振荡周期无关。描述极化时变特性的极化椭圆，是理解、掌握有关极化其他知识点乃至于开展极化信息应用研究的核心概念。

如图 2.2.3 所示，横截面上的一个倾斜极化椭圆，其长短轴不在坐标轴上，表示一个振荡周期内全部电场强度矢量指向的汇总，也就是一个波长距离上的分布。从图中可以很直观地看到，每个距离点上的电场强度矢量都是不同的，强度不同，指向不同。

2.2.3　椭圆极化

椭圆极化泛指所有极化状态。水平极化、垂直极化、斜线极化、左旋圆极化、右旋圆极化等极化方式是一般性椭圆极化的特例，椭圆曲线方程的参数在满足一定条件的情况下就能转化成这些特殊极化。

椭圆极化与极化椭圆的概念内涵是不同的：椭圆极化的数学形状是一个椭圆曲线，同时还有物理上的旋向；而极化椭圆仅有数学含义，它是一个椭圆曲线方程，这个形状反映的

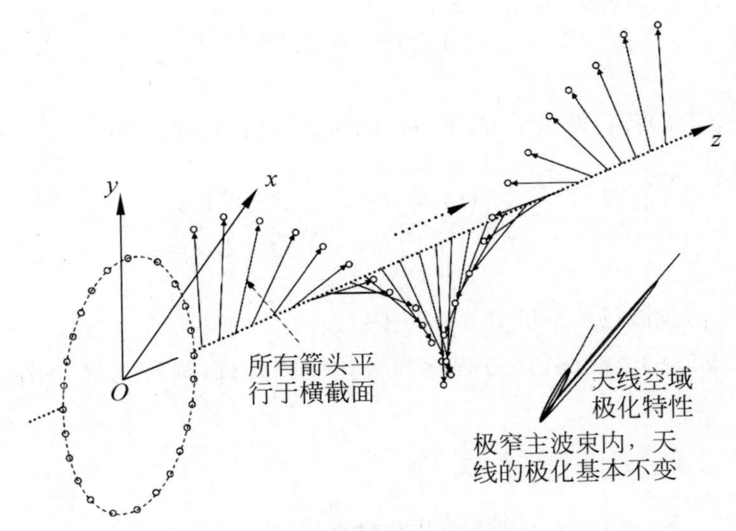

图 2.2.3 一个周期内电场强度矢量距离分布示意

是电场强度的端点轨迹，但端点以什么旋转方式获得该椭圆并未反映。这两个概念的相同点是同为椭圆形状；不同点是椭圆极化有旋向，是一个矢量，而极化椭圆不关心旋向，是一个标量。

椭圆极化的旋向定义分为两个步骤：第一步，定义波场时变角和规定"时变角的起量"。波场时变角的定义如图 2.2.4 所示。规定时变角从 x 轴起量，即笛卡儿坐标系的 x 轴看作零时刻。

其数学表达为

$$\psi(t)=\arctan\frac{\xi_y(t)}{\xi_x(t)}=\arctan\frac{|E_y|\cos(\beta+\phi_y)}{|E_x|\cos(\beta+\phi_x)} \tag{2.2.7}$$

式中，$\beta=\omega_0 t-kz$。

第二步，定义极化旋向。建立图 2.2.5 所示的右手坐标系，z 轴代表波场的传播方向，平面 xOy 是横截面。极化右旋，定义为顺着波的传播方向看，波场 $\boldsymbol{\xi}(t)$ 做顺时针旋转；极化左旋，定义为顺着波的传播方向看，波场 $\boldsymbol{\xi}(t)$ 做逆时针旋转。

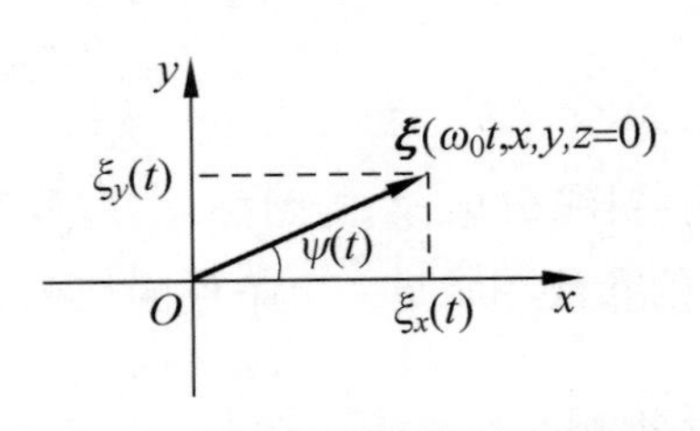

图 2.2.4 电场强度矢量时变角起量示意

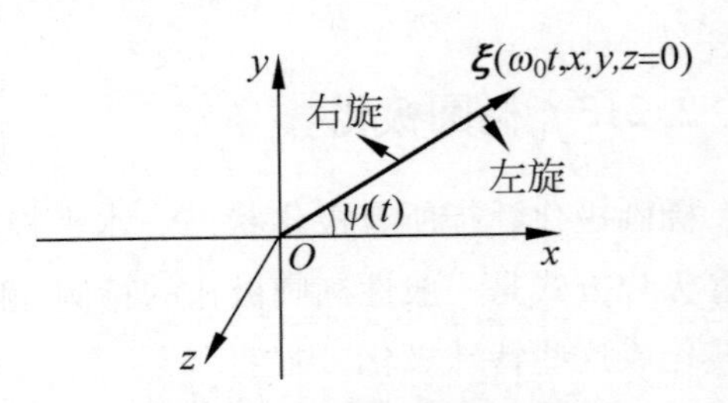

图 2.2.5 极化旋向定义示意

极化旋向的定义等价于右手法则：右手五指握成“赞许”的手势，将大拇指的指向调整到与波的传播方向一致，当电场强度矢量的时变方向与其余四指指向一致时，就吻合了上述右旋的定义；反之，就是左旋。下面推导并给出旋向的条件。时变场为

$$
\begin{aligned}
&\boldsymbol{\xi}(\omega_0 t, x, y, z) \\
&= |E_x| \cos(\omega_0 t - kz + \phi_x)\hat{\boldsymbol{x}} + |E_y| \cos(\omega_0 t - kz + \phi_y)\hat{\boldsymbol{y}} \\
&= \xi_x(t)\hat{\boldsymbol{x}} + \xi_y(t)\hat{\boldsymbol{y}}
\end{aligned}
$$

则时变角式

$$
\psi(t) = \arctan\frac{\xi_y(t)}{\xi_x(t)} \overset{\beta=\omega_0 t - kz}{=\!=\!=} \arctan\frac{|E_y| \cos(\beta + \phi_y)}{|E_x| \cos(\beta + \phi_x)}
$$

对 β 求导，得到

$$
\frac{\partial\psi}{\partial\beta} = \frac{(|E_y| / |E_x|)(d_1 + d_2)}{[1 + (d_3/d_4)]\cos^2(\beta + \phi_x)} \tag{2.2.8}
$$

式中

$$
d_1 = -\cos(\beta + \phi_x)\sin(\beta + \phi_y), \quad d_2 = \sin(\beta + \phi_x)\cos(\beta + \phi_y)
$$

$$
d_3 = |E_y|^2\cos^2(\beta + \phi_y), \quad d_4 = |E_x|^2\cos^2(\beta + \phi_x)
$$

为了简化表达式，又不至于影响结论，可将横截面选在零距离点($z=0$)上，将式(2.2.8)进一步对时间求导，得到时变角的变化率为

$$
\frac{\partial\psi}{\partial t} = \frac{\partial\psi}{\partial\beta}\frac{\partial\beta}{\partial t} \overset{z=0}{=\!=\!=} \frac{-\omega_0 |E_x||E_y| \sin\phi}{|E_x|^2\cos^2(\omega_0 t + \phi_x) + |E_y|^2\cos^2(\omega_0 t + \phi_y)} \tag{2.2.9}
$$

由式(2.2.9)得到

$$
\begin{cases}
\dfrac{\partial\psi}{\partial t} < 0, & 0 < \phi < +\pi \\[2ex]
\dfrac{\partial\psi}{\partial t} > 0, & -\pi < \phi < 0
\end{cases} \tag{2.2.10a}
$$

根据极化的旋向定义，得到右旋椭圆极化和左旋椭圆极化的条件，即

$$
\begin{cases}
-\pi < \phi < 0, & \text{右旋极化} \\
0 < \phi < +\pi, & \text{左旋极化}
\end{cases} \tag{2.2.10b}
$$

为了更好地理解和记忆，将数学结论式(2.2.10b)与旋向定义图2.2.5结合起来，重画得到图2.2.6。

显然，极化旋向由波场水平分量和垂直分量之间的相位差唯一决定，两种旋向的值域以零值点对称。这是极化各种参数化表征对称性的源头，在2.3节将详细讨论。极化对称性对理解十分抽象的极化概念以及实际利用该维信息都是十分重要的。

式(2.2.9)在描述和表征旋向的同时，也表达了极化的旋转速率：

$$\omega(t)=\frac{\partial\psi}{\partial t}=\frac{-\omega_0\,|E_x||E_y|\sin\phi}{|E_x|^2\cos^2(\omega_0 t+\phi_x)+|E_y|^2\cos^2(\omega_0 t+\phi_y)} \tag{2.2.11a}$$

由式(2.2.9)可知，一般情况下极化旋转速率是时变的，但圆极化时是恒定速率：

$$\omega(t)=\frac{\partial\psi}{\partial t}=\frac{-\omega_0\,|E_x||E_y|\sin\phi}{|E_x|^2\cos^2(\omega_0 t+\phi_x)+|E_y|^2\cos^2\left(\omega_0 t+\phi_x+\frac{\pi}{2}\right)}=\pm\omega_0 \tag{2.2.11b}$$

ω_0 取“+”号对应右旋，取“−”号对应左旋，如图2.2.7所示。

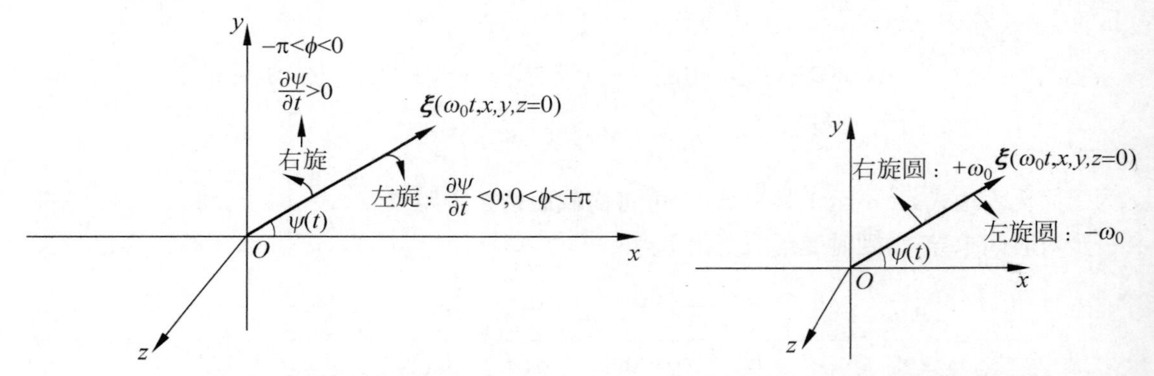

图2.2.6 极化旋向及条件

图2.2.7 圆极化恒速旋转

在零距离处，式(2.2.1)可简化为

$$\boldsymbol{\xi}(\omega_0 t,x,y,z=0)=|E_x|\cos(\omega_0 t+\phi_x)\hat{\boldsymbol{x}}+|E_y|\cos(\omega_0 t+\phi_y)\hat{\boldsymbol{y}} \tag{2.2.12}$$

由式(2.2.12)得到

$$|\boldsymbol{\xi}|^2=\boldsymbol{\xi}^{\mathrm{H}}\boldsymbol{\xi}=|E_x|^2\cos^2(\omega_0 t+\phi_x)+|E_y|^2\cos^2(\omega_0 t+\phi_y) \tag{2.2.13}$$

式中，H 是共轭转置运算符。

则式(2.2.9)可简化为

$$\omega(t)=\frac{\partial\psi}{\partial t}=\frac{-\omega_0\,|E_x||E_y|\sin\phi}{|\boldsymbol{\xi}|^2} \tag{2.2.14}$$

在极化椭圆半长轴 m 上，$|\boldsymbol{\xi}|=m$ 最大，则旋转速率最小：

$$\omega_{\min}(t)=\left(\frac{\partial\psi}{\partial t}\right)_{\min}=\frac{-\omega_0\,|E_x||E_y|\sin\phi}{m} \tag{2.2.15}$$

在极化椭圆半短轴 n 上，$|\boldsymbol{\xi}|=n$ 最小，则旋转速率最大：

$$\omega_{\max}(t)=\left(\frac{\partial\psi}{\partial t}\right)_{\max}=\frac{-\omega_0\,|E_x||E_y|\sin\phi}{n} \tag{2.2.16}$$

2.2.4　特殊极化

椭圆形状改变，则波场矢量端点运动轨迹改变，可以得到特殊极化：水平极化、垂直极化、斜线极化，如图 2.2.8 所示；左旋圆极化、右旋圆极化，如图 2.2.9 所示。

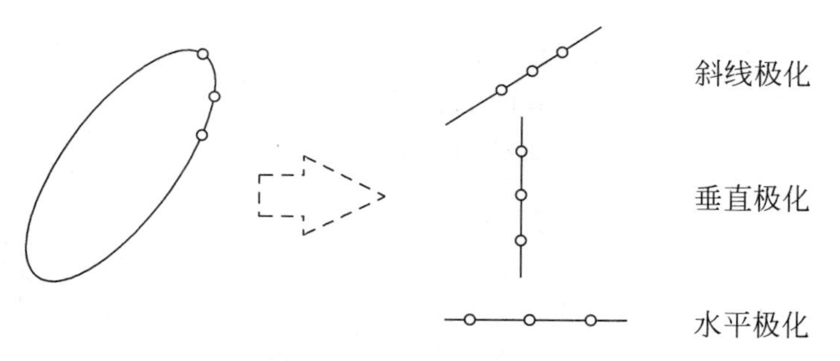

图 2.2.8　椭圆极化变线极化示意

由椭圆方程得到特殊极化的波场参数的约束条件：

水平极化：$|E_y|=0$

垂直极化：$|E_x|=0$

斜线极化：$\phi=0,\pm\pi$

左旋圆极化：$\phi=+\frac{\pi}{2}$，$|E_x|=|E_y|$

右旋圆极化：$\phi=-\frac{\pi}{2}$，$|E_x|=|E_y|$

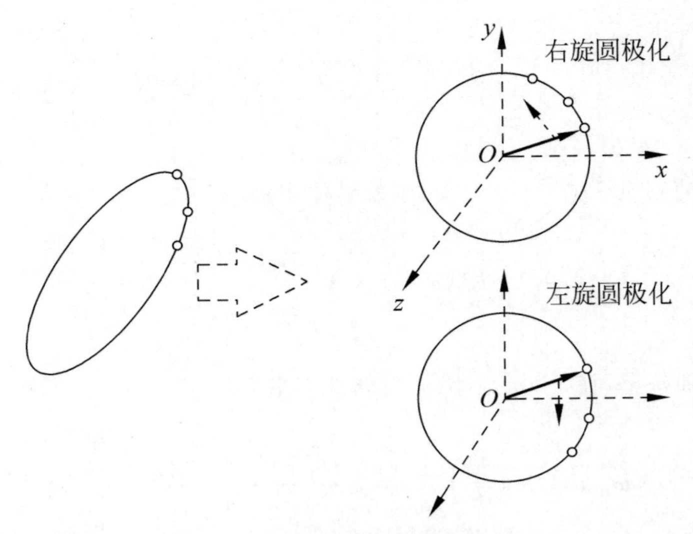

图 2.2.9 椭圆极化变圆极化示意

2.2.5 极化实现

根据式(2.2.6),极化椭圆取决于波场两个正交分量的振幅(实际上是两个正交分量振幅的比值,2.3 节将会介绍)及其相位差。这个结论用以指导极化的硬件实现,核心就是两样器件,功分器用来实现两个正交分量振幅比值的变化,移相器用来实现其相位差的改变。极化产生的硬件方案很多,在此仅列举两个最简单的例子。

图 2.2.10 是半波振子天线的搭建案例。

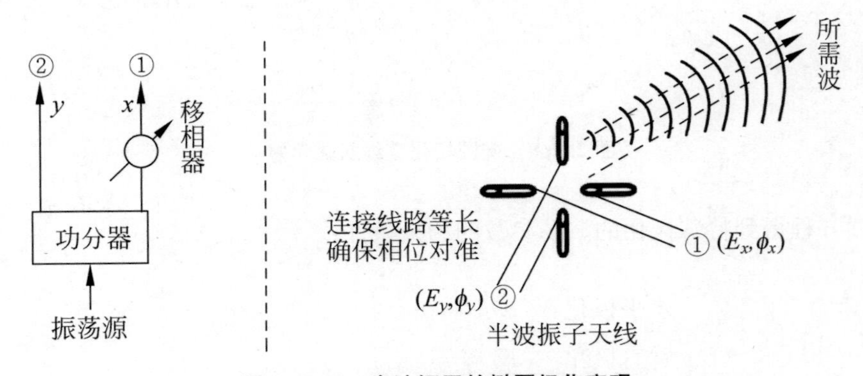

图 2.2.10 半波振子的椭圆极化实现

半波振子的椭圆极化实现过程:由高稳定度振荡源产生振荡信号 $\cos\omega_0 t$ 送入功分器;调节功率分配器的相关参数以实现两个支路上分量的功率调节;移相器置于两个支路的其中一路,调节相应的参数以实现两个分量相位差的变化;最后通过半波振子天线辐射出去,即可获得所需极化的电磁波。

上述工作过程还隐含了另一层意思，可以产生变极化。显然，若功分器和移相器的参数组取值恒定且不变化，则所产生的极化就是某个固定极化。

图 2.2.11 是方形波导搭建案例。

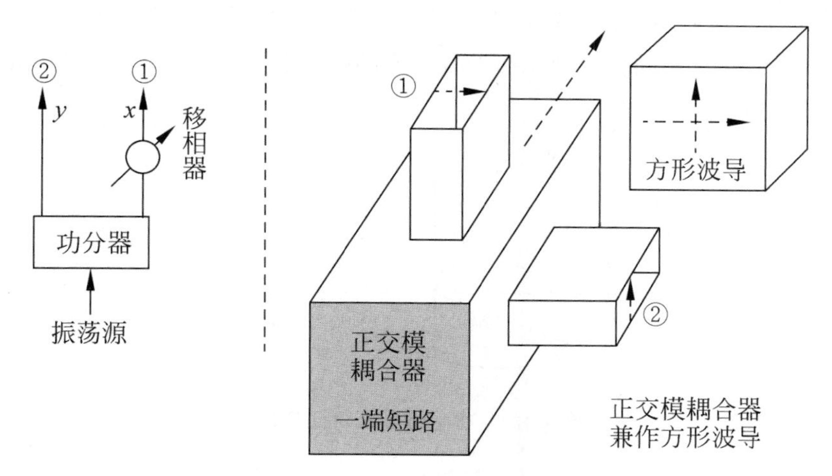

图 2.2.11　方形波导的椭圆极化实现

方形波导的椭圆极化实现过程：由高稳定度振荡源产生振荡信号 $\cos\omega_0 t$ 送入功分器；调节功率分配器、移相器的相关参数，实现幅相变化；幅相调节后的信号分两路进入正交模耦合器(端头短路，兼作方形波导)并在其中进行矢量合成；最后由天线辐射出去，即可获得所需极化的电磁波。与第一个例子一样，该方案既可产生变极化也可产生固定极化。

2.3　极化的参数化表征及其对称性

电磁波极化在物理上等同于光的偏振，很抽象，似乎不易掌握。但如果找准了角度去观察和阐释它，就能更好地理解和掌握乃至利用，极化的参数化表征及其对称性，就是这样的一个角度。

将极化矢量进行参数化处理和表征，使无形变有形，似乎看得见摸得着。而且在参数化表征过程中，无论是参数的值域，还是参数的几何图形描述，都能在数学上体现对称性的美感，这使得对极化的理解和记忆变得容易，是掌握极化其他知识点的关键所在。本节将介绍极化矢量参数化表征的多种方法。

2.3.1　极化的椭圆参数表征与极化平面

极化的椭圆参数表征是利用极化椭圆几何参数完整地表征极化，涉及如何刻画极化椭圆和如何确定极化旋向两个方面。

如果极化椭圆的形状和摆姿以及极化旋向一经固定，则极化确定不变。极化椭圆可用两个几何参数来刻画，即由椭圆率角描述椭圆形状（圆扁程度），由倾角决定椭圆摆姿；而极化旋向则由参数值域决定。2.2 节已介绍，旋向取决于波场两个正交分量之间相位差的正、负取值，负值对应右旋，正值是左旋，而这个结论必然会映射到椭圆的几何参数上。

图 2.3.1 所示的极化椭圆两个几何参数即椭圆率角和椭圆倾角，再加上其值域中的取值，能够确定某一种特定极化。

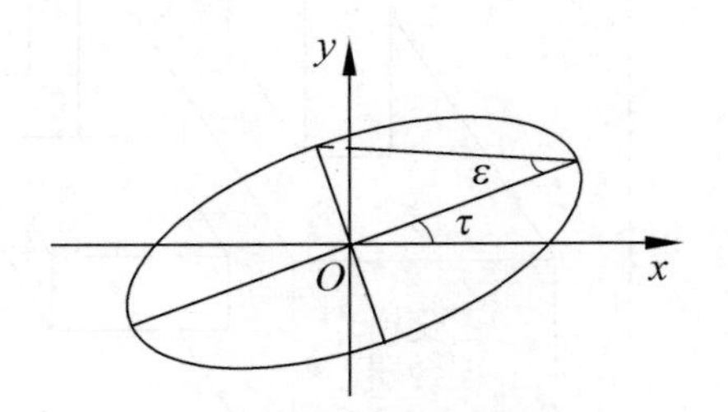

图 2.3.1 极化椭圆及表征参数

要特别注意：倾角值域是 $0\leqslant\tau<\pi$，超出此范围即出现椭圆的重复样本；波场两正交分量之间的相位差既然是极化旋向的唯一决定因素，那么它一定会以某种方式映射在椭圆率角的值域拓展上。纯数学意义上的椭圆率角是正值，负值没有意义；但在极化问题的研究中，负值赋予了物理含义，变得有意义。

极化椭圆由两个正交分量的振幅和相位差决定，与频率等因素无关，因此可以推断几何参数也一定由两个正交分量的振幅和相位差来表征。下面给出几何参数求解及其值域确定的详细过程。

1. 坐标变换

由图 2.3.2 的变换坐标系可以看出，极化椭圆在 xOy 笛卡儿坐标系中是一个倾斜椭圆，而在 $\zeta O\eta$ 笛卡儿坐标系中则是一个无倾斜的标准椭圆。也就是说，$\zeta O\eta$ 在 xOy 的基础上有一个 τ 值角的倾斜。利用这两个笛卡儿坐标系的倾斜变换关系，可以解决极化椭圆几何参数的求解问题。

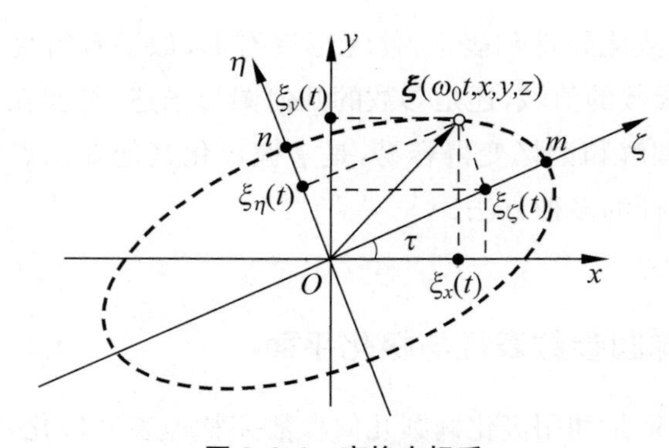

图 2.3.2 变换坐标系

现实物理世界的波场是实数，它由矢量相量和振荡时间等因素组成，即

$$\begin{aligned}\boldsymbol{\xi}(\omega_0 t,x,y,z)&=\mathrm{Re}[\boldsymbol{E}(x,y,z)\exp(\mathrm{j}\omega_0 t)]\\&=|E_x|\cos(\omega_0 t-kz+\phi_x)\hat{\boldsymbol{x}}+|E_y|\cos(\omega_0 t-kz+\phi_y)\hat{\boldsymbol{y}}\end{aligned}\tag{2.3.1}$$

下面的推导为了简化表达式，各坐标系的分量表达式中均省略了时间变量，比如：

$$\xi_x(t)\rightarrow\xi_x,\quad \xi_y(t)\rightarrow\xi_y$$

在 xOy 笛卡儿坐标系中，有

$$\boldsymbol{\xi}=\xi_x\hat{\boldsymbol{x}}+\xi_y\hat{\boldsymbol{y}}\tag{2.3.2}$$

在 $\zeta O\eta$ 笛卡儿坐标系中，有

$$\boldsymbol{\xi}=\xi_\zeta\hat{\boldsymbol{\zeta}}+\xi_\eta\hat{\boldsymbol{\eta}}\tag{2.3.3}$$

令 $\beta=\omega_0 t-kz$，由图 2.3.2，利用直角三角函数关系，可以得到椭圆上某点即波场两个正交分量在两套笛卡儿坐标系中的如下关系：

$$\begin{cases}\xi_x=\xi_\zeta\cos\tau-\xi_\eta\sin\tau & (2.3.4\mathrm{a})\\ \xi_y=\xi_\zeta\sin\tau+\xi_\eta\cos\tau & (2.3.4\mathrm{b})\end{cases}$$

通过式(2.3.4a)乘以 $\cos\tau$ 加上式(2.3.4b)乘以 $\sin\tau$，式(2.3.4b)乘以 $\cos\tau$ 减去式(2.3.4a)乘以 $\sin\tau$，可得

$$\begin{cases}\xi_\zeta=\xi_x\cos\tau+\xi_y\sin\tau\\ \xi_\eta=-\xi_x\sin\tau+\xi_y\cos\tau\end{cases}\tag{2.3.5}$$

式(2.3.5)就是极化椭圆上某点的坐标变换公式。另外，在 $\zeta O\eta$ 笛卡儿坐标系中，椭圆是不倾斜的，其表达式可以写成

$$\begin{cases}\xi_\zeta=m\cos(\beta+\phi_0)\\ \xi_\eta=\pm n\sin(\beta+\phi_0)\end{cases}\tag{2.3.6}$$

式中：m、n 分别为椭圆的半长轴和半短轴；ϕ_0 表示绝对相位；“+”和“−”号代表单色波场端点形成极化椭圆时的相反旋向即极化的相反旋向。

2. 极化椭圆几何参数解算

推导极化椭圆几何参数的思路：通过式(2.3.5)和式(2.3.6)得到椭圆长短轴之比同单色波场正交分量之间的关系，再利用这种关系求得极化椭圆几何参数与波场正交分量参数的关系式。具体过程如下：

1）先考虑式(2.3.6)中取“+”号的情况

根据式(2.3.1)，即

$$\begin{aligned}\boldsymbol{\xi} &= \mathrm{Re}[\boldsymbol{E}\exp(\mathrm{j}\omega_0 t)] \\ &= |E_x|\cos(\omega_0 t - kz + \phi_x)\hat{\boldsymbol{x}} + |E_y|\cos(\omega_0 t - kz + \phi_y)\hat{\boldsymbol{y}} \\ &= \xi_x\hat{\boldsymbol{x}} + \xi_y\hat{\boldsymbol{y}} \\ &= \xi_\zeta\hat{\boldsymbol{\zeta}} + \xi_\eta\hat{\boldsymbol{\eta}}\end{aligned}$$

令 $\beta=\omega_0 t-kz$，则可写出

$$\begin{cases}\dfrac{\xi_x}{|E_x|} = \cos\beta\cos\phi_x - \sin\beta\sin\phi_x \\ \dfrac{\xi_y}{|E_y|} = \cos\beta\cos\phi_y - \sin\beta\sin\phi_y\end{cases} \tag{2.3.7}$$

将式(2.3.7)替换式(2.3.5)中的 x 分量后，再利用与式(2.3.6)中的分量相等，可得

$$\begin{aligned}m(\cos\beta\cos\phi_0 - \sin\beta\sin\phi_0) = {}& |E_x|(\cos\beta\cos\phi_x - \sin\beta\sin\phi_x)\cos\tau + \\ & |E_y|(\cos\beta\cos\phi_y - \sin\beta\sin\phi_y)\sin\tau\end{aligned} \tag{2.3.8}$$

$$\begin{aligned}+n(\sin\beta\cos\phi_0 + \cos\beta\sin\phi_0) = {}& -|E_x|(\cos\beta\cos\phi_x - \sin\beta\sin\phi_x)\sin\tau + \\ & |E_y|(\cos\beta\cos\phi_y - \sin\beta\sin\phi_y)\cos\tau\end{aligned} \tag{2.3.9}$$

令式(2.3.8)和式(2.3.9)中 $\cos\beta$ 和 $\sin\beta$ 的系数相等，得到

$$\begin{cases}m\cos\phi_0 = |E_x|\cos\phi_x\cos\tau + |E_y|\cos\phi_y\sin\tau & (2.3.10\text{a}) \\ m\sin\phi_0 = |E_x|\sin\phi_x\cos\tau + |E_y|\sin\phi_y\sin\tau & (2.3.10\text{b}) \\ +n\cos\phi_0 = |E_x|\sin\phi_x\sin\tau - |E_y|\sin\phi_y\cos\tau & (2.3.10\text{c}) \\ +n\sin\phi_0 = -|E_x|\cos\phi_x\sin\tau + |E_y|\cos\phi_y\cos\tau & (2.3.10\text{d})\end{cases}$$

由式(2.3.10)中的四个方程各自两边平方，所得新的四个方程两边相加，得到

$$m^2 + n^2 = |E_x|^2 + |E_y|^2 \tag{2.3.11}$$

式(2.3.10a)乘以式(2.3.10c)加上式(2.3.10b)乘以式(2.3.10d)，得到

$$+mn=-|E_x||E_y|\sin\phi \tag{2.3.12}$$

因为椭圆的长、短轴不能同时为零，则有

$$mn\geqslant 0$$

所以，要使式(2.3.12)成立，单色波场两个正交分量的相位差必须满足

$$-\pi\leqslant\phi\leqslant 0 \tag{2.3.13}$$

根据2.2节相位差与旋向关系的结论，相位差负的取值代表右旋极化，所以“+”号对应单色波场的右旋极化情况。下来将介绍这个旋向结论是如何映射到极化椭圆几何参数的椭圆率角上的。

推导倾角：

利用式(2.3.10c)除以式(2.3.10a)等于式(2.3.10d)除以式(2.3.10b)这一运算关系可得

$$\begin{aligned}+\frac{n}{m}&=\frac{|E_x|\sin\phi_x\sin\tau-|E_y|\sin\phi_y\cos\tau}{|E_x|\cos\phi_x\cos\tau+|E_y|\cos\phi_y\sin\tau}\\&=\frac{-|E_x|\cos\phi_x\sin\tau+|E_y|\cos\phi_y\cos\tau}{|E_x|\sin\phi_x\cos\tau+|E_y|\sin\phi_y\sin\tau}\end{aligned} \tag{2.3.14}$$

式(2.3.14)交叉相乘后得到

$$(|E_x|^2-|E_y|^2)\sin2\tau=2|E_x||E_y|\cos2\tau\cos\phi$$

即

$$\tan2\tau=\tan2\gamma\cos\phi \tag{2.3.15}$$

其中

$$\tan\gamma=|E_y|/|E_x|,\quad 0\leqslant\gamma<\pi/2$$

由式(2.3.15)可以得出结论：倾角取决于波场两个正交分量的振幅比值和它们之间的相位差，而与波场的振荡频率等其他因素无关。因为得到相位差的取值范围已确定了极化右旋，该相位差的余弦 $\cos\phi$ 可正、可负，而 $\tan2\gamma$ 在取值范围内也可正、可负。详细分析倾角

表达式(2.3.15)可知，多种组合结果使得倾角完全可能处于坐标系的任何象限，正、负倾角都存在，与极化右旋不构成唯一对应关系，从物理上来讲，倾角反映不了极化旋向问题。那么极化椭圆几何参数要能够反映极化的旋向，就只能寄希望于极化椭圆的椭圆率角。

根据式(2.3.11)、式(2.3.12)推导椭圆率角：

$$\frac{-2mn}{m^2+n^2}=\frac{2\left(-\frac{n}{m}\right)}{1+\left(-\frac{n}{m}\right)^2}\overset{\tan\varepsilon_1=-\frac{n}{m}}{=\!=\!=}\frac{2\tan\varepsilon_1}{1+\tan^2\varepsilon_1} \tag{2.3.16}$$

即

$$\sin 2\varepsilon_1=\frac{2|E_x||E_y|}{|E_x|^2+|E_y|^2}\sin\phi=\sin 2\gamma\sin\phi \tag{2.3.17}$$

因为$\gamma\in[0,\pi/2]$，所以$\sin 2\gamma\geqslant 0$。而根据已经确定相位差的取值范围，显然有$\sin\phi\leqslant 0$。因此，得到椭圆率角的取值范围为

$$-\pi/4\leqslant\varepsilon_1\leqslant 0 \tag{2.3.18}$$

式(2.3.18)是椭圆率参数值域的拓展：纯数学意义上的椭圆率角应该是正值，而对应所有右旋极化出现了负的值域。由此也可以推论，当式(2.3.6)中取“－”号的情况时，可以推论得出椭圆率为对称的正的取值范围，并对应于单色波场全部的左旋极化，下面推导验证。

2）式(2.3.6)取“－”号的情况

重复上述过程，得到关系式

$$m^2+n^2=|E_x|^2+|E_y|^2,\quad -mn=-|E_x||E_y|\sin\phi \tag{2.3.19}$$

要使式(2.3.19)成立，显然需要满足

$$0\leqslant\phi\leqslant\pi \tag{2.3.20}$$

根据前面相位差与旋向关系，“－”号对应左旋极化的情况。

推导倾角：

利用式(2.3.10c)除以式(2.3.10a)等于式(2.3.10d)除以式(2.3.10b)这一运算关系可得

$$-\frac{n}{m}=\frac{|E_x|\sin\phi_x\sin\tau-|E_y|\sin\phi_y\cos\tau}{|E_x|\cos\phi_x\cos\tau+|E_y|\cos\phi_y\sin\tau}$$

$$=\frac{-|E_x|\cos\phi_x\sin\tau+|E_y|\cos\phi_y\cos\tau}{|E_x|\sin\phi_x\cos\tau+|E_y|\sin\phi_y\sin\tau} \tag{2.3.21}$$

式(2.3.21)交叉相乘后得到

$$(|E_x|^2-|E_y|^2)\sin2\tau=2|E_x||E_y|\cos2\tau\cos\phi \tag{2.3.22}$$

即

$$\tan2\tau=\tan2\gamma\cos\phi \tag{2.3.23}$$

得到椭圆率角：

$$\frac{2mn}{m^2+n^2}=\frac{2\left(\frac{n}{m}\right)}{1+\left(\frac{n}{m}\right)^2}\overset{\tan\varepsilon_2=\frac{n}{m}}{=\!=}\frac{2\tan\varepsilon_2}{1+\tan^2\varepsilon_2} \tag{2.3.24}$$

即

$$\sin2\varepsilon_2=\frac{2|E_x||E_y|}{|E_x|^2+|E_y|^2}\sin\phi=\sin2\gamma\sin\phi \tag{2.3.25}$$

根据式(2.3.20)的相位差结果，代入式(2.3.25)后得到

$$0\leqslant\varepsilon_2\leqslant\pi/4 \tag{2.3.26}$$

得到

$$\varepsilon_2=-\varepsilon_1 \tag{2.3.27}$$

从式(2.3.18)和式(2.3.26)可以看出，“＋”号和“－”号分别代表了极化的不同旋向，并由此对纯数学意义的椭圆率角附加上了物理内涵，其值域由正取值拓展到了对称的负取值。

纯数学意义的椭圆率角(统一用符号 ε)定义：

$$\tan\varepsilon=\frac{\text{半短轴}}{\text{半长轴}}=\frac{n}{m},\quad 0\leqslant\varepsilon\leqslant\pi/4 \tag{2.3.28}$$

将式(2.3.17)和式(2.3.25)统一起来，可以得到椭圆率角与波场正交分量参数之间的关系及相关结论：

$$\sin 2\varepsilon = \sin 2\gamma \sin\phi$$

右旋极化时，有$-\pi < \phi < 0$，得到椭圆率角在值域的负区间取值：

$$\varepsilon \in [-\pi/4 \quad 0]$$

左旋极化时，有$0 < \phi < +\pi$，得到椭圆率角在值域的正区间取值：

$$\varepsilon \in [0 \quad +\pi/4]$$

由上述结论可以看到，如果少了负的椭圆率，就不能“遍历”所有极化态，极化状态刚好少了一半，那么数学表达就不完整。为了便于记忆，归纳上述结果和结论，极化椭圆几何参数解的算式为

$$\begin{cases} \tan 2\tau = \dfrac{2\,|E_x|\,|E_y|\cos\phi}{|E_x|^2 - |E_y|^2} = \tan 2\gamma \cos\phi & (2.3.29\text{a}) \\ \sin 2\varepsilon = \dfrac{2\,|E_x|\,|E_y|}{|E_x|^2 + |E_y|^2}\sin\phi = \sin 2\gamma \sin\phi & (2.3.29\text{b}) \end{cases}$$

同时，得到旋向与参数值域的对应关系：

$$\text{右旋} \leftrightarrow \phi \in (-\pi \quad 0) \leftrightarrow \varepsilon \in (-\pi/4 \quad 0)$$
$$\text{左旋} \leftrightarrow \phi \in (0 \quad +\pi) \leftrightarrow \varepsilon \in (0 \quad +\pi/4)$$

3）关于“±”号的进一步说明

根据式(2.2.10b)极化旋向与相位差关系的结论，很容易得到式(2.3.6)。在图2.3.2中，单独画出$\zeta O\eta$笛卡儿坐标系，极化椭圆在其中是无倾斜的标准椭圆，如图2.3.3所示。

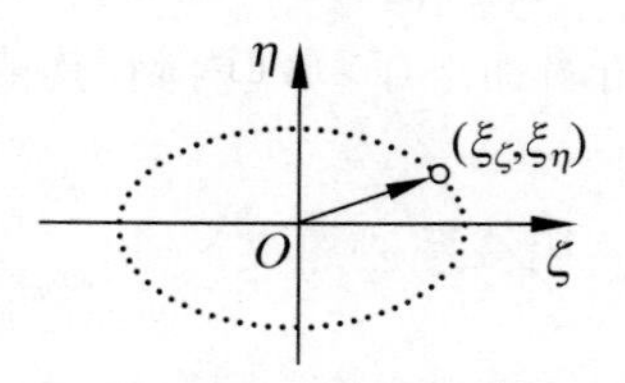

图2.3.3　无倾斜椭圆

无倾斜的标准椭圆需满足的条件是

$$\phi_{\zeta\eta}=\pm\frac{\pi}{2}, \quad |E_\zeta|\neq|E_\eta|$$

根据前面极化旋向与相位差关系的结论，相位差取负时为右旋，取正时为左旋。将相位差和振幅的条件式代入标准椭圆表达式

$$\begin{cases}\xi_\zeta=m\cos(\beta+\phi_0)\\ \xi_\eta=n\cos(\beta+\phi_0+\phi_{\zeta\eta})\end{cases}$$

可得

$$\begin{cases}\xi_\zeta=m\cos(\beta+\phi_0) & (2.3.30\text{a})\\ \xi_\eta=n\cos(\beta+\phi_0\mp\pi/2)=\pm n\sin(\beta+\phi_0) & (2.3.30\text{b})\end{cases}$$

式(2.3.30b)中无论是取正还是取负，数学意义上的椭圆是相同的。正、负号的物理含义可通过分析波场矢量端点的运动轨迹来确定：第一步确定起始，令 $\beta+\phi_0=0\rightarrow\xi_\zeta=m,\xi_\eta=0$；第二步看波场端点的运动方向，在取“+”号的情况下，t 以极小量开始增加时，有 $\xi_\zeta>0$，$\xi_\eta>0$，可以看到电场强度矢量端点在 $\zeta O\eta$ 笛卡儿坐标系中按逆时针旋转，如图 2.3.4 所示；类似地，显然 $\xi_\zeta>0,\xi_\eta<0$ 是取“−”号的结果，波场矢量端点在 $\zeta O\eta$ 笛卡儿坐标系中按顺时针方向旋转，如图 2.3.5 所示。

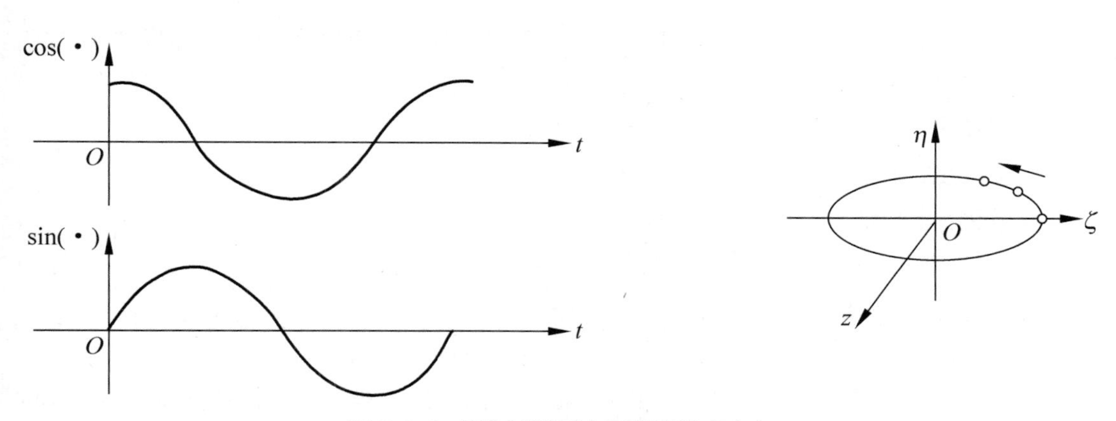

图 2.3.4 取“+”号时电场强度端点走向

在 $\zeta O\eta$ 笛卡儿坐标系的基础上建立包括电磁波传播方向的右手系，利用右手法则，根据旋向定义很容易得出：图 2.3.4 为右旋极化，图 2.3.5 为左旋极化。

3. (ε,τ)极化平面

前面已经介绍了极化椭圆几何参数的解算及其参数值域对称性的问题，椭圆率角和椭圆倾角这一对几何参数所构成的极化平面显然也具有对称性，如图 2.3.6 所示。

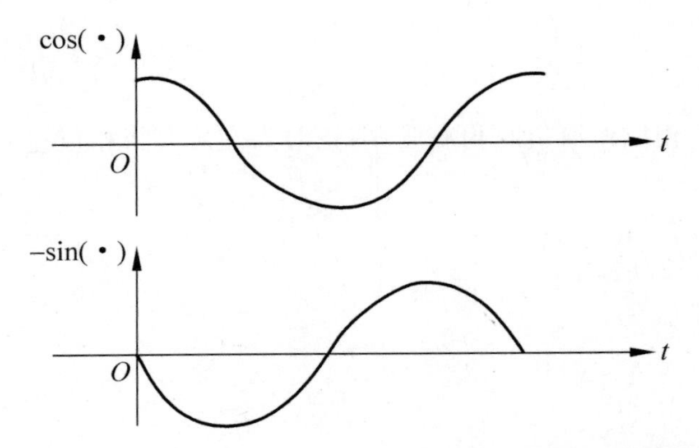

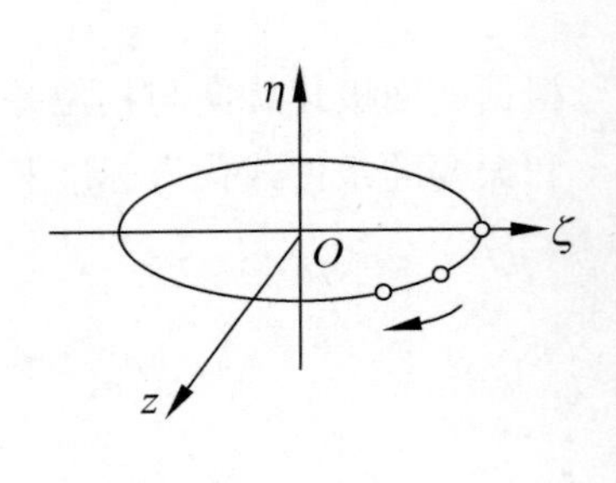

图 2.3.5 取“—”号时电场强度端点走向

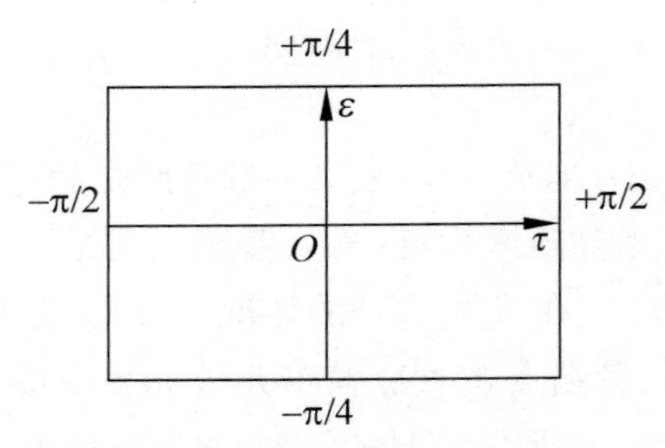

图 2.3.6 (ε,τ)极化平面

利用关系式 $\sin 2\varepsilon=\sin 2\gamma\sin\phi$ 和 $\tan 2\tau=\tan 2\gamma\cos\phi$，按照参数取值范围，可以得到$(\varepsilon,\tau)$平面上的极化分布如下：

右旋极化：下半平面，$\phi\in(-\pi,0)\rightarrow\varepsilon<0$

左旋极化：上半平面，$\phi\in(0,+\pi)\rightarrow\varepsilon>0$

线极化：水平轴，$\phi=0,\pm\pi\rightarrow\varepsilon=0$

$(0,0)$为水平极化，$(0,\pm\pi/2)$为垂直极化，其他处为任意线极化。

圆极化：上、下横线，$\phi=\pm\pi/2,\gamma=\pi/4\rightarrow\varepsilon=\pm\pi/4$

无倾斜椭圆极化：3 根竖线，$\phi=\pm\pi/2,\gamma\neq\pi/4\rightarrow\tau=0,\pm\pi/2$

由极化的分布情况可以看出：平面点与极化态的对应不唯一；左旋极化和右旋极化的平面分布，上、下两个半平面是对称的。

2.3.2 极化的线极化比表征与极化平面

用极化椭圆的几何参数(ε,τ)和参数值域的对称性，形象直观地描述并表征了单色波场极化矢量，非常有利于对波物理特性的了解。下面介绍极化参数化表征的另一种方法，即线极化比表征。

线极化比的定义如下：

$$P=\frac{E_y}{E_x}=\frac{|E_y|\mathrm{e}^{\mathrm{j}\phi_y}}{|E_x|\mathrm{e}^{\mathrm{j}\phi_x}}=\tan\gamma\mathrm{e}^{\mathrm{j}\phi} \tag{2.3.31}$$

式中：γ 为极化关系角。极化关系角与相位差共同构成了线极化比的两个参量，也称(γ,ϕ)这一对参数为极化相位描述子，它们的值域为

$$\gamma\in[0\quad\pi/2],\quad \phi\in[-\pi\quad\pi]$$

参数值域确保了极化的“遍历”。

(γ,ϕ)极化平面如图 2.3.7 所示。

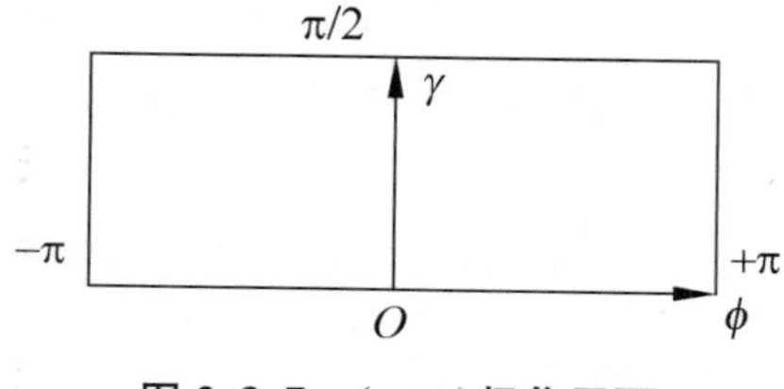

图 2.3.7　(γ,ϕ)极化平面

由(γ,ϕ)极化平面可以得到极化的分布情况如下：

右旋极化：左半平面，$\phi\in(-\pi,0)$

左旋极化：右半平面，$\phi\in(0,+\pi)$

水平极化：横线，$\gamma=0$

垂直极化：横线，$\gamma=\pi/2$

斜线极化：3 根竖线，$\phi=0,\pm\pi$

右旋圆极化：$(\phi,\gamma)=(-\pi/2,\gamma=\pi/4)$

左旋圆极化：$(\phi,\gamma)=(+\pi/2,\gamma=\pi/4)$

无倾斜椭圆极化：$\phi=\pm\pi/2,\gamma$ 任意

从平面上的极化分布情况可以看出：平面点与极化态的对应不唯一；左旋极化和右旋极化的平面分布，左、右半平面对称。

2.3.3　极化的圆极化比表征与复极化平面

波场以左、右旋圆极化基做正交分解，基于此提出圆极化比概念并以两个正交分量的幅度比值作定义。极化基虽有无穷多对，但波场通常选择水平、垂直线极化基和左、右旋圆极化基做正交分解：

$$\boldsymbol{\xi}(\omega_0, x, y, z) = E_0[a\hat{\boldsymbol{x}} + b\mathrm{e}^{\mathrm{j}\phi}\hat{\boldsymbol{y}}]\mathrm{e}^{\mathrm{j}(\omega_0 t - kz + \phi_x)} \tag{2.3.32a}$$

$$\boldsymbol{\xi}(\omega_0, x, y, z) = E_0[E_\mathrm{L}\boldsymbol{\omega}_\mathrm{L} + E_\mathrm{R}\boldsymbol{\omega}_\mathrm{R}]\mathrm{e}^{\mathrm{j}(\omega_0 t - kz + \phi_x)} \tag{2.3.32b}$$

式中：$(\hat{\boldsymbol{x}}, \hat{\boldsymbol{y}})$是一对水平垂直线极化基；$(\boldsymbol{\omega}_\mathrm{L}, \boldsymbol{\omega}_\mathrm{R})$是一对左、右旋圆极化基，两个正交波$\boldsymbol{\omega}_\mathrm{L}$和$\boldsymbol{\omega}_\mathrm{R}$可用水平、垂直线极化基表达为

$$\boldsymbol{\omega}_\mathrm{L} = \hat{\boldsymbol{x}} + \mathrm{j}\hat{\boldsymbol{y}} = \sqrt{2}\left(\frac{1}{\sqrt{2}}\hat{\boldsymbol{x}} + \frac{1}{\sqrt{2}}\mathrm{e}^{+\mathrm{j}\pi/2}\hat{\boldsymbol{y}}\right) \tag{2.3.33}$$

$$\boldsymbol{\omega}_\mathrm{R} = \hat{\boldsymbol{x}} - \mathrm{j}\hat{\boldsymbol{y}} = \sqrt{2}\left(\frac{1}{\sqrt{2}}\hat{\boldsymbol{x}} - \frac{1}{\sqrt{2}}\mathrm{e}^{-\mathrm{j}\pi/2}\hat{\boldsymbol{y}}\right) \tag{2.3.34}$$

将圆极化基写成实数时，传播中的时变场的形式为

$$\mathrm{Re}[\boldsymbol{\omega}_\mathrm{L}\mathrm{e}^{\mathrm{j}\omega_0 t}\mathrm{e}^{-\mathrm{j}kz}] = \cos(\omega_0 t - kz)\hat{\boldsymbol{x}} + \cos\left(\omega_0 t - kz + \frac{\pi}{2}\right)\hat{\boldsymbol{y}} \tag{2.3.35}$$

$$\mathrm{Re}[\boldsymbol{\omega}_\mathrm{R}\mathrm{e}^{\mathrm{j}\omega_0 t}\mathrm{e}^{-\mathrm{j}kz}] = \cos(\omega_0 t - kz)\hat{\boldsymbol{x}} + \cos\left(\omega_0 t - kz - \frac{\pi}{2}\right)\hat{\boldsymbol{y}} \tag{2.3.36}$$

因此，上述波场$\boldsymbol{\xi}(\omega_0, x, y, z)$的矢量相量在两对正交基下可以分别写为

$$\begin{aligned}\boldsymbol{E}(x, y, z) &= E_0[a\hat{\boldsymbol{x}} + b\mathrm{e}^{\mathrm{j}\phi}\hat{\boldsymbol{y}}] \\ &= E_0[l\boldsymbol{\omega}_\mathrm{L} + r\mathrm{e}^{\mathrm{j}\theta}\boldsymbol{\omega}_\mathrm{R}]\end{aligned} \tag{2.3.37}$$

式中：l, r 均为实数，θ 为左旋圆极化分量与右旋圆极化分量的相位差。
则有

$$a\hat{\boldsymbol{x}} + b\mathrm{e}^{\mathrm{j}\phi}\hat{\boldsymbol{y}} = l(\hat{\boldsymbol{x}} + \mathrm{j}\hat{\boldsymbol{y}}) + r\mathrm{e}^{\mathrm{j}\theta}(\hat{\boldsymbol{x}} - \mathrm{j}\hat{\boldsymbol{y}})$$

上式令相同单位矢量的系数相等，得到

$$\begin{cases} a = l + r\mathrm{e}^{\mathrm{j}\theta} \\ b\mathrm{e}^{\mathrm{j}\phi} = \mathrm{j}l - \mathrm{j}r\mathrm{e}^{\mathrm{j}\theta} \end{cases} \tag{2.3.38}$$

反过来可以得到

$$\begin{cases} l = [a - \mathrm{j}b\exp(\mathrm{j}\phi)]/2 \\ r\mathrm{e}^{\mathrm{j}\theta} = [a + \mathrm{j}b\exp(\mathrm{j}\phi)]/2 \end{cases} \tag{2.3.39}$$

定义圆极化比：

$$q=\frac{E_{\mathrm{L}}}{E_{\mathrm{R}}}=\frac{l}{r}\mathrm{e}^{-\mathrm{j}\theta}=\frac{a-\mathrm{j}b\,\mathrm{e}^{\mathrm{j}\phi}}{a+\mathrm{j}b\,\mathrm{e}^{\mathrm{j}\phi}}=|q|\,\mathrm{e}^{-\mathrm{j}\theta}=s+\mathrm{j}t \tag{2.3.40}$$

与上面参数表征一样，波场的极化特性，同样可由圆极化比来确定，即确定极化椭圆的形状和摆姿以及极化旋向。

下面建立圆极化比复平面，并进一步讨论其中的极化分布区域。根据圆极化比定义并利用式(2.3.39)，可得

$$\begin{aligned}|q|^2&=\frac{\left|1-\mathrm{j}\dfrac{b}{a}(\cos\phi+\mathrm{j}\sin\phi)\right|^2}{\left|1+\mathrm{j}\dfrac{b}{a}(\cos\phi+\mathrm{j}\sin\phi)\right|^2}=\frac{\left|1+\dfrac{b}{a}\sin\phi-\mathrm{j}\dfrac{b}{a}\cos\phi\right|^2}{\left|1-\dfrac{b}{a}\sin\phi+\mathrm{j}\dfrac{b}{a}\cos\phi\right|^2}\\&=\frac{1+2\dfrac{b}{a}\sin\phi+\left(\dfrac{b}{a}\right)^2}{1-2\dfrac{b}{a}\sin\phi+\left(\dfrac{b}{a}\right)^2}\end{aligned} \tag{2.3.41}$$

令式(2.3.41)为1，得到

$$\sin\phi=0\rightarrow\phi=0,\quad\pm\pi \tag{2.3.42}$$

式(2.3.42)是线极化的条件，说明圆极化比$|q|^2=1$代表了所有的线极化。根据上面的推导分析，可以画出圆极化比的复平面图，如图2.3.8所示。

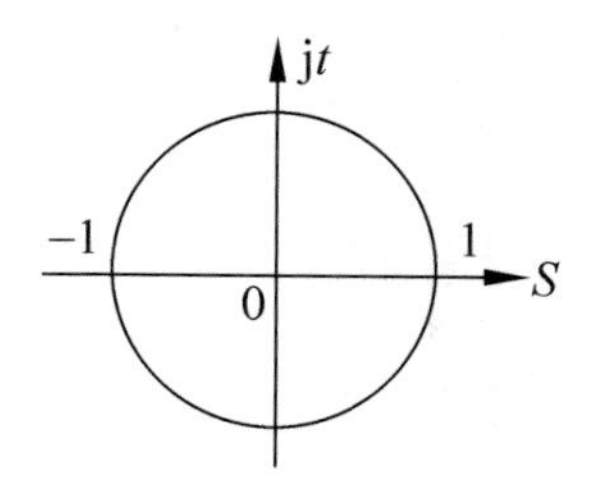

图2.3.8 圆极化比的复平面图

极化复平面上的极化分布如下：

右旋极化：单位圆内，$\phi\in(-\pi,0)\rightarrow|q|<1$；

右旋圆极化：圆心；

左旋极化：单位圆外，$\phi\in(+\pi,0)\rightarrow|q|>1$；

左旋圆极化：复平面的无限远处；

全部线极化：单位圆周，$|q|^2=1\rightarrow\phi=0,\pm\pi$；

水平极化：点$(s,t)=(+1,0)\to b=0$；

垂直极化：点$(s,t)=(-1,0)\to a=0$；

45°线极化：$\phi=0,\gamma=\pi/4\to q=-\mathrm{j}$；

$-45°$线极化：$\phi=\pm\pi,\gamma=\pi/4\to q=\mathrm{j}$。

注：$q=\dfrac{1-\mathrm{j}\tan\gamma \mathrm{e}^{\mathrm{j}\phi}}{1+\mathrm{j}\tan\gamma \mathrm{e}^{\mathrm{j}\phi}}\Rightarrow$

$$\begin{cases}(\phi=0,\gamma=+\pi/4)\Leftrightarrow(\phi=\pm\pi,\gamma=-\pi/4)\to q=-\mathrm{j}\\(\phi=\pm\pi,\gamma=+\pi/4)\Leftrightarrow(\phi=0,\gamma=-\pi/4)\to q=+\mathrm{j}\end{cases}$$

圆极化比的复平面图中，极化的左、右旋向分布在单位圆的内、外两区：单位圆周上，为所有线极化；单位圆内，原点为右旋圆极化，其他处为右旋椭圆极化；单位圆外，为左旋椭圆极化，无限远处为无穷多的近似左旋圆极化。圆极化比的复平面图同样可以视为对称，“单位圆内”和“单位圆外”对称。

2.3.4 极化的 Stokes 参数表征与极化球

上面介绍的极化参数化表征方法存在严重缺陷，在极化平面上极化分布不均匀，平面点与极化态的对应不唯一，甚至出现奇异点，这些表征方法用来描述目标的极化散射特性时存在天然的不足。比如评估目标对极化的敏感性，采用距离度量时，因为这种表征方法本身就是不均匀的，那么距离用于评估就带有不可忽视的“系统误差”。为了克服这些缺陷，出现了 Stokes 参数组的表征方法，它能同时表征电磁波的能量和极化特性。Stokes 参数组如下：

$$\begin{cases}s_0=|E_x|^2+|E_y|^2\\s_1=|E_x|^2-|E_y|^2\\s_2=2|E_x||E_y|\cos\phi\\s_3=2|E_x||E_y|\sin\phi\end{cases}\tag{2.3.43}$$

Stokes 参数组的几何意义。Poincaré 在研究 Stokes 参数组时意外发现了参数之间存在的数学关系 $s_0^2=s_1^2+s_2^2+s_3^2$，该等式的几何解释是：(s_1,s_2,s_3)是半径为 s_0 的球面上点的笛卡儿坐标。为纪念 Poincaré 的发现，后人就把这个球称为 Poincaré 极化球，如图 2.3.9 所示。相干单色波的所有极化态，在这个球面上都能找到一个对应点。它不但完全克服了极化平面的缺陷，而且把表征范围由单频点拓宽到了非单色波即窄带信号的极化表征。非单色波的所有极化态，完全极化波在极化球面上，部分极化波在球体内部，未极化波在球心。

极化态与球面点是一一对应关系，给定波场正交分量的参数$|E_x|$、$|E_y|$、ϕ，可以得到唯一的球面点(s_1,s_2,s_3)，并可在极化球体中得到极化椭圆几何参数组(ε,τ)和相位描述子

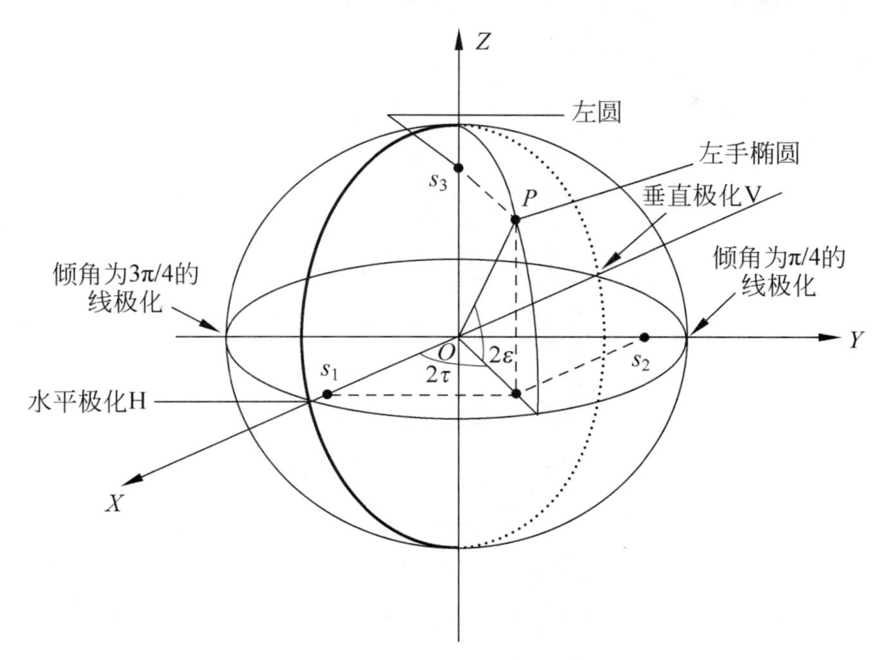

图 2.3.9　Poincaré 极化球

(γ,ϕ)的几何解释。下面介绍单色波波场的极化在极化球面上的分布情况，以及特殊极化在球面上的位置（非单色波的极化将在 3.6 节讨论）。

① 水平极化：$|E_y|=0 \to (s_1,s_2,s_3)=(|E_x|^2=s_0,0,0)$

② 垂直极化：$|E_x|=0 \to (s_1,s_2,s_3)=(-|E_y|^2=-s_0,0,0)$

③ 45°线极化：

$$|E_x|=|E_y|,\quad \phi=0\quad （说明：\tau=\gamma,\tan 2\tau=\tan 2\gamma\cos\phi，得\ \phi=0）$$

$$\to (s_1,s_2,s_3)=(0,2|E_x|^2=s_0,0)$$

④ −45°线极化：$|E_x|=-|E_y|,\phi=\pm\pi$（说明：$\tau=-\gamma,\tan 2\tau=\tan 2\gamma\cos\phi$，得 $\phi=\pm\pi$）　$\to$　$(s_1,s_2,s_3)=(0,-2|E_x|^2=-s_0,0)$

⑤ 斜线极化：$\tau=\pm\gamma \leftrightarrow \phi=0,\pm\pi$（说明：$\tau=\pm\gamma,\tan 2\tau=\tan 2\gamma\cos\phi$，得 $\cos\phi=\pm 1$，$\phi=0,\pm\pi$）　$\to$　$(s_1,s_2,s_3)=(|E_x|^2-|E_y|^2,2|E_x||E_y|,0)$

很显然，$(s_1,s_2,0)$代表球面赤道上的所有点，包括水平、垂直两种特殊线极化。

⑥ 右旋圆极化：$|E_x|=|E_y|,\phi=-\dfrac{\pi}{2}$　$\to$　$(s_1,s_2,s_3)=(0,0,-s_0)$

这是球面上“南极”点。

⑦ 左旋圆极化：$|E_x|=|E_y|,\phi=\dfrac{\pi}{2}$　$\to$　$(s_1,s_2,s_3)=(0,0,s_0)$

这是球面上“北极”点。

⑧ 赤道南半球面，右旋椭圆极化：$-\pi<\phi<0 \rightarrow s_3<0$

⑨ 赤道北半球面，左旋椭圆极化：$0<\phi<\pi \rightarrow s_3>0$

极化在球面上的分布如图 2.3.10 所示。

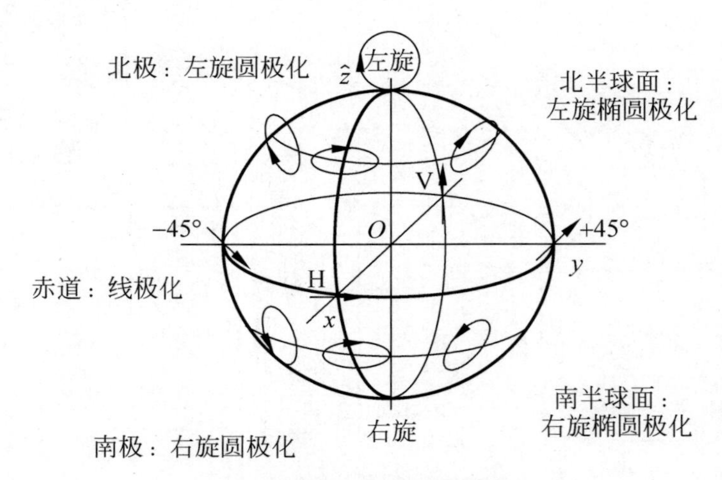

图 2.3.10　极化的球面分布

由图 2.3.10 可以看出：所有线极化在赤道上；所有左旋椭圆极化在赤道的北半球面；全部右旋椭圆极化在赤道的南半球面。极化的左右旋向：南半球面、北半球面对称。

2.4　极化表征参数间的互推关系

2.4.1　线极化比、圆极化比及修正线极化比的关系

2.2 节介绍了单色波场的数学表达，它可以选择不同的极化基做正交分解，通常选择水平、垂直线极化基或左、右旋圆极化基。

构成一般正交基的两个正交波(假设按水平、垂直极化做正交分解)的内积

$$<\boldsymbol{A},\boldsymbol{B}>=\boldsymbol{A}^{\mathrm{H}}\boldsymbol{B}=\begin{bmatrix}a_1\\a_2\end{bmatrix}^{\mathrm{H}}\begin{bmatrix}b_1\\b_2\end{bmatrix}=0,\quad a_2^*b_2=-a_1^*b_1$$

根据线极化比的定义，有

$$P_A P_B^* =-1 \tag{2.4.1}$$

构成圆极化基$(\boldsymbol{\omega}_{\mathrm{L}},\boldsymbol{\omega}_{\mathrm{R}})$的两个正交波场以水平、垂直线极化基$(\hat{\boldsymbol{x}},\hat{\boldsymbol{y}})$做正交分解，按照定义

写出

$$\begin{cases}\boldsymbol{\omega}_{\mathrm{L}}=\hat{\boldsymbol{x}}+\mathrm{j}\hat{\boldsymbol{y}}\\ \boldsymbol{\omega}_{\mathrm{R}}=\hat{\boldsymbol{x}}-\mathrm{j}\hat{\boldsymbol{y}}\end{cases} \tag{2.4.2}$$

式(2.4.2)代入式(2.3.32b)，并与式(2.3.32a)比较后可得

$$\begin{cases}E_{\mathrm{L}}=\dfrac{1}{2}[a-\mathrm{j}b\exp(\mathrm{j}\phi)]\\ E_{\mathrm{R}}=\dfrac{1}{2}[a+\mathrm{j}b\exp(\mathrm{j}\phi)]\end{cases} \tag{2.4.3}$$

根据圆极化比的定义可得

$$q=\frac{E_{\mathrm{L}}}{E_{\mathrm{R}}}=\frac{a-\mathrm{j}b\mathrm{e}^{\mathrm{j}\phi}}{a+\mathrm{j}b\mathrm{e}^{\mathrm{j}\phi}}=\frac{1-\mathrm{j}(b/a)\exp(\mathrm{j}\phi)}{1+\mathrm{j}(b/a)\exp(\mathrm{j}\phi)} \tag{2.4.4}$$

根据线极化比的定义，由式(2.4.4)可得到圆极化比的线极化比表达式为

$$q=\frac{1-\mathrm{j}P}{1+\mathrm{j}P} \tag{2.4.5}$$

也可得到线极化比的圆极化比表征式，即

$$P=-\mathrm{j}\,\frac{1-q}{1+q} \tag{2.4.6}$$

为了消除算式中的虚数符，定义修正线极化比，即

$$p=\mathrm{j}\,\frac{E_y}{E_x}=\mathrm{j}\,\frac{b}{a}\exp(\mathrm{j}\phi)=\mathrm{j}P \tag{2.4.7}$$

故可得到圆极化比和修正线极化比的相互表征式为

$$q=\frac{1-p}{1+p} \tag{2.4.8a}$$

$$p=\frac{1-q}{1+q} \tag{2.4.8b}$$

这个对称性表达式带来的好处是，使雷达极化研究人员能够利用史密斯传输线圆图来描绘极化特性。为了便于比较、加深印象，表2.4.1列出了一些特殊极化的表征参数值。

表 2.4.1 一些特殊极化的表征参数值

极化方式	分量特征	P	p	q
垂直极化	$E_x=a=0$	∞	$\mathrm{j}\infty$	-1
水平极化	$E_y=b=0$	0	0	$+1$
右旋圆极化	$a=b,\phi=-\pi/2$ $L=\frac{1}{2}(a-\mathrm{j}b\mathrm{e}^{\mathrm{j}\phi})=0$	$-\mathrm{j}$	$+1$	0
左旋圆极化	$a=b,\phi=+\pi/2$ $R\mathrm{e}^{\mathrm{j}\theta}=\frac{1}{2}(a+\mathrm{j}b\mathrm{e}^{\mathrm{j}\phi})=0$	$+\mathrm{j}$	-1	0

2.4.2 极化椭圆几何参数的圆极化比表征

2.2 节已经详细介绍,圆极化比的模值大于或小于 1,分别决定了其所代表极化的不同旋向,大于 1 是左旋,小于 1 是右旋。下面推导用圆极化比来表示的椭圆特性,即用 q 来表达椭圆率角(或轴比)和椭圆倾角。波场的矢量相量为

$$\boldsymbol{E}(x,y,z)=E_0 r\mathrm{e}^{\mathrm{j}\theta}(q\boldsymbol{\omega}_{\mathrm{L}}+\boldsymbol{\omega}_{\mathrm{R}})$$

令 $\delta=\mathrm{ang}(E_0 r)$,则上式可写为

$$\boldsymbol{E}(x,y,z)=|E_0 r|\mathrm{e}^{\mathrm{j}\delta}\mathrm{e}^{\mathrm{j}\theta}(q\boldsymbol{\omega}_{\mathrm{L}}+\boldsymbol{\omega}_{\mathrm{R}}) \tag{2.4.9}$$

实信号可以写为

$$\boldsymbol{\xi}(\omega_0 t,x,y,z)=\mathrm{Re}\{|E_0 r|[\mathrm{e}^{\mathrm{j}(\omega_0 t+\delta-kz+\theta)}(q\boldsymbol{\omega}_{\mathrm{L}}+\boldsymbol{\omega}_{\mathrm{R}})]\} \tag{2.4.10}$$

令

$$\beta=\omega_0 t+\delta-kz \tag{2.4.11}$$

则有

$$\frac{\boldsymbol{\xi}(\omega_0 t,x,y,z)}{|E_0 r|}=\mathrm{Re}[\mathrm{e}^{\mathrm{j}(\beta+\theta)}(q\boldsymbol{\omega}_{\mathrm{L}}+\boldsymbol{\omega}_{\mathrm{R}})] \tag{2.4.12}$$

利用式(2.4.12)可以得到如下变化的实数结果:

$$\frac{2\boldsymbol{\xi}(\omega_0 t,x,y,z)}{|E_0 r|}=[\mathrm{e}^{\mathrm{j}(\beta+\theta)}(q\boldsymbol{\omega}_{\mathrm{L}}+\boldsymbol{\omega}_{\mathrm{R}})]+[\mathrm{e}^{-\mathrm{j}(\beta+\theta)}(q^*\boldsymbol{\omega}_{\mathrm{L}}^*+\boldsymbol{\omega}_{\mathrm{R}}^*)] \tag{2.4.13}$$

由式(2.4.13)可以计算如下量：

$$\begin{aligned}\left|\frac{2\boldsymbol{\xi}}{|E_0 r|}\right|^2 &= \left(\frac{2\boldsymbol{\xi}}{|E_0 r|}\right)^{\mathrm{H}}\frac{2\boldsymbol{\xi}}{|E_0 r|} = \left(\frac{2\boldsymbol{\xi}}{|E_0 r|}\right)^{\mathrm{T}}\left(\frac{2\boldsymbol{\xi}}{E_0 r}\right)^*\\
&=\{[\mathrm{e}^{\mathrm{j}(\beta+\theta)}(q\boldsymbol{\omega}_{\mathrm{L}}+\boldsymbol{\omega}_{\mathrm{R}})]+[\mathrm{e}^{-\mathrm{j}(\beta+\theta)}(q^*\boldsymbol{\omega}_{\mathrm{L}}^*+\boldsymbol{\omega}_{\mathrm{R}}^*)]\}^{\mathrm{T}}\times\\
&\quad\{[\mathrm{e}^{-\mathrm{j}(\beta+\theta)}(q^*\boldsymbol{\omega}_{\mathrm{L}}^*+\boldsymbol{\omega}_{\mathrm{R}}^*)]+[\mathrm{e}^{\mathrm{j}(\beta+\theta)}(q\boldsymbol{\omega}_{\mathrm{L}}+\boldsymbol{\omega}_{\mathrm{R}})]\}\\
&=\{[\mathrm{e}^{\mathrm{j}(\beta+\theta)}(q\boldsymbol{\omega}_{\mathrm{L}}^{\mathrm{T}}+\boldsymbol{\omega}_{\mathrm{R}}^{\mathrm{T}})]+[\mathrm{e}^{-\mathrm{j}(\beta+\theta)}(q^*\boldsymbol{\omega}_{\mathrm{L}}^{*\mathrm{T}}+\boldsymbol{\omega}_{\mathrm{R}}^{*\mathrm{T}})]\}\times\\
&\quad\{[\mathrm{e}^{-\mathrm{j}(\beta+\theta)}(q^*\boldsymbol{\omega}_{\mathrm{L}}^*+\boldsymbol{\omega}_{\mathrm{R}}^*)]+[\mathrm{e}^{\mathrm{j}(\beta+\theta)}(q\boldsymbol{\omega}_{\mathrm{L}}+\boldsymbol{\omega}_{\mathrm{R}})]\}\\
&=(q\boldsymbol{\omega}_{\mathrm{L}}^{\mathrm{T}}+\boldsymbol{\omega}_{\mathrm{R}}^{\mathrm{T}})(q^*\boldsymbol{\omega}_{\mathrm{L}}^*+\boldsymbol{\omega}_{\mathrm{R}}^*)+\mathrm{e}^{\mathrm{j}2(\beta+\theta)}(q\boldsymbol{\omega}_{\mathrm{L}}^{\mathrm{T}}+\boldsymbol{\omega}_{\mathrm{R}}^{\mathrm{T}})(q\boldsymbol{\omega}_{\mathrm{L}}+\boldsymbol{\omega}_{\mathrm{R}})+\\
&\quad\mathrm{e}^{-\mathrm{j}2(\beta+\theta)}(q^*\boldsymbol{\omega}_{\mathrm{L}}^{*\mathrm{T}}+\boldsymbol{\omega}_{\mathrm{R}}^{*\mathrm{T}})(q^*\boldsymbol{\omega}_{\mathrm{L}}^*+\boldsymbol{\omega}_{\mathrm{R}}^*)+\\
&\quad(q^*\boldsymbol{\omega}_{\mathrm{L}}^{*\mathrm{T}}+\boldsymbol{\omega}_{\mathrm{R}}^{*\mathrm{T}})(q\boldsymbol{\omega}_{\mathrm{L}}+\boldsymbol{\omega}_{\mathrm{R}})\end{aligned}\tag{2.4.14}$$

构成圆极化基的两个正交波可表示为坐标向量形式：

$$\begin{cases}\boldsymbol{\omega}_{\mathrm{L}}=\begin{bmatrix}1\\ \mathrm{j}\end{bmatrix},\quad \boldsymbol{\omega}_{\mathrm{L}}^*=\begin{bmatrix}1\\ -\mathrm{j}\end{bmatrix}=\boldsymbol{\omega}_{\mathrm{R}}\\ \boldsymbol{\omega}_{\mathrm{R}}=\begin{bmatrix}1\\ -\mathrm{j}\end{bmatrix},\quad \boldsymbol{\omega}_{\mathrm{R}}^*=\begin{bmatrix}1\\ \mathrm{j}\end{bmatrix}=\boldsymbol{\omega}_{\mathrm{L}}\end{cases}\tag{2.4.15}$$

根据式(2.4.15)可得到如下运算结果：

$$\begin{cases}\boldsymbol{\omega}_{\mathrm{L}}^{\mathrm{T}}\boldsymbol{\omega}_{\mathrm{L}}=\boldsymbol{\omega}_{\mathrm{R}}^{\mathrm{T}}\boldsymbol{\omega}_{\mathrm{R}}=0\\ \boldsymbol{\omega}_{\mathrm{L}}^{\mathrm{T}}\boldsymbol{\omega}_{\mathrm{L}}^*=\boldsymbol{\omega}_{\mathrm{R}}^{\mathrm{T}}\boldsymbol{\omega}_{\mathrm{R}}^*=2\\ \boldsymbol{\omega}_{\mathrm{L}}^{\mathrm{T}}\boldsymbol{\omega}_{\mathrm{R}}=\boldsymbol{\omega}_{\mathrm{R}}^{\mathrm{T}}\boldsymbol{\omega}_{\mathrm{L}}=2\\ \boldsymbol{\omega}_{\mathrm{L}}^{\mathrm{T}}\boldsymbol{\omega}_{\mathrm{R}}^*=\boldsymbol{\omega}_{\mathrm{R}}^{\mathrm{T}}\boldsymbol{\omega}_{\mathrm{L}}^*=0\end{cases}\tag{2.4.16}$$

将式(2.4.16)代入式(2.4.14)，得到

$$\begin{aligned}\left|\frac{2\boldsymbol{\xi}}{|E_0 r|}\right|^2 &=(2|q|^2+0+0+2)+\mathrm{e}^{\mathrm{j}2(\beta+\theta)}(0+2q+2q+0)+\\
&\quad\mathrm{e}^{-\mathrm{j}2(\beta+\theta)}(0+2q^*+2q^*+0)+(2|q|^2+0+0+2)\\
&=4|q|^2+4+4q\mathrm{e}^{\mathrm{j}2(\beta+\theta)}+4q^*\mathrm{e}^{-\mathrm{j}2(\beta+\theta)}\end{aligned}\tag{2.4.17}$$

即

$$\frac{|\boldsymbol{\xi}|^2}{|E_0 r|^2}=|q|^2+1+q\mathrm{e}^{\mathrm{j}2(\beta+\theta)}+q^*\mathrm{e}^{-\mathrm{j}2(\beta+\theta)} \tag{2.4.18}$$

将式(2.4.11)和圆极化比 q 的定义式(2.3.40)代入式(2.4.18),得到

$$\begin{aligned}\frac{|\boldsymbol{\xi}|^2}{|E_0 r|^2}&=|q|^2+1+|q|\mathrm{e}^{-\mathrm{j}\theta}\mathrm{e}^{\mathrm{j}2(\beta+\theta)}+|q|\mathrm{e}^{\mathrm{j}\theta}\mathrm{e}^{-\mathrm{j}2(\beta+\theta)}\\&=1+|q|^2+2|q|\cos(2\omega_0 t+2\delta-2kz+\theta)\end{aligned} \tag{2.4.19}$$

从式(2.4.19)可以看出:

$$|\boldsymbol{\xi}|_{\max}=|E_0 r|(1+|q|),\quad 2\omega_0 t+2\delta-2kz+\theta=2n\pi,\quad n=0,1,2,\cdots \tag{2.4.20}$$

$$|\boldsymbol{\xi}|_{\min}=|E_0 r|(1-|q|),\quad 2\omega_0 t+2\delta-2kz+\theta=(n+1)\pi,\quad n=0,1,2,\cdots \tag{2.4.21}$$

所以极化椭圆的半轴比,即椭圆率角的正切为

$$\tan\varepsilon=\frac{|E_0 r|(1-|q|)}{|E_0 r|(1+|q|)}=\frac{(1-|q|)}{(1+|q|)} \tag{2.4.22}$$

由上式可见,椭圆率角正切为椭圆的短轴与长轴之比。

求倾角:

$$\begin{aligned}\frac{\boldsymbol{\xi}(x,y,z,t)}{|E_0 r|}&=\mathrm{Re}[\mathrm{e}^{\mathrm{j}(\beta+\theta)}(q\boldsymbol{\omega}_{\mathrm{L}}+\boldsymbol{\omega}_{\mathrm{R}})]\\&=\mathrm{Re}[\mathrm{e}^{\mathrm{j}(\beta+\theta)}(q\hat{\boldsymbol{x}}+\mathrm{j}q\hat{\boldsymbol{y}}+\hat{\boldsymbol{x}}-\mathrm{j}\hat{\boldsymbol{y}})]\\&=\mathrm{Re}\left[\mathrm{e}^{\mathrm{j}(\beta+\theta)}\left(\frac{l}{r}\mathrm{e}^{-\mathrm{j}\theta}\hat{\boldsymbol{x}}+\mathrm{j}\frac{l}{r}\mathrm{e}^{-\mathrm{j}\theta}\hat{\boldsymbol{y}}+\hat{\boldsymbol{x}}-\mathrm{j}\hat{\boldsymbol{y}}\right)\right]\\&=\mathrm{Re}\left[\left(\frac{l}{r}\mathrm{e}^{\mathrm{j}\beta}\hat{\boldsymbol{x}}+\mathrm{j}\frac{l}{r}\mathrm{e}^{\mathrm{j}\beta}\hat{\boldsymbol{y}}+\mathrm{e}^{\mathrm{j}(\beta+\theta)}\hat{\boldsymbol{x}}-\mathrm{j}\mathrm{e}^{\mathrm{j}(\beta+\theta)}\hat{\boldsymbol{y}}\right)\right]\\&=\mathrm{Re}\left[\left(\frac{l}{r}\mathrm{e}^{\mathrm{j}\beta}+\mathrm{e}^{\mathrm{j}(\beta+\theta)}\right)\hat{\boldsymbol{x}}+\left(\mathrm{j}\frac{l}{r}\mathrm{e}^{\mathrm{j}\beta}-\mathrm{j}\mathrm{e}^{\mathrm{j}(\beta+\theta)}\right)\hat{\boldsymbol{y}}\right]\\&=\left[\cos(\omega_0 t+\delta-kz+\theta)+\frac{l}{r}\cos(\omega_0 t+\delta-kz)\right]\hat{\boldsymbol{x}}+\\&\quad\left[\sin(\omega_0 t+\delta-kz+\theta)-\frac{l}{r}\sin(\omega_0 t+\delta-kz)\right]\hat{\boldsymbol{y}}\end{aligned} \tag{2.4.23}$$

$|\boldsymbol{\xi}|$取最大值的条件为

$$\omega_0 t+\delta-kz=-\theta/2,\quad \pi-\theta/2,\cdots \tag{2.4.24}$$

将式(2.4.24)的第一个值代入式(2.4.23)得到

$$\frac{\boldsymbol{\xi}(x,y,z,t)}{|E_0 r|}=\left(\cos\frac{\theta}{2}+\frac{l}{r}\cos\frac{\theta}{2}\right)\hat{\boldsymbol{x}}+\left(\sin\frac{\theta}{2}+\frac{l}{r}\sin\frac{\theta}{2}\right)\hat{\boldsymbol{y}} \tag{2.4.25}$$

波场到达最大值点，它的旋转角即为椭圆的倾角，此时由垂直、水平两个分量模值的比值可获得倾角：

$$\tau=\arctan\frac{|\xi_y|}{|\xi_x|}=\arctan\frac{(1+l/r)\sin(\theta/2)}{(1+l/r)\cos(\theta/2)}=\arctan\left(\tan\frac{\theta}{2}\right) \tag{2.4.26}$$

此方程的解为

$$\tau_1=\frac{\theta}{2},\quad \tau_2=\pi+\frac{\theta}{2} \tag{2.4.27}$$

因为倾角是在180°之内，故θ为正数时用第一个解，为负数时用第二个解。

2.4.3　极化椭圆几何参数的Stokes参数表征

图2.4.1是从极化球简化而来，P是球面任意一个点，代表某一种极化状态，(s_1,s_2,s_3)是它的坐标。

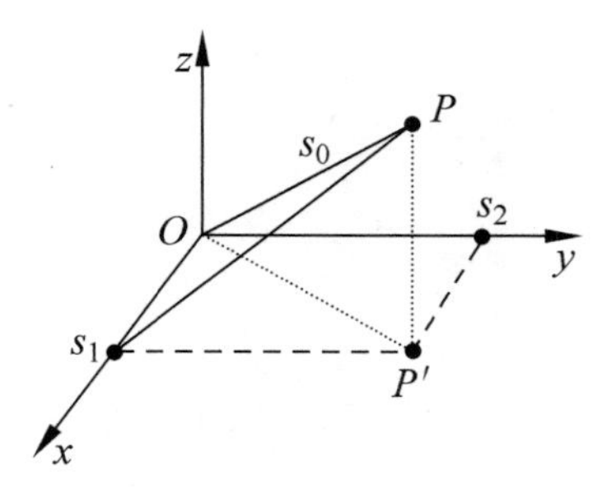

图2.4.1　极化与球面点

从图2.4.1可以得到如下三角函数关系：

$$\tan\angle s_1OP'=\frac{S_2}{S_1}=\frac{2|E_x||E_y|\cos\phi}{|E_x|^2-|E_y|^2} \tag{2.4.28}$$

上式简化后，可得

$$\tan\angle s_1OP' = \tan 2\gamma\cos\phi \tag{2.4.29}$$

同样,可得

$$\sin\angle POP' = \frac{S_3}{S_0} = \frac{2\mid E_x\mid\mid E_y\mid\sin\phi}{\mid E_x\mid^2 + \mid E_y\mid^2} \tag{2.4.30}$$

上式简化后,可得

$$\sin\angle POP' = \sin 2\gamma\sin\phi \tag{2.4.31}$$

对照相位描述子(γ,ϕ)所表征极化椭圆几何参数的解算式

$$\begin{cases} \tan 2\tau = \dfrac{2\mid E_x\mid\mid E_y\mid\cos\phi}{\mid E_x\mid^2 - \mid E_y\mid^2} = \tan 2\gamma\cos\phi \\ \sin 2\varepsilon = \dfrac{2\mid E_x\mid\mid E_y\mid}{\mid E_x\mid^2 + \mid E_y\mid^2}\sin\phi = \sin 2\gamma\sin\phi \end{cases}$$

得到 Stokes 参数与极化椭圆几何参数的数学关系式,即

$$\begin{cases} \tan 2\tau = \dfrac{s_2}{s_1} \\ \sin 2\varepsilon = \dfrac{s_3}{s_0} \end{cases} \tag{2.4.32}$$

因为同时也得到了角度关系

$$\begin{cases} 2\tau = \angle s_1OP' \\ 2\varepsilon = \angle POP' \end{cases} \tag{2.4.33}$$

所以得到了极化椭圆几何参数,即椭圆率角和椭圆倾角在极化球中的几何含义,如图 2.4.2 所示。

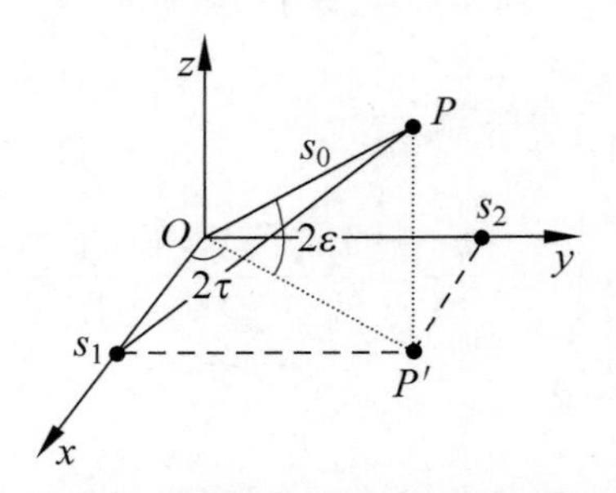

图 2.4.2 椭圆率角和椭圆倾角在极化球中的几何含义

2.4.4　极化椭圆几何参数的线极化比表征

线极化比两个参数为极化关系角和波场两个正交分量的相位差，即(γ,ϕ)。极化椭圆几何参数用线极化比参数表征见式(2.3.29)。

2.4.5　线极化比参数的极化椭圆几何参数表征

本节利用极化椭圆的几何参数(ε,τ)来表征线极化比的两个参数(γ,ϕ)。将式(2.3.29)做如下变形：

$$\begin{cases}\tan 2\tau/\tan 2\gamma=\cos\phi & (2.4.34\text{a})\\ \sin 2\varepsilon/\sin 2\gamma=\sin\phi & (2.4.34\text{b})\end{cases}$$

对式(2.4.34a)和式(2.4.34b)各自两边同时平方，得到了两个新的表达式，再两边同时相加，可得

$$\begin{aligned}&\frac{\sin^2 2\varepsilon}{\sin^2 2\gamma}+\frac{\tan^2 2\tau}{\tan^2 2\gamma}=1\\&\sin^2 2\varepsilon+\tan^2 2\tau\cos^2 2\gamma=\sin^2 2\gamma\\&\sin^2 2\varepsilon+\tan^2 2\tau\cos^2 2\gamma=1-\cos^2 2\gamma\\&(1+\tan^2 2\tau)\cos^2 2\gamma=\cos^2 2\varepsilon\\&\cos^2 2\gamma=\cos^2 2\varepsilon\cos^2 2\tau\end{aligned}$$

得到

$$\cos 2\gamma=\cos 2\varepsilon\cos 2\tau \tag{2.4.35}$$

式(2.3.29a)除以式(2.3.29b)，可得

$$\frac{\sin 2\varepsilon}{\tan 2\tau}=\frac{\sin 2\gamma\sin\phi}{\tan 2\gamma\cos\phi}$$

即

$$\tan\phi=\frac{\sin 2\varepsilon}{\tan 2\tau}\frac{1}{\cos 2\gamma}$$

将式(2.4.35)代入上式，得到

$$\tan\phi = \frac{\sin 2\varepsilon}{\tan 2\tau}\frac{1}{\cos 2\gamma} = \tan 2\varepsilon / \sin 2\tau \tag{2.4.36}$$

将上述推导结果综合起来，由极化椭圆几何参数(ε,τ)所表征的极化比参数(γ,ϕ)的数学表达式为

$$\begin{cases} \cos 2\gamma = \cos 2\varepsilon \cos 2\tau \\ \tan\phi = \tan 2\varepsilon / \sin 2\tau \end{cases} \tag{2.4.37}$$

下面求证(γ,ϕ)在球体中的几何含义。图2.4.3依然是从极化球简化而来，图中，PP'垂直$P's_1$和s_1O，根据三垂线定理，得到s_1O垂直s_1P，因此δ为平面s_1OP和水平平面s_1OP'的夹角。$\angle POs_1$记为δ_1，$\triangle Ps_1O$和$\triangle PP's_1$都是直角三角形，可算得

$$\begin{aligned} &PP' = s_0 \sin 2\varepsilon, \quad OP' = s_0 \cos 2\varepsilon \\ &P's_1 = OP' \sin 2\tau = s_0 \cos 2\varepsilon \sin 2\tau \\ &\tan\delta = \frac{PP'}{P's_1} = \frac{s_0 \sin 2\varepsilon}{s_0 \cos 2\varepsilon \sin 2\tau} = \tan 2\varepsilon / \sin 2\tau \end{aligned} \tag{2.4.38}$$

对照式(2.4.36)即得

$$\delta = \phi \tag{2.4.39}$$

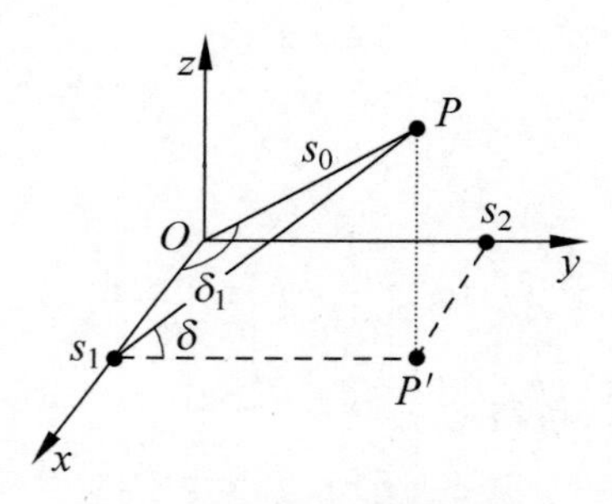

图2.4.3 平面夹角等图示

在直角三角形$\triangle Os_1P$中，有

$$\cos\delta_1 = \frac{Os_1}{OP} = \cos 2\varepsilon \cos 2\tau \tag{2.4.40}$$

对照式(2.4.35)得到

$$\delta_1 = 2\gamma \tag{2.4.41}$$

故极化相位描述子(γ,ϕ)在球中几何意义如图2.4.4所示。

将极化椭圆几何参数、极化比参数在极化球的数学含义集中画于图2.4.5中。

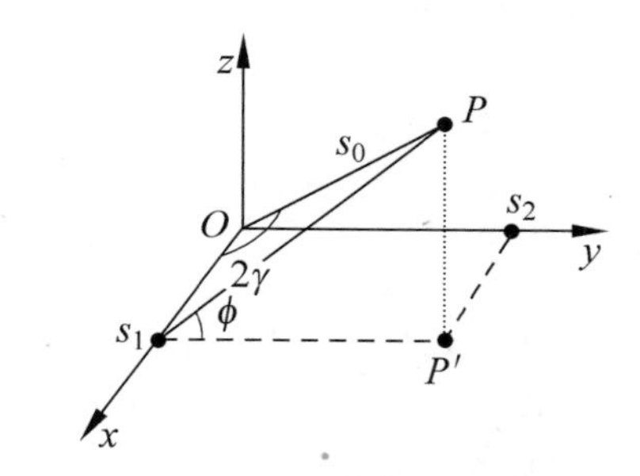

图 2.4.4 极化相位描述子球中几何含义图示

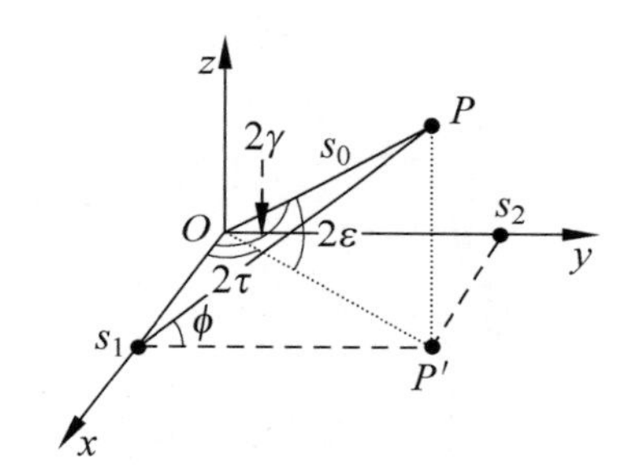

图 2.4.5 极化球中各参数含义图示

2.4.6 线极化比的极化椭圆几何参数表征

前面已经推导了线极化比参数,即相位描述子(γ,ϕ)与极化椭圆几何参数(ε,τ)的相互表征问题,下面讨论线极化比的极化椭圆几何参数(ε,τ)表征式。

极化基由($\hat{\boldsymbol{x}},\hat{\boldsymbol{y}}$)变换到($\hat{\boldsymbol{a}},\hat{\boldsymbol{b}}$)时,其过渡矩阵$\boldsymbol{U}$是一个二阶酉矩阵,该矩阵可以用新基($\hat{\boldsymbol{a}},\hat{\boldsymbol{b}}$)中$\hat{\boldsymbol{a}}$的极化椭圆几何参数来表征(详见第4章),即有

$$\begin{aligned}\boldsymbol{U} = \boldsymbol{R}(\tau)\boldsymbol{H}(\varepsilon) &= \begin{bmatrix}\cos\tau & -\sin\tau \\ \sin\tau & \cos\tau\end{bmatrix}\begin{bmatrix}\cos\varepsilon & \mathrm{j}\sin\varepsilon \\ \mathrm{j}\sin\varepsilon & \cos\varepsilon\end{bmatrix} \\ &= \begin{bmatrix}\cos\tau\cos\varepsilon - \mathrm{j}\sin\tau\sin\varepsilon & -\sin\tau\cos\varepsilon + \mathrm{j}\cos\tau\sin\varepsilon \\ \sin\tau\cos\varepsilon + \mathrm{j}\cos\tau\sin\varepsilon & \cos\tau\cos\varepsilon + \mathrm{j}\sin\tau\sin\varepsilon\end{bmatrix}\end{aligned}$$

$$\triangleq\begin{bmatrix} u_{11} & u_{12} \\ u_{21} & u_{22} \end{bmatrix} \tag{2.4.42}$$

$\hat{\boldsymbol{a}}$ 写成坐标向量的形式为

$$\hat{\boldsymbol{a}}=\begin{bmatrix} u_{11} \\ u_{21} \end{bmatrix} \tag{2.4.43}$$

$\hat{\boldsymbol{a}}$ 的极化比为

$$\begin{aligned} P_{\hat{a}} &= \frac{u_{21}}{u_{11}} = \frac{\sin\tau\cos\varepsilon + \mathrm{j}\cos\tau\sin\varepsilon}{\cos\tau\cos\varepsilon - \mathrm{j}\sin\tau\sin\varepsilon} \\ &= \frac{(\sin\tau\cos\varepsilon + \mathrm{j}\cos\tau\sin\varepsilon)(\cos\tau\cos\varepsilon + \mathrm{j}\sin\tau\sin\varepsilon)}{\cos^2\tau\cos^2\varepsilon + \sin^2\tau\sin^2\varepsilon} \\ &= \frac{\sin\tau\cos\tau\cos^2\varepsilon + \mathrm{j}\sin^2\tau\cos\varepsilon\sin\varepsilon + \mathrm{j}\cos^2\tau\sin\varepsilon\cos\varepsilon - \cos\tau\sin\varepsilon\sin\tau\sin\varepsilon}{\frac{1}{2}(1+\cos2\tau\cos2\varepsilon)} \\ &= \frac{2(\sin\tau\cos\tau\cos2\varepsilon + \mathrm{j}\sin\varepsilon\cos\varepsilon)}{1+\cos2\tau\cos2\varepsilon} = \frac{\sin2\tau\cos2\varepsilon + \mathrm{j}\sin2\varepsilon}{1+\cos2\tau\cos2\varepsilon} \end{aligned} \tag{2.4.44}$$

去掉线极化比符号的下标，即得普适性的由极化椭圆几何参数表征的线极化比：

$$P=\frac{\sin2\tau\cos2\varepsilon + \mathrm{j}\sin2\varepsilon}{1+\cos2\tau\cos2\varepsilon} \tag{2.4.45}$$

第3章

极化信号接收

为了聚焦于理论结论，本章把接收问题单纯化，设想接收天线的极化是固定的，而到达天线口面信号的极化方式确定且相同。在信号极化方式已知的情况下，不同极化的接收天线，对信号的接收效果是不同的。接收效果的不同表现在两个极端和一个平常。两个极端：一是最佳地接收了信号，即接收功率最大，二是完全收不到信号，即接收功率为零。一个平常，即接收效果介于最佳和最差两个极端之间。

本章共七节。3.1 节介绍极化匹配接收，这是最佳接收效果，即接收功率最大。特别注意接收电压方程及其赖以建立的同一坐标系，而极化匹配条件则是关键内容。3.2 节是 3.1 节内容的延伸，主要讨论极化失配的条件，有了 3.1 节的思路和分析方法作为基础，本节内容显得比较简单。3.3 节是前两节的总结和升华，从特殊到普遍，为此引出了极化匹配系数或极化效率的概念和计算式，并涵括了前两节的特殊情况。3.4 节试图从物理角度阐释极化匹配的条件，加深对数学结论的理解以助力于知识点的掌握和灵活运用。在 3.4 节思路和方法的基础上，3.5 节的内容能够轻而易举被接受。3.6 节是面向实际系统而迈出的重要一步，极化问题的讨论由单色波拓展到了非单色波，触及了实际的窄带系统。该节内容比较多，围绕非单色波的极化度量和表征，深入讨论了相干矩阵、相关度、极化度等概念，以及基于极化参数的表征方法。针对非单色波的另一个重要问题是讨论对它的接收。3.7 节简要介绍天线的空域极化特性，天线极化并不单纯，不是固定不变的，因为它所固有的辐射方向性使得天线极化随不同空域而不同，即使在主波束内也会有所变化。

3.1 极化匹配接收

读者要高度重视坐标系的问题，极化匹配条件是与坐标系相伴的。后面将会看到，极化匹配的数学结果会因坐标系的不同选择而带来某些差别，坐标系是极化匹配的观测条件，观测条件不同，描述会有某些差别，因此得出的匹配数学结果不同。

3.1.1 接收电压方程

1. 天线有效长度

天线具有能量转换、阻抗匹配、频率选通、聚焦辐射以及极化选择等功能，而决定极化选择功能的就是天线有效长度。天线有效长度是一个矢量，完全体现了天线的极化特性。

如图 3.1.1 所示的垂直短偶极天线，因为没有方位向分量，故其辐射区内的电场为

$$\boldsymbol{E}^{\mathrm{t}}(r,\theta,\varphi)=\frac{\mathrm{j}Z_0 Il\sin\theta}{2\lambda r}\mathrm{e}^{-\mathrm{j}kr}\hat{\boldsymbol{\theta}} \tag{3.1.1}$$

式中：Z_0 为自由空间特性阻抗；k 为自由空间传播常数；λ 为波长；I 为输入电流；r 为径向距离。

对式(3.1.1)做细微调整，即

$$\begin{aligned}\boldsymbol{E}^{\mathrm{t}}(r,\theta,\varphi)&=\frac{\mathrm{j}Z_0 Il\sin\theta}{2\lambda r}\mathrm{e}^{-\mathrm{j}kr}\hat{\boldsymbol{\theta}}\\&\triangleq\frac{\mathrm{j}Z_0 I}{2\lambda r}\mathrm{e}^{-\mathrm{j}kr}\boldsymbol{h}(\theta,\varphi)\end{aligned} \tag{3.1.2}$$

垂直短偶极天线在俯仰向的投影为 $l\sin\theta$，加上方向性后成一个矢量，记为 $\boldsymbol{h}(\theta,\varphi)$，这就是短偶极天线的有效长度，体现了天线的极化。式(3.1.2)的表达具有普遍性，但并不意味着任何天线的有效长度都与其尺寸有关联。

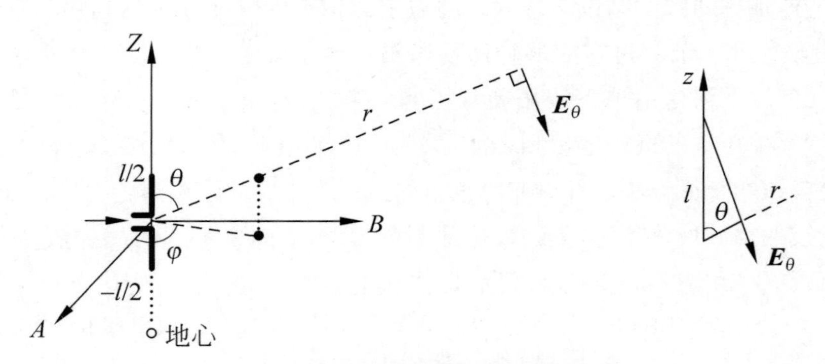

图 3.1.1 垂直短偶极天线及其辐射场

如图 3.1.2 所示的水平短偶极天线，它所产生的远场各分量为

$$E_r=0,\quad E_\theta=-\frac{\mathrm{j}\omega\mu Il}{4\pi r}\cos\theta\cos\phi\,\mathrm{e}^{-\mathrm{j}kr},\quad E_\varphi=\frac{\mathrm{j}\omega\mu Il}{4\pi r}\sin\phi\,\mathrm{e}^{-\mathrm{j}kr} \tag{3.1.3}$$

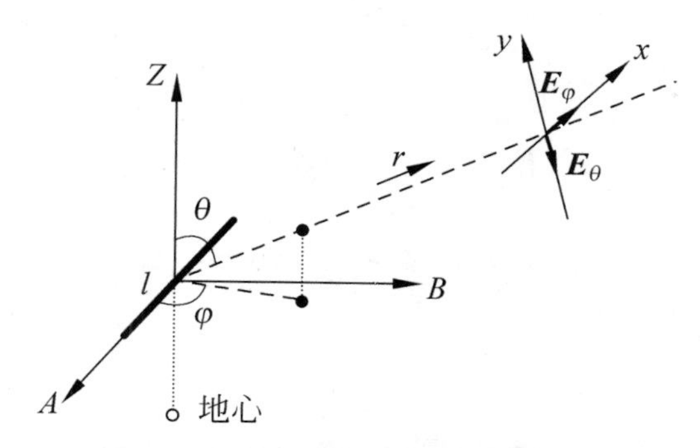

图 3.1.2 水平短偶极天线及其辐射场

根据图中坐标系转换，显然有

$$E_\varphi = E_x, \quad -E_\theta = E_y \tag{3.1.4}$$

则得到水平偶极子的线极化比为

$$P = \frac{E_y}{E_x} = \frac{-E_\theta}{E_\varphi} = \cos\theta\cot\phi \tag{3.1.5}$$

如图 3.1.3 所示正交偶极子(绕杆天线)可用来产生圆极化波：以振幅相同、相位差为 90°的电流馈电，在 Z 向辐射的是圆极化波。

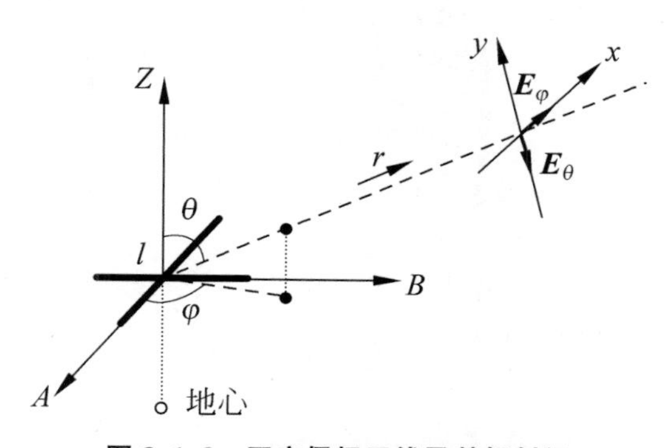

图 3.1.3 正交偶极天线及其辐射场

若以 A 向偶极子的馈电电流或电压作参考，而馈给 B 向偶极子的电流超前 90°，其合成场为

$$\boldsymbol{E}_\theta = -\frac{\mathrm{j}\omega\mu Il}{4\pi r}(\cos\theta\cos\phi + \mathrm{j}\cos\theta\sin\phi)\exp(-\mathrm{j}kr)\,\hat{\theta} \tag{3.1.6}$$

$$\boldsymbol{E}_\phi = \frac{\mathrm{j}\omega\mu Il}{4\pi r}(\sin\phi - \mathrm{j}\cos\phi)\exp(-\mathrm{j}kr)\,\hat{\varphi} \tag{3.1.7}$$

则在 x 轴和 y 轴组成的横截面坐标系中的线极化比为

$$P=\frac{E_x}{E_y}=\frac{-E_\theta}{E_\varphi}=\frac{\cos\theta\cos\phi+\mathrm{j}\cos\theta\sin\phi}{\sin\phi-\mathrm{j}\cos\phi}=\mathrm{j}\cos\theta \tag{3.1.8}$$

在 Z 轴上，有 $\theta=0$ 及 $P=\mathrm{j}$，故沿 Z 轴传播为左旋圆极化波。若 B 向偶极子馈入相位滞后 $\pi/2$，则沿 Z 轴的波是右旋圆极化波。

2. 坐标系的选择

为了使辐射区径向上没有分量，需要适当地选择坐标系。在 TEM 波传播方向的横截面上建立笛卡儿坐标系，则它只在水平和垂直方向上有分量，传播方向即径向上无分量，故选择水平、垂直线极化基对 TEM 波做正交分解，简化了表达。

球坐标系原点是地心连线与地层表面相交点，并过这点作切平面，即 AB 平面；在波的传播方向某距离点建立右手坐标系，水平轴平行于 AB 切平面，垂直轴定义为与水平轴和传播方向相垂直。球坐标系 E_θ 和 E_φ 分量与右手系中波场两个分量的关系：x 轴与 $\boldsymbol{E}_\varphi$ 同向，r'轴与 r 轴重合，那么 E_φ 是波的水平分量 E_x，$-E_\theta$ 是波的垂直分量 E_y。电压方程的坐标系如图 3.1.4 所示。

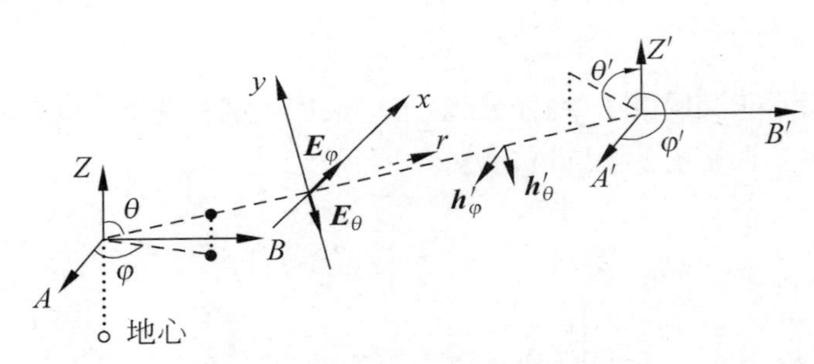

图 3.1.4 电压方程的坐标系

选择合适的坐标系能够规范、方便问题的研究，所有相关方面有了统一的参照标准，数学表达也变得更加清晰。坐标系所起作用仅仅是方便于描述和表达，而不会改变物理事实的本身属性。

3. 接收电压方程

以接收天线口面中心为原点建立同一笛卡儿坐标系，将接收天线和外部波场的各自分量进行统一描述，那么接收天线和外部波场用坐标向量表示为

$$\boldsymbol{h}(x,y)=\begin{bmatrix}h_x\\h_y\end{bmatrix},\quad \boldsymbol{E}(x,y)=\begin{bmatrix}E_x\\E_y\end{bmatrix}$$

根据电磁网络理论可知，外部场在天线中感应的开路电压正比于天线的有效长度，即电压方程为

$$V = \boldsymbol{h}^{\mathrm{T}}(x,y)\boldsymbol{E}(x,y) = h_x E_x + h_y E_y \tag{3.1.9}$$

注意，电压一般为复数。

3.1.2 最大接收功率

如前所述，天线和外部波场已建立了同一笛卡儿坐标系，这里无须考虑传播方向。按照电磁网络理论，任何方向到达天线的外部场，只要天线有效长度正交分量的方向上有场的投影量存在，就都会有感应，而获得天线端口电压的大小取决于天线和外部场两者的极化配准情况。

假设被接收信号的极化是已知的，用坐标向量表示波场矢量（算式中的符号$|\cdot|$表示取模），即

$$\boldsymbol{E}^{\mathrm{i}}(x,y) = \mathrm{e}^{\mathrm{j}\alpha}\begin{bmatrix} |E_x^{\mathrm{i}}| \\ |E_y^{\mathrm{i}}|\mathrm{e}^{\mathrm{j}\delta_1} \end{bmatrix} \tag{3.1.10}$$

在同一笛卡儿坐标系中，反映接收天线极化的两个正交分量，用天线有效长度表示，也是写成坐标向量的形式，即

$$\boldsymbol{h}(x,y) = \mathrm{e}^{\mathrm{j}\beta}\begin{bmatrix} |h_x| \\ |h_y|\mathrm{e}^{\mathrm{j}\delta_2} \end{bmatrix} \tag{3.1.11}$$

则根据电压方程得到接收功率表达式为

$$\begin{aligned} W \propto VV^* &= |V|^2 = |\boldsymbol{h}^{\mathrm{T}}(x,y)\boldsymbol{E}^{\mathrm{i}}(x,y)|^2 \\ &= ||E_x^{\mathrm{i}}||h_x| + |E_y^{\mathrm{i}}||h_y|\mathrm{e}^{\mathrm{j}(\delta_1+\delta_2)}|^2 \end{aligned} \tag{3.1.12}$$

一般来说，实际中希望获得理想的接收效果，即接收功率最大。在这种情况下，接收天线的极化会是什么？它与被接收信号的极化会是怎样的关系？下面通过详细推导过程来回答这两个问题。

1. 第一步功率极大化

调节天线有效长度两个分量的相位差，使之与来波反相，即有

$$\delta_1 + \delta_2 = 0 \tag{3.1.13}$$

式(3.1.13)代入式(3.1.12)得到

$$W \overset{\delta_1+\delta_2=0}{=\!=\!=} W_{\max 1}=(|E_x^{\mathrm{i}}||h_x|+|E_y^{\mathrm{i}}||h_y|)^2 \tag{3.1.14}$$

说明：考虑到数学推导时能简化表达式，又不至于影响结果，式(3.1.14)直接用等号而不是用正比号，并不会改变物理含义和结果。式(3.1.14)是功率最大化的第一个步骤，简称第一步极大化。

2. 第二步功率极大化

对固定来波$\boldsymbol{E}^{\mathrm{i}}$，改变天线有效长度$|h_x|$或$|h_y|$，$W_{\max 1}$可否进一步极大化？显然，$|h_x|$和$|h_y|$一定存在某种约束，否则增大$|h_x|$和$|h_y|$可使$W_{\max 1}$任意增大。天线无论是辐射还是接收的角色，其坡印廷矢量(功率密度)均与其有效长度算式$\boldsymbol{h}_x^{\mathrm{T}}\boldsymbol{h}_y^*$成正比，因此天线合理的约束是当$\boldsymbol{h}$变化时其坡印廷矢量保持恒定。所以$W_{\max 1}$中改变$\boldsymbol{h}$获得最大$W_{\max 1}$的约束为

$$\boldsymbol{h}_x^{\mathrm{T}}\boldsymbol{h}_y^*=|h_x|^2+|h_y|^2=c \tag{3.1.15}$$

由式(3.1.15)得到

$$|h_y|=\sqrt{c-|h_x|^2} \tag{3.1.16}$$

代入式(3.1.14)后得到接收功率

$$W_{\max 1}=[|E_x^{\mathrm{i}}||h_x|+|E_y^{\mathrm{i}}|(c-|h_x|^2)^{\frac{1}{2}}]^2 \triangleq A^2(|h_x|) \tag{3.1.17}$$

式(3.1.17)是关于天线有效长度水平分量的函数，对其求导并令导数为零，即

$$\frac{\partial W_{\max 1}}{\partial |h_x|}=2A(|h_x|)\left[|E_x^{\mathrm{i}}|-\frac{|h_x||E_y^{\mathrm{i}}|}{(c-|h_x|^2)^{\frac{1}{2}}}\right]=0 \tag{3.1.18}$$

由式(3.1.18)得到

$$\frac{|h_x|}{|h_y|}=\frac{|E_x^{\mathrm{i}}|}{|E_y^{\mathrm{i}}|} \tag{3.1.19}$$

式(3.1.19)的物理含义：相对大的入射分量，用相对大的同类天线有效长度接收，而相对小的入射分量用相对小的同类天线有效长度接收；并且，天线有效长度两个正交分量比值，须

与接收波场两个正交分量的比值相同。所以,给出的是最大功率从物理上来讲是合理的。将天线有效长度调节到与来波两个分量构成上述对等关系,即天线两个正交分量的比值与被接收波场两个对应分量的比值相等,就可以使天线的接收功率最大,至此就形成了最佳接收效果。第二步极大化后,最终获得了最大接收功率,推算如下:

$$\begin{aligned} W_{\max1} &= (|E_x^{\mathrm{i}}||h_x| + |E_y^{\mathrm{i}}||h_y|)^2 \\ &= |E_x^{\mathrm{i}}|^2 |h_x|^2 + |E_y^{\mathrm{i}}|^2 |h_y|^2 + \\ &\quad |E_y^{\mathrm{i}}||h_x||E_x^{\mathrm{i}}||h_y| + |E_y^{\mathrm{i}}||h_x||E_x^{\mathrm{i}}||h_y| \end{aligned}$$

将$\dfrac{|h_x|}{|h_y|}=\dfrac{|E_x^{\mathrm{i}}|}{|E_y^{\mathrm{i}}|}$代入$W_{\max1}$,得到

$$\begin{aligned} W_{\max1} &= |E_x^{\mathrm{i}}|^2 |h_x|^2 + |E_y^{\mathrm{i}}|^2 |h_y|^2 + \\ &\quad |E_x^{\mathrm{i}}||h_y||E_x^{\mathrm{i}}||h_y| + |E_y^{\mathrm{i}}||h_x||E_y^{\mathrm{i}}||h_x| \\ &= (|E_x^{\mathrm{i}}|^2 + |E_y^{\mathrm{i}}|^2)(|h_x|^2 + |h_y|^2) \\ &= \boldsymbol{h}^{*\mathrm{T}}\boldsymbol{h}((\boldsymbol{E}^{\mathrm{i}})^{*\mathrm{T}}\boldsymbol{E}^{\mathrm{i}}) = \|\boldsymbol{h}\|^2 \|\boldsymbol{E}^{\mathrm{i}}\|^2 \triangleq W_{\max2} \end{aligned} \tag{3.1.20}$$

式中:$\|\cdot\|$表示 F 范数,其平方$\|\cdot\|^2$的物理意义是功率密度。

3. 极化匹配条件

接收功率最大时,或者说最佳接收时,天线极化与被接收波场极化的相应关系称为极化匹配条件,故最佳接收也称为极化匹配接收。综合上述两步功率极大化:

$$\begin{cases} \delta_1 + \delta_2 = 0 \\ \dfrac{|h_y|}{|h_x|} = \dfrac{|E_y^{\mathrm{i}}|}{|E_x^{\mathrm{i}}|} \end{cases} \tag{3.1.21}$$

可以进一步明确式(3.1.21)的极化含义。被接收波场的线极化比为

$$P_{\mathrm{i}} = \frac{E_y^{\mathrm{i}}}{E_x^{\mathrm{i}}} = \frac{|E_y^{\mathrm{i}}|}{|E_x^{\mathrm{i}}|}\mathrm{e}^{\mathrm{j}\delta_1} \tag{3.1.22}$$

则由式(3.1.21)可以得到接收天线的线极化比与被接收波场线极化比的关系为

$$P_{\mathrm{h}} = \frac{h_y}{h_x} = \frac{|h_y|}{|h_x|}\mathrm{e}^{\mathrm{j}\delta_2} = \frac{|E_y^{\mathrm{i}}|}{|E_x^{\mathrm{i}}|}\mathrm{e}^{-\mathrm{j}\delta_1} = P_{\mathrm{i}}^* \tag{3.1.23}$$

重写上式：

$$P_{\mathrm{h}} = P_{\mathrm{i}}^{*}$$

式(3.1.23)说明，接收天线线极化比与被接收信号线极化复共轭相等，这就是最佳接收的极化匹配条件。该表达式的物理内涵在3.4节详细阐释。读者应记住这个数学结果，并要强烈地意识到它是同一笛卡儿坐标系中的结果，即接收天线与被接收信号的正交分解是在同一笛卡儿坐标系而非右手系中描述和表征的。

3.2 极化失配接收

极化失配接收的物理含义是天线的接收电压为零，即接收功率为零，这是最差的接收效果，完全没有接收到信号。按照极化失配的物理含义，利用3.1节的接收功率表达式，令接收功率为零，即有

$$\begin{aligned} W \propto VV^{*} &= |V|^{2} = |\boldsymbol{h}^{\mathrm{T}}(xy)\boldsymbol{E}^{\mathrm{i}}(xy)|^{2} \\ &= ||E_{x}^{\mathrm{i}}||h_{x}| + |E_{y}^{\mathrm{i}}||h_{y}|\mathrm{e}^{\mathrm{j}(\delta_{1}+\delta_{2})}|^{2} = 0 \end{aligned} \tag{3.2.1}$$

上式重写为

$$|E_{x}^{\mathrm{i}}||h_{x}| + |E_{y}^{\mathrm{i}}||h_{y}|\mathrm{e}^{\mathrm{j}(\delta_{1}+\delta_{2})} = 0 \tag{3.2.2}$$

式(3.2.2)可变形为

$$\begin{aligned} \frac{|h_{y}|}{|h_{x}|}\mathrm{e}^{\mathrm{j}\delta_{1}} &= -\frac{|E_{x}^{\mathrm{i}}|}{|E_{y}^{\mathrm{i}}|}\mathrm{e}^{-\mathrm{j}\delta_{2}} \\ \frac{|h_{y}|}{|h_{x}|}\mathrm{e}^{\mathrm{j}\delta_{1}} &= -1\Big/\left(\frac{|E_{y}^{\mathrm{i}}|}{|E_{x}^{\mathrm{i}}|}\mathrm{e}^{\mathrm{j}\delta_{2}}\right) \end{aligned} \tag{3.2.3}$$

显然，式(3.2.3)可以写为

$$P_{\mathrm{r}} = -\frac{1}{P_{\mathrm{i}}}, \quad P_{\mathrm{r}}P_{\mathrm{i}} = -1 \tag{3.2.4}$$

极化失配条件：接收天线的线极化比与被接收信号的线极化比互为负倒数，或者说乘积等于负1。与最佳接收情况相同的是，接收天线与被接收信号分量的表征，采用的是同一笛卡儿坐标系而非右手系。它的物理内涵在3.5节详细讨论。

3.3　极化匹配系数

天线极化和来波极化是在同一笛卡儿坐标系中描述和表征的，在此基础上讨论了极化匹配接收和极化失配接收的问题，并给出了对应情况的极化关系。本节考虑一般情形，既不最佳也不最差，是介于两者之间的常规接收情况。

3.3.1　极化匹配系数的定义

天线的接收效果随其极化的不同而有差别。针对常规或者说一般的接收情况，用极化匹配系数来描述，定义为实际接收功率与最佳接收功率之比，利用式(3.1.9)和式(3.1.20)得到极化匹配系数的表达式为

$$\rho=\frac{VV^{*}}{\|\boldsymbol{h}\|^{2}\|\boldsymbol{E}^{\mathrm{i}}\|^{2}}=\frac{|\boldsymbol{h}^{\mathrm{T}}\boldsymbol{E}^{\mathrm{i}}|^{2}}{\|\boldsymbol{h}\|^{2}\|\boldsymbol{E}^{\mathrm{i}}\|^{2}},\quad 0\leqslant\rho\leqslant 1 \tag{3.3.1}$$

极化匹配系数也称为极化效率。最佳接收、最差接收是常规接收情况的特例，匹配系数分别对应 $\rho=1$ 和 $\rho=0$。有必要再次强调，因为电压方程是在同一笛卡儿坐标系中建立的，故式(3.3.1)也是在同一笛卡儿坐标系中定义的。

3.3.2　极化匹配系数的坐标系

3.1 节、3.2 节讨论的极化信号接收问题，基础是同一笛卡儿坐标系中的电压方程，信号无论来自何方都适用，不需要涉及极化的旋向。但是，在讨论两部天线互为收发的时候，极化旋向问题就不可回避，不然会带来表述的麻烦，因此，两部天线的极化旋向有统一说法显得尤为重要。因为极化旋向是在右手系中定义的，为确保互为收发的两部天线极化旋向说法的一致，互为收发的双方必须选择相向右手笛卡儿坐标系，简称相向右手系，如图 3.3.1 所示。坐标轴的空间关系：两部天线相向或波场相向传播，垂直轴指向相同，水平轴指向相反。

在相向右手系中，假如两部天线发射同旋向椭圆极化波，则意味着两个波的场矢量端点在空中相遇时出现反向旋转，如图 3.3.2 所示。

3.3.3　相向右手系中的极化匹配系数

开路电压 $V=\boldsymbol{h}^{\mathrm{T}}(x,y)\boldsymbol{E}^{\mathrm{i}}(x,y)$用的是同一笛卡儿坐标系，所以在相向右手系中，计算

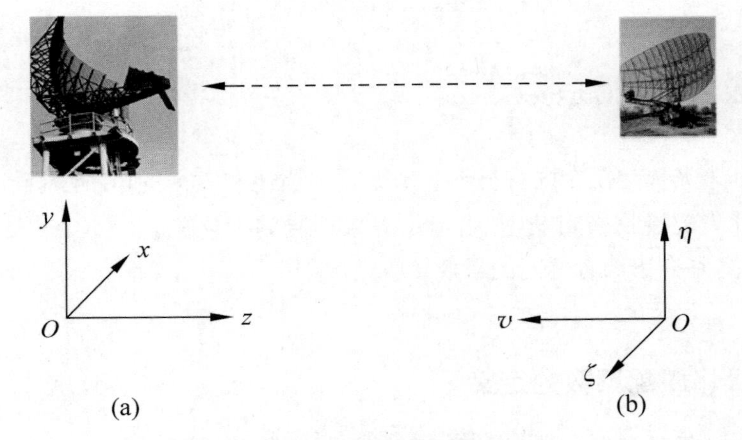

图 3.3.1 相向右手系

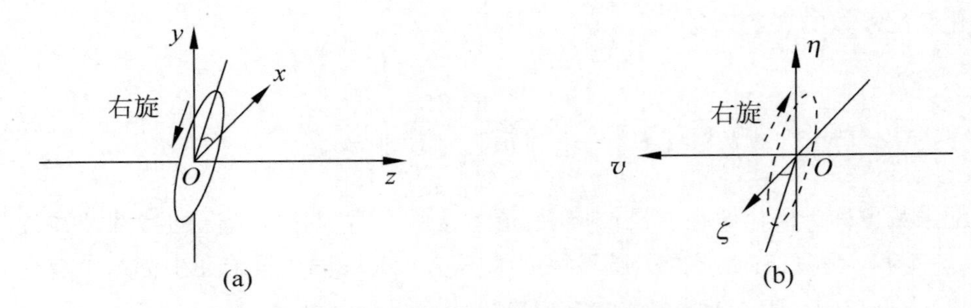

图 3.3.2 同旋向极化的端点运动方向示意

电压时必须转化到同一笛卡儿坐标系中。相向右手系如图 3.3.3 所示。

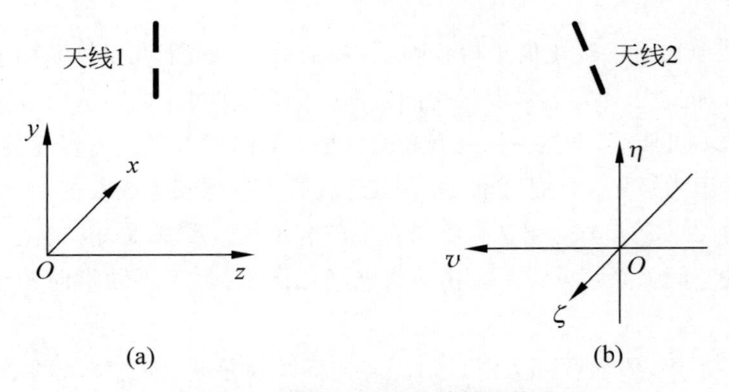

图 3.3.3 相向坐标系中的轴向关系

假定天线 1 发射、天线 2 接收，则天线 2 的端口开路电压为

$$V=\boldsymbol{h}^{\mathrm{T}}(\zeta,\eta)\boldsymbol{E}^{\mathrm{i}}(\zeta,\eta)=E_{\zeta}^{\mathrm{i}}h_{\zeta}+E_{\eta}^{\mathrm{i}}h_{\eta} \tag{3.3.2}$$

在相向右手系中，天线辐射场的两个正交分量有如下关系：

$$E_x^{\mathrm{i}}=-E_\zeta^{\mathrm{i}},\quad E_y^{\mathrm{i}}=E_\eta^{\mathrm{i}} \tag{3.3.3}$$

天线1作为发射天线，其辐射场的矢量相量表达式为

$$\boldsymbol{E}^{\mathrm{i}}=E_x^{\mathrm{i}}\hat{\boldsymbol{x}}+E_y^{\mathrm{i}}\hat{\boldsymbol{y}}=E_0^{\mathrm{i}}a_{\mathrm{i}}(\hat{\boldsymbol{x}}+P_{\mathrm{i}}\hat{\boldsymbol{y}})$$

$$\boldsymbol{E}^{\mathrm{i}}=E_0^{\mathrm{i}}a_{\mathrm{i}}\begin{bmatrix}1\\P_{\mathrm{i}}\end{bmatrix} \tag{3.3.4}$$

式中，P_{i} 为线极性比。

因为任意天线的辐射场的矢量相量可以写为

$$\boldsymbol{E}(r,\theta,\varphi)=\frac{\mathrm{j}Z_0 I}{2\lambda r}\mathrm{e}^{-\mathrm{j}kr}\boldsymbol{h}(\theta,\varphi)$$

给上式做变形，则由辐射场可以得到任意天线的有效长度，并将它转换到同一个笛卡儿坐标系中，以符合电压方程的坐标系条件，得到表达式

$$\begin{aligned}\boldsymbol{h}&=\frac{2\lambda r}{\mathrm{j}Z_0 I}\mathrm{e}^{\mathrm{j}kr}\boldsymbol{E}=\frac{2\lambda r}{\mathrm{j}Z_0 I}\mathrm{e}^{\mathrm{j}kr}(E_\zeta\hat{\boldsymbol{\zeta}}+E_\eta\hat{\boldsymbol{\eta}})\\&=\frac{2\lambda r}{\mathrm{j}Z_0 I}\mathrm{e}^{\mathrm{j}kr}E_0 a_0(\hat{\boldsymbol{\zeta}}+P_{\mathrm{h}}\hat{\boldsymbol{\eta}})\\&\triangleq h_0(-\hat{\boldsymbol{x}}+P_{\mathrm{h}}\hat{\boldsymbol{y}})\end{aligned}$$

式中，P_{h} 为接收天线的线极化比。

天线2作为接收天线，它的有效长度矢量，即天线极化的坐标向量为

$$\boldsymbol{h}=h_0\begin{bmatrix}-1\\P_{\mathrm{h}}\end{bmatrix} \tag{3.3.5}$$

根据电压方程，接收天线2的端口开路电压为

$$V=\boldsymbol{h}^{\mathrm{T}}\boldsymbol{E}^{\mathrm{i}}=-E_0^{\mathrm{i}}a_{\mathrm{i}}h_0(1-P_{\mathrm{i}}P_{\mathrm{h}}) \tag{3.3.6}$$

由式(3.3.4)和式(3.3.5)可分别求得照射波功率密度及接收天线等效功率密度为

$$\|\boldsymbol{E}^{\mathrm{i}}\|^2=|E_0^{\mathrm{i}}a_{\mathrm{i}}|^2\begin{bmatrix}1 & P_{\mathrm{i}}^*\end{bmatrix}\begin{bmatrix}1\\P_{\mathrm{i}}\end{bmatrix}=|E_0^{\mathrm{i}}a_{\mathrm{i}}|^2(1+P_{\mathrm{i}}P_{\mathrm{i}}^*) \tag{3.3.7}$$

$$\|\boldsymbol{h}\|^2=|h_0|^2\begin{bmatrix}1 & P_h^*\end{bmatrix}\begin{bmatrix}1\\P_h\end{bmatrix}=|h_0|^2(1+P_hP_h^*) \tag{3.3.8}$$

将式(3.3.6)～式(3.3.8)代入式(3.3.1)，得到

$$\rho=\frac{VV^*}{\|\boldsymbol{E}^i\|^2\|\boldsymbol{h}\|^2}=\frac{(1-P_iP_h)(1-P_i^*P_h^*)}{(1+P_iP_i^*)(1+P_hP_h^*)} \tag{3.3.9}$$

根据式(3.3.9)，极化匹配时，可以得到接收天线极化比与被接收信号极化比的数学关系。

由 $\rho=1$ 可得

$$(P_i+P_h^*)(P_h+P_i^*)=0$$

$$P_i=-P_h^* \tag{3.3.10}$$

结论：在相向坐标系下，极化匹配时，接收天线的线极化比与被接收信号的线极化比互反复共轭，比同一笛卡儿坐标系中的极化关系多了一个负号。

若被接收信号是左旋圆极化，即线极化比为

$$P_i=\tan\gamma e^{j\phi},\quad P_i\xlongequal{\gamma=\pi/4,\phi=\pi/2}j$$

那么求得接收天线的线极化比为

$$P_h=-(P_i)^*=j \tag{3.3.11}$$

上式说明，左旋圆极化的天线可以最佳接收左旋圆极化的信号，达到极化匹配接收，获得最大接收功率，即得到了最佳接收效果。对右旋圆极化结论相同。所以，正面相向的、旋向相同的圆极化天线可以最佳地实现互为收发。

3.4 极化匹配条件的物理解释

前面已知，同一笛卡儿坐标系和相向右手系中的极化匹配条件有不同的数学表达式，很容易搞混淆。本节将基于物理事实，从这个角度来证明两套坐标体系中的极化匹配条件是等价的。

3.4.1 极化匹配条件的坐标系因素

同一笛卡儿坐标系中的极化匹配条件是 $P_r=P_i^*$，而相向右手系中的极化匹配条件是 $P_r=-P_i^*$。既然都是匹配，而且都是描述同一情形的事件，理应等价。

3.4.2 同一坐标系中的"物理事实"

观测和描述的参照系可以不同，但物理事实不应该被改变，这是两套坐标体系中极化匹配条件等价性证明的根本思路。为了叙述简洁，定义两个说法，即简单的两个术语："物理事实"是指波场端点运动轨迹；"直观展示"是指对物理事实的图示。

同一坐标系中，设被接收波场的线极化比为

$$P_i=\tan\gamma e^{j\phi} \tag{3.4.1}$$

根据式(2.3.29)，被接收波场的极化椭圆几何参数为

$$\begin{cases}\tan 2\tau_i=\tan 2\gamma\cos\phi\\ \sin 2\varepsilon_i=\sin 2\gamma\sin\phi\end{cases} \tag{3.4.2}$$

根据式(3.1.23)，极化匹配天线的线极化比为

$$P_r=P_i^*=\tan\gamma e^{-j\phi} \tag{3.4.3}$$

将式(3.4.3)代入式(2.3.29)，得到极化匹配天线的极化椭圆几何参数为

$$\begin{cases}\tan 2\tau_r=\tan 2\gamma\cos\phi\\ \sin 2\varepsilon_r=-\sin 2\gamma\sin\phi\end{cases} \tag{3.4.4}$$

将式(3.4.2)与式(3.4.4)进行对比，得到

$$\varepsilon_r=-\varepsilon_i,\quad \tau_r=\tau_i \tag{3.4.5}$$

根据式(3.4.5)的参数关系，即接收天线极化椭圆和被接收波场极化椭圆的倾角相等、椭圆率角互反，因此可以得出"物理事实"的结论：极化椭圆形状完全相同、摆放一致，即长轴与长轴平行，短轴与短轴平行；波场端点轨迹的时针旋转方向相反，因为椭圆率角互反。设

图 3.4.1 中实线代表天线的极化椭圆并依据极化旋向定义的右手法则得出为右旋，而虚线所代表的被接收波场的极化只能称为轨迹走向。

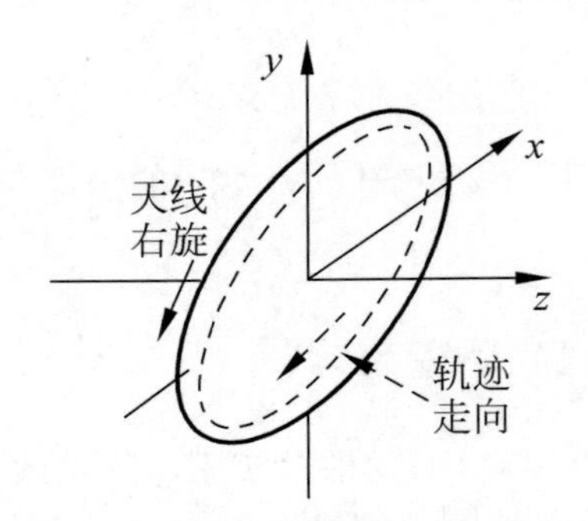

图 3.4.1 “物理事实”的直观展示

将同一坐标系中的“物理事实”进行拆分，拆分出的极化椭圆套上一个右手系，并与原坐标系共同建立相向右手系，以便确定极化旋向，如图 3.4.2 所示。

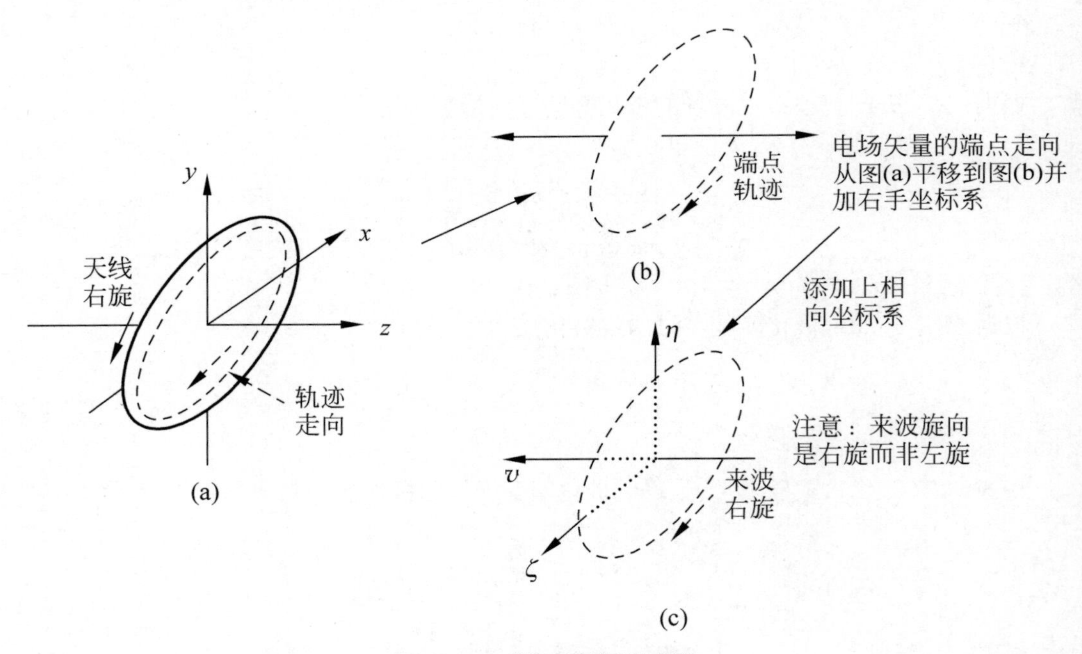

图 3.4.2 “物理事实”的拆分

结论：同一坐标系中波场端点轨迹运动方向转化到相向右手系后统一了极化旋向说法，且推得波场极化也是右旋，与接收天线极化旋向相同。该结论可表述为，极化椭圆形状和极化旋向相同、椭圆长轴平行的两部天线能够实现最佳互为收发。

3.4.3 相向右手系中的“物理事实”

讨论分析思路与前面相同。在相向右手系中，被接收波场的线极化比为

$$P_{\mathrm{i}}=\tan\gamma \mathrm{e}^{\mathrm{j}\phi} \tag{3.4.6}$$

根据式(2.3.29)，被接收波场的极化椭圆几何参数为

$$\begin{cases}\tan 2\tau_{\mathrm{i}}=\tan 2\gamma\cos\phi \\ \sin 2\varepsilon_{\mathrm{i}}=\sin 2\gamma\sin\phi\end{cases} \tag{3.4.7}$$

根据式(3.3.10)，极化匹配天线的线极化比为

$$P_{\mathrm{r}}=-P_{\mathrm{i}}^{*}=-\tan\gamma \mathrm{e}^{-\mathrm{j}\phi}=\tan(\pi-\gamma)\mathrm{e}^{-\mathrm{j}\phi}=\tan(\gamma-\pi)\mathrm{e}^{\mathrm{j}(\pi-\phi)} \tag{3.4.8}$$

将式(3.4.8)代入式(2.3.29)，得到极化匹配天线的极化椭圆几何参数为

$$\begin{cases}\tan 2\tau_{\mathrm{r}}=\tan 2\gamma\cos(\pi-\phi)=-\tan 2\gamma\cos\phi \\ \sin 2\varepsilon_{\mathrm{r}}=\sin 2\gamma\sin(\pi-\phi)=\sin 2\gamma\sin\phi\end{cases} \tag{3.4.9}$$

将式(3.4.7)与式(3.4.9)进行对比，得到

$$\varepsilon_{\mathrm{r}}=\varepsilon_{\mathrm{i}},\quad \tau_{\mathrm{r}}=-\tau_{\mathrm{i}} \tag{3.4.10}$$

根据式(3.4.10)的参数关系对极化匹配时“物理事实”做“直观展示”，如图3.4.3所示。

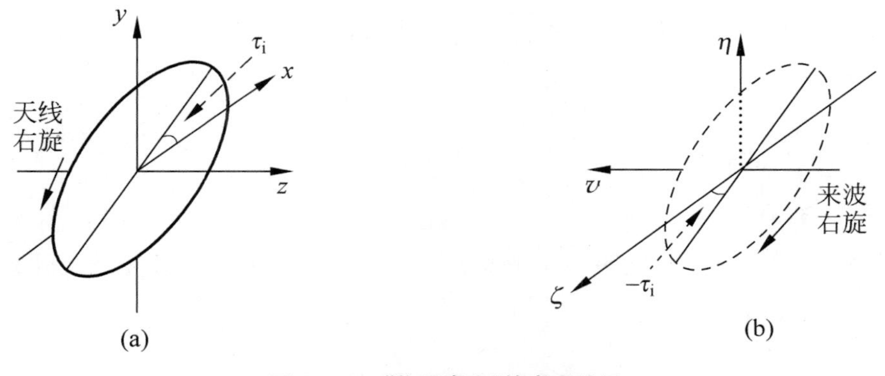

图 3.4.3 “物理事实”的直观展示

从式(3.4.10)及图3.4.3很容易看出，接收天线极化椭圆和被接收波场极化椭圆的椭圆率角相等、倾角互反，因此可以得出“物理事实”的结论：极化椭圆形状完全相同；因为倾角互反，故椭圆摆放一致，即椭圆的长轴与长轴平行，短轴与短轴平行；天线极化与波场极化的旋向相同。

将图3.4.3两个右旋极化轨迹合并置于左边的右手系，如图3.4.4所示，结果与上面介绍的同一坐标系中的物理事实相同(图3.4.1)，即波场端点轨迹走向相反。

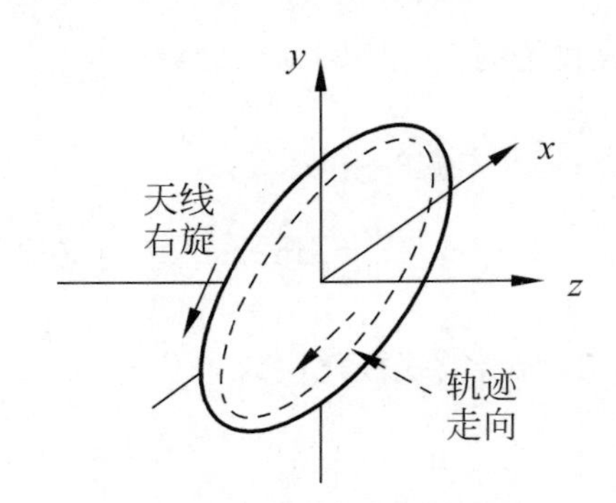

图3.4.4 “物理事实”的合并

上面的讨论已充分说明，虽然在同一坐标系和相向右手系中的极化匹配条件的数学表达式不同，但它们各自所蕴含的基本“物理事实”是相同的，而且同一坐标系的“物理事实”可以拆分成相向右手系，反过来相向右手系的“物理事实”又可以合并成同一坐标系的。据此可以说明它们是等价的。

为了更直观地理解极化匹配条件的物理含义，再举一个简单例子：斜线极化天线的相互收发情况。

设被接收波场是斜线极化，它的线极化比为

$$P_{\mathrm{i}}=\tan\gamma \mathrm{e}^{\mathrm{j}\phi}=\pm\tan\gamma,\quad \text{当 } \phi=0 \text{ 或 } \pm\pi \text{ 时} \tag{3.4.11}$$

则根据相向右手系中的极化匹配条件，得到接收天线的线极化比为

$$P_{\mathrm{r}}=-P_{\mathrm{i}}^{*}=\mp\tan\gamma \tag{3.4.12}$$

它也是斜线极化。

任选波场带正号的线极化比，即 $P_{\mathrm{i}}=+\tan\gamma$ 的情况来作图示，得到“物理事实”的直观展示结果如图3.4.5所示。从图中可直观地看出，两个收发双方的斜线极化是平行的，完全符合最佳收发的情况。

3.4.4 极化匹配条件的物理内涵

物理事实不因参照系的选择而改变，上面基于这个思路证明了两套坐标体系下极化匹

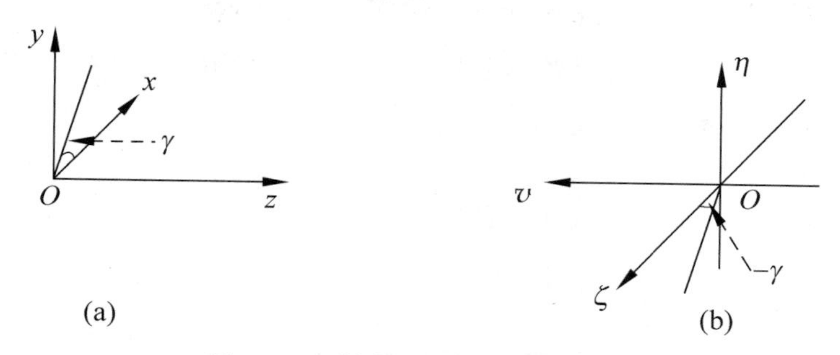

图 3.4.5 斜线极化天线的相互收发

配条件的等价性。下面任选相向坐标系的情形为例(同一坐标系为例也可),剖析极化匹配条件所蕴含的物理原理。

在图 3.4.3 中,根据极化匹配条件得到的"物理事实"做直观展示后,很容易看出:椭圆形状相同,长、短轴同类型平行。因此,接收天线极化椭圆保持与来波极化椭圆在朝向上最佳对准,类似于给来波创建了一个最佳通道以方便其顺畅地进入天线接收系统,这是最佳接收时天线与来波各自分量比例关系

$$\frac{|h_x|}{|h_y|}=\frac{|E_x^{\mathrm{i}}|}{|E_y^{\mathrm{i}}|}$$

在一个完整周期上的延伸,即在波场振荡周期内所有时刻都保持最佳的比例关系

$$\begin{aligned}\frac{|h_x(t)|}{|h_y(t)|}=\frac{|E_x^{\mathrm{i}}(t)|}{|E_y^{\mathrm{i}}(t)|}\rightarrow\\ \frac{|h_x\mathrm{e}^{\mathrm{j}\omega_0 t}\mathrm{e}^{-\mathrm{j}kz}\mathrm{e}^{\mathrm{j}\phi_x^{\mathrm{r}}}|}{|h_y\mathrm{e}^{\mathrm{j}\omega_0 t}\mathrm{e}^{-\mathrm{j}kz}\mathrm{e}^{\mathrm{j}(\phi_y^{\mathrm{r}}+\delta_2)}|}\\ =\frac{|E_x^{\mathrm{i}}\mathrm{e}^{\mathrm{j}\omega_0 t}\mathrm{e}^{-\mathrm{j}kz}\mathrm{e}^{\mathrm{j}\phi_x^{\mathrm{i}}}|}{|E_y^{\mathrm{i}}\mathrm{e}^{\mathrm{j}\omega_0 t}\mathrm{e}^{-\mathrm{j}kz}\mathrm{e}^{\mathrm{j}(\phi_x^{\mathrm{i}}+\delta_1)}|}=\frac{|h_x|}{|h_y|}=\frac{|E_x^{\mathrm{i}}|}{|E_y^{\mathrm{i}}|}\end{aligned}\tag{3.4.13}$$

让天线极化椭圆上每个位置时刻都最佳地匹配"迎接"来波的电场强度矢量,每个时刻都保持着最佳感应。

为了更好地理解,可以将产生来波的天线看作一个旋转的理想线振子天线,那么接收天线也是线振子天线,它也能旋转并时刻保持与来波线振子天线的平行。如果互为收发双方的极化都是普通极化椭圆的情况,它们极化匹配接收时的椭圆形状相同、长轴与长轴平行对齐,这种情况应该使接收天线有效长度矢量与被接收信号的电场强度矢量,它们的指向在相同时刻都保持平行于一条直线上,时刻保持着最强感应。因为从物理上来讲,推测

的这种情况绝对是最佳的接收效果。

为此，考察接收天线和来波两者极化矢量的指向，对理解极化匹配条件的物理内涵是极有价值的。被接收的波场为

$$\begin{aligned}\boldsymbol{\xi}(\omega_0 t, x, y, z) &= \mathrm{Re}[(|E_x|\mathrm{e}^{\mathrm{j}\phi_x}\hat{\boldsymbol{x}} + |E_y|\mathrm{e}^{\mathrm{j}\phi_y}\hat{\boldsymbol{y}})\mathrm{e}^{-\mathrm{j}kz}\mathrm{e}^{\mathrm{j}\omega_0 t}] \\ &= \xi_x(t)\hat{\boldsymbol{x}} + \xi_y(t)\hat{\boldsymbol{y}}\end{aligned}$$

零时刻的电场强度矢量位置和指向由矢量相量决定，即

$$\boldsymbol{E}(x,y,z) = \sqrt{|E_x|^2 + |E_y|^2}\,\mathrm{e}^{\mathrm{j}\phi_x}\mathrm{e}^{-\mathrm{j}kz}(\cos\gamma\hat{\boldsymbol{x}} + \sin\gamma\mathrm{e}^{\mathrm{j}\phi}\hat{\boldsymbol{y}})$$

零距离点上来波的矢量相量为

$$\boldsymbol{E}_{\mathrm{i}}(x,y) = \cos\gamma\hat{\boldsymbol{x}} + \sin\gamma\mathrm{e}^{\mathrm{j}\phi}\hat{\boldsymbol{y}}$$

由上式矢量相量表达式可以获得单色波场的线极化比为

$$P_{\mathrm{i}} = \tan\gamma\mathrm{e}^{\mathrm{j}\phi}$$

根据极化匹配条件，接收天线的线极化比为

$$P_{\mathrm{r}} = -P_{\mathrm{i}}^* = -\tan\gamma\mathrm{e}^{-\mathrm{j}\phi} = \tan(\pi - \gamma)\mathrm{e}^{-\mathrm{j}\phi} = \tan(\gamma - \pi)\mathrm{e}^{\mathrm{j}(\pi-\phi)}$$

所以接收天线的矢量相量为

$$\begin{aligned}\boldsymbol{E}_{\mathrm{r}}(x,y) &= \cos(\gamma - \pi)\hat{\boldsymbol{x}} + \sin(\gamma - \pi)\mathrm{e}^{\mathrm{j}(\pi-\phi)}\hat{\boldsymbol{y}} \\ &= -\cos\gamma\hat{\boldsymbol{x}} - \sin\gamma\mathrm{e}^{\mathrm{j}(\pi-\phi)}\hat{\boldsymbol{y}}\end{aligned}$$

两个矢量起始指向如图 3.4.6 所示。

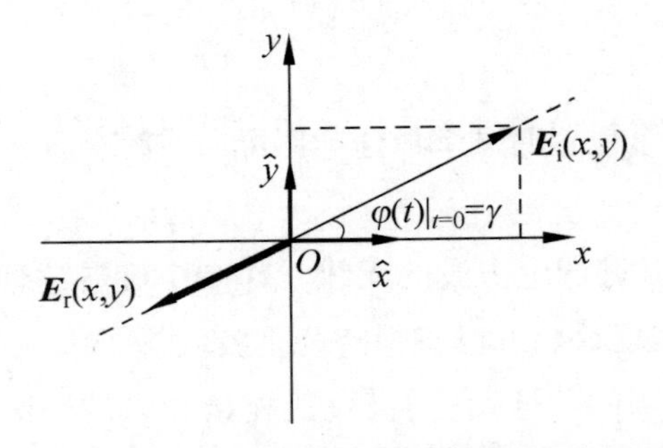

图 3.4.6 接收天线与来波两者的矢量起始指向

图中，$\boldsymbol{E}_{\mathrm{i}}(x,y)$是来波的矢量相量，$\boldsymbol{E}_{\mathrm{r}}(x,y)$是根据匹配条件得到的接收天线的矢量相量，显然它们起始是在同一条平行线上(相位差只决定旋向)。

但是从图 3.4.4 可以看到，接收天线极化和波场极化朝着相反的、空中交叉的方向旋转，这种相互间的转向，乍一想象，觉得它们的指向几乎是不可能平行的。好在这种平行的条件是存在的，即

$$\varphi_{\mathrm{r}}(t)=\varphi_{\mathrm{i}}(t)-\pi \tag{3.4.14}$$

$\varphi_{\mathrm{i}}(t)$是某时刻被接收波场的极化指向，$\varphi_{\mathrm{r}}(t)=\varphi_{\mathrm{i}}(t)-\pi$ 是接收天线的极化指向，时刻保持 180°的指向差。一个周期内，各自的指向形成一个形状相同的椭圆。因为振荡频率一样，转一圈的时间相同，如图 3.4.7 所示。

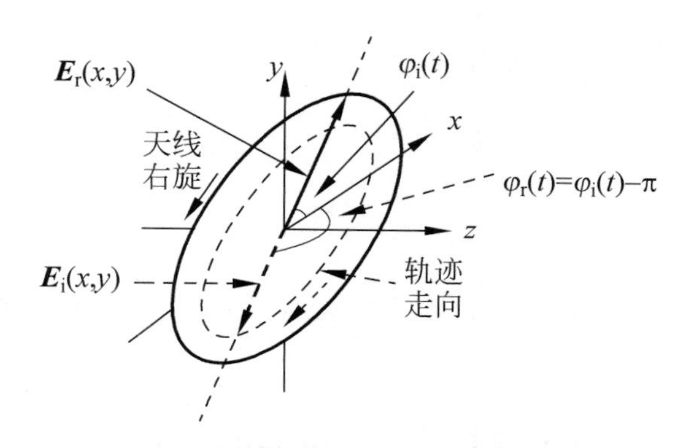

图 3.4.7　天线极化与被接收波极化匹配时的极化指向

需要特别注意，不同频率可以有相同的极化椭圆，但是各自频率周期内的电场强度矢量会因各自转速的不同而导致同时刻矢量指向的不同。这在讨论极化信号收发时特别重要，即只有在频率相同的前提下才有极化匹配和极化失配的问题，这也类似于电子系统中的信号分析，只有在相同频率点上，信号加、减等运算才有意义。

3.5　极化失配条件的物理解释

3.4 节从数学表征到“物理事实”再到“直观展示”，详细讨论了极化匹配条件的物理内涵。本节关于极化失配条件的讨论思路与 3.3 节是一样的。“匹配”和“失配”这两个概念从数学角度似乎可以看成是正交的或者说相反的。这样，基于极化匹配条件的物理解释，可以运用极化对称性的认知先给极化失配条件的物理事实做个推测，再给出具体的证明。推测结果如图 3.5.1 所示。

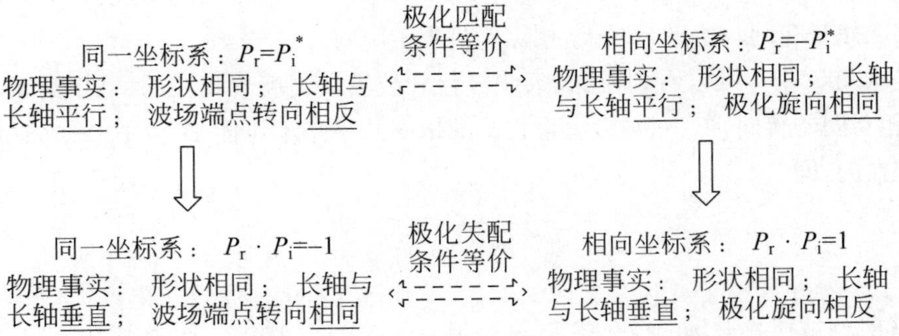

同一坐标系：$P_r=P_i^*$
物理事实：形状相同；长轴与长轴平行；波场端点转向相反

极化匹配条件等价

相向坐标系：$P_r=-P_i^*$
物理事实：形状相同；长轴与长轴平行；极化旋向相同

同一坐标系：$P_r \cdot P_i=-1$
物理事实：形状相同；长轴与长轴垂直；波场端点转向相同

极化失配条件等价

相向坐标系：$P_r \cdot P_i=1$
物理事实：形状相同；长轴与长轴垂直；极化旋向相反

图 3.5.1 极化对称性的运用

3.5.1 极化失配条件的坐标系因素

同一坐标系中的极化失配条件为

$$P_r P_i = -1$$

相向右手系中极化失配条件可令式(3.3.9)为零时得到，推导过程如下：

$$\rho = \frac{VV^*}{\| \boldsymbol{E}^i \|^2 \| \boldsymbol{h} \|^2} = \frac{(1-P_i P_r)(1-P_i^* P_r^*)}{(1+P_i P_i^*)(1+P_r P_r^*)} = 0 \tag{3.5.1}$$

即

$$(1-P_i P_r)(1-P_i^* P_r^*) = 0$$

可推得

$$P_i = \frac{1}{P_r}, \quad P_i P_r = 1 \tag{3.5.2}$$

上式就是相向右手系中接收天线极化与被接收信号极化失配时的关系：两者线极化比的乘积等于1，比同一坐标系中极化失配的条件少了一个负号。

例如，被接收的来波是左旋圆极化，线极化比为

$$P_i = \tan\gamma e^{j\phi} = j, \quad \gamma = \pi/4, \quad \phi = \pi/2 \tag{3.5.3}$$

根据式(3.5.2)得到接收天线的线极化比为

$$P_r=\frac{1}{P_r}=-j \tag{3.5.4}$$

结论：右旋圆极化的天线接收不到左旋圆极化的信号。该结论表述为：旋向相反的圆极化天线互为收发时，极化失配，接收信号功率为零。

两套坐标体系中的极化失配条件虽然不同，但它们应该是等价的；否则，就成了因为数学工具的运用而改变了事物本身，这显然不符合逻辑。下面予以证明。

3.5.2 同一坐标系中的“物理事实”

同一坐标系中，设被接收波场的极化比为

$$P_i=\tan\gamma e^{j\phi} \tag{3.5.5}$$

根据式(2.3.29)，被接收波场的极化椭圆几何参数为

$$\begin{cases}\tan2\tau_i=\tan2\gamma\cos\phi\\ \sin2\varepsilon_i=\sin2\gamma\sin\phi\end{cases} \tag{3.5.6}$$

根据式(3.2.4)，极化失配天线的极化比为

$$P_r=-\frac{1}{P_i}=-\cot\gamma e^{-j\phi}=\tan(\pi/2-\gamma)e^{j(\pi-\phi)} \tag{3.5.7}$$

将式(3.5.7)代入式(2.3.29)，得到极化失配天线的极化椭圆几何参数为

$$\begin{aligned}\tan2\tau_r&=\tan2(\pi/2-\gamma)\cos(\pi-\phi)=\tan2\gamma\cos\phi\\&=\tan2\tau_i=\tan(k\pi+2\tau_i),k=0,1,\cdots\\&\overset{k=1}{=\!=}\tan2\left(\frac{\pi}{2}+\tau_i\right)\end{aligned} \tag{3.5.8}$$

$$\begin{aligned}\sin2\varepsilon_r&=\sin2(\pi/2-\gamma)\sin(\pi-\phi)\\&=\sin2\gamma\sin\phi=\sin2\varepsilon_i\end{aligned} \tag{3.5.9}$$

将式(3.5.6)与式(3.5.8)、式(3.5.9)进行对比，得到

$$\varepsilon_{\mathrm{r}}=\varepsilon_{\mathrm{i}},\quad \tau_{\mathrm{r}}=\frac{\pi}{2}+\tau_{\mathrm{i}} \tag{3.5.10}$$

根据式(3.5.10)的参数关系,即接收天线极化椭圆的椭圆率角与被接收波场极化椭圆的椭圆率角相等、倾角相差 90°,可以得出"物理事实"的结论：极化椭圆形状完全相同,并且长轴与长轴垂直；波场端点轨迹的时针旋转方向相同(因为椭圆率角相同)。图 3.5.2 对极化失配时"物理事实"做了"直观展示",实线代表天线的极化椭圆并依据极化旋向定义的右手法则得出为右旋,那么虚线代表来波极化椭圆的旋向,只能称为端点轨迹走向。

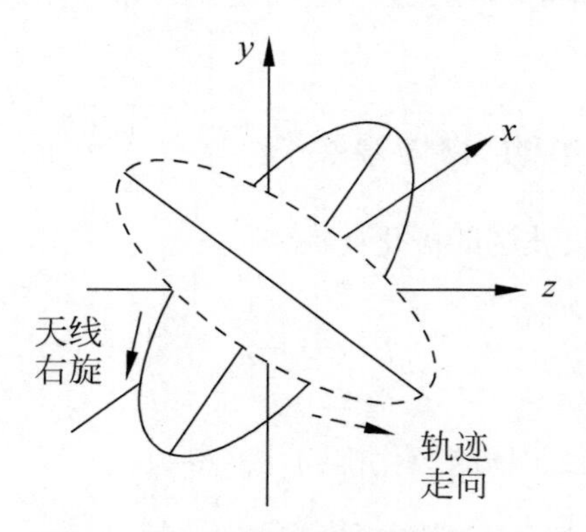

图 3.5.2 极化失配时的"物理事实"

3.5.3 相向右手系中的"物理事实"

相向右手系中,设被接收波场的极化比为

$$P_{\mathrm{i}}=\tan\gamma \mathrm{e}^{\mathrm{j}\phi} \tag{3.5.11}$$

根据式(2.3.29),被接收波场的极化椭圆几何参数为

$$\begin{cases}\tan 2\tau_{\mathrm{i}}=\tan 2\gamma\cos\phi \\ \sin 2\varepsilon_{\mathrm{i}}=\sin 2\gamma\sin\phi\end{cases} \tag{3.5.12}$$

根据式(3.5.2),极化失配天线的极化比为

$$P_{\mathrm{r}}=\frac{1}{P_{\mathrm{i}}}=\cot\gamma \mathrm{e}^{-\mathrm{j}\phi}=\tan\left(\frac{\pi}{2}-\gamma\right)\mathrm{e}^{-\mathrm{j}\phi} \tag{3.5.13}$$

将式(3.5.13)代入式(2.3.29)，得到极化失配天线的极化椭圆几何参数为

$$\tan 2\tau_{\mathrm{r}} = \tan 2\left(\frac{\pi}{2} - \gamma\right)\cos(-\phi) = -\tan 2\gamma\cos\phi$$

$$= -\tan 2\tau_{\mathrm{i}} = \tan 2\left(\frac{\pi}{2} - \tau_{\mathrm{i}}\right) \tag{3.5.14}$$

$$\sin 2\varepsilon_{\mathrm{r}} = \sin 2\left(\frac{\pi}{2} - \gamma\right)\sin(-\phi) = -\sin 2\gamma\sin\phi \tag{3.5.15}$$

将式(3.5.12)与式(3.5.14)、式(3.5.15)进行对比，得到

$$\varepsilon_{\mathrm{r}} = -\varepsilon_{\mathrm{i}},\quad \tau_{\mathrm{r}} = \frac{\pi}{2} - \tau_{\mathrm{i}} \tag{3.5.16}$$

根据式(3.5.16)的参数关系，即接收天线极化椭圆的椭圆率角与被接收波场极化椭圆的椭圆率角互反、倾角相差90°，因此可以得出“物理事实”的结论：极化椭圆形状完全相同，并且长轴与长轴垂直；极化旋向相反(因为椭圆率角互反)。对极化失配时“物理事实”做“直观展示”如图3.5.3所示。

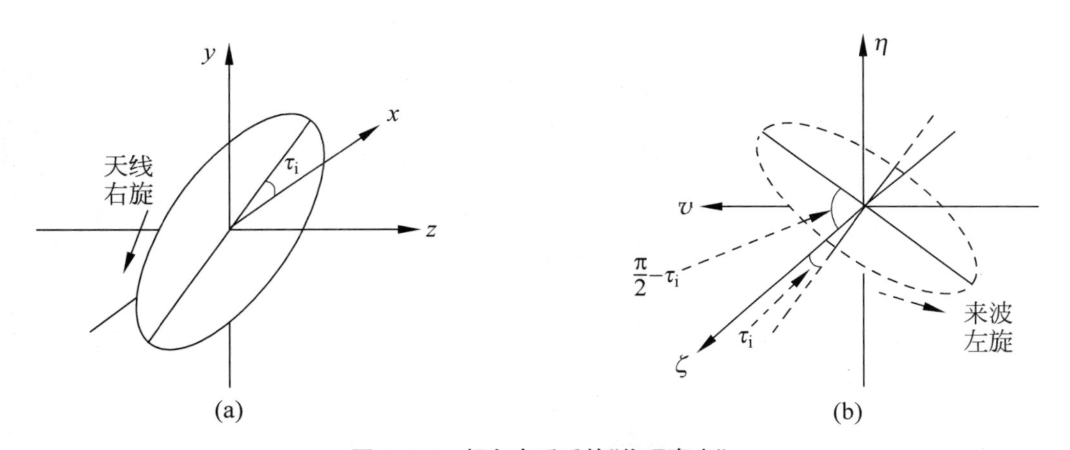

图3.5.3　相向右手系的“物理事实”

将图3.5.3的右旋极化和左旋极化的端点轨迹合并置于左边的右手系，也就是图3.5.2，结果与同一右手系中的“物理事实”相同，端点轨迹走向相同。说明两个不同坐标系中的极化失配条件，从相同的直观展示说明它们完全等价，图3.5.4是等价性的物理事实总结。再次强调：同一右手系中任意一个如果叫了旋向，则另一个就不能用旋向概念了，只能表述为端点轨迹，而相向右手系就克服了这一缺陷，都可以用旋向的概念。

为了更直观地理解极化失配条件的物理含义，再举一个简单例子：斜线极化天线的相互收发情况。

设被接收波场是斜线极化，它的线极化比为

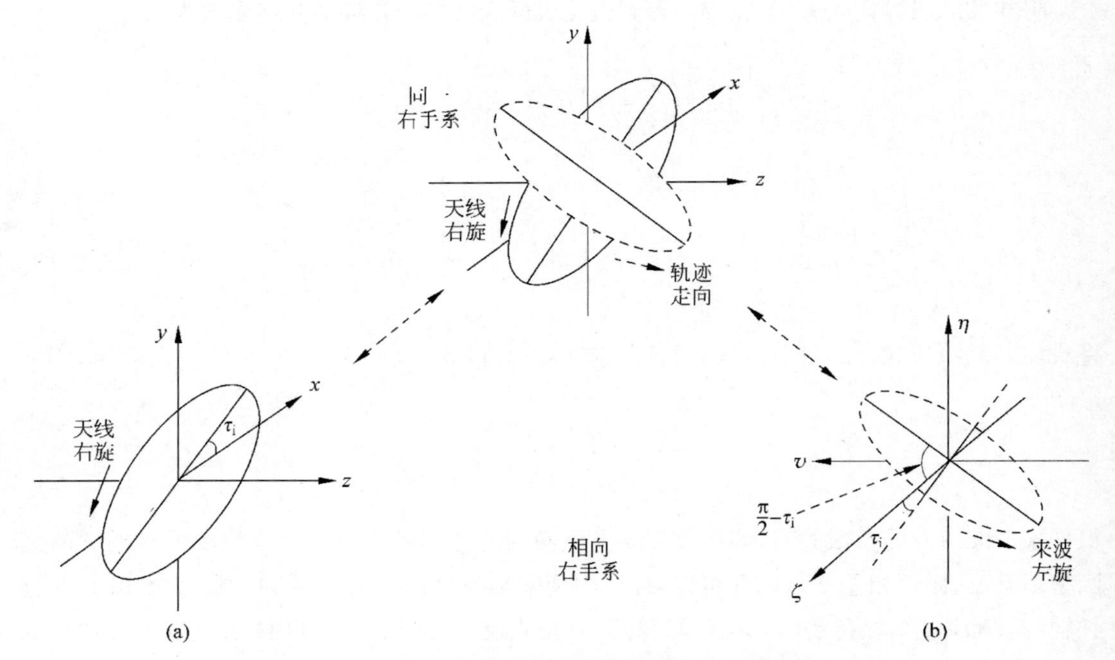

图 3.5.4 两套坐标系中"物理事实"的分与合

$$P_{\mathrm{i}}=\tan\gamma \mathrm{e}^{\mathrm{j}\phi}=\pm\tan\gamma,\quad \phi=0,\pm\pi \tag{3.5.17}$$

则根据相向右手系中的极化失配条件，得到接收天线的线极化比为

$$P_{\mathrm{r}}=\frac{1}{P_{\mathrm{i}}}=\pm\cot\gamma=\pm\tan\left(\frac{\pi}{2}-\gamma\right) \tag{3.5.18}$$

它也是斜线极化。

任选波场线极化比带正号($P_{\mathrm{i}}=+\tan\gamma$)的情况来作极化图形，得到物理事实的直观展示结果如图 3.5.5 所示。

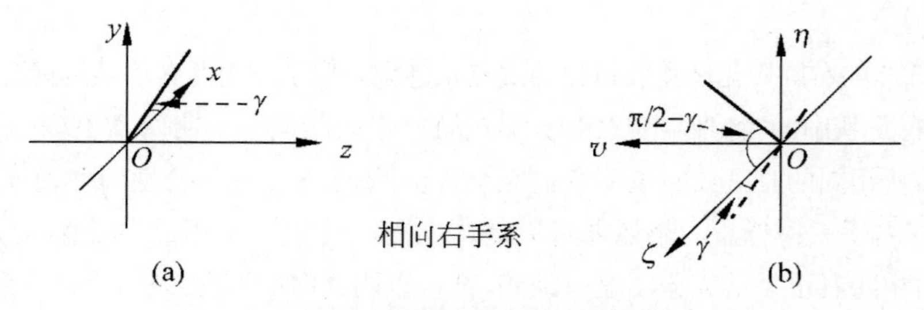

图 3.5.5 相向右手系斜线极化天线的相互收发

从图 3.5.6 中可直观地看出，两个收发双方的斜线极化是垂直的，完全符合最差收发的

情况，相互间收不到信号。

3.5.4 极化失配条件的物理内涵

物理事实不因参照系的选择而改变，基于这个思路证明了两套坐标体系中极化失配条件的等价性。下面任选相向坐标系的情形为例（同一坐标系为例也可），来剖析极化失配条件所蕴含的物理原理。

在图 3.5.4 中，根据极化失配条件得到的“物理事实”做“直观展示”后，很容易看得出：椭圆形状相同，长轴之间垂直。这意味着接收天线的极化椭圆保持着与来波极化椭圆的最差面向，是最差接收时天线与来波的各自分量比例关系

$$\frac{|h_y|}{|h_x|}e^{j\delta_1}=-\frac{|E_x^i|}{|E_y^i|}e^{-j\delta_2}$$

$$\frac{|h_y|}{|h_x|}e^{j\delta_1}=-1\bigg/\left(\frac{|E_y^i|}{|E_x^i|}e^{j\delta_2}\right)$$

即分量间的大小比例关系为

$$\frac{|h_y|}{|h_x|}=\frac{|E_x^i|}{|E_y^i|} \tag{3.5.19}$$

在一个完整周期的时间上延伸，即在波场振荡周期内所有时刻都保持着最差的比例关系，每个时刻上的大小比例关系为

$$\frac{|h_y(t)|}{|h_x(t)|}=\frac{|E_x^i(t)|}{|E_y^i(t)|}$$

$$\frac{|h_y e^{j\omega_0 t}e^{-jkz}e^{j(\phi_y^r+\delta_2)}|}{|h_x e^{j\omega_0 t}e^{-jkz}e^{j\phi_x^r}|}=\frac{|E_x^i e^{j\omega_0 t}e^{-jkz}e^{j\phi_x^i}|}{|E_y^i e^{j\omega_0 t}e^{-jkz}e^{j(\phi_x^i+\delta_1)}|}=\frac{|h_y|}{|h_x|}=\frac{|E_x^i|}{|E_y^i|} \tag{3.5.20}$$

这种关系使得每时刻的天线有效长度都“拒绝”来波的电场强度矢量，即在每个时刻天线有效长度与被接收波场矢量都保持着正交而没有感应。这样，没有感应电压，也就没有接收到信号，天线的接收功率为零。

考查接收天线和来波两者矢量指向对理解极化失配是极有价值的。波场的表达式为

$$\begin{aligned}\boldsymbol{\xi}(\omega_0 t,x,y,z)&=\mathrm{Re}[(|E_x|e^{j\phi_x}\hat{\boldsymbol{x}}+|E_y|e^{j\phi_y}\hat{\boldsymbol{y}})e^{-jkz}e^{j\omega_0 t}]\\&=\xi_x(t)\hat{\boldsymbol{x}}+\xi_y(t)\hat{\boldsymbol{y}}\end{aligned}$$

零时刻的电场强度矢量位置由矢量相量决定，即

$$\boldsymbol{E}(x,y,z)=\sqrt{|E_x|^2+|E_y|^2}\,\mathrm{e}^{\mathrm{j}\phi_x}\mathrm{e}^{-\mathrm{j}kz}(\cos\gamma\hat{\boldsymbol{x}}+\sin\gamma\mathrm{e}^{\mathrm{j}\phi}\hat{\boldsymbol{y}})$$

零距离点上来波的矢量相量为

$$\boldsymbol{E}_\mathrm{i}(x,y)=\cos\gamma\hat{\boldsymbol{x}}+\sin\gamma\mathrm{e}^{\mathrm{j}\phi}\hat{\boldsymbol{y}}$$

单色波场的线极化比为

$$P_\mathrm{i}=\tan\gamma\mathrm{e}^{\mathrm{j}\phi}$$

根据失配条件，接收天线的线极化比为

$$P_\mathrm{r}=\frac{1}{P_\mathrm{i}}=\cot\gamma\mathrm{e}^{-\mathrm{j}\phi}=\tan(\pi/2-\gamma)\mathrm{e}^{-\mathrm{j}\phi}=\tan(\gamma-\pi/2)\mathrm{e}^{\mathrm{j}(\pi-\phi)}$$

所以接收天线极化的矢量相量为

$$\begin{aligned}\boldsymbol{E}_\mathrm{r}(x,y)&=\cos(\gamma-\pi/2)\hat{\boldsymbol{x}}+\sin(\gamma-\pi/2)\mathrm{e}^{\mathrm{j}(\pi-\phi)}\hat{\boldsymbol{y}}\\&=\sin\gamma\hat{\boldsymbol{x}}-\cos\gamma\mathrm{e}^{-\mathrm{j}\phi}\hat{\boldsymbol{y}}\end{aligned}$$

两个矢量起始指向如图 3.5.6 所示。

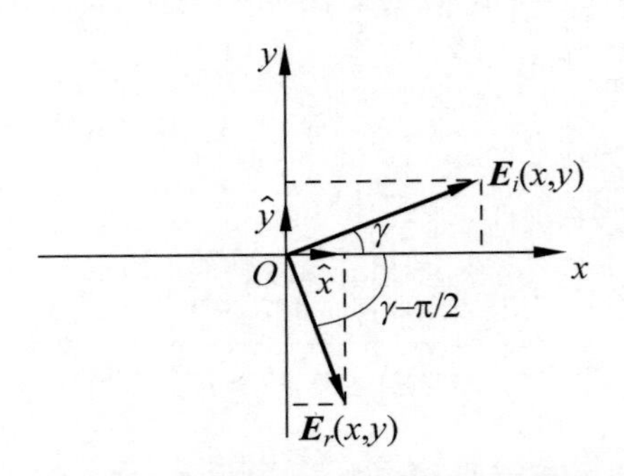

图 3.5.6 接收天线与来波两者的极化指向关系

图中，$\boldsymbol{E}_\mathrm{i}(x,y)$是来波的矢量相量，$\boldsymbol{E}_\mathrm{r}(x,y)$是根据失配条件得到的接收天线的矢量相量。显然，它们是正交的。而且从图 3.5.2 看到，它们朝相同方向旋转，起始后的每个时刻都保持着垂直正交，产生不了感应电压，接收功率为零。

利用式(3.5.20)和图 3.5.2 的直观展示，以及图 3.5.6 接收天线与来波两者的极化指向关系，可以画出图 3.5.7 所示的“物理事实”：极化失配时，天线与来波的极化指向始终保持正交，即

$$\varphi_r(t)=\varphi_i(t)+\pi/2 \tag{3.5.21}$$

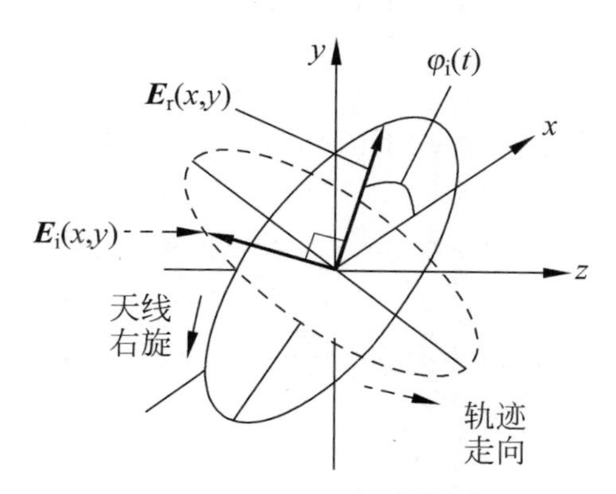

图 3.5.7 天线与来波的极化指向

为了更好地理解，将产生来波的天线看作一个旋转的理想线振子天线，那么接收天线也是线振子天线，它也能够旋转并时刻保持与辐射来波线振子天线的垂直。同样，对于收发双方都是普遍极化椭圆的情况，长轴与长轴垂直就意味着同时刻的接收天线有效长度矢量与被接收信号的电场强度矢量每个时刻都保持在正交状态，不产生感应电压。

思考：不同频但极化椭圆可以相同，这种情况下能互为正交吗？结果是什么？

3.5.5 应用举例：线极化与圆极化的互为收发

对抗中的双方要面临的是功率博弈，这与极化选择密切相关。

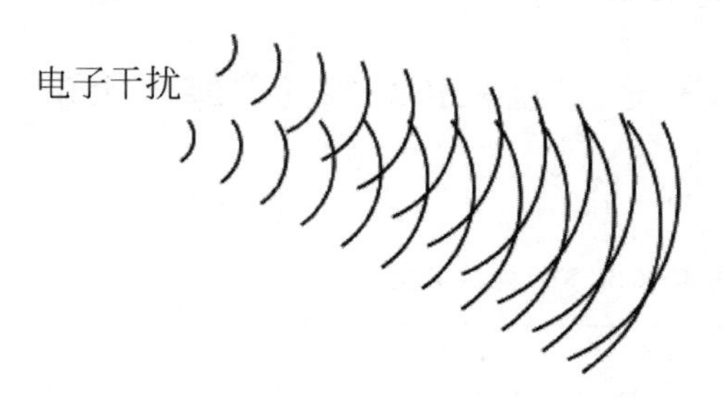

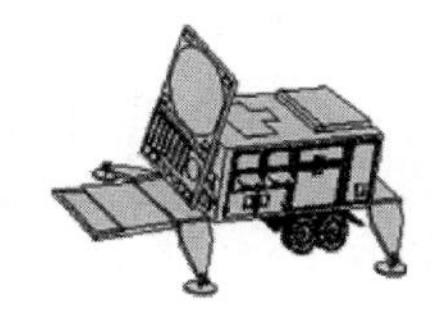

图 3.5.8 对抗中的极化选择

1. 极化选择

假如只有线极化和圆极化可控选择，那么雷达是选择线极化还是圆极化？而红方干扰机的极化相应地选择什么方式？

2. 功率分析

(1) 用圆极化去干扰线极化，功率损失 3dB，见下式：

$$P_{\mathrm{i}}=\pm\tan\gamma\mathrm{e}^{\mathrm{j}\phi}=\pm\mathrm{j},\quad P_{\mathrm{r}}=\tan\gamma$$

$$\rho=\frac{(1-P_{\mathrm{i}}P_{\mathrm{h}})(1-P_{\mathrm{i}}^{*}P_{\mathrm{h}}^{*})}{(1+P_{\mathrm{i}}P_{\mathrm{i}}^{*})(1+P_{\mathrm{h}}P_{\mathrm{h}}^{*})}=\frac{1}{2}\tag{3.5.22}$$

(2) 用线极化去干扰圆极化，功率同样损失 3dB，见下式：

$$P_{\mathrm{i}}=\tan\gamma,\quad P_{\mathrm{r}}=\pm\tan\gamma\mathrm{e}^{\mathrm{j}\phi}=\pm\mathrm{j}$$

$$\rho=\frac{(1-P_{\mathrm{i}}P_{\mathrm{h}})(1-P_{\mathrm{i}}^{*}P_{\mathrm{h}}^{*})}{(1+P_{\mathrm{i}}P_{\mathrm{i}}^{*})(1+P_{\mathrm{h}}P_{\mathrm{h}}^{*})}=\frac{1}{2}\tag{3.5.23}$$

3. 接收效果解释

线极化与圆极化互为收发，为何都会损失 3dB？理论上，代入极化效率公式都得到 1/2。物理上，圆极化接收线极化时，不能想当然地认为接收时无损失，误以为是最佳接收极化。事实上，与它平行的某个线极化才是最佳接收极化，图解如图 3.5.9 所示。

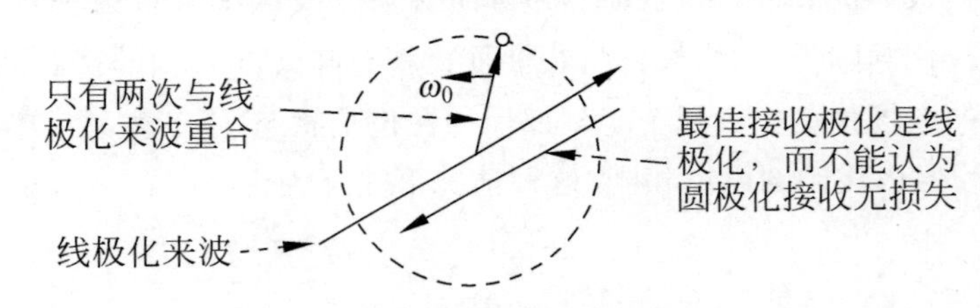

图 3.5.9 圆极化接收线极化来波效果示意

3.5.6 伪本征极化、天线互为收发、正交极化基等问题综合比较

多种情况下的极化关系对比如表 3.5.1 所示。

表 3.5.1 多种情况下的极化关系对比

对比内容	坐标系	匹配	失配
伪本征方程	同一坐标系	$P_{\mathrm{s}}=P_{\mathrm{i}}^{*}$	$P_{\mathrm{s}}P_{\mathrm{i}}^{*}=-1$
天线互为收发	同一坐标系	$P_{\mathrm{r}}=P_{i}^{*}$	$P_{\mathrm{r}}P_{\mathrm{i}}^{*}=-1$
	相向坐标系	$P_{\mathrm{r}}=-P_{i}^{*}$	$P_{\mathrm{r}}P_{\mathrm{i}}^{*}=1$
正交极化基	同一坐标系	内积$\langle \boldsymbol{E}_{\perp}^{\mathrm{H}},\boldsymbol{E}_{/\!/}\rangle=\boldsymbol{E}_{\perp}^{\mathrm{H}}\boldsymbol{E}_{/\!/}=0\rightarrow P_{\perp}P_{/\!/}^{*}=-1$	

伪本征方程(第 4 章将介绍)源自电压方程，故采用的是同一坐标系，目标回波接收时的极化匹配和失配条件等同于天线互为收发时采用同一坐标系情况。

天线互为收发与雷达目标二次反射的接收情况在物理含义上是一致的，采用同一坐标系，发和收二者是不能同时表达旋向的，其中一个只能表达电场强度矢量端点随时间的走向。而采用相向右手系时，就符合了关于旋向的定义，那么无论对发射还是对接收来讲，极化旋向的叫法就一致了。

正交极化基建立在同一右手系下的描述和表征，支撑波场正交分解，任一波场做正交分解，两个正交分量的波是朝同一方向传播的。构成极化基的两个同方向传播的正交波（其矢量相量分别为$\boldsymbol{E}_{/\!/}$、$\boldsymbol{E}_{\perp}$）的极化关系推导如下：

$$\boldsymbol{E}_{/\!/}=\begin{bmatrix}a_1\\a_2\end{bmatrix},\quad \boldsymbol{E}_{\perp}=\begin{bmatrix}b_1\\b_2\end{bmatrix}$$

$$\boldsymbol{E}_{/\!/}^{\mathrm{H}}\boldsymbol{E}_{\perp}=0$$

$$\begin{bmatrix}a_1^* & a_2^*\end{bmatrix}\begin{bmatrix}b_1\\b_2\end{bmatrix}=0$$

$$P_{/\!/}^*P_{\perp}=-1 \tag{3.5.24}$$

正交极化定义的直观展示：

令$P_1=\tan\gamma\mathrm{e}^{\mathrm{j}\phi}$，由条件

$$P_1P_2^*=-1,\quad \begin{cases}\sin2\varepsilon_1=\sin2\gamma\sin\phi\\ \tan2\tau_1=\tan2\gamma\cos\phi\end{cases}$$

可得

$$P_2=-\frac{1}{P_1^*}=-\cot\gamma\mathrm{e}^{\mathrm{j}\phi}=\tan\left(\gamma-\frac{\pi}{2}\right)\mathrm{e}^{\mathrm{j}\phi} \tag{3.5.25}$$

$$\sin2\varepsilon_2=\sin2\left(\gamma-\frac{\pi}{2}\right)\sin\phi=-\sin2\gamma\sin\phi=-\sin2\varepsilon_1 \tag{3.5.26}$$

$$\begin{aligned}\tan2\tau_2&=\tan2\left(\gamma-\frac{\pi}{2}\right)\cos\phi=-\tan(\pi-2\gamma)\cos\phi=\tan2\gamma\cos\phi\\&=\tan2\tau_1=\tan(k\pi+2\tau_1),\quad k=0,1,\cdots\\&\xlongequal{k=1}\tan2\left(\frac{\pi}{2}+\tau_1\right)\end{aligned} \tag{3.5.27}$$

则它们极化椭圆几何参数的关系为

$$\varepsilon_2=-\varepsilon_1,\quad \tau_2=\frac{\pi}{2}+\tau_1 \tag{3.5.28}$$

式(3.5.28)表明,极化基的"物理事实"是：正交波的传播方向相同；极化椭圆形状相同、旋向相反；长轴与长轴垂直。总之是一对正交波,如图 3.5.10 所示(坐标系原点符号表达波传播方向是对着读者的)。

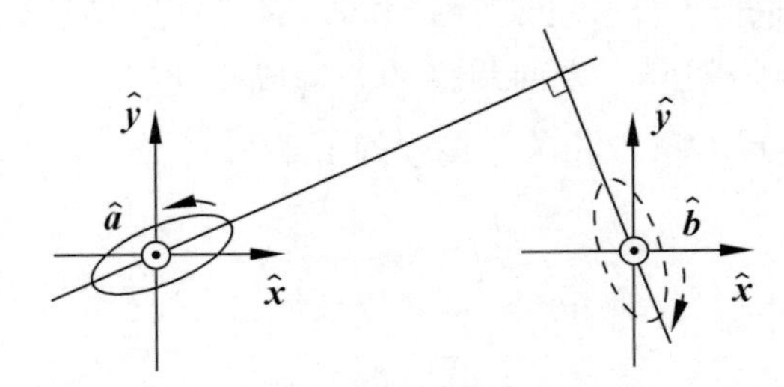

图 3.5.10 构成极化基的一对正交波

3.6 非单色波的极化与接收

传统的部分极化概念,其内涵包括完全极化波、部分极化波和未极化波,很容易让读者迷惑,主要问题是"部分极化"概念与其涵括的"部分极化波"在含义上有重叠,同时部分极化概念中涵括"完全极化波"又让人觉得概念不明晰有冲突。考虑到部分极化波在频域具有窄带性而非单色,故作者用"非单色波极化"术语替代传统的部分极化概念,内涵不变,仍然包括全极化波、部分极化波和未极化波,这样避免了含义上的重叠与混淆。非单色波极化术语还有另外的好处,与单色波极化的对比鲜明,利于学习和把握全面的内容。

单色 TEM 波可以表达成

$$\boldsymbol{\xi}(\omega_0 t, x, y, z) = \mathrm{Re}\{[\,|E_x|\,\mathrm{e}^{\mathrm{j}\phi_x}\hat{\boldsymbol{x}} + |E_y|\,\mathrm{e}^{\mathrm{j}\phi_y}\hat{\boldsymbol{y}}]\mathrm{e}^{-\mathrm{j}kz}\mathrm{e}^{\mathrm{j}\omega_0 t}\}$$

实际中,振荡源做不到绝对的稳定,其产生的波场不会是绝对相干单色的,两个正交分量的振幅与相位差随时间会有慢变化,此时两个正交分量的合成场矢量端点运动轨迹随时间变化,不再是一个确定的椭圆,这样的波称为非单色波,它的带宽一般很窄。如果两个正交分量的幅度和相位随时间做随机变化,则称为随机极化波。雷达目标回波因环境噪声和接收机内部噪声等因素的影响,一般是随机极化波。如果两个正交分量之间没有任何关系,这种情况下的波是完全随机极化波,也称为未极化波。本节主要有两项内容：一是非单色波极化的描述和表征；二是非单色波的接收。非单色波极化的描述和表征是接收该类波的基础,思路主要有两点：一是窄带内频率取平均；二是两个正交分量的相关性度量和非单色波极化度的定义与表征。

3.6.1 非单色波的表征

现实中只有实信号，故非单色波的数学表达式是一个实数函数，即

$$\boldsymbol{E}^{\mathrm{r}}(t)=a(t)\cos[\omega t+\phi(t)] \tag{3.6.1}$$

式中：上标 r 意为 real；$a(t)$和 $\phi(t)$是时变实数。

非单色波一般是准单色的，原因是其两个正交分量的振幅和相位都随时间做慢变化，这时的波场近似为某个余弦振荡。为了研究分析的方便，上述实函数通常采用指数函数形式来表示，而解析信号就是这样一个与实函数有关的复函数，其虚部可由实部的希尔伯特变换而得到

$$\boldsymbol{E}(t)=a(t)\exp\{\mathrm{j}[\omega t+\phi(t)]\}=\boldsymbol{E}^{\mathrm{r}}(t)+\mathrm{j}\boldsymbol{E}^{\mathrm{i}}(t) \tag{3.6.2}$$

虚部为实部的希尔伯特变换，积分号上的短画线表示该积分的柯西主值：

$$\boldsymbol{E}^{\mathrm{i}}(t)=\frac{1}{\pi}⨍_{-\infty}^{\infty}\frac{\boldsymbol{E}^{\mathrm{r}}(t')}{t'-t}\mathrm{d}t'$$

非单色波两个正交分量也就是解析信号两个正交分量（两正交分量均省略相位项$-kz$），即

$$\begin{cases}E_x(t)=a_x(t)\exp\{\mathrm{j}[\omega_{\triangle}t+\phi_x(t)]\}\\ E_y(t)=a_y(t)\exp\{\mathrm{j}[\omega_{\triangle}t+\phi_y(t)]\}\end{cases} \tag{3.6.3}$$

式中：$a(t)$、$\phi(t)$为慢时变；$\omega_{\triangle}$为平均角频率。

非单色波场矢量可以写成坐标向量的形式，即

$$\boldsymbol{E}(t)=\begin{bmatrix}E_x(t)\\ E_y(t)\end{bmatrix} \tag{3.6.4}$$

与单色波表达类似，角频率取平均后的非单色波或准单色波的矢量相量表征为

$$\boldsymbol{E}(t)=a_x(t)\exp[\mathrm{j}\phi_x(t)]\hat{\boldsymbol{x}}+a_y(t)\exp[\mathrm{j}\phi_y(t)]\hat{\boldsymbol{y}} \tag{3.6.5}$$

而与单色波表征式不同的是，非单色波两个正交分量的振幅和相位差随时间而变。关于角频率取平均，为了加深理解、强化印象，做如下两点说明：

(1) 相参性的近似。假设有一个载频，其频率稳定度是 10^{-9}，其含义是每秒振荡 10 亿次时，会多振荡 1 次或少振荡 1 次。比如，少振荡 1 次，那么振荡源的波长误差为 $\lambda\times10^{-9}$，

相位误差为 $2\pi\times10^{-9}$。从数据中看到相位几乎没有变化，足以确保每个振荡的相参性。

(2) 联系实际系统。假设发射脉宽为 $1\mu s$ 的实际雷达系统，如图 3.6.1 所示的是发射脉冲。

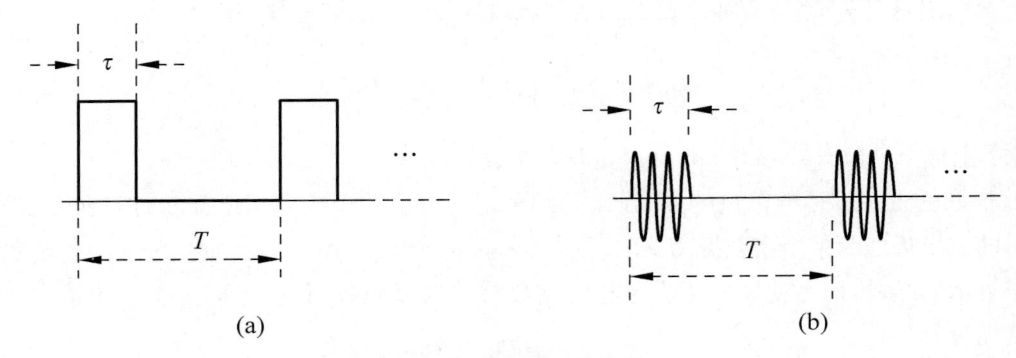

图 3.6.1 发射脉冲

该脉冲对应的带宽约 1MHz，显然是一个窄带系统，若载频 $f_0=10\text{GHz}$，那么 1MHz 带宽内的所有频率，最大相位误差为

$$\Delta\phi=\frac{0.5\text{MHz}}{10\times1000\text{MHz}}\times360^\circ=0.018^\circ$$

从上述计算结果显然可以看出，带宽内的所有振荡近似于相参叠加，即近似于矢量同向合成。而一般的慢变化，其信号时域波形远比 $1\mu s$ 的脉冲延展得更宽，即比 $1\mu s$ 脉宽信号的带宽更窄，则它们的最大相位差更小，基本上可以认为是同相起振。窄带内所有振荡矢量同时刻近似同向叠加，窄带内每个振荡的特性几乎是相同的，因此慢变化时的频率可做平均运算。在式(3.6.3)中，振幅、相位函数变化很慢，则在麦克斯韦方程 $\nabla\times\boldsymbol{H}=\varepsilon\partial\boldsymbol{E}/\partial t$ 中的时间导数可用平均角频率代替。下面对慢变化的窄带性进行简单推导说明：

(1) 慢变振幅，其频谱在零频附近，设为 $\Delta\omega=2\pi\Delta f$，如图 3.6.2 所示。

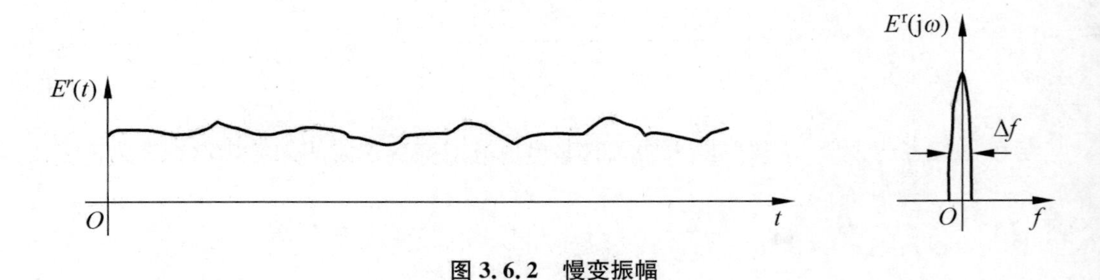

图 3.6.2 慢变振幅

(2) 慢变相位，有如下近似：

$$\varphi(t)=\omega_{\triangle}t+\phi(t)$$

$$\frac{\partial\varphi(t)}{\partial t}=\omega_{\triangle}+\frac{\partial\phi(t)}{\partial t} \tag{3.6.6}$$

式(3.6.3)时域相乘的表达式，对应在频域是卷积，按快速定限法，最大频率为

$$\omega_{\max}=\omega_{\triangle}+\frac{\partial\phi(t)}{\partial t}+2\pi(\Delta f/2)$$

因为

$$\frac{\partial\phi(t)}{\partial t}\ll\omega_{\triangle},\quad \pi\Delta f\ll\omega_{\triangle}$$

所以

$$\omega_{\max}\approx\omega_{\triangle} \tag{3.6.7}$$

最大频率约等于平均频率，说明频谱很窄，窄带内所有振荡矢量同时刻可近似同向合成。

3.6.2 非单色波的相干矩阵

单色波振荡具有规律性，时空特性很明确，表征起来简单而明晰。而非单色波包括大量频率成分，不同振荡之间相互影响，表征它需要新思路。非单色波具有窄带性，其样本在一定时间内能够遍历，这样就可以研究波场分量间的相关度，乃至于获得非单色波极化的表征和度量方法。

1. 信号截断平均

在某一观测横截面上建立笛卡儿坐标系如图 3.6.3 所示，将波场写成与 x 轴成$\theta(t)$角的形式，由图可得如下复标量关系：

$$E(t,\theta(t))=E_x(t)\cos\theta(t)+E_y(t)\sin\theta(t) \tag{3.6.8}$$

观测一定时间获得截断函数：

$$E_T=\begin{cases}E(t,\theta(t)), & |t|\leqslant T\\ 0, & |t|>T\end{cases} \tag{3.6.9}$$

式中：T 为采样时间。

做时间平均运算：

$$I=\langle E(t,\theta(t))E^*(t,\theta(t))\rangle=\lim_{T\to\infty}\frac{1}{2T}\int_{-T}^{T}E_TE_T^*\,\mathrm{d}t \tag{3.6.10}$$

$T\to\infty$表示确保样本遍历，并不是说时间一定要到无穷大。比如，若是周期的，则一个周期时间的样本即可。

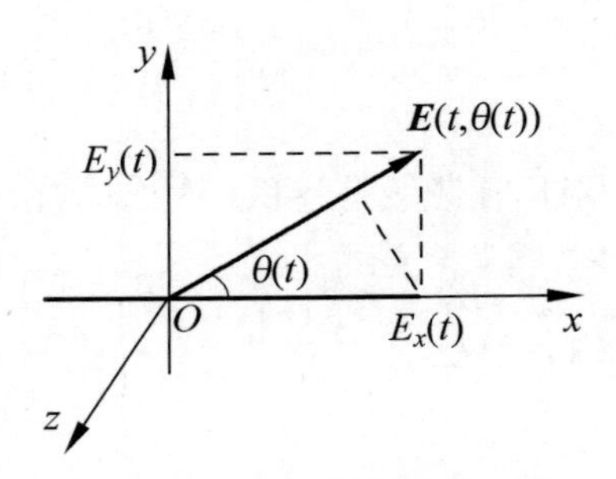

图 3.6.3 波场的分解

2. 相干矩阵

非单色波场矢量(同时刻所有振荡矢量的合成)写成坐标向量形式为

$$\boldsymbol{E}(t)=\begin{bmatrix}E_x(t)\\E_y(t)\end{bmatrix}\tag{3.6.11}$$

则相干矩阵定义为

$$\boldsymbol{J}=<\boldsymbol{E}(t)\boldsymbol{E}(t)^{\mathrm{H}}>\tag{3.6.12}$$

按照式(3.6.10)时间平均的定义,则有

$$\boldsymbol{J}=\begin{bmatrix}J_{xx} & J_{xy}\\J_{yx} & J_{yy}\end{bmatrix}=\begin{bmatrix}<E_x(t)E_x^*(t)> & <E_x(t)E_y^*(t)>\\<E_y(t)E_x^*(t)> & <E_y(t)E_y^*(t)>\end{bmatrix}\tag{3.6.13}$$

再利用式(3.6.5)的两个分量,得到相干矩阵

$$\boldsymbol{J}=\begin{bmatrix}<a_x^2(t)> & <a_x(t)a_y(t)\mathrm{e}^{\mathrm{j}[\phi_x(t)-\phi_y(t)]}>\\<a_x(t)a_y(t)\mathrm{e}^{\mathrm{j}[\phi_y(t)-\phi_x(t)]}> & <a_y^2(t)>\end{bmatrix}\tag{3.6.14}$$

与处理单色波一样,场的时平均坡印廷矢量(功率密度)正比于相干矩阵的迹:

$$S=(<a_x^2(t)>+<a_y^2(t)>)=\mathrm{tr}[\boldsymbol{J}]=J_{xx}+J_{yy}\tag{3.6.15}$$

波的分解对应相干矩阵的分解,且具有唯一性。相干矩阵的物理内涵:一是能够表达波的能量意义;二是描述了波场两个分量之间的相关度。下面紧接着给出相关度的概念和特殊相干矩阵。

3. 相关度

相干矩阵的次对角线项可以归一化为

$$\mu_{xy}=\frac{J_{xy}}{\sqrt{J_{xx}}\sqrt{J_{yy}}}=|\mu_{xy}|\exp(\mathrm{j}\beta_{xy}) \tag{3.6.16}$$

利用施瓦茨不等式可以证明

$$|\mu_{xy}|\leqslant 1 \tag{3.6.17}$$

式(3.6.16)是衡量波场正交分量之间相关性的量(时平均运算),称为相关度。其值为1时称为分量间互为相干,其值为零时称为分量互不相关。从相干矩阵定义式(3.6.13)中可以看出 J_{xx}、J_{yy} 为正实数,且有 $J_{xy}=J_{yx}^{*}$。因而相干矩阵的行列式为

$$\begin{aligned}|\boldsymbol{J}|&=J_{xx}J_{yy}-J_{xy}J_{yx}^{*}=J_{xx}J_{yy}-|J_{xy}|^{2}\\&=J_{xx}J_{yy}(1-|\mu_{xy}|^{2})\end{aligned} \tag{3.6.18}$$

可见

$$0\leqslant|\boldsymbol{J}|\leqslant J_{xx}J_{yy} \tag{3.6.19}$$

4. 特殊相干矩阵

1)全极化波的相干矩阵

单色波是全极化波,非单色波也可以是全极化波,所以全极化波相干矩阵分为单色波相干矩阵和非单色波相干矩阵两种情况。

(1) 单色波的相干矩阵。因为单色波的振幅、相位与时间无关,这种情况下的时平均运算符号<·>消失,式(3.6.14)变为

$$\boldsymbol{J}=\begin{bmatrix}a_x^2 & a_xa_y\mathrm{e}^{-\mathrm{j}\phi}\\ a_xa_y\mathrm{e}^{\mathrm{j}\phi} & a_y^2\end{bmatrix} \tag{3.6.20}$$

单色波场两个正交分量之间的相关度为

$$\mu_{xy}=\frac{J_{xy}}{\sqrt{J_{xx}}\sqrt{J_{yy}}}=\frac{a_xa_y\mathrm{e}^{-\mathrm{j}\phi}}{a_xa_y}=\mathrm{e}^{-\mathrm{j}\phi} \tag{3.6.21}$$

由式(3.6.21)得到

$$|\mu_{xy}|=1 \tag{3.6.22}$$

即单色波的两个正交分量之间具有完全的相干性。

(2) 非单色波的相干矩阵。非单色波也可以成为完全极化波，条件是振幅比及相位差与时间无关，即

$$\frac{a_y(t)}{a_x(t)}=c_1=\text{const},\quad \phi=\phi_y(t)-\phi_x(t)=c_2=\text{const} \tag{3.6.23}$$

式中的条件说明在图 3.6.3 中，$\tan\theta(t)=c_1$，$\theta(t)=\gamma$ 是与时间无关的常数，代入式(3.6.14)得到非单色波的相干矩阵为

$$\boldsymbol{J}=\begin{bmatrix}\langle a_x^2(t)\rangle & c_1\langle a_x^2(t)\rangle \mathrm{e}^{-\mathrm{j}c_2}\\ c_1\langle a_x^2(t)\rangle \mathrm{e}^{\mathrm{j}c_2} & c_1^2\langle a_x^2(t)\rangle\end{bmatrix} \tag{3.6.24}$$

显然有

$$\mu_{xy}=\frac{J_{xy}}{\sqrt{J_{xx}}\sqrt{J_{yy}}}=\mathrm{e}^{-\mathrm{j}c_2}$$
$$|\mu_{xy}|=1 \tag{3.6.25}$$

可见此时的非单色波为完全极化波，它的两个正交分量为

$$E_x=\sqrt{\langle a_x^2(t)\rangle}\mathrm{e}^{\mathrm{j}(\omega t+\phi_x)},\quad E_y=c_1\sqrt{\langle a_x^2(t)\rangle}\mathrm{e}^{\mathrm{j}(\omega t+\phi_x+c_2)} \tag{3.6.26}$$

对完全极化波，相干矩阵的行列式为零，即

$$|\boldsymbol{J}|=J_{xx}J_{yy}-|J_{xy}|^2=J_{xx}J_{yy}(1-|\mu_{xy}|^2)=0 \tag{3.6.27}$$

2）线极化波的相干矩阵

线极化波成为完全极化条件，波场分量间的相位差必须满足 $\phi=0,\pm\pi,\pm2\pi,\cdots,\pm m\pi,m=0,1,2,\cdots$。

(1) 单色线极化波的相干矩阵为

$$\mathrm{e}^{-\mathrm{j}\phi}=\cos\phi-\mathrm{j}\sin\phi \overset{\phi=\pm m\pi}{=\!=\!=} \mathrm{e}^{-\mathrm{j}m\pi}=\mathrm{e}^{\mathrm{j}m\pi}=(-1)^m,\quad m=0,1,\cdots$$

$$\boldsymbol{J}=\begin{bmatrix} a_x^2 & (-1)^m a_x a_y \\ (-1)^m a_x a_y & a_y^2 \end{bmatrix} \tag{3.6.28}$$

(2) 非单色完全线极化波的相干矩阵为

$$\boldsymbol{J}=\begin{bmatrix} \langle a_x^2(t)\rangle & (-1)^m c_1 \langle a_x^2(t)\rangle \\ (-1)^m c_1 \langle a_x^2(t)\rangle & c_1^2 a_x^2(t) \end{bmatrix} \tag{3.6.29}$$

(3) 特殊线极化：x 向、y 向、45°、135°，相干矩阵分别为

$$\boldsymbol{J}=w\begin{bmatrix}1 & 0\\0 & 0\end{bmatrix},w\begin{bmatrix}0 & 0\\0 & 1\end{bmatrix},\frac{w}{2}\begin{bmatrix}1 & 1\\1 & 1\end{bmatrix},\frac{w}{2}\begin{bmatrix}1 & -1\\-1 & 1\end{bmatrix};\ |\boldsymbol{J}|=0 \tag{3.6.30}$$

3）圆极化波的相干矩阵

圆极化波两个正交分量的振幅相等，而它们之间的相位差为正负 90°，即

$$|E_x|=|E_y|,\quad \phi=\pm\frac{1}{2}\pi \tag{3.6.31}$$

相位差的正、负号分别对应左、右旋圆极化。相干矩阵分别为

$$\boldsymbol{J}=\frac{w}{2}\begin{bmatrix}1 & -\mathrm{j}\\ \mathrm{j} & 1\end{bmatrix},\quad \frac{w}{2}\begin{bmatrix}1 & \mathrm{j}\\ -\mathrm{j} & 1\end{bmatrix};\quad |\boldsymbol{J}|=0 \tag{3.6.32}$$

4）未极化波的相干矩阵

未极化波就是极化度为零(3.6.3 节即将介绍)，条件为

$$J_{xy}=J_{yx}=0,\quad J_{xx}=J_{yy} \tag{3.6.33}$$

则波场两个分量是完全不相关的。这时，相干矩阵简化为

$$\boldsymbol{J}=\begin{bmatrix}J_{xx} & 0\\ 0 & J_{yy}\end{bmatrix}\xlongequal{J_{xx}=J_{yy}}\frac{w}{2}\begin{bmatrix}1 & 0\\0 & 1\end{bmatrix} \tag{3.6.34}$$

式(3.6.30)、式(3.6.32)、式(3.6.34)中的 $w=J_{xx}+J_{yy}$，是波场的功率密度。

3.6.3 非单色波的极化度

一个平面波可以认为是同方向传播的 N 个独立平面波之和。以此类推，可以设想，一

个非单色波(准单色波)可看成一个未极化波和一个完全极化波之和,波的这种分解对应着相干矩阵的分解,具有唯一性。

1. 相干矩阵分解

相干矩阵分解相应于准单色波的分解,可以证明,任何相干矩阵可唯一地分解为一个未极化波的相干矩阵加上一个全极化波的相干矩阵,即

$$\boldsymbol{J}=\boldsymbol{J}_{\mathrm{n}}+\boldsymbol{J}_{\mathrm{f}} \tag{3.6.35}$$

式中

$$\boldsymbol{J}_{\mathrm{n}}=\begin{bmatrix} A & 0 \\ 0 & A \end{bmatrix},\quad \boldsymbol{J}_{\mathrm{f}}=\begin{bmatrix} B & D \\ D^{*} & C \end{bmatrix} \tag{3.6.36}$$

根据相干矩阵元素的性质以及全极化波相干矩阵行列式为零,即有

$$A\geqslant 0,B\geqslant 0,C\geqslant 0,BC-DD^{*}=|\boldsymbol{J}_{\mathrm{f}}|=0 \tag{3.6.37}$$

下面证明式(3.6.35)这种分解的唯一性。由式(3.6.35)和式(3.6.36)可以得到如下关系式:

$$\begin{cases} A+B=J_{xx}, \quad D=J_{xy} & (3.6.38\mathrm{a}) \\ D^{*}=J_{yx}, \quad A+C=J_{yy} & (3.6.38\mathrm{b}) \end{cases}$$

将式(3.6.38)代入式(3.6.37)中的 $BC-DD^{*}=|\boldsymbol{J}_{\mathrm{f}}|=0$,可以得到一个关于 A 的一元二次方程:

$$(J_{xx}-A)(J_{yy}-A)-J_{xy}J_{yx}=0 \tag{3.6.39}$$

化简后为

$$A^{2}-(J_{xx}+J_{yy})A+(J_{xx}J_{yy}-J_{xy}J_{yx})=0 \tag{3.6.40}$$

解此方程得到

$$A=\frac{1}{2}(J_{xx}+J_{yy})\pm\frac{1}{2}[(J_{xx}+J_{yy})^{2}-4|\boldsymbol{J}|]^{1/2} \tag{3.6.41}$$

将式(3.6.41)代入式(3.6.38a),得到

$$B=\frac{1}{2}(J_{xx}-J_{yy})\mp\frac{1}{2}[(J_{xx}+J_{yy})^2-4|\boldsymbol{J}|]^{1/2}$$
$$=\frac{1}{2}(J_{xx}-J_{yy})\mp\frac{1}{2}[(J_{xx}+J_{yy})^2+4J_{xy}J_{xy}^*]^{1/2} \tag{3.6.42}$$

如果 B 的解取对应于"－"的结果，则

$$B=\frac{1}{2}(J_{xx}-J_{yy})-\frac{1}{2}[(J_{xx}+J_{yy})^2+4J_{xy}J_{xy}^*]^{1/2}$$
$$=\frac{1}{2}(J_{xx}-J_{yy})-\frac{1}{2}[(J_{xx}-J_{yy})^2+4J_{xx}J_{yy}+4J_{xy}J_{xy}^*]^{1/2}$$
$$=\frac{1}{2}(J_{xx}-J_{yy})-\frac{1}{2}[(J_{xx}-J_{yy})^2+4J_{xx}J_{yy}(1+|\mu_{xy}|^2)]^{1/2} \tag{3.6.43}$$

因为 J_{xx}、J_{yy} 都是正实数，则进一步得到

$$B=\frac{1}{2}(J_{xx}-J_{yy})-\frac{1}{2}[(J_{xx}-J_{yy})^2+4J_{xx}J_{yy}(1+|\mu_{xy}|^2)]^{1/2}<0 \tag{3.6.44}$$

式(3.6.44)与 $B\geqslant 0$ 是矛盾的，是一个不可取之解。因此，B 的解必须取对应于"＋"的结果，则 A、B、C、D 的一组解就是

$$\begin{cases} A=\frac{1}{2}(J_{xx}+J_{yy})-\frac{1}{2}[(J_{xx}+J_{yy})^2-4|\boldsymbol{J}|]^{1/2} \\ B=\frac{1}{2}(J_{xx}-J_{yy})+\frac{1}{2}[(J_{xx}+J_{yy})^2-4|\boldsymbol{J}|]^{1/2} \\ C=\frac{1}{2}(J_{yy}-J_{xx})+\frac{1}{2}[(J_{xx}+J_{yy})^2-4|\boldsymbol{J}|]^{1/2} \\ D=J_{xy} \\ D^*=J_{yx} \end{cases} \tag{3.6.45}$$

式(3.6.45)唯一地确定了式(3.6.36)中 A、B、C、D 的值。这样，分解的唯一性就得到了证明。由相干矩阵及其分解，可以得到两个能量方面的值：

(1) 总波的坡印廷矢量值(能量、功率密度)的如下求解式：

$$w_{\mathrm{t}}=\mathrm{tr}(\boldsymbol{J})=J_{xx}+J_{yy} \tag{3.6.46}$$

相干矩阵次对角线元素只表征了波场两个正交分量的相关性而不涉及能量。

(2) 波完全极化部分的坡印廷矢量值

$$w_{\mathrm{p}}=\mathrm{tr}(\boldsymbol{J}_{\mathrm{f}})=B+C=\{(J_{xx}+J_{yy})^2-4\mid\boldsymbol{J}\mid\}^{1/2} \tag{3.6.47}$$

2. 极化度

一个非单色波(准单色波)可以分解成一个未极化波和一个完全极化波之和。相应地,对应非单色波的相干矩阵可唯一地分解为一个未极化波的相干矩阵加上一个全极化波的相干矩阵,并由相干矩阵可以获得总波的坡印廷矢量值和波完全极化部分的坡印廷矢量值。这为表征非单色波的极化打下了坚实的理论基础,极化度的概念就应运而生。

1) 极化度定义

非单色波中完全极化部分功率密度与总波的功率密度之比称为非单色波的极化度,即

$$R=\frac{w_{\mathrm{p}}}{w_{\mathrm{t}}}=\frac{\{(J_{xx}+J_{yy})^2-4\mid\boldsymbol{J}\mid\}^{1/2}}{J_{xx}+J_{yy}}=\left[1-\frac{4\mid\boldsymbol{J}\mid}{(J_{xx}+J_{yy})^2}\right]^{1/2} \tag{3.6.48}$$

因为

$$0\leqslant(J_{xx}-J_{yy})^2 \tag{3.6.49}$$

对式(3.6.49)做一定的变化,可得

$$\begin{aligned}
4J_{xx}J_{yy}&\leqslant(J_{xx}-J_{yy})^2+4J_{xx}J_{yy}\\
4J_{xx}J_{yy}&\leqslant(J_{xx}+J_{yy})^2\\
J_{xx}J_{yy}&\leqslant\frac{1}{4}(J_{xx}+J_{yy})^2
\end{aligned} \tag{3.6.50}$$

式(3.6.50)和式(3.6.19)比较后得到

$$0\leqslant\mid\boldsymbol{J}\mid\leqslant J_{xx}J_{yy}\leqslant\frac{1}{4}(J_{xx}+J_{yy})^2 \tag{3.6.51}$$

所以得到极化度的取值范围为

$$0\leqslant R=\left[1-\frac{4\mid\boldsymbol{J}\mid}{(J_{xx}+J_{yy})^2}\right]^{1/2}\leqslant 1 \tag{3.6.52}$$

即

$$0 \leqslant R \leqslant 1 \tag{3.6.53}$$

2）极化度特例

由式(3.6.52)可以研究极化度的特殊情况，大致可以分为下面三种情况：

(1) 当极化度 $R=1$ 时，有

$$R=\left[1-\frac{4|\boldsymbol{J}|}{(J_{xx}+J_{yy})^2}\right]^{1/2}=1 \tag{3.6.54}$$

得到

$$|\boldsymbol{J}|=0, \quad |\mu_{xy}|=1 \tag{3.6.55}$$

极化度为1时，属于完全极化的情况，非单色波场两个正交分量之间互为相干。

(2) 当极化度 $R=0$ 时，根据式(3.6.52)可得

$$\begin{aligned}
&R=\left[1-\frac{4|\boldsymbol{J}|}{(J_{xx}+J_{yy})^2}\right]^{1/2}=0\\
&(J_{xx}+J_{yy})^2-4|\boldsymbol{J}|=0\\
&(J_{xx}+J_{yy})^2-4(J_{xx}J_{yy}-J_{xy}J_{yx})=0\\
&(J_{xx}-J_{yy})^2+4J_{xy}J_{yx}=0\\
&(J_{xx}-J_{yy})^2+4|\mu_{xy}|^2=0, \quad J_{xy}=J_{xy}^*
\end{aligned} \tag{3.6.56}$$

式(3.6.56)两边恒等后得到

$$\begin{cases} J_{xx}=J_{yy} \\ J_{xy}=J_{yx}=0, \quad |\mu_{xy}|=0 \end{cases} \tag{3.6.57}$$

所以当极化度为零时，属于未极化波的情况，并由此得到波场两个正交分量之间互不相关且能量相等的结论。

(3) 未极化波的物理等效：

$$\boldsymbol{J}=\frac{w}{2}\begin{bmatrix}1 & 0\\0 & 0\end{bmatrix}+\frac{w}{2}\begin{bmatrix}0 & 0\\0 & 1\end{bmatrix}=\frac{w}{4}\begin{bmatrix}1 & -\mathrm{j}\\ \mathrm{j} & 1\end{bmatrix}+\frac{w}{4}\begin{bmatrix}1 & \mathrm{j}\\ -\mathrm{j} & 1\end{bmatrix} \tag{3.6.58}$$

未极化波可以看成由两个相互正交且功率密度相等的独立线极化波组成，也可看成由两个旋向相反的、功率密度相等的独立圆极化波组成。若对雷达采用未极化波的干扰方式，

式(3.6.58)就是生成这种干扰的理论依据。

3）极化度与相关性的关系

极化度 $R=0$ 时可以得到两个分量互不相关的结论；但反过来不成立，即两个分量互不相关得不到极化度为零的结论。

将互不相关的条件

$$J_{xy}=J_{yx}=0, \quad |\mu_{xy}|=0 \tag{3.6.59}$$

代入式(3.6.48)得到

$$R=\left[1-\frac{4J_{xx}J_{yy}}{(J_{xx}+J_{yy})^2}\right]^{1/2}=\frac{|J_{xx}-J_{yy}|}{J_{xx}+J_{yy}} \tag{3.6.60}$$

由式(3.6.60)可知，互不相关对未极化波还不充分。若要得到未极化波的结论，还需增加 $J_{xx}=J_{yy}$ 的条件，这两个条件加起来才与式(3.6.57)的条件相同。

3.6.4 相干矩阵的 Stokes 参数表征与分解

从上面的内容可以看到，相干矩阵是研究非单色波极化的有力工具。而极化的描述和表征手段很多，包括 Stokes 参数表征。相干矩阵和其他极化表征参数之间能建立起关系，并且既然相干矩阵能对应波的分解来进行分解，那么极化表征参数也应该能对应相干矩阵的分解来进行分解。

1. 相干矩阵的 Stokes 参数表征

极化度是描述波已极化的程度，它可以从相干矩阵的唯一分解中求得，而极化又可用 Stokes 参数来表征，故两者之间必然互通。

单色波的 Stokes 参数组如下：

$$\begin{cases} s_0=|E_x|^2+|E_y|^2 \\ s_1=|E_x|^2-|E_y|^2 \\ s_2=2|E_x||E_y|\cos\phi \\ s_3=2|E_x||E_y|\sin\phi \end{cases} \tag{3.6.61}$$

式中：s_0 为波的功率密度。

准单色波的振幅和相位都是慢时变的，它的 Stokes 参数组定义为时平均的运算：

$$\begin{cases} s_0 = \langle a_x^2(t) \rangle + \langle a_y^2(t) \rangle \\ s_1 = \langle a_x^2(t) \rangle - \langle a_y^2(t) \rangle \\ s_2 = 2\langle a_x(t)a_y(t)\cos\phi(t) \rangle \\ s_3 = 2\langle a_x(t)a_y(t)\sin\phi(t) \rangle \end{cases} \tag{3.6.62}$$

显然,若波分量的振幅和相位差均非时变,则式(3.6.62)就蜕变为式(3.6.61)。将式(3.6.62)中的参数与式(3.6.14)中相干矩阵元素对照并做适当的运算,可以得到如下关系式:

$$J_{xy} = \langle a_x(t)a_y(t)\mathrm{e}^{\mathrm{j}[\phi_x(t)-\phi_y(t)]} \rangle = \langle a_x(t)a_y(t)[\cos\phi(t) - \mathrm{j}\sin\phi(t)] \rangle$$

$$J_{yx} = \langle a_x(t)a_y(t)\mathrm{e}^{\mathrm{j}[\phi_y(t)-\phi_x(t)]} \rangle = \langle a_x(t)a_y(t)[\cos\phi(t) + \mathrm{j}\sin\phi(t)] \rangle$$

由以上两式可推得

$$J_{xy} + J_{yx} = 2\langle a_x a_y \cos\phi \rangle = s_2 \tag{3.6.63}$$

$$J_{xy} - J_{yx} = -2\mathrm{j}\langle a_x a_y \sin\phi \rangle, \quad s_3 = \mathrm{j}(J_{xy} - J_{yx}) \tag{3.6.64}$$

从而得到

$$\begin{cases} s_0 = J_{xx} + J_{yy} \\ s_1 = J_{xx} - J_{yy} \\ s_2 = J_{xy} + J_{yx} \\ s_3 = \mathrm{j}(J_{xy} - J_{yx}) \end{cases} \tag{3.6.65}$$

由式(3.6.65)解出相干矩阵元素为

$$\begin{cases} J_{xx} = s_0 + s_1 \\ J_{yy} = s_0 - s_1 \\ J_{xy} = s_2 - \mathrm{j}s_3 \\ J_{yx} = s_2 + \mathrm{j}s_3 \end{cases} \tag{3.6.66}$$

则相干矩阵也可以写为

$$\boldsymbol{J} = \begin{bmatrix} J_{xx} & J_{xy} \\ J_{yx} & J_{yy} \end{bmatrix} = \begin{bmatrix} \langle E_x(t)E_x^*(t) \rangle & \langle E_x(t)E_y^*(t) \rangle \\ \langle E_y(t)E_x^*(t) \rangle & \langle E_y(t)E_y^*(t) \rangle \end{bmatrix}$$

$$= \begin{bmatrix} s_0 + s_1 & s_2 - \mathrm{j}s_3 \\ s_2 + \mathrm{j}s_3 & s_0 - s_1 \end{bmatrix} \tag{3.6.67}$$

根据前面已经推得的结果

$$|\boldsymbol{J}|=J_{xx}J_{yy}-|J_{xy}|^2=J_{xx}J_{yy}(1-|\mu_{xy}|^2)\geqslant 0$$

将式(3.6.66)的相干矩阵元代入上式，得到

$$\begin{aligned}|\boldsymbol{J}|&=J_{xx}J_{yy}-J_{xy}J_{yx}\\&=(s_0+s_1)(s_0-s_1)-(s_2-\mathrm{j}s_3)(s_2+\mathrm{j}s_3)\\&=s_0^2-s_1^2-s_2^2-s_3^2\geqslant 0\end{aligned}\tag{3.6.68}$$

即 $s_1^2+s_2^2+s_3^2\leqslant s_0^2$。

式(3.6.68)说明，当非单色波为部分极化情况时，所有代表极化的点都退化为球内点。而对于一个完全极化波，包括单色和非单色的，有

$$\begin{aligned}&|\boldsymbol{J}|=s_0^2-s_1^2-s_2^2-s_3^2=0\\&s_0^2=s_1^2+s_2^2+s_3^2\end{aligned}\tag{3.6.69}$$

式(3.6.69)就是第2章讨论单色波的极化问题时，Stokes参数组的结论，所有极化态都分布在极化球面上。

2. 相干矩阵的Stokes参数分解

准单色波的相干矩阵可以用Stokes参数来表征，而相干矩阵能够分解成未极化波和完全极化波的两个组成部分。据此推论，准单色波相干矩阵同样可用Stokes参数来分别表征未极化部分和完全极化部分，即非单色波可通过Stokes参数进行分解。具体表示如下：

$$\begin{cases}s_0=s_{0,\mathrm{n}}+s_{0,\mathrm{f}}\\s_1=s_{1,\mathrm{n}}+s_{1,\mathrm{f}}\\s_2=s_{2,\mathrm{n}}+s_{2,\mathrm{f}}\\s_3=s_{3,\mathrm{n}}+s_{3,\mathrm{f}}\end{cases}\tag{3.6.70}$$

式中：下标n表示未极化波，则 $s_{0,\mathrm{n}}$ 为波的未极化部分的功率密度；下标f表示完全极化波，则 $s_{0,\mathrm{f}}$ 为波的已极化部分的功率密度。

1）未极化波

根据前面的结论，当波属于未极化波时，存在如下关系：

$$J_{xx}=J_{yy},\quad J_{xy}=J_{yx}=0 \tag{3.6.71}$$

将式(3.6.71)代入式(3.6.65),得到

$$\begin{cases} s_{1,\mathrm{n}}=0 \\ s_{2,\mathrm{n}}=0 \\ s_{3,\mathrm{n}}=0 \end{cases} \tag{3.6.72}$$

从式(3.6.72)可以看出,代表极化的点$(s_{1,\mathrm{n}},s_{2,\mathrm{n}},s_{3,\mathrm{n}})=(0,0,0)$是极化球心,所以未极化波属于球心点。

2)完全极化波

当非单色波是完全极化波时,即总波中不存在未极化波,其相干矩阵行列式为零,即

$$\begin{aligned} |\boldsymbol{J}|&=J_{xx}J_{yy}-J_{xy}J_{yx}=0 \\ J_{xx}J_{yy}&=J_{xy}J_{yx} \end{aligned} \tag{3.6.73}$$

将式(3.6.72)代入式(3.6.70),得到

$$\begin{cases} s_{0,\mathrm{f}}=s_0=J_{xx}+J_{yy} \\ s_{1,\mathrm{f}}=s_1 \\ s_{2,\mathrm{f}}=s_2 \\ s_{3,\mathrm{f}}=s_3 \end{cases} \tag{3.6.74}$$

将式(3.6.65)代入式(3.6.74),得到

$$\begin{aligned} &s_{1,\mathrm{f}}=J_{xx}-J_{yy},\quad s_{2,\mathrm{f}}=J_{xy}+J_{yx} \\ &s_{3,\mathrm{f}}=\mathrm{j}(J_{xy}-J_{yx}),\quad s_{0,\mathrm{f}}=J_{xx}+J_{yy} \end{aligned} \tag{3.6.75}$$

利用式(3.6.75)的结果作如下运算:

$$\begin{aligned} &s_{1,\mathrm{f}}^2+s_{2,\mathrm{f}}^2+s_{3,\mathrm{f}}^2 \\ =&(J_{xx}-J_{yy})^2+(J_{xy}+J_{yx})^2+[\mathrm{j}(J_{xy}-J_{yx})]^2 \\ =&(J_{xx}-J_{yy})^2+2J_{xy}\cdot 2J_{yx} \end{aligned} \tag{3.6.76}$$

将式(3.6.73)代入式(3.6.76),得到

$$s_{1,\mathrm{f}}^2+s_{2,\mathrm{f}}^2+s_{3,\mathrm{f}}^2=(J_{xx}-J_{yy})^2+2J_{xy}2J_{yx}$$
$$=(J_{xx}+J_{yy})^2=s_0^2 \tag{3.6.77}$$

可得到结论：完全极化波的 Stokes 参数组($s_{1,\mathrm{f}},s_{2,\mathrm{f}},s_{3,\mathrm{f}}$)是极化球面上的点。

3.6.5 极化度的 Stokes 参数表征

将式(3.6.72)代入式(3.6.70)，得到

$$\begin{cases} s_0=s_{0,\mathrm{n}}+s_{0,\mathrm{f}} \\ s_1=s_{1,\mathrm{f}} \\ s_2=s_{2,\mathrm{f}} \\ s_3=s_{3,\mathrm{f}} \end{cases} \tag{3.6.78}$$

由式(3.6.78)得到已极化部分的波的功率密度为

$$s_{0,\mathrm{f}}=\sqrt{s_{1,\mathrm{f}}^2+s_{2,\mathrm{f}}^2+s_{3,\mathrm{f}}^2} \tag{3.6.79}$$

则未极化部分的波的功率密度为

$$s_{0,\mathrm{n}}=s_0-s_{0,\mathrm{f}}=s_0-\sqrt{s_{1,\mathrm{f}}^2+s_{2,\mathrm{f}}^2+s_{3,\mathrm{f}}^2} \tag{3.6.80}$$

极化度是已极化部分的功率密度和总波的功率密度之比，则极化度的 Stokes 参数表征形式为

$$R=\frac{s_{0,\mathrm{f}}}{s_0}=\frac{\sqrt{s_{1,\mathrm{f}}^2+s_{2,\mathrm{f}}^2+s_{3,\mathrm{f}}^2}}{s_0}=\frac{\sqrt{s_1^2+s_2^2+s_3^2}}{s_0} \tag{3.6.81}$$

3.6.6 非单色极化波的线极化比

1. 线极化比的 Stokes 参数表征

波的完全极化部分的极化比，既可用完全极化部分参数表征，也可用总波的参数表示。根据线极化比与 Stokes 参数的关系，极化部分的极化比为

$$P=\frac{s_{2,\mathrm{f}}+\mathrm{j}s_{3,\mathrm{f}}}{s_{0,\mathrm{f}}+s_{1,\mathrm{f}}} \tag{3.6.82}$$

根据式(3.6.78)，式(3.6.82)也可以用总波的参数表示为

$$P=\frac{s_2+\mathrm{j}s_3}{\sqrt{s_1^2+s_2^2+s_3^2}+s_1} \tag{3.6.83}$$

圆极化比与 Stokes 参数的关系为

$$q=\frac{s_1-\mathrm{j}s_2}{s_0-s_3} \tag{3.6.84}$$

根据式(3.6.78)可得出波的已极化部分的参数和总波参数表征的圆极化比为

$$q=\frac{s_{1,\mathrm{f}}-\mathrm{j}s_{2,\mathrm{f}}}{s_{0,\mathrm{f}}-s_{3,\mathrm{f}}}=\frac{s_1-\mathrm{j}s_2}{\sqrt{s_1^2+s_2^2+s_3^2}-s_3} \tag{3.6.85}$$

2. 线极化比的极化度表征

将式(3.6.81)做如下变形：

$$R=\frac{s_{0,\mathrm{f}}}{s_0}=\frac{\sqrt{s_1^2+s_2^2+s_3^2}}{s_0}\rightarrow\sqrt{s_1^2+s_2^2+s_3^2}=Rs_0$$

$$\sqrt{s_1^2+s_2^2+s_3^2}+s_1=Rs_0+s_1 \tag{3.6.86}$$

将式(3.6.65)的有关参数代入，可以得到式(3.6.86)的另一个表达式，即

$$\begin{aligned}Rs_0+s_1&=R(J_{xx}+J_{yy})+(J_{xx}-J_{yy})\\&=(R+1)J_{xx}+(R-1)J_{yy}\end{aligned} \tag{3.6.87}$$

将式(3.6.87)和式(3.6.65)中的有关参数代入式(3.6.83)，最终得到线极化比的极化度表达式为

$$\begin{aligned}P&=\frac{s_2+\mathrm{j}s_3}{\sqrt{s_1^2+s_2^2+s_3^2}+s_1}\\&=\frac{2J_{yx}}{(R+1)J_{xx}+(R-1)J_{yy}}\end{aligned} \tag{3.6.88}$$

若非单色波是完全极化波时，则无须做时平均运算＜·＞，并有

$$R=1,\quad J_{xx}=\langle E_xE_x^*\rangle=E_xE_x^*,\quad J_{yx}=\langle E_x^*E_y\rangle=E_x^*E_y \tag{3.6.89}$$

则式(3.6.88)简化为

$$P=\frac{E_y}{E_x} \tag{3.6.90}$$

这就是单色波线极化比的定义。同时,也验证了非单色极化波的相干矩阵描述及衍生的各种表征的正确性。

3.6.7 部分极化波的接收

部分极化波是极化度在0～1的非单色波。当电磁波照射到接收天线时,其电场强度矢量作用于天线有效长度而在天线端口产生开路电压。

1. 接收总功率

电磁波电场强度矢量$\boldsymbol{E}$在天线$\boldsymbol{h}$端口产生的开路电压(波场分量无论是否相干都成立)为

$$V=\boldsymbol{E}^{\mathrm{T}}\boldsymbol{h} \tag{3.6.91}$$

波和天线写成如下坐标向量的形式:

$$\boldsymbol{E}=\begin{bmatrix}E_x\\E_y\end{bmatrix},\quad \boldsymbol{h}=\begin{bmatrix}h_x\\h_y\end{bmatrix} \tag{3.6.92}$$

则馈给天线匹配负载的功率为

$$W=\frac{\langle VV^*\rangle}{8R_{\mathrm{a}}} \tag{3.6.93}$$

式中:$\langle\cdot\rangle$表示时间平均运算;R_{a}为天线阻抗,且等于辐射阻抗与损耗阻抗之和,具体表达式为

$$R_{\mathrm{a}}=\frac{Z_0\boldsymbol{h}^{\mathrm{H}}\boldsymbol{h}}{4A_{\mathrm{e}}} \tag{3.6.94}$$

其中:A_{e}为天线有效接收面积。

则接收总功率为

$$W=\frac{A_e}{2Z_0\boldsymbol{h}^H\boldsymbol{h}}<(\boldsymbol{E}^T\boldsymbol{h})(\boldsymbol{E}^T\boldsymbol{h})^*> \tag{3.6.95}$$

接收天线是不随时间而变化的，无须做时间平均运算，因此可提取到算符外面，即

$$\begin{aligned}W=&\frac{A_e}{2Z_0\boldsymbol{h}^H\boldsymbol{h}}(|h_x|^2<E_xE_x^*>+h_xh_y^*<E_xE_y^*>+\\&h_x^*h_y<E_x^*E_y>+|h_y|^2<E_yE_y^*>)\end{aligned} \tag{3.6.96}$$

根据相干矩阵元素定义，将矩阵元代入式(3.6.96)得到接收总功率为

$$W=\frac{A_e}{\boldsymbol{h}^H\boldsymbol{h}}(|h_x|^2J_{xx}+h_xh_y^*J_{xy}+h_x^*h_yJ_{yx}+|h_y|^2J_{yy}) \tag{3.6.97}$$

特别说明，为了简化叙述和表达又不会影响结果和结论，之前和之后算式中的 $2Z_0$ 都省略掉了。

2. 接收总功率的分解

非单色波可分解成未极化波和完全极化波两部分之和，相应的相干矩阵也可以对应地分解并表示为

$$\boldsymbol{J}=\begin{bmatrix}J_{xx} & J_{xy}\\ J_{yx} & J_{yy}\end{bmatrix}=\boldsymbol{J}_n+\boldsymbol{J}_f,\quad \boldsymbol{J}_n=\begin{bmatrix}A & 0\\ 0 & A\end{bmatrix},\quad \boldsymbol{J}_f=\begin{bmatrix}B & D\\ D^* & C\end{bmatrix} \tag{3.6.98}$$

将式(3.6.97)、式(3.6.98)结合起来，替换一些相应参数后，得到对应的未极化波和完全极化波的接收功率为

$$\begin{aligned}W=&\frac{A_e}{\boldsymbol{h}^H\boldsymbol{h}}[|h_x|^2(A+B)+h_xh_y^*D+h_x^*h_yD^*+|h_y|^2(A+C)]\\=&A_eA+\frac{A_e}{\boldsymbol{h}^H\boldsymbol{h}}(|h_x|^2B+h_xh_y^*D+h_x^*h_yD^*+|h_y|^2C)\triangleq W'+W''\end{aligned} \tag{3.6.99}$$

上式总功率分解为两个部分：W'表示对未极化波的接收功率，这部分的功率与天线的极化无关但取决于天线有效接收面积的大小；W''表示对完全极化波的接收功率，功率大小取决于非单色波极化与天线极化的匹配程度。

3. 未极化部分的接收功率

这部分的功率，是天线接收到的与接收天线极化无关的功率：

$$W'=A_{\mathrm{e}}A \tag{3.6.100}$$

根据极化度定义，有

$$R=\left[1-\frac{4\,|\,\boldsymbol{J}\,|}{(J_{xx}+J_{yy})^2}\right]^{1/2}=\frac{[(J_{xx}+J_{yy})^2-4\,|\,\boldsymbol{J}\,|\,]^{1/2}}{J_{xx}+J_{yy}}$$

上式变形后得到

$$[(J_{xx}+J_{yy})^2-4\,|\,\boldsymbol{J}\,|\,]^{1/2}=R(J_{xx}+J_{yy}) \tag{3.6.101}$$

前面已经推得了如下的结果

$$\begin{cases} A=\dfrac{1}{2}(J_{xx}+J_{yy})-\dfrac{1}{2}[(J_{xx}+J_{yy})^2-4\,|\,\boldsymbol{J}\,|\,]^{1/2} \\ B=\dfrac{1}{2}(J_{xx}-J_{yy})+\dfrac{1}{2}[(J_{xx}+J_{yy})^2-4\,|\,\boldsymbol{J}\,|\,]^{1/2} \\ C=\dfrac{1}{2}(J_{yy}-J_{xx})+\dfrac{1}{2}[(J_{xx}+J_{yy})^2-4\,|\,\boldsymbol{J}\,|\,]^{1/2} \\ D=J_{xy} \\ D^*=J_{yx} \end{cases}$$

利用 A 的结果，再结合极化度的定义，因此得到

$$\begin{aligned} A&=\frac{1}{2}(J_{xx}+J_{yy})-\frac{1}{2}[(J_{xx}+J_{yy})^2-4\,|\,\boldsymbol{J}\,|\,]^{1/2} \\ &=\frac{1}{2}(J_{xx}+J_{yy})(1-R) \end{aligned} \tag{3.6.102}$$

代入未极化部分的接收功率表达式，可得

$$W'=A_{\mathrm{e}}A=A_{\mathrm{e}}\,\frac{1}{2}(J_{xx}+J_{yy})(1-R)=A_{\mathrm{e}}\,\frac{1}{2}w_{\mathrm{t}}(1-R) \tag{3.6.103}$$

式中：$w_{\mathrm{t}}=J_{xx}+J_{yy}$，是总波的功率密度。若总波为未极化波（$R=0,W''=0$），则根据式(3.6.103)计算可接收到全部功率的一半，是固定值，不因接收天线极化的改变而改变；但接收功率正比于天线接收面积。

4. 完全极化部分的最佳接收

已完全极化部分的接收功率，并力图使它达到最大：

$$W'' = \frac{A_e}{\boldsymbol{h}^H \boldsymbol{h}} (|h_x|^2 B + h_x h_y^* D + h_x^* h_y D^* + |h_y|^2 C) \tag{3.6.104}$$

第一步极大化：式中 B、C 是实数。天线有效长度和 D 的复数形式如下：

$$h_x = |h_x| e^{j\phi_x}, \quad h_y = |h_y| e^{j\phi_y}, \quad D = |D| e^{j\delta} \tag{3.6.105}$$

显然，当 $\phi_y - \phi_x = \delta$ 时，$h_x h_y^* D + h_x^* h_y D^*$ 达到最大
W''变为

$$W''_{\max 1} = \frac{A_e}{\boldsymbol{h}^H \boldsymbol{h}} (|h_x|^2 B + 2|h_x||h_y||D| + |h_y|^2 C) \tag{3.6.106}$$

第二步极大化：能量不变性约束，调节天线有效长度，功率可以进一步极大化。能量约束为

$$\boldsymbol{h}^H \boldsymbol{h} = |h_x|^2 + |h_y|^2 = c \tag{3.6.107}$$

并有

$$|h_x| = (c - |h_y|^2)^{1/2} \tag{3.6.108}$$

将 $W''_{\max 1}$ 对 $|h_x|$ 求导，并令导数为零，得到

$$\frac{|h_y|^2 - |h_x|^2}{|h_x||h_y|} = \frac{C - B}{|D|} \tag{3.6.109}$$

其解为

$$\frac{|h_y|}{|h_x|} = \frac{C}{|D|}, \quad \frac{|h_x|}{|h_y|} = \frac{B}{|D|} \tag{3.6.110}$$

因为是部分极化波，所以 $D = J_{xy} \neq 0$，而完全极化波的相干矩阵$[\boldsymbol{J}_f]$有 $BC - |D|^2 = 0$，从而得到 $B \neq 0, C \neq 0$。由式(3.6.110)和 $\phi_y - \phi_x = \delta$，得到

$$\frac{h_y}{h_x} = \frac{C}{D^*}, \quad \frac{h_x}{h_y} = \frac{B}{D} \tag{3.6.111}$$

将式(3.6.111)代入式(3.6.106)，再利用式(3.6.47)、式(3.6.48)，对波已完全极化了的那部分接收，得到最佳接收功率为

$$W''_{\max 2}=A_{\mathrm{e}}(B+C)=A_{\mathrm{e}}w_{\mathrm{p}}=A_{\mathrm{e}}w_{\mathrm{t}}R \tag{3.6.112}$$

为了使总的接收功率最大，只需将接收天线极化与波的完全极化部分的极化相匹配就可以达到，并且总的接收功率为

$$\begin{aligned}W&=W'+W''_{\max 2}\\&=\frac{1}{2}A_{\mathrm{e}}w_{\mathrm{t}}(1-R)+A_{\mathrm{e}}w_{\mathrm{t}}R\\&=\frac{1}{2}A_{\mathrm{e}}w_{\mathrm{t}}(1+R)\end{aligned} \tag{3.6.113}$$

从上式可以得出：当来波是未极化波时，可接收到其总功率(密度)的一半，接收天线任意极化方式都行；而当来波是完全极化波时，极化度等于 1，根据式(3.6.113)的计算结果知道，可匹配接收到波的全部功率。

5. 完全极化部分的最差接收

如果接收天线极化与波已完全极化部分的极化失配，则这部分信号完全被抑制：

$$W''_{\max 2}=A_{\mathrm{e}}(B+C)=A_{\mathrm{e}}w_{\mathrm{p}}=A_{\mathrm{e}}w_{\mathrm{t}}R=0 \tag{3.6.114}$$

那么总的接收功率只涉及未极化波的那部分。根据式(3.6.113)的计算结果知道，有一半进入接收天线且正比于天线接收面积：

$$\begin{aligned}W'&=A_{\mathrm{e}}A=A_{\mathrm{e}}\frac{w_{\mathrm{t}}}{2}\\&=A_{\mathrm{e}}\frac{1}{2}(J_{xx}+J_{yy})(1-R)=A_{\mathrm{e}}\frac{1}{2}w_{\mathrm{t}}(1-R)\end{aligned} \tag{3.6.115}$$

3.7 天线的空域极化特性

一般来说，天线是用于发射或接收电磁信号的装置，可以把传输结构上的导波转换成自由空间波。电子与电气工程师协会(IEEE)官方对天线的定义是“发射或接收系统中，经设计用于辐射或接收电磁波的部分”。天线的极化是天线发射或接收的电磁信号的极化方式。天线极化既是固定的也是相对发生变化的。

(1) 天线极化方式是固定的。一般是指天线在法线方向的极化是固定的，天线的极化也是定义在这个方向上。喇叭天线(图 3.7.1)是水平极化的，就是在垂直口面的传播方向上，喇叭辐射电磁波极化是水平极化的，可以通过标准的仪器测量。

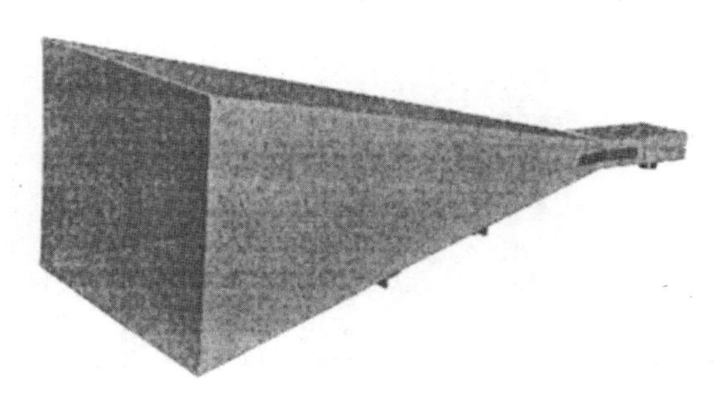

图 3.7.1　喇叭天线

(2) 天线的极化方式是变化的。这是因为天线具有方向特性，即天线是朝着一个空间范围辐射电磁信号的，在这个空间范围内信号有强弱，电磁信号功率密度的强度与天线法向所成角度有关，天线的极化也与天线法向所成角度有关。随着这个夹角的增大，天线的极化会偏离原来所设计的极化。例如喇叭天线，波束宽度是 60°，那么在 0°方向上，它是绝对意义上的水平极化，那么在 20°、30°、40°等方向上就不再是水平极化。

根据天线原理，在天线辐射的电磁波中，除占优势的主极化分量外，还包含一些正交极化分量，称为交叉极化分量。如图 3.7.2 所示，垂直极化分量的幅度图就是天线主极化方向图，水平极化分量的幅度图就是天线交叉极化方向图，从幅度上可以看出，垂直极化分量比水平极化分量高很多，说明两者之间垂直极化分量起到了主要作用。我们可以这样定义，垂直极化(主极化)分量功率密度在全部功率密度中所占的比例称为天线的极化纯度。精心设计的天线，在中心频率和中心方位上的极化纯度是比较高的，但在方位偏离中心方位后，极化纯度就会下降。将天线辐射场的电磁计算数据经过处理可以得到图 3.7.3 所示的极化纯度灰度图表示，颜色越深表示极化纯度越高，不同颜色代表不同极化纯度，天线极化纯度是在二维空间(方位和俯仰方向)变化的，横轴表示方位，纵轴表示俯仰，可以很明显地看出，在某一固定的俯仰上，极化纯度关于方位角变化很显著，在 0°方位上，极化纯度最高，是深黑色。而在某一固定方位上，极化纯度随俯仰角的变化很小，颜色几乎没有变化。

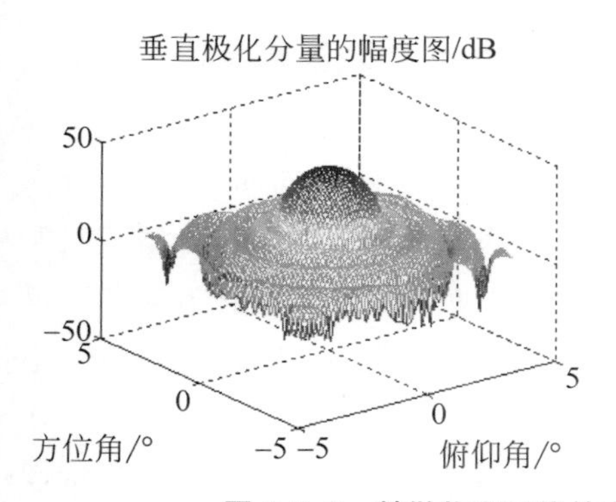

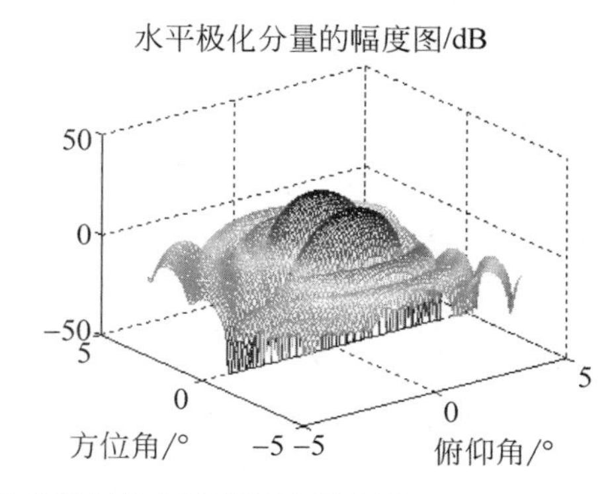

图 3.7.2　某抛物面天线的主极化(垂直极化)和交叉极化(水平极化)幅度图

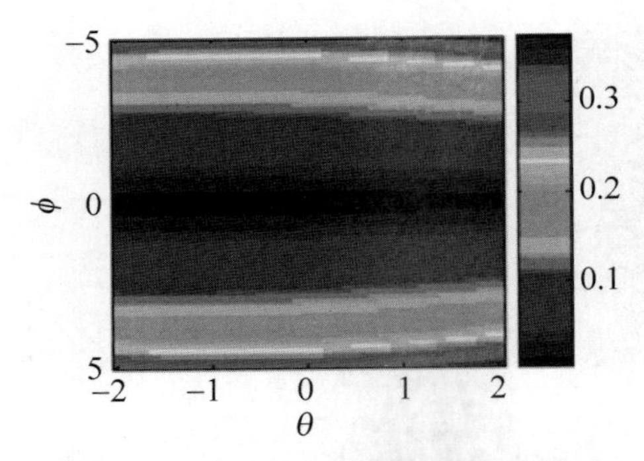

图 3.7.3 天线极化纯度的变化规律

电磁波的极化和天线的极化在本质上是没有区别的,天线的极化特性可以看作天线辐射电磁波的极化特性。根据天线辐射的电磁波是线极化或是圆极化,相应的天线称为线极化天线或圆极化天线。因此,所有关于电磁波极化的讨论都适用于天线的极化。

需要注意的是,天线辐射波的极化随方向而变,传统关于天线极化的定义中隐含了一个因素,即波束中心位置的极化。通常,天线的极化特性在主瓣中心方向上保持相对恒定,在这个意义上,主瓣峰值位置的极化就用来描述天线极化,而旁瓣辐射的极化就与主瓣的极化大不一样。

综上所述,天线极化是指最大辐射方向或最大接收方向的极化,对机械扫描天线而言,可以用天线口径面法线方向的极化来定义。对于相控阵体制天线而言,相控阵天线的极化不仅与所讨论的空间方向有关,而且与相对阵面主波瓣的扫描方向有关。当其波束扫描时,波束最大辐射方向与天线阵面的法线方向并不重合,而是随着扫描角度的增大,两者的夹角增大。

图 3.7.4 给出了相控阵天线扫描多个角度时的极化方向图,天线的主极化是垂直极化,交叉极化是水平极化。当天线没有进行相位控制电子扫描时,天线方向图的照射方向和天线物理法线方向一致,极化纯度最高,如图 3.7.4(a) 主波束在阵面法线方向,交叉极化分量(水平极化)方向图的幅度最小,两者差异约为 60dB。当主波束在偏离阵面 5°、10°、15°时,交叉极化分量(水平极化)方向图的幅度越来越大,而且形状也发生变化,形状很接近主极化方向图,主极化和交叉极化差异逐渐减小到 40dB。

由图可以很明显地看出,主极化即垂直极化的方向图随扫描角的增大而逐渐展宽,天线增益有所下降,旁瓣呈现不对称的结构;同时,交叉极化电平逐渐增大,从电轴方向的 −∞增大到约 30dB。由于相控阵天线的扫描特性会发生变化,单一指向的极化方向图难以描述完整的空域极化特性,因此通过计算多个波位,然后通过插值拟合可以得到波束在空域 0°~60°扫描时,极化纯度的变化情况如图 3.7.5 所示。可见,相控阵天线波束扫描时,在多个波位下的极化特性近似线性变化。当波束在空域连续扫描时,相控阵天线的极化特性服从一定规律变化,天线极化状态偏移了所期望的状态,极化状态的改变取决于扫描角、阵元特性以及阵元耦合等非理想因素。

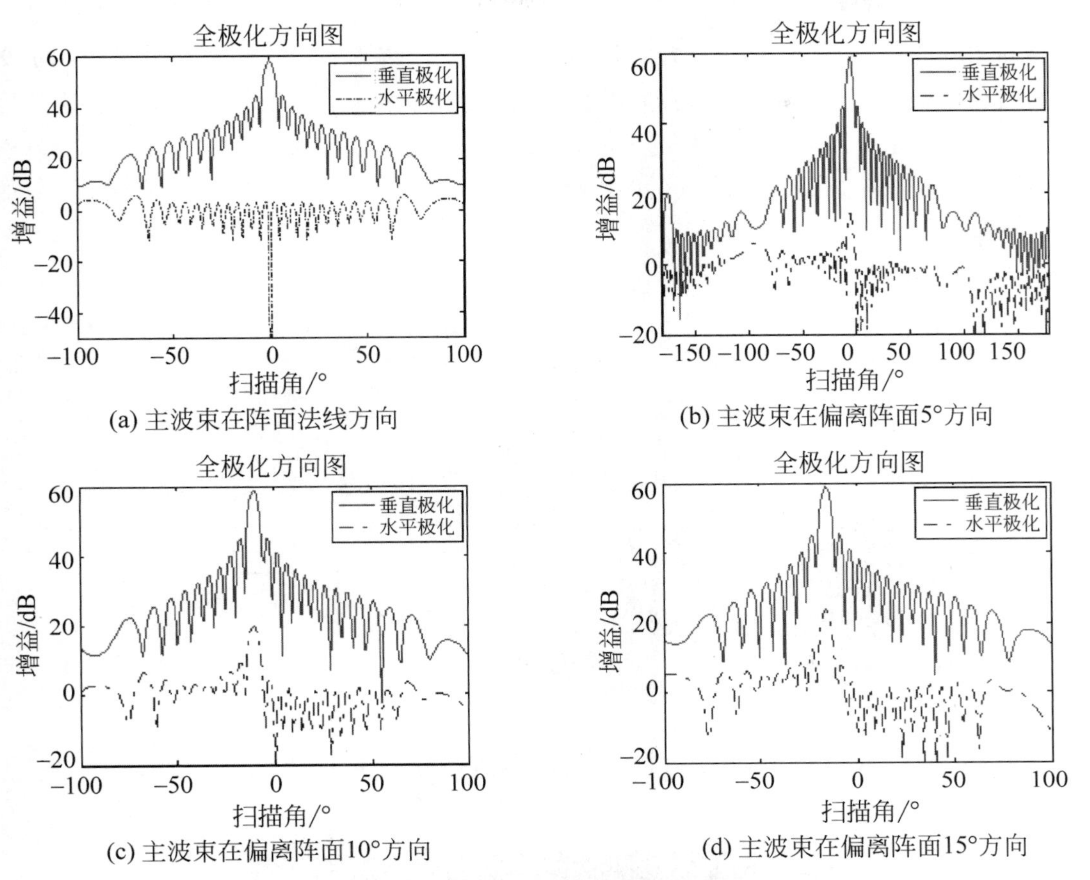

(a) 主波束在阵面法线方向

(b) 主波束在偏离阵面5°方向

(c) 主波束在偏离阵面10°方向

(d) 主波束在偏离阵面15°方向

图 3.7.4 相控阵天线波束在多个扫描角下的极化方向图

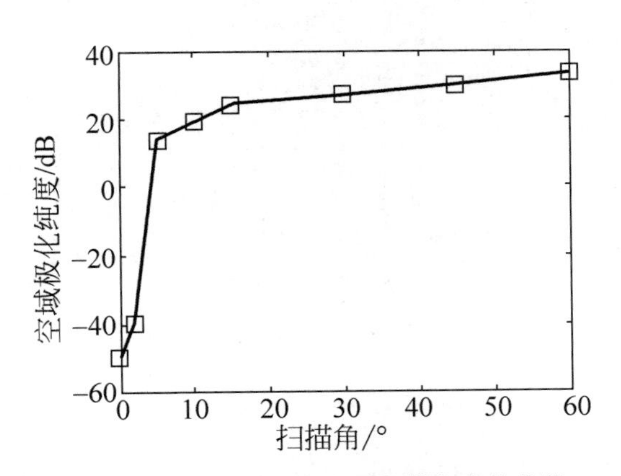

图 3.7.5 空域极化纯度随扫描角变化曲线

天线的空域极化特性在电子对抗领域的应用非常广泛。早在 20 世纪 90 年代末期，美国和俄罗斯就发现了单脉冲雷达天线的方向图具有复杂的极化结构，并且单脉冲雷达测角精度容易受到通道一致性、目标的变极化作用、多径散射造成的变极化等因素的影响，并根据单脉冲雷达天线的这种固有属性设计了交叉极化干扰样式。最新一版的美国《应对新一代威胁的电子战》一书中，将交叉极化干扰归结为下一代雷达干扰技术，图 3.7.6 给出了交叉极化干扰的示意图，干扰机收到雷达信号后，发射一个与雷达信号极化完全正交的信号——交叉极化干扰信号，以干扰雷达测角。2010 年，美国空军实验室对某 X 波段雷达导引头在交叉极化电磁波条件下的测角性能进行了大量的测量试验，图 3.7.7 为暗室测量试验的场景照片。

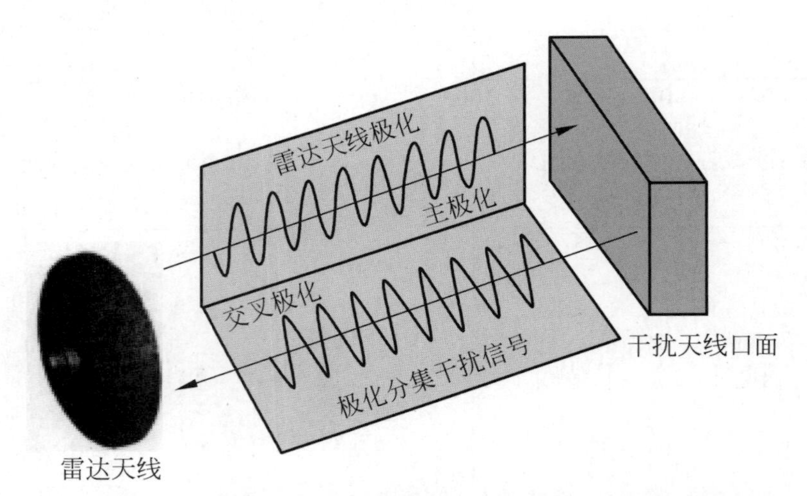

图 3.7.6 交叉极化干扰机对雷达天线极化产生极化正交的响应

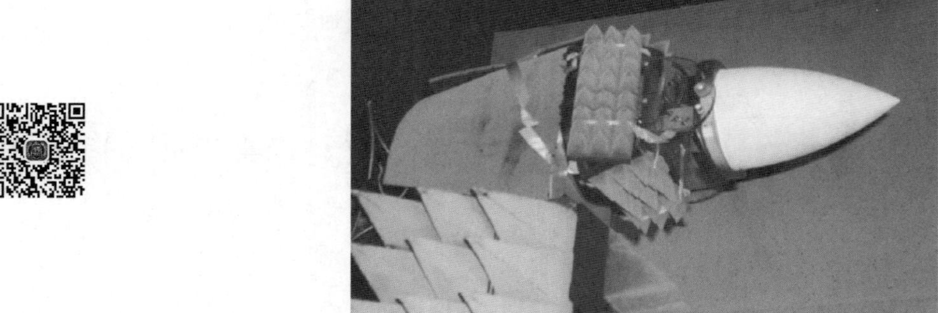

图 3.7.7 美国空军实验室试验的场景照片

在实际应用方面，随着交叉极化干扰技术相关的元器件、信号处理技术趋于成熟，交叉极化干扰技术已被 Northrop Grumman 公司应用于"猎鹰利刃"干扰机上，并装备于美军的 F-16CD Block60 战斗机上。EA6B"徘徊者"电子战飞机上的电子干扰吊舱也具备交叉极化干扰样式，可以对一些地空跟踪制导雷达、空空制导雷达导引头进行有效的自卫式角度欺骗干扰。美军的 APECS-II 舰载电子战系统具有自适应交叉极化干扰功能，拥有噪声/欺骗多种干扰波形。APECS-II 舰载电子战系统是美国 Argo System 公司研制生产的新型水面舰艇电子战系统，干扰机采用相控阵多波束天线，可覆盖方位 360°和俯仰角 30°的范围，它以脉冲和连续波方式辐射大功率干扰，可同时对付 16 个目标。与以前的相控阵天线相比，此系统可实现变极化(专门对付单脉冲威胁源)，能对付多种复杂信号，是世界上第一部以“交叉极化干扰”为主要手段、以单脉冲主动雷达导引头为作战对象的电子对抗(ECM)系统。该系统已经出口葡萄牙、荷兰、希腊等多个国家，美国海军的 SLQ-32(V)电子战系统、法国的 ARBB33 干扰机和以色列的 SEWS 电子战系统也采用了类似技术。据报道，美军新一代干扰机 AN/ALQ-167、美军航空兵机载威胁仿真模拟器上也都具备极化调制的干扰样式。

美国雷声公司下一代干扰机(NGJ)已完成飞行试验，该系统为吊舱形式，其中最重要的技术是有源电子扫描阵列天线(AESA)。AESA 带宽非常大，采用瓦片式发射/接收(T/R)组件，包含 T 支路的高效高功率氮化镓放大器和 R 支路的低噪声放大器，两个支路都包含移相器和增益控制元件。双极化孔径元件使系统极化可以选择。极化分集技术 AESA 使得该干扰系统具有多极化变极化干扰的能力。2016 年 10 月 27 日，该干扰机进行了飞行试验，AESA 每间隔约 50s 改变一次发射极化，所对应的极化倾角分别为 0°、90°、45°、15°、75°、30°、60°，地面测试设备对所接收的极化数据进行测量和记录，获得如图 3.7.8 的数据。

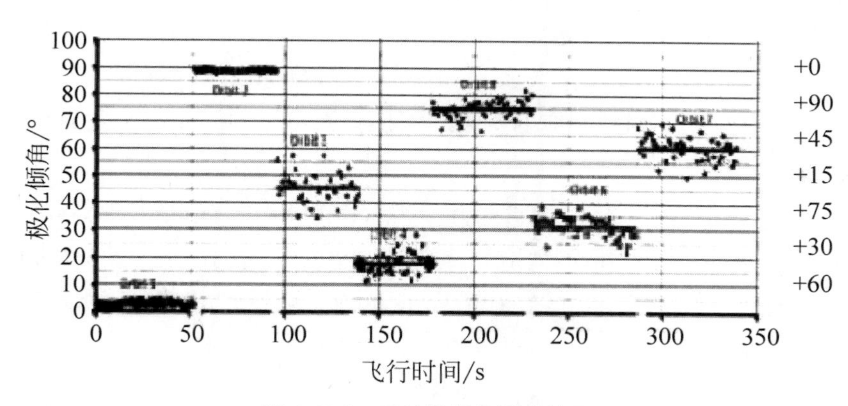

图 3.7.8 系统的极化测试结果

综上所述，读者对天线的空域极化特性有了一个大致的了解，对天线极化的概念已经比较明晰了。可以说，天线的极化就是雷达的极化，而电磁波的极化概念就比较纯粹了，不涉及空域的讨论。

第4章

目标极化散射

目标特性因频段跨度表现出明显的差异性，而这种差异性从因内来讲主要是由目标形状、材料等结构特性，以及静动、微动等状态特性所决定。

雷达目标散射特性是指目标对雷达照射波进行反射时所表现出来的散射特性，有的可通过对回波的处理以反演目标的物理特性。目标对照射波进行反射产生回波，也可以表述为目标对照射信号进行调制而产生散射波。一般来说，目标回波的幅度特性、相位特性、频率特性乃至极化特性，与照射波相应的参量之间都会因目标调制而产生差异。本章专门讨论目标对电磁波极化的调制效应。

本章共有 5 节内容。4.1 节主要介绍用 2×2 维的极化散射矩阵（简称散射矩阵）去描述和表征目标对照射波极化的调制效应。特别要注意的是，散射矩阵的具体取值会因照射波场正交分解时对极化基的不同选择而不同，且单静态测量时（本书只讨论该情况下的散射矩阵）散射矩阵是一个对称阵，矩阵的这个特点称为目标互易性。4.2 节所介绍的内容主要是目标互易性的修正。实际测量中即使在理论上满足单静态的条件，实测散射矩阵也不可能完全对称，因为不管测量设备的精度有多高，很小的幅相量化误差也会使散射矩阵不对称；另外，互易性又是目标最优极化理论的前提，所以被破坏了的互易性需要修正。4.3 节是 4.1 节内容的深化讨论，即具体介绍散射矩阵与极化基的关系；同时介绍一些极化不变量，这些不变性数字特征量不随极化基的改变而变化，在目标极化散射特性研究与应用中很有用。4.4 节围绕目标最优极化展开讨论，目标最优极化实际上指的是照射信号的极化，只不过这个照射极化很特殊，它照射在目标上时能激发出目标极值散射潜能，即回波功率最大或最小，目标最优极化包括全局最优极化和局部最优极化。全局最优极化是指在极化全域上存在这样的发射极化，当照射目标时有极值回波功率的存在且唯一；局部最优极化的概念，该概念出现的基础是源于本书作者关于极化域的轨道采样思想和实现方法，极化轨道作为雷达发射极化，目标回波功率在某类特殊极化轨道上也存在极值。不过本节内容的讨论还得依赖 4.2 节互易性修正的工作，互易性是目标最优极化解算的前提条件。4.5 节主要介绍雷达目标散射截面积与照射波极化的关系，从目标回波这个角度看，散射截面积的大小对应着回波功率的大小，因此是 4.4 节内容从目标最优极化的特殊性到目标 RCS 与照射极化一般关系的普遍性的延伸，反过来，4.5 节得到的截面积与极化关系的特殊情况，就是目标最优极化。

4.1　目标变极化效应及表征

本节主要讨论目标变极化效应及其表征问题，并给出两种极化基下的散射矩阵具体形式，同时还特别证明了目标的互易性问题。

4.1.1　目标变极化效应

普通结构的物体受电磁信号照射后，其反射（散射）电磁波或透射电磁波的极化状态，除特殊情况外，一般不再与照射波极化相同，这种现象称为目标变极化效应。变极化效应由目标的形状、材料、结构等物理特性所决定，目标极化散射特性是目标对各种极化波的变极化效应的统称。目标回波极化状态由照射波极化状态和目标固有极化特性决定。图 4.1.1 是飞机类复杂目标对照射波极化调制的简单示意。

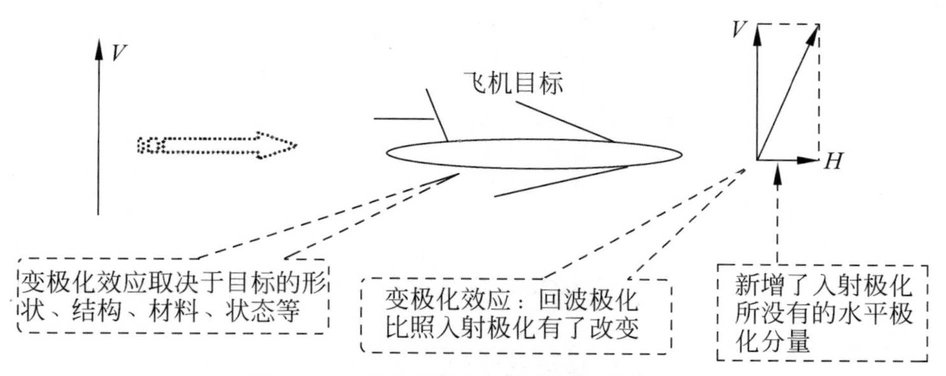

图 4.1.1　普通形体目标的变极化效应示意

复杂目标一般能够显著地产生正交极化波，而该正交极化波在照射波中是根本不存在的，图 4.1.2 就是这种情况。照射波是垂直线极化，作用于斜向（不与垂直极化方向平行）摆置的细导线上，利用矢量投影与分解进行分析，很容易知道细导线目标回波中新增加了水平方向的极化分量。

目标的变极化效应是目标极化增强、极化滤波、目标极化检测、目标极化识别等论题的基础。

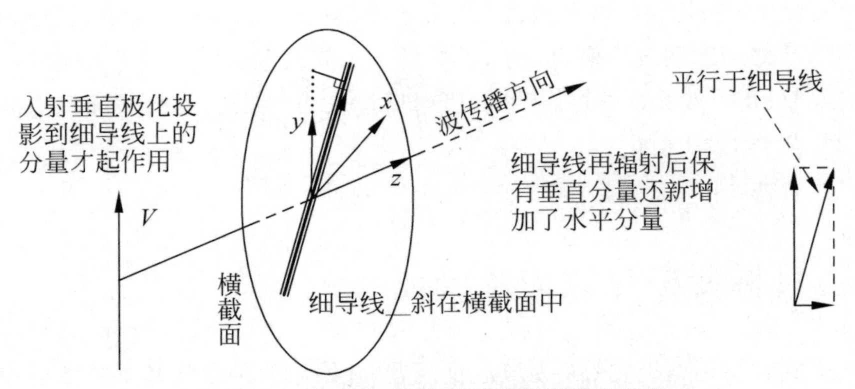

图 4.1.2 简单形体细导线的变极化效应示意

4.1.2 线极化基下的后向散射矩阵

在后向散射对准(BSA)约定下,雷达坐标系与极化基之间存在着直接对应关系,即通常选取电磁波传播横截面上的单位坐标矢量作为极化基,并且对于目标的后向散射情况,雷达照射波与目标散射波是在同一个极化基上定义的。图 4.1.3 是单站情况的后向散射对准约定示意。

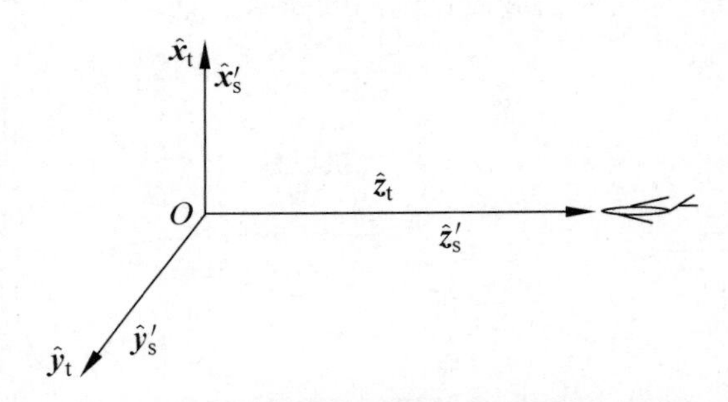

图 4.1.3 单站情况的后向散射对准约定示意

对目标后向散射的测量:发射和接收两部天线采用同一坐标系;如果用两部天线分别做发射和接收,则这两部天线按照后向测量要求需要靠得足够近;而单站情况下,则是同一天线同时兼做发射和接收。图 4.1.4 是目标后向散射测量示意。

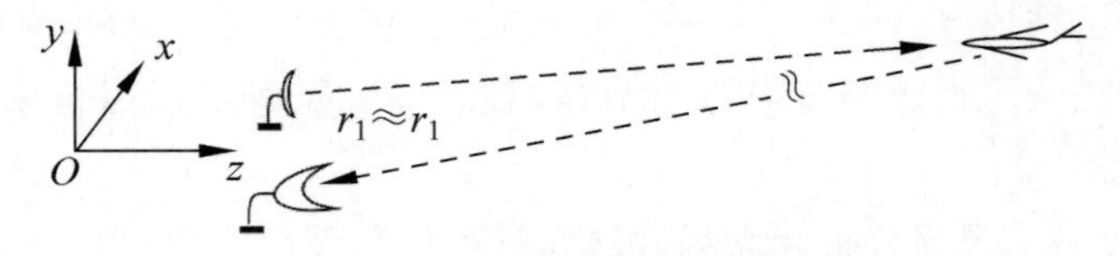

图 4.1.4 目标后向散射测量示意

任意天线发射的电磁波场都可以按如下表达式写出(式中已略去了距离相位项和时间

项，并作为目标照射的电磁波)：

$$\boldsymbol{E}^{\mathrm{i}}=\mathrm{j}\,\frac{Z_0 I}{2\lambda r}\boldsymbol{h}(x,y) \tag{4.1.1}$$

z 轴(照射方向)指向目标，则波场两个正交分量用坐标向量形式写为

$$\begin{bmatrix}E_x^{\mathrm{i}}\\E_y^{\mathrm{i}}\end{bmatrix}=\mathrm{j}\,\frac{Z_0 I}{2\lambda r}\begin{bmatrix}h_x\\h_y\end{bmatrix} \tag{4.1.2}$$

因为目标的变极化效应，目标对照射波 x 分量反射而产生原 x 分量和新增 y 分量；同样，对照射波 y 分量反射而产生原 y 分量和新增 x 分量。因此，雷达处的反射波为

$$\begin{bmatrix}E_x^{\mathrm{r}}\\E_y^{\mathrm{r}}\end{bmatrix}=\frac{1}{\sqrt{4\pi}r}\begin{bmatrix}s_{xx}&s_{xy}\\s_{yx}&s_{yy}\end{bmatrix}\begin{bmatrix}E_x^{\mathrm{i}}\\E_y^{\mathrm{i}}\end{bmatrix} \tag{4.1.3}$$

式中

$$\begin{cases}E_x^{\mathrm{r}}=E_{xx}^{\mathrm{r}}+E_{xy}^{\mathrm{r}}=\dfrac{1}{\sqrt{4\pi}r}s_{xx}E_x^{\mathrm{i}}+\dfrac{1}{\sqrt{4\pi}r}s_{xy}E_y^{\mathrm{i}},\\ s_{xx}=\sqrt{4\pi}rE_{xx}^{\mathrm{r}}/E_x^{\mathrm{i}},s_{xy}=\sqrt{4\pi}rE_{xy}^{\mathrm{r}}/E_y^{\mathrm{i}}\\ E_y^{\mathrm{r}}=E_{yx}^{\mathrm{r}}+E_{yy}^{\mathrm{r}}=\dfrac{1}{\sqrt{4\pi}r}s_{yx}E_x^{\mathrm{i}}+\dfrac{1}{\sqrt{4\pi}r}s_{yy}E_y^{\mathrm{i}},\\ s_{yx}=\sqrt{4\pi}rE_{yx}^{\mathrm{r}}/E_x^{\mathrm{i}},s_{yy}=\sqrt{4\pi}rE_{yy}^{\mathrm{r}}/E_y^{\mathrm{i}}\end{cases} \tag{4.1.4}$$

上述表达式中

$$\boldsymbol{S}=\begin{bmatrix}s_{xx}&s_{xy}\\s_{yx}&s_{yy}\end{bmatrix}$$

矩阵 $\boldsymbol{S}$ 就是目标极化散射矩阵(PSM)，简称散射矩阵。矩阵元素的下标，右边的表示发射，左边的表示接收，如 $|s_{xy}|^2$ 表示发射 y 极化信号接收 x 极化信号时的目标雷达散射截面积(RCS)。关于散射矩阵元素与目标雷达散射截面积的关系，再做如下说明：

(1) 目标雷达散射截面积定义示意如图 4.1.5 所示。

目标雷达散射截面积为

$$\sigma=\lim_{r\to\infty}\frac{4\pi r^2 w^{\mathrm{r}}}{w^{\mathrm{i}}} \tag{4.1.5}$$

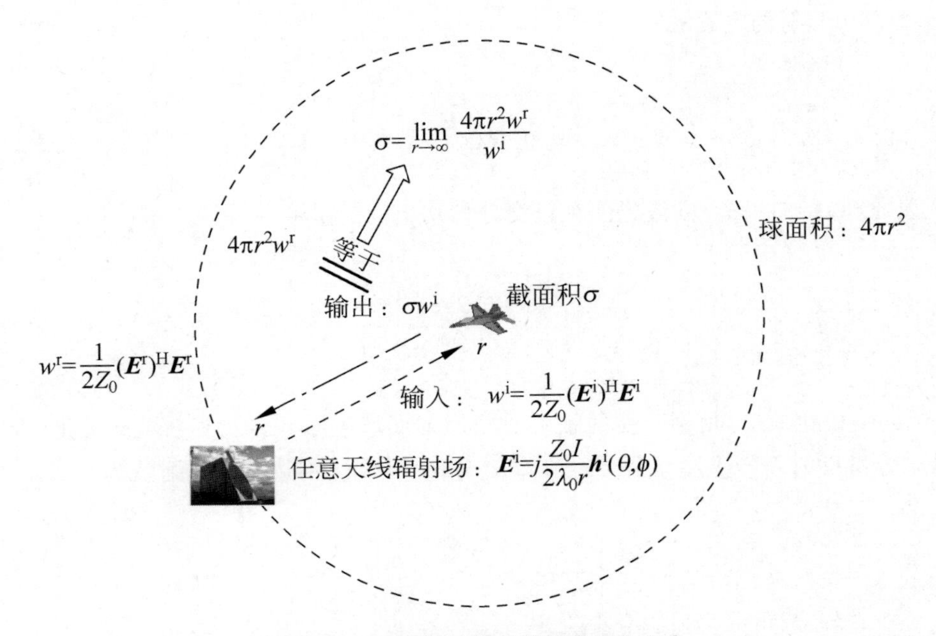

图 4.1.5　目标雷达散射截面积定义示意

式中：w^r 为在雷达接收机处测得的反射波的坡印廷矢量值，即功率密度。

若考虑目标变极化效应，则需用矩阵来描述目标雷达散射横截面积。任选散射矩阵的一个元素，如关于 s_{xx}：当照射 x 分量 E_x^i 时目标反射出的 x 分量为 E_{xx}^r，这个矩阵元素反映的是两者强度之比，即

$$s_{xx}=\sqrt{4\pi}\,rE_{xx}^r/E_x^i \tag{4.1.6}$$

RCS 定义为功率密度之比，有

$$\begin{cases}w_x^i=|E_x^i|^2\\ w_{xx}^r=|E_{xx}^r|^2\end{cases}$$

$$\sigma_{xx}=\lim_{r\to\infty}\frac{4\pi r^2 w_{xx}^r}{w_x^i}=|s_{xx}|^2 \tag{4.1.7}$$

故散射矩阵元素（下标采用 i、j，即矩阵元素表示为 s_{ij} 更简洁）和目标雷达截面积的关系为

$$\sigma_{ij}=|s_{ij}|^2,\quad i,j=1,2 \tag{4.1.8}$$

则

$$s_{ij}=\sigma_{ij}^{\frac{1}{2}}\mathrm{e}^{\mathrm{j}\phi_{ij}} \tag{4.1.9}$$

所以，散射矩阵元素反映了对应极化组态下（发射和接收）目标的散射能力，其平方是 RCS 的含义，全极化测量条件下的目标 RCS 由矩阵四个元素共同决定。

(2) 下面思路也可以得到式(4.1.3)，坐标系依然选择图 4.1.4。电磁波场的功率密度为

$$w = \|\boldsymbol{E}\|_2^2 \tag{4.1.10}$$

利用矩阵元素的平方表示 RCS 的物理含义，可以得到目标回波功率密度与照射信号功率密度的关系为

$$\begin{aligned} w^{\mathrm{s}} 4\pi r^2 &= |s_{xy}|^2 w^{\mathrm{i}} \\ w^{\mathrm{s}} &= \frac{|s_{xy}|^2}{4\pi r^2} w^{\mathrm{i}} \end{aligned} \tag{4.1.11}$$

式中：$4\pi r^2$ 是以目标处为球心、到接收天线处距离为半径的球面积；$|s|^2$ 是目标的雷达散射截面积。

式(4.1.11)即为

$$\|\boldsymbol{E}^{\mathrm{s}}\|_2^2 = \frac{|s_{xy}|^2}{4\pi r^2} \|\boldsymbol{E}^{\mathrm{i}}\|_2^2 \tag{4.1.12}$$

则有

$$\begin{aligned} \boldsymbol{E}^{\mathrm{s}} &= \frac{s_{xy}}{\sqrt{4\pi} r} \boldsymbol{E}^{\mathrm{i}} \\ \begin{bmatrix} E_x^{\mathrm{s}} \\ E_y^{\mathrm{s}} \end{bmatrix} &= \frac{1}{\sqrt{4\pi} r} \begin{bmatrix} s_{xx} & s_{xy} \\ s_{yx} & s_{yy} \end{bmatrix} \begin{bmatrix} E_x^{\mathrm{i}} \\ E_y^{\mathrm{i}} \end{bmatrix} \end{aligned} \tag{4.1.13}$$

目标散射矩阵 $\boldsymbol{S} = \begin{bmatrix} s_{xx} & s_{xy} \\ s_{yx} & s_{yy} \end{bmatrix}$ 代表了特定频率和特定姿态下的目标，是在特定频率下目标本身物理特性的函数，相当于系统冲激响应。一般来说，目标散射过程是小信号作用于目标再经目标反射的线性过程，PSM 元素不变。散射矩阵描述了目标散射总特性，将特定频率下的能量、相位、极化特性，以统一、紧凑、直观、方便的形式综合表达了出来。

4.1.3 目标互易性

目标互易性体现在后向散射矩阵上，就是矩阵的次对角线元素相等，即 $s_{xy} = s_{yx}$。下

面借助天线互易原理来证明。

后向散射的测量要求满足接收天线和发射天线处在同一地址点，满足后向散射情形的最理想情况是收、发共天线。将天线辐射场写成式(4.1.14)的坐标向量形式，并由散射方程式(4.1.15)

$$\begin{bmatrix} E_x^{\mathrm{i}} \\ E_y^{\mathrm{i}} \end{bmatrix} = \mathrm{j}\,\frac{Z_0 I}{2\lambda r}\begin{bmatrix} h_x \\ h_y \end{bmatrix} \tag{4.1.14}$$

$$\begin{bmatrix} E_x^{\mathrm{r}} \\ E_y^{\mathrm{r}} \end{bmatrix} = \frac{1}{\sqrt{4\pi}\,r}\begin{bmatrix} s_{xx} & s_{xy} \\ s_{yx} & s_{yy} \end{bmatrix}\begin{bmatrix} E_x^{\mathrm{i}} \\ E_y^{\mathrm{i}} \end{bmatrix} \tag{4.1.15}$$

得到目标反射(散射)波场为

$$\begin{bmatrix} E_x^{\mathrm{r}} \\ E_y^{\mathrm{r}} \end{bmatrix} = \frac{\mathrm{j}Z_0 I}{\sqrt{4\pi}\,(2\lambda r^2)}\begin{bmatrix} s_{xx} & s_{xy} \\ s_{yx} & s_{yy} \end{bmatrix}\begin{bmatrix} h_x \\ h_y \end{bmatrix} \tag{4.1.16}$$

在证明目标互易性时，若将发射天线和接收天线的收、发角色互换，激励电流相同，则根据天线互易定理(图4.1.6)，接收天线端口开路电压相等。

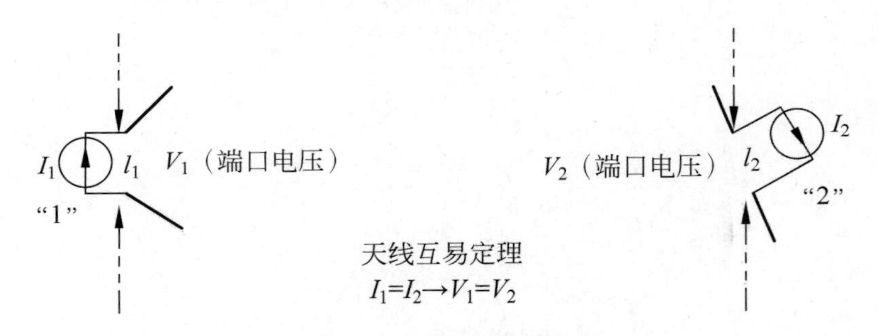

图4.1.6 天线互易定理示意

注：l_1、l_2 为端口线长度。

目标互易性证明过程如下：

① 目标反射波场为

$$\begin{bmatrix} E_x^{\mathrm{r}} \\ E_y^{\mathrm{r}} \end{bmatrix} = \frac{\mathrm{j}Z_0 I}{\sqrt{4\pi}\,(2\lambda r^2)}\begin{bmatrix} s_{xx} & s_{xy} \\ s_{yx} & s_{yy} \end{bmatrix}\begin{bmatrix} h_x^{\mathrm{i}} \\ h_y^{\mathrm{i}} \end{bmatrix} \tag{4.1.17}$$

则接收机负载中所感应的电压为

$$V_{\mathrm{r}}=\begin{bmatrix}h_x^{\mathrm{r}} & h_y^{\mathrm{r}}\end{bmatrix}\begin{bmatrix}E_x^{\mathrm{r}}\\E_y^{\mathrm{r}}\end{bmatrix}=\frac{\mathrm{j}Z_0 I}{\sqrt{4\pi}(2\lambda r^2)}\begin{bmatrix}h_x^{\mathrm{r}} & h_y^{\mathrm{r}}\end{bmatrix}\begin{bmatrix}s_{xx} & s_{xy}\\s_{yx} & s_{yy}\end{bmatrix}\begin{bmatrix}h_x^{\mathrm{i}}\\h_y^{\mathrm{i}}\end{bmatrix}\tag{4.1.18}$$

② 若天线发、收角色互换，则有

$$V_{\mathrm{i}}=\frac{\mathrm{j}Z_0 I}{\sqrt{4\pi}(2\lambda r^2)}\begin{bmatrix}h_x^{\mathrm{i}} & h_y^{\mathrm{i}}\end{bmatrix}\begin{bmatrix}s_{xx} & s_{xy}\\s_{yx} & s_{yy}\end{bmatrix}\begin{bmatrix}h_x^{\mathrm{r}}\\h_y^{\mathrm{r}}\end{bmatrix}\tag{4.1.19}$$

③ 互换天线角色并保持同一电流 I，则根据天线互易定理必然有相同的开路电压。因此，令上两步的电压相等，则可给出

$$\begin{bmatrix}h_x^{\mathrm{r}} & h_y^{\mathrm{r}}\end{bmatrix}\begin{bmatrix}s_{xx} & s_{xy}\\s_{yx} & s_{yy}\end{bmatrix}\begin{bmatrix}h_x^{\mathrm{i}}\\h_y^{\mathrm{i}}\end{bmatrix}=\begin{bmatrix}h_x^{\mathrm{i}} & h_y^{\mathrm{i}}\end{bmatrix}\begin{bmatrix}s_{xx} & s_{xy}\\s_{yx} & s_{yy}\end{bmatrix}\begin{bmatrix}h_x^{\mathrm{r}}\\h_y^{\mathrm{r}}\end{bmatrix}\tag{4.1.20}$$

将上式矩阵的乘积完成运算并比较等号的左右两边，得到只有当 $s_{xy}=s_{yx}$ 时，等式才能满足。收、发共天线时，证明过程相同。

4.1.4 圆极化基下的后向散射矩阵

一个平面波可在圆极化基上正交分解为右旋圆极化分量和左旋圆极化分量，所以波场可用下式来表征，式(4.1.21a)、式(4.1.21b)分别为电磁波在左右旋圆极化基和水平垂直线极化基下的正交分解表达式

$$\begin{cases}\boldsymbol{E}=E_{\mathrm{R}}\boldsymbol{\omega}_{\mathrm{R}}+E_{\mathrm{L}}\boldsymbol{\omega}_{\mathrm{L}} & (4.1.21\mathrm{a})\\ \boldsymbol{E}=E_x\hat{\boldsymbol{x}}+E_y\hat{\boldsymbol{y}} & (4.1.21\mathrm{b})\end{cases}$$

以圆极化基来描述的散射场(略去距离项系数和时间项)为

$$\begin{bmatrix}E_{\mathrm{R}}^{\mathrm{r}}\\E_{\mathrm{L}}^{\mathrm{r}}\end{bmatrix}=\frac{1}{\sqrt{4\pi}r}\begin{bmatrix}A_{\mathrm{RR}} & A_{\mathrm{RL}}\\A_{\mathrm{LR}} & A_{\mathrm{LL}}\end{bmatrix}\begin{bmatrix}E_{\mathrm{R}}^{\mathrm{i}}\\E_{\mathrm{L}}^{\mathrm{i}}\end{bmatrix}\tag{4.1.22}$$

下面讨论两种极化基表征的散射矩阵元素之间的关系：

由圆极化基与水平垂直线极化基的关系

$$\boldsymbol{\omega}_{\mathrm{L}}=\hat{\boldsymbol{x}}+\mathrm{j}\hat{\boldsymbol{y}};\quad \boldsymbol{\omega}_{\mathrm{R}}=\hat{\boldsymbol{x}}-\mathrm{j}\hat{\boldsymbol{y}}$$

再由式(4.1.21)的相等关系可推得

$$E_{\mathrm{R}}=\frac{1}{2}(E_x+\mathrm{j}E_y),\quad E_{\mathrm{L}}=\frac{1}{2}(E_x-\mathrm{j}E_y) \tag{4.1.23}$$

为了统一照射波和反射波的旋向,采用相向右手系,如图 4.1.7 所示。

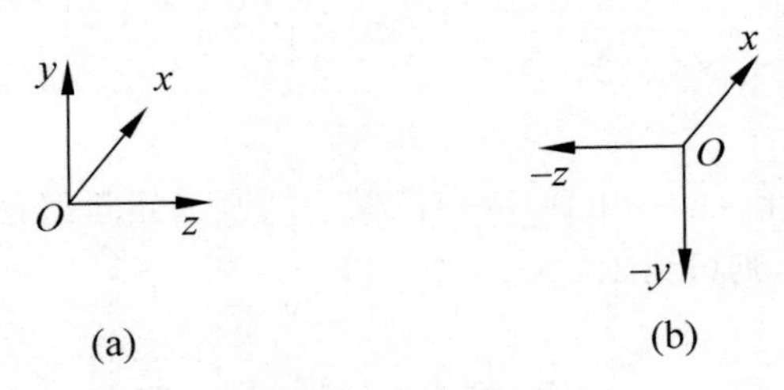

图 4.1.7 相向右手系

对于反射波,要用$-E_y$ 代替E_y,并将式(4.1.23)代入式(4.1.22),可得

$$\frac{1}{2}\begin{bmatrix}E_x^{\mathrm{r}}-\mathrm{j}E_y^{\mathrm{r}}\\E_x^{\mathrm{r}}+E_y^{\mathrm{r}}\end{bmatrix}=\frac{1}{\sqrt{4\pi}r}\begin{bmatrix}A_{\mathrm{RR}}&A_{\mathrm{RL}}\\A_{\mathrm{LR}}&A_{\mathrm{LL}}\end{bmatrix}\cdot\frac{1}{2}\begin{bmatrix}E_x^{\mathrm{i}}+\mathrm{j}E_y^{\mathrm{i}}\\E_x^{\mathrm{i}}-\mathrm{j}E_y^{\mathrm{i}}\end{bmatrix} \tag{4.1.24}$$

上式完成矩阵运算后,与水平垂直线极化基的散射矩阵

$$\begin{bmatrix}E_x^{\mathrm{r}}\\E_y^{\mathrm{r}}\end{bmatrix}=\frac{1}{\sqrt{4\pi}r}\begin{bmatrix}s_{xx}&s_{xy}\\s_{yx}&s_{yy}\end{bmatrix}\begin{bmatrix}E_x^{\mathrm{i}}\\E_y^{\mathrm{i}}\end{bmatrix}$$

比较,得到两种极化基下散射矩阵元素之间的关系为

$$\begin{cases}2A_{\mathrm{RR}}=s_{xx}-\mathrm{j}s_{xy}-\mathrm{j}s_{yx}-s_{yy}\\2A_{\mathrm{RL}}=s_{xx}+\mathrm{j}s_{xy}-\mathrm{j}s_{yx}+s_{yy}\\2A_{\mathrm{LR}}=s_{xx}-\mathrm{j}s_{xy}+\mathrm{j}s_{yx}+s_{yy}\\2A_{\mathrm{LL}}=s_{xx}+\mathrm{j}s_{xy}+\mathrm{j}s_{yx}-s_{yy}\end{cases} \tag{4.1.25}$$

因为$s_{xy}=s_{yx}$,所以式(4.1.25)中有

$$A_{\mathrm{RL}}=A_{\mathrm{LR}} \tag{4.1.26}$$

因此,圆极化基下的散射矩阵依然是对称阵,保持了目标的互易性。圆极化基下的后向散射矩阵对一些特殊形体目标的回波极化带来了很直观的理解。

例 4.1 求具有对称平面目标的 PSM。波照射方向朝里且垂直两导线的简单目标(有对称平面)，如图 4.1.8 所示。

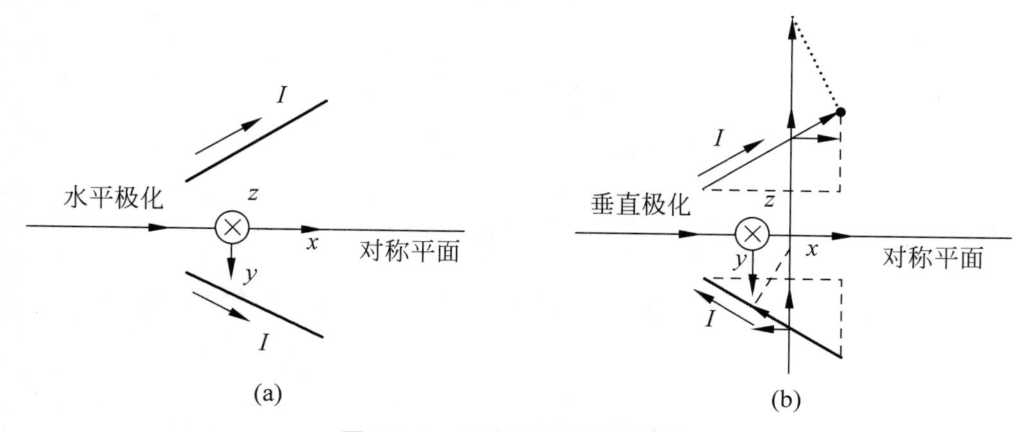

图 4.1.8　具有对称平面目标示意

(1) 选择坐标系使 x 轴位于对称平面；照射波只有 x 分量；在某瞬间两导线感受到同一照射强度产生电流，当这些电流再辐射时，垂直分量方向相反而抵消，如图 4.1.8(a)所示，可得

$$s_{yx}=0$$

(2) 发射垂直极化照射，再辐射时水平方向的分量方向相反而抵消，如图 4.1.8(b)所示，可得

$$s_{xy}=0$$

(3) 得到两导线简单目标后向 PSM：

$$\begin{bmatrix} s_{xx} & 0 \\ 0 & s_{yy} \end{bmatrix}$$

如果照射上述两导线目标时，不是以对称平面方向为中心，将得到次对角线不为零的极化散射矩阵。

例 4.2　一个具有对称平面的目标。将 $s_{xy}=s_{yx}=0$ 代入式(4.1.25)后得到

$$\begin{cases} A_{\mathrm{RR}}=(s_{xx}-s_{yy})/2 \\ A_{\mathrm{RL}}=(s_{xx}+s_{yy})/2 \\ A_{\mathrm{LR}}=(s_{xx}+s_{yy})/2 \\ A_{\mathrm{LL}}=(s_{xx}-s_{yy})/2 \end{cases}$$

结论：一个对称平面的目标足以产生能量相等的左旋圆极化和右旋圆极化的回波。

例 4.3 一个球形目标(或一个具有对称平面且旋转 90°仍不变的目标)，圆极化波照射时得到旋向相反的回波。

对球体目标有 $s_{xx}=s_{yy}$，代入例 4.2 的等式后可推得

$$\begin{cases}A_{\mathrm{RR}}=A_{\mathrm{LL}}=0\\A_{\mathrm{RL}}=A_{\mathrm{LR}}=s_{xx}\end{cases}$$

这清楚地证明了，对入射到球体上的圆极化波来说，散射波的极化旋向要反向。

4.2 目标互易性的修正方法

4.4 节运用的目标本征极化理论是以目标互易性为前提，故实测散射矩阵需要修正为对称阵。单静态测量条件下，收发同址、远场、线性目标、均匀各向同性的传播介质，此时理论上的目标散射矩阵是对称阵，即次对角线元素相等，称为目标互易性。目标互易性的测量条件如图 4.2.1 所示。

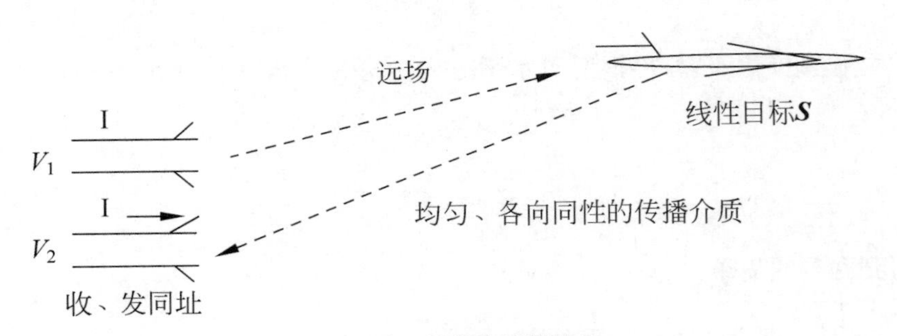

图 4.2.1 单静态测量情况

但在实际测量中，即使设备的测量精度极高，也不可能得到理论上的对称矩阵。目标实测极化散射矩阵一般来讲都是非对称的，即目标互易性受到破坏，如图 4.2.2 所示。主要原因有：①单静态散射矩阵测量是在准远场条件下进行的，目标处的照射波和接收天线处的散射波不能视为严格的平面波；②大多数测量系统采用收发隔离天线，难于保证严格的单站条件；③测量系统两个正交极化通道之间、收发天馈系统之间的幅相特性很难做到完全一致，即使在校准后，其幅相误差仍将存在。

关于修正的几点说明：①极化校准即使消除了系统误差，也只是一个方面；②实际的随机因素无法利用校准来消除；③单静态线性目标的实测数据仅仅因为量化误差就使得散射矩阵一般来说是非对称的；④互易性修正的目的，是恢复线性目标的互易性质，以及清除运用本征极化理论等的障碍。

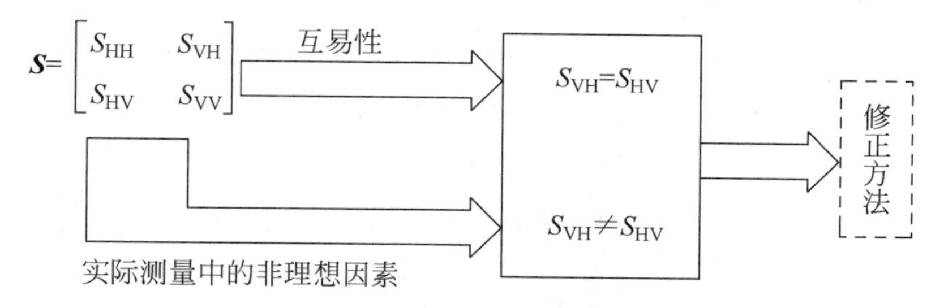

图 4.2.2 目标散射矩阵的理想与现实

4.2.1 极化散射矩阵的误差矩阵最小范数修正法

目标互易性修正的 Frobenius 范数法，其核心思想是基于散射矩阵的能量不变性假设，寻求使误差矩阵的 Frobenius 范数达到最小时的对称散射矩阵。

范数修正方法的科学依据是两个相互关联的方面：一是极化散射矩阵的伪本征值对应着雷达目标散射能量，即功率的概念；二是散射矩阵的 Frobenies 范数对应了目标 RCS 的概念。目标回波功率直接关联目标 RCS。

误差矩阵最小范数修正法，实际上就是求解一个带约束的最优化问题，详细过程分为如下几个步骤。

1. 实测变质矩阵与修正矩阵的表示

实测变质矩阵：

$$\boldsymbol{S}=\begin{bmatrix} s_{11} & s_{12} \\ s_{21} & s_{22} \end{bmatrix}=\begin{bmatrix} \mathrm{Re}s_{11}+\mathrm{jIm}s_{11} & \mathrm{Re}s_{12}+\mathrm{jIm}s_{12} \\ \mathrm{Re}s_{21}+\mathrm{jIm}s_{21} & \mathrm{Re}s_{22}+\mathrm{jIm}s_{22} \end{bmatrix} \tag{4.2.1}$$

修正后的矩阵：

$$\boldsymbol{S}_{\mathrm{F}}=\begin{bmatrix} \hat{s}_{11} & \hat{s}_{12} \\ \hat{s}_{21} & \hat{s}_{22} \end{bmatrix}=\begin{bmatrix} \mathrm{Re}\hat{s}_{11}+\mathrm{jIm}\hat{s}_{11} & \mathrm{Re}\hat{s}_{12}+\mathrm{jIm}\hat{s}_{12} \\ \mathrm{Re}\hat{s}_{21}+\mathrm{jIm}\hat{s}_{21} & \mathrm{Re}\hat{s}_{22}+\mathrm{jIm}\hat{s}_{22} \end{bmatrix},\quad \boldsymbol{S}_{\mathrm{F}}^{\mathrm{T}}=\boldsymbol{S}_{\mathrm{F}} \tag{4.2.2}$$

2. 散射能量与 Frobenies 范数

目标后向散射波的总功率密度为

$$c=\|\boldsymbol{S}\|_{\mathrm{F}}^{2}=\sum_{i=1}^{2}\sum_{j=1}^{2}|s_{ij}|^{2}=\sum_{i=1}^{2}\sum_{j=1}^{2}(\mathrm{Re}^{2}s_{ij}+\mathrm{Im}^{2}s_{ij}) \tag{4.2.3}$$

式中：$\|\cdot\|_{\mathrm{F}}$ 表示矩阵的 Frobenius 范数。其定义为：对任意的 $M\times N$ 阶矩阵 $\boldsymbol{A}=$

$[a_{ij}]_{M\times N}$，有

$$\|\boldsymbol{A}\|_{\mathrm{F}}=\left(\sum_{i=1}^{M}\sum_{j=1}^{N}a_{ij}a_{ij}^{*}\right)^{\frac{1}{2}} \tag{4.2.4}$$

矩阵 Frobenius 范数的平方就是总功率密度。基于前述的能量不变性条件，有

$$\|\boldsymbol{S}_{\mathrm{F}}\|_{\mathrm{F}}^{2}=\|\boldsymbol{S}\|_{\mathrm{F}}^{2} \tag{4.2.5}$$

3. 误差矩阵与修正误差函数

极化散射矩阵的修正误差矩阵定义为

$$\Delta\boldsymbol{S}=\boldsymbol{S}_{\mathrm{F}}-\boldsymbol{S} \tag{4.2.6}$$

称它的 Frobenius 范数平方为修正误差函数，记作

$$f=\|\Delta\boldsymbol{S}\|_{\mathrm{F}}^{2} \tag{4.2.7}$$

显然 $f=\|\Delta\boldsymbol{S}\|_{\mathrm{F}}^{2}$ 是关于修正散射矩阵 $\boldsymbol{S}_{\mathrm{F}}$ 的函数，展开后可得

$$\begin{aligned}
&f(\mathrm{Re}\hat{s}_{11},\mathrm{Im}\hat{s}_{11},\mathrm{Re}\hat{s}_{12},\mathrm{Im}\hat{s}_{12},\mathrm{Re}\hat{s}_{21},\mathrm{Im}\hat{s}_{21},\mathrm{Re}\hat{s}_{22},\mathrm{Im}\hat{s}_{22})=\|\Delta\boldsymbol{S}\|_{\mathrm{F}}^{2}\\
=&(\mathrm{Re}\hat{s}_{11}-\mathrm{Re}s_{11})^{2}+(\mathrm{Im}\hat{s}_{11}-\mathrm{Im}s_{11})^{2}+(\mathrm{Re}\hat{s}_{12}-\mathrm{Re}s_{12})^{2}\\
&+(\mathrm{Im}\hat{s}_{12}-\mathrm{Im}s_{12})^{2}+(\mathrm{Re}\hat{s}_{21}-\mathrm{Re}s_{21})^{2}+(\mathrm{Im}\hat{s}_{21}-\mathrm{Im}s_{21})^{2}\\
&+(\mathrm{Re}\hat{s}_{22}-\mathrm{Re}s_{22})^{2}+(\mathrm{Im}\hat{s}_{22}-\mathrm{Im}s_{22})^{2}
\end{aligned} \tag{4.2.8}$$

4. 误差函数降维

散射能量用修正矩阵(对称阵)表示为

$$\begin{aligned}
c&=\|\boldsymbol{S}_{\mathrm{F}}\|_{\mathrm{F}}^{2}=\sum_{i=1}^{2}\sum_{j=1}^{2}|\hat{s}_{ij}|^{2}\\
&=\sum_{i=1}^{2}\sum_{j=1}^{2}(\mathrm{Re}^{2}\hat{s}_{ij}+\mathrm{Im}^{2}\hat{s}_{ij})\\
&=\mathrm{Re}^{2}\hat{s}_{11}+\mathrm{Im}^{2}\hat{s}_{11}+2\mathrm{Re}^{2}\hat{s}_{12}+2\mathrm{Im}^{2}\hat{s}_{12}+\mathrm{Re}^{2}\hat{s}_{22}+\mathrm{Im}^{2}\hat{s}_{22}
\end{aligned} \tag{4.2.9}$$

则

$$\mathrm{Re}\hat{s}_{11}=\pm(c-\mathrm{Im}^{2}\hat{s}_{11}-2\mathrm{Re}^{2}\hat{s}_{12}-2\mathrm{Im}^{2}\hat{s}_{12}-\mathrm{Re}^{2}\hat{s}_{22}-\mathrm{Im}^{2}\hat{s}_{22})^{\frac{1}{2}} \tag{4.2.10}$$

上式说明,给定实测矩阵以后(c 已知),修正矩阵的 6 个变量中只有 5 个是独立的,则修正误差函数可简化为

$$f(\mathrm{Im}\hat{s}_{11},\mathrm{Re}\hat{s}_{12},\mathrm{Im}\hat{s}_{12},\mathrm{Re}\hat{s}_{22},\mathrm{Im}\hat{s}_{22})=\|\Delta\boldsymbol{S}\|_{\mathrm{F}}^{2} \tag{4.2.11}$$

5. 约束最优化问题

互易性修正问题,归纳起来就是在修正后的对称阵 $\hat{\boldsymbol{S}}$ 与实测阵 $\boldsymbol{S}$ 能量相等,即 $\|\hat{\boldsymbol{S}}\|^2=\|\boldsymbol{S}\|^2$ 的条件下使修正阵与实测阵的匹配误差达到最小,用数学式来表达,就是求解如下一个带约束的最优化问题:

$$f_{\min}=\|\Delta\boldsymbol{S}\|_{\mathrm{F}}^{2} \tag{4.2.12}$$

$$\text{s. t.}\begin{cases}\|\hat{\boldsymbol{S}}\|_{\mathrm{F}}^{2}=\|\boldsymbol{S}\|_{\mathrm{F}}^{2}\\ \hat{\boldsymbol{S}}^{\mathrm{T}}=\hat{\boldsymbol{S}}\end{cases}$$

因为利用 Frobenius 范数进行修正,那么上述最优化的解就是$[S_{\mathrm{F}}]$。

6. 误差函数极值解的验证

如果误差函数有极小值解,则它关于修正矩阵 5 个独立变量的一阶偏导数为零,二阶偏导数大于零。

首先研究 $f=\|\Delta\boldsymbol{S}\|_{\mathrm{F}}^{2}$ 关于 $\mathrm{Im}\hat{s}_{11}$ 的偏导数结构:

$$\frac{\partial f}{\partial\mathrm{Im}\hat{s}_{11}}=\frac{\partial f}{\partial\mathrm{Re}\hat{s}_{11}}\frac{\partial\mathrm{Re}\hat{s}_{11}}{\partial\mathrm{Im}\hat{s}_{11}}+\frac{\partial f}{\partial\mathrm{Im}\hat{s}_{11}} \tag{4.2.13}$$

$\mathrm{Re}\hat{s}_{11}$ 有"+""−"号的选择问题:

$$\begin{aligned}\mathrm{Re}\hat{s}_{11}&=\pm(c-\mathrm{Im}^2\hat{s}_{11}-2\mathrm{Re}^2\hat{s}_{12}-2\mathrm{Im}^2\hat{s}_{12}-\mathrm{Re}^2\hat{s}_{22}-\mathrm{Im}^2\hat{s}_{22})^{\frac{1}{2}}\\&\triangleq\pm(c-g)^{\frac{1}{2}}\end{aligned} \tag{4.2.14}$$

取"+"号的情况,即 $\mathrm{Re}\hat{s}_{11}=+(c-g)^{\frac{1}{2}}$,一阶偏导数为

$$\begin{aligned}\frac{\partial f}{\partial\mathrm{Im}\hat{s}_{11}}&=\frac{\partial f}{\partial\mathrm{Re}\hat{s}_{11}}\frac{\partial\mathrm{Re}\hat{s}_{11}}{\partial\mathrm{Im}\hat{s}_{11}}+\frac{\partial f}{\partial\mathrm{Im}\hat{s}_{11}}\\&=2(\mathrm{Re}\hat{s}_{11}-\mathrm{Re}s_{11})\frac{\frac{1}{2}(-2\mathrm{Im}\hat{s}_{11})}{(c-g)^{\frac{1}{2}}}+2(\mathrm{Im}\hat{s}_{11}-\mathrm{Im}s_{11})\end{aligned}$$

$$=\frac{2\mathrm{Re}s_{11}\mathrm{Im}\hat{s}_{11}}{(c-g)^{\frac{1}{2}}}-2\mathrm{Im}s_{11} \tag{4.2.15}$$

二阶偏导数为

$$\frac{\partial^2 f}{\partial \mathrm{Im}\hat{s}_{11}^2}=\frac{2\mathrm{Re}s_{11}(c-g+\mathrm{Im}^2\hat{s}_{11})}{(c-g)^{\frac{3}{2}}}>0 \tag{4.2.16}$$

由二阶偏导大于零的结论,则一阶偏导数置零求得的解对应极小值。

取"－"号的情况,即 $\mathrm{Re}\hat{s}_{11}=-(c-g)^{\frac{1}{2}}$,一阶偏导数为

$$\frac{\partial f}{\partial \mathrm{Im}\hat{s}_{11}}=\frac{\partial f}{\partial \mathrm{Re}\hat{s}_{11}}\frac{\partial \mathrm{Re}\hat{s}_{11}}{\partial \mathrm{Im}\hat{s}_{11}}+\frac{\partial f}{\partial \mathrm{Im}\hat{s}_{11}}=\frac{-2\mathrm{Re}s_{11}\mathrm{Im}\hat{s}_{11}}{(c-g)^{\frac{1}{2}}}-2\mathrm{Im}s_{11} \tag{4.2.17}$$

二阶偏导数为

$$\frac{\partial^2 f}{\partial \mathrm{Im}\hat{s}_{11}^2}=\frac{-2\mathrm{Re}s_{11}(c-g+\mathrm{Im}^2\hat{s}_{11})}{(c-g)^{\frac{3}{2}}}>0 \tag{4.2.18}$$

则由一阶偏导数置零求得的解也对应极小值。

由上面的推导可以得到结论：因匹配误差函数是对称的,对其他 4 个变量也有类似结果。因此,当 $\mathrm{Re}s_{11}>0$ 时,选择 $\mathrm{Re}\hat{s}_{11}=+(c-g)^{\frac{1}{2}}$；当 $\mathrm{Re}s_{11}<0$ 时,则选择 $\mathrm{Re}\hat{s}_{11}=-(c-g)^{\frac{1}{2}}$。这个结论的指导意义在于,目标互易性修正即散射矩阵的对称性修正,先要根据实测矩阵元素的正、负来选择表达式。

7. 修正矩阵元素的解

① 当 $\mathrm{Re}s_{11}>0$ 时,选择 $\mathrm{Re}\hat{s}_{11}=+(c-g)^{\frac{1}{2}}$,当

$$\frac{\partial f}{\partial \mathrm{Im}\hat{s}_{11}}=0$$

时,可得

$$\frac{\mathrm{Re}s_{11}\mathrm{Im}\hat{s}_{11}}{(c-g)^{\frac{1}{2}}}=\mathrm{Im}s_{11} \tag{4.2.19}$$

上式两边平方后并整理,可得

$$\left(1+\frac{\mathrm{Re}^2 s_{11}}{\mathrm{Im}^2 s_{11}}\right)\mathrm{Im}^2\hat{s}_{11}+2\mathrm{Re}^2\hat{s}_{12}+2\mathrm{Im}^2\hat{s}_{12}+\mathrm{Re}^2\hat{s}_{22}+\mathrm{Im}^2\hat{s}_{22}=c \tag{4.2.20}$$

类似地，对 $\mathrm{Re}\hat{s}_{12}$、$\mathrm{Im}\hat{s}_{12}$、$\mathrm{Re}\hat{s}_{22}$、$\mathrm{Im}\hat{s}_{22}$ 可得如下结果：

$$\begin{cases}\mathrm{Im}^2\hat{s}_{11}+\left[1+\dfrac{2\mathrm{Re}^2 s_{11}}{(\mathrm{Re}s_{12}+\mathrm{Re}s_{21})^2}\right]2\mathrm{Re}^2\hat{s}_{12}+2\mathrm{Im}^2\hat{s}_{12}+\mathrm{Re}^2\hat{s}_{22}+\mathrm{Im}^2\hat{s}_{22}=c\\ \mathrm{Im}^2\hat{s}_{11}+2\mathrm{Re}^2\hat{s}_{12}+\left[1+\dfrac{2\mathrm{Re}^2 s_{11}}{(\mathrm{Im}s_{12}+\mathrm{Im}s_{21})^2}\right]2\mathrm{Im}^2\hat{s}_{12}+\mathrm{Re}^2\hat{s}_{22}+\mathrm{Im}^2\hat{s}_{22}=c\\ \mathrm{Im}^2\hat{s}_{11}+2\mathrm{Re}^2\hat{s}_{12}+2\mathrm{Im}^2\hat{s}_{12}+\left[1+\dfrac{\mathrm{Re}^2 s_{11}}{\mathrm{Re}^2 s_{22}}\right]\mathrm{Re}^2\hat{s}_{22}+\mathrm{Im}^2\hat{s}_{22}=c\\ \mathrm{Im}^2\hat{s}_{11}+2\mathrm{Re}^2\hat{s}_{12}+2\mathrm{Im}^2\hat{s}_{12}+\mathrm{Re}^2\hat{s}_{22}+\left[1+\dfrac{\mathrm{Re}^2 s_{11}}{\mathrm{Im}^2 s_{22}}\right]\mathrm{Im}^2\hat{s}_{22}=c\end{cases} \tag{4.2.21}$$

令

$$x_1=\mathrm{Im}^2\hat{s}_{11},\quad x_2=2\mathrm{Re}^2\hat{s}_{12},\quad x_3=2\mathrm{Im}^2\hat{s}_{12},\quad x_4=\mathrm{Re}^2\hat{s}_{22},\quad x_5=\mathrm{Im}^2\hat{s}_{22} \tag{4.2.22}$$

$$a_1=\frac{\mathrm{Re}^2 s_{11}}{\mathrm{Im}^2 s_{11}},\quad a_2=\frac{\mathrm{Re}^2 s_{11}}{(\mathrm{Re}s_{12}+\mathrm{Re}s_{21})^2},$$

$$a_3=\frac{\mathrm{Re}^2 s_{11}}{(\mathrm{Im}s_{12}+\mathrm{Im}s_{21})^2},\quad a_4=\frac{\mathrm{Re}^2 s_{11}}{\mathrm{Re}^2 s_{22}},\quad a_5=\frac{\mathrm{Re}^2 s_{11}}{\mathrm{Im}^2 s_{22}} \tag{4.2.23}$$

上面联立成方程组，并写成如下矩阵形式：

$$\begin{bmatrix}1+a_1 & 1 & 1 & 1 & 1\\ 1 & 1+a_2 & 1 & 1 & 1\\ 1 & 1 & 1+a_3 & 1 & 1\\ 1 & 1 & 1 & 1+a_4 & 1\\ 1 & 1 & 1 & 1 & 1+a_5\end{bmatrix}\begin{bmatrix}x_1\\x_2\\x_3\\x_4\\x_5\end{bmatrix}=\begin{bmatrix}c\\c\\c\\c\\c\end{bmatrix} \tag{4.2.24}$$

由式(4.2.24)可得

$$
\begin{cases}
a_1 x_1 - a_5 x_5 = 0 \\
a_2 x_2 - a_5 x_5 = 0 \\
a_3 x_3 - a_5 x_5 = 0 \\
a_4 x_4 - a_5 x_5 = 0 \\
x_1 + x_2 + x_3 + x_4 + (1 + a_5) x_5 = c
\end{cases}
\tag{4.2.25}
$$

解此方程组得到

$$
x_{\mathrm{i}} = \frac{k}{a_{\mathrm{i}}}, \quad i = 1,2,\cdots,5 \tag{4.2.26}
$$

式中：$k = c \Big/ \left(1 + \sum_{i=1}^{5} a_{\mathrm{i}}^{-1}\right)$。

所以有

$$
\begin{cases}
\mathrm{Re}\hat{s}_{11} = \left(c - \sum_{i=1}^{5} x_{\mathrm{i}}\right)^{1/2} = \left(c - k \sum_{i=1}^{5} a_{\mathrm{i}}^{-1}\right)^{1/2} \\
\mathrm{Im}\hat{s}_{11} = \pm (k a_1^{-1})^{1/2} \\
\mathrm{Re}\hat{s}_{12} = \pm \left(\frac{1}{2} k a_2^{-1}\right)^{1/2} \\
\mathrm{Im}\hat{s}_{12} = \pm \left(\frac{1}{2} k a_3^{-1}\right)^{1/2} \\
\mathrm{Re}\hat{s}_{22} = \pm (k a_4^{-1})^{1/2} \\
\mathrm{Im}\hat{s}_{22} = \pm (k a_5^{-1})^{1/2}
\end{cases}
\tag{4.2.27}
$$

上面“＋”“－”号的选取问题，只要分别对 5 个变量的二阶偏导数进行类似于 $\mathrm{Re}s_{11}$ 的分析，就可得到结论：$\mathrm{Im}\hat{s}_{11}$、$\mathrm{Re}\hat{s}_{12}$、$\mathrm{Im}\hat{s}_{12}$、$\mathrm{Re}\hat{s}_{22}$、$\mathrm{Im}\hat{s}_{22}$ 的符号应分别与 $\mathrm{Im}s_{11}$、$\mathrm{Re}s_{12}+\mathrm{Re}s_{21}$、$\mathrm{Im}s_{12}+\mathrm{Im}s_{21}$、$\mathrm{Re}s_{22}$、$\mathrm{Im}s_{22}$ 的符号一致。

② 当 $\mathrm{Re}s_{11}<0$ 时，选择 $\mathrm{Re}\hat{s}_{11} = -(c-g)^{\frac{1}{2}}$，当

$$
\frac{\partial f}{\partial \mathrm{Im}\hat{s}_{11}} = 0
$$

时，可得

$$
\frac{-\mathrm{Re}s_{11}\mathrm{Im}\hat{s}_{11}}{(c-g)^{\frac{1}{2}}} = \mathrm{Im}s_{11} \tag{4.2.28}
$$

上式两边平方后并整理，可得

$$\left(1+\frac{\mathrm{Re}^2 s_{11}}{\mathrm{Im}^2 s_{11}}\right)\mathrm{Im}^2\hat{s}_{11}+2\mathrm{Re}^2\hat{s}_{12}+2\mathrm{Im}^2\hat{s}_{12}+\mathrm{Re}^2\hat{s}_{22}+\mathrm{Im}^2\hat{s}_{22}=c \tag{4.2.29}$$

类似地，对 $\mathrm{Re}\hat{s}_{12}$、$\mathrm{Im}\hat{s}_{12}$、$\mathrm{Re}\hat{s}_{22}$、$\mathrm{Im}\hat{s}_{22}$ 可得如下结果：

$$\begin{cases}\mathrm{Im}^2\hat{s}_{11}+\left[1+\dfrac{2\mathrm{Re}^2 s_{11}}{(\mathrm{Re}s_{12}+\mathrm{Re}s_{21})^2}\right]2\mathrm{Re}^2\hat{s}_{12}+2\mathrm{Im}^2\hat{s}_{12}+\mathrm{Re}^2\hat{s}_{22}+\mathrm{Im}^2\hat{s}_{22}=c\\ \mathrm{Im}^2\hat{s}_{11}+2\mathrm{Re}^2\hat{s}_{12}+\left[1+\dfrac{2\mathrm{Re}^2 s_{11}}{(\mathrm{Im}s_{12}+\mathrm{Im}s_{21})^2}\right]2\mathrm{Im}^2\hat{s}_{12}+\mathrm{Re}^2\hat{s}_{22}+\mathrm{Im}^2\hat{s}_{22}=c\\ \mathrm{Im}^2\hat{s}_{11}+2\mathrm{Re}^2\hat{s}_{12}+2\mathrm{Im}^2\hat{s}_{12}+\left[1+\dfrac{\mathrm{Re}^2 s_{11}}{\mathrm{Re}^2 s_{22}}\right]\mathrm{Re}^2\hat{s}_{22}+\mathrm{Im}^2\hat{s}_{22}=c\\ \mathrm{Im}^2\hat{s}_{11}+2\mathrm{Re}^2\hat{s}_{12}+2\mathrm{Im}^2\hat{s}_{12}+\mathrm{Re}^2\hat{s}_{22}+\left[1+\dfrac{\mathrm{Re}^2 s_{11}}{\mathrm{Im}^2 s_{22}}\right]\mathrm{Im}^2\hat{s}_{22}=c\end{cases} \tag{4.2.30}$$

结果求解及符号选取的结论同上。

③ 当 $\mathrm{Re}s_{11}=0$ 时，则选取 $\mathrm{Im}s_{11}$、$\mathrm{Re}s_{22}$ 或 $\mathrm{Im}s_{22}$ 中的非零者替代之，重作上述推导即可。

4.2.2　小变质极化散射矩阵的幅相平均修正法

当目标散射矩阵的测量近似于远场单静态的测量条件时，且测量系统内部噪声和杂波背景噪声的信号相比于目标回波信号比较弱，目标互易性的破坏已很小，这时目标散射矩阵两个次对角元素的幅相值很接近，称这种情况下的目标散射矩阵为小变质散射矩阵。

小变质散射矩阵修正方法的思想很简单，对实测散射矩阵的次对角线元素做幅相均衡，不改变散射矩阵的主对角线元素。

次对角元素的模值取如下平均：

$$|s_{A12}|^2=|s_{A21}|^2=\frac{1}{2}(|s_{12}|^2+|s_{21}|^2) \tag{4.2.31}$$

相位进行如下平均：

$$\phi_{A12}=\phi_{A21}=\frac{1}{2}(\phi_{12}+\phi_{21}) \tag{4.2.32}$$

显然，修正阵 $\boldsymbol{S}_{\mathrm{A}}$ 和原散射矩阵 $\boldsymbol{S}$ 具有如下关系，即保证了能量的不变性：

$$\|\boldsymbol{S}_{\mathrm{A}}\| = \|\boldsymbol{S}\| \tag{4.2.33}$$

4.3 散射矩阵变换与极化不变量

照射波作用于雷达目标并经目标反射后形成回波，照射波和目标回波一般是基于同一个极化基进行表征，目标散射矩阵也如此，而水平、垂直线极化基在通常情况下往往是首选。但也存在一些特殊的情况，如选择圆极化基，这时的散射矩阵在一些特定的场合能更直观方便地解释物理含义。散射矩阵像冲激响应代表系统一样，它是能够完全代表目标的。目标作为系统没有变化，但是不同极化基下散射矩阵元素的具体取值变了。本节要讨论的问题是，极化基改变时，散射矩阵是如何变化的，哪些量是不随极化基的改变而变化的，极化不变量有哪些。极化不变量在目标极化散射特性研究与应用中很有用。

4.3.1 变基散射矩阵变换与极化不变量

任意一对彼此正交且具有单位功率密度的椭圆极化波（给定的笛卡儿坐标系中，平面单色波沿着 $+z$ 轴方向传播）都构成一对极化基。在单位极化球中，任何一条球直径的两个端点所代表的极化状态都构成一对极化基，所以其数量有无穷多对。因此，波场矢量按不同极化基的正交分解也有无限多个，相应的极化基变换也有无穷多个。极化基变换是雷达极化学的一个基础问题。

1. 极化基变换

极化基底之间的变换，它们的过渡矩阵为酉矩阵，用符号 $\boldsymbol{U}$ 表示。设$(\hat{\boldsymbol{x}},\hat{\boldsymbol{y}})$是一对水平垂直极化基，代表了两个同向传播、彼此正交且有单位功率密度的电磁波；$(\hat{\boldsymbol{a}},\hat{\boldsymbol{b}})$为另外一对椭圆极化基，代表了另外两个同向传播、彼此正交且有单位功率密度的椭圆极化波。由矩阵理论知道，极化基变换存在过渡矩阵，记为 $\boldsymbol{U}$：

$$(\hat{\boldsymbol{a}},\hat{\boldsymbol{b}}) = (\hat{\boldsymbol{x}},\hat{\boldsymbol{y}})\boldsymbol{U}, \tag{4.3.1}$$

$$\boldsymbol{U} = \begin{bmatrix} u_{xx} & u_{xy} \\ u_{yx} & u_{yy} \end{bmatrix} = [\boldsymbol{U}_1 \quad \boldsymbol{U}_2]$$

式中，$\boldsymbol{U}_1$、$\boldsymbol{U}_2$ 是二阶复列矢量。构成极化基$(\hat{\boldsymbol{a}},\hat{\boldsymbol{b}})$的两个单位椭圆极化波 $\hat{\boldsymbol{a}}$、$\hat{\boldsymbol{b}}$ 在极化基$(\hat{\boldsymbol{x}},\hat{\boldsymbol{y}})$上做正交分解，即式(4.3.1)展开为

$$
\begin{cases}
\hat{\boldsymbol{a}}=(\hat{\boldsymbol{x}},\hat{\boldsymbol{y}})\begin{bmatrix}u_{xx}\\u_{yx}\end{bmatrix}=u_{xx}\hat{\boldsymbol{x}}+u_{yx}\hat{\boldsymbol{y}}\\
\hat{\boldsymbol{b}}=(\hat{\boldsymbol{x}},\hat{\boldsymbol{y}})\begin{bmatrix}u_{xy}\\u_{yy}\end{bmatrix}=u_{xy}\hat{\boldsymbol{x}}+u_{yy}\hat{\boldsymbol{y}}
\end{cases}
\tag{4.3.2}
$$

构成极化基的两个正交极化波之间有这样的关系，即它们的内积运算结果为

$$
\begin{cases}
<\hat{\boldsymbol{x}},\hat{\boldsymbol{x}}>=<\hat{\boldsymbol{y}},\hat{\boldsymbol{y}}>=1,\quad <\hat{\boldsymbol{x}},\hat{\boldsymbol{y}}>=<\hat{\boldsymbol{y}},\hat{\boldsymbol{x}}>=0\\
<\hat{\boldsymbol{a}},\hat{\boldsymbol{b}}>=<\hat{\boldsymbol{b}},\hat{\boldsymbol{b}}>=1,\quad <\hat{\boldsymbol{a}},\hat{\boldsymbol{b}}>=<\hat{\boldsymbol{b}},\hat{\boldsymbol{a}}>=0
\end{cases}
\tag{4.3.3}
$$

$$
\hat{\boldsymbol{a}}=\begin{bmatrix}P_{\hat{a}}\\1\end{bmatrix},\quad \hat{\boldsymbol{b}}=\begin{bmatrix}P_{\hat{b}}\\1\end{bmatrix},\quad \hat{\boldsymbol{a}}^{\mathrm{H}}\hat{\boldsymbol{b}}=0,\quad P_{\hat{a}}P_{\hat{b}}^{*}=P_{\hat{a}}^{*}P_{\hat{b}}=-1
$$

利用式(4.3.3)和式(4.3.2)很容易得到过渡矩阵元素间的关系：

$$
\begin{cases}
|u_{xx}|^2+|u_{yx}|^2=1\\
|u_{xy}|^2+|u_{yy}|^2=1\\
u_{xx}^{*}u_{xy}+u_{yx}^{*}u_{yy}=0
\end{cases}
\tag{4.3.4}
$$

过渡矩阵的列向量有如下的运算结果：

$$
\begin{cases}
\boldsymbol{U}_1^{\mathrm{H}}\boldsymbol{U}_1=\boldsymbol{U}_2^{\mathrm{H}}\boldsymbol{U}_2=1\\
\boldsymbol{U}_1^{\mathrm{H}}\boldsymbol{U}_2=\boldsymbol{U}_2^{\mathrm{H}}\boldsymbol{U}_1=0
\end{cases}
\tag{4.3.5}
$$

可简洁地合写成

$$
\boldsymbol{U}_i^{\mathrm{H}}\boldsymbol{U}_j=\delta_{ij},\quad i,j=1,2,\quad \delta_{ij}=\begin{cases}1, & i=\mathrm{j}\\0, & i\neq j\end{cases}
\tag{4.3.6}
$$

表明过渡矩阵的列向量满足正交化条件，因此由矩阵理论可知，过渡矩阵 $\boldsymbol{U}$ 是一个二阶酉矩阵，该矩阵的逆矩阵等于它的共轭转置：

$$
\boldsymbol{U}^{-1}=\boldsymbol{U}^{\mathrm{H}}
\tag{4.3.7}
$$

酉矩阵所具备的条件为

$$\boldsymbol{U}^{\mathrm{H}}\boldsymbol{U}=\boldsymbol{I} \tag{4.3.8}$$

式中：$\boldsymbol{I}$ 为单位矩阵。

该条件证明如下：

证明方法一：

$$\boldsymbol{U}=\begin{bmatrix} u_{xx} & u_{xy} \\ u_{yx} & u_{yy} \end{bmatrix}=[\boldsymbol{U}_1 \quad \boldsymbol{U}_2] \tag{4.3.9}$$

$$\boldsymbol{U}^*=\begin{bmatrix} u_{xx}^* & u_{xy}^* \\ u_{yx}^* & u_{yy}^* \end{bmatrix}; \quad \boldsymbol{U}^{*\mathrm{T}}=\begin{bmatrix} u_{xx}^* & u_{yx}^* \\ u_{xy}^* & u_{yy}^* \end{bmatrix} \to \boldsymbol{U}^{\mathrm{H}}=\begin{bmatrix} \boldsymbol{U}_1^{\mathrm{H}} \\ \boldsymbol{U}_2^{\mathrm{H}} \end{bmatrix} \tag{4.3.10}$$

所以有

$$\boldsymbol{U}^{\mathrm{H}}\boldsymbol{U}=\begin{bmatrix} \boldsymbol{U}_1^{\mathrm{H}}\boldsymbol{U}_1 & \boldsymbol{U}_1^{\mathrm{H}}\boldsymbol{U}_2 \\ \boldsymbol{U}_2^{\mathrm{H}}\boldsymbol{U}_1 & \boldsymbol{U}_2^{\mathrm{H}}\boldsymbol{U}_2 \end{bmatrix}=\begin{bmatrix} 1 & 0 \\ 0 & 1 \end{bmatrix}=\boldsymbol{I} \tag{4.3.11}$$

证明方法二：

由式(4.3.7)做矩阵运算即可得到式(4.3.8)的结果：

$$\begin{gathered} \boldsymbol{U}\boldsymbol{U}^{-1}=\boldsymbol{U}\boldsymbol{U}^{\mathrm{H}}; \quad \boldsymbol{U}^{-1}\boldsymbol{U}=\boldsymbol{U}^{\mathrm{H}}\boldsymbol{U} \\ \boldsymbol{I}=\boldsymbol{U}\boldsymbol{U}^{\mathrm{H}}; \quad \boldsymbol{I}=\boldsymbol{U}^{\mathrm{H}}\boldsymbol{U} \end{gathered} \tag{4.3.12}$$

2. 坐标向量变换

任一单色平面波电场强度矢量$\boldsymbol{\xi}(\omega_0 t,x,y,z)$在两个极化基底下分别正交分解表达如下：

$$\boldsymbol{\xi}(\omega_0 t,x,y,z)=E_x\hat{\boldsymbol{x}}+E_y\hat{\boldsymbol{y}}=(\hat{\boldsymbol{x}},\hat{\boldsymbol{y}})\begin{bmatrix} E_x \\ E_y \end{bmatrix}\triangleq(\hat{\boldsymbol{x}},\hat{\boldsymbol{y}})\boldsymbol{E}(XY) \tag{4.3.13}$$

$$\boldsymbol{\xi}(\omega_0 t,x,y,z)=E_a\hat{\boldsymbol{a}}+E_b\hat{\boldsymbol{b}}=(\hat{\boldsymbol{a}},\hat{\boldsymbol{b}})\begin{bmatrix} E_a \\ E_b \end{bmatrix}\triangleq(\hat{\boldsymbol{a}},\hat{\boldsymbol{b}})\boldsymbol{E}(AB) \tag{4.3.14}$$

式中：$\boldsymbol{E}(XY)=\begin{bmatrix} E_x \\ E_y \end{bmatrix}$表示$\boldsymbol{\xi}(\omega_0 t,x,y,z)$在极化基$(\hat{\boldsymbol{x}},\hat{\boldsymbol{y}})$上的坐标向量；$\boldsymbol{E}(AB)=\begin{bmatrix} E_a \\ E_b \end{bmatrix}$表示$\boldsymbol{\xi}(\omega_0 t,x,y,z)$在极化基$(\hat{\boldsymbol{a}},\hat{\boldsymbol{b}})$上的坐标向量，则有

$$(\hat{\boldsymbol{x}},\hat{\boldsymbol{y}})\boldsymbol{E}(XY)=(\hat{\boldsymbol{a}},\hat{\boldsymbol{b}})\boldsymbol{E}(AB)=(\hat{\boldsymbol{x}},\hat{\boldsymbol{y}})\boldsymbol{U}\boldsymbol{E}(AB) \tag{4.3.15}$$

所以$\boldsymbol{\xi}(\omega_0 t,x,y,z)$在两个极化基上的坐标向量有如下的关系：

$$\boldsymbol{E}(XY)=\boldsymbol{U}\boldsymbol{E}(AB)$$

即

$$\boldsymbol{E}(AB)=\boldsymbol{U}^{-1}\boldsymbol{E}(XY)=\boldsymbol{U}^{\mathrm{H}}\boldsymbol{E}(XY)\triangleq\boldsymbol{T}\boldsymbol{E}(XY) \tag{4.3.16}$$

式中，矩阵 $\boldsymbol{T}=\boldsymbol{U}^{\mathrm{H}}$ 或 $\boldsymbol{T}=\boldsymbol{U}^{-1}$ 称为坐标向量变换矩阵，它也是一个酉矩阵。

证明如下：

因为
$$\boldsymbol{U}^{-1}=\boldsymbol{U}^{\mathrm{H}}=\boldsymbol{T}$$
所以

$$\begin{aligned}
&(\boldsymbol{U}^{-1})^{-1}=(\boldsymbol{T})^{-1}\rightarrow\boldsymbol{U}=\boldsymbol{T}^{-1}\\
&(\boldsymbol{U}^{\mathrm{H}})^{\mathrm{H}}=(\boldsymbol{T})^{\mathrm{H}}\rightarrow\boldsymbol{U}=\boldsymbol{T}^{\mathrm{H}}\\
&\boldsymbol{T}^{-1}=\boldsymbol{T}^{\mathrm{H}}
\end{aligned} \tag{4.3.17}$$

从式(4.3.17)可以看出，坐标变换矩阵 $\boldsymbol{T}$ 是一个酉变换。

3. 过渡矩阵的极化参数表征

过渡矩阵$\boldsymbol{U}$ 与什么因素有关呢？任一单色平面波电场强度矢量按照不同极化基正交分解产生了不同的表达形式，不同形式的连接桥梁是基底间的过渡矩阵。极化基变换可以表述成旧基向新基的转换，可以推测，过渡矩阵应该由新基的椭圆极化波的极化特性来决定，而前面已经讨论了极化特性的多种表征方式。下面具体讨论在两对极化基给定的情况下，如何确定过渡矩阵，并给出多种形式。通过这部分内容的介绍，可以进一步加深对极化的理解和认知。

1）线极化比参量的表征

线极化比参量(γ,ϕ)，也就是波场两个正交分量的极化关系角和它们之间的相位差，也称这一对参数为极化相位描述子。新基$(\hat{\boldsymbol{a}},\hat{\boldsymbol{b}})$所代表的一对正交椭圆极化波在水平垂直极化组成的旧基上做正交分解：

$$\begin{cases}\hat{\boldsymbol{a}}=\cos\gamma\hat{\boldsymbol{x}}+\sin\gamma\mathrm{e}^{\mathrm{j}\phi}\hat{\boldsymbol{y}}\\ \hat{\boldsymbol{b}}=-\sin\gamma\mathrm{e}^{-\mathrm{j}\phi}\hat{\boldsymbol{x}}+\cos\gamma\hat{\boldsymbol{y}}\end{cases} \tag{4.3.18}$$

$$P_{\hat{a}}^{*}P_{\hat{b}}=-1$$

由式(4.3.18)可以写出过渡矩阵两个列向量的具体元素，即

$$\boldsymbol{U}_1=\begin{bmatrix}\cos\gamma\\ \sin\gamma\mathrm{e}^{\mathrm{j}\phi}\end{bmatrix},\quad \boldsymbol{U}_2=\begin{bmatrix}-\sin\gamma\mathrm{e}^{-\mathrm{j}\phi}\\ \cos\gamma\end{bmatrix} \tag{4.3.19}$$

所以过渡矩阵 $\boldsymbol{U}$、坐标向量变换矩阵 $\boldsymbol{T}$ 分别为

$$\boldsymbol{U}=[\boldsymbol{U}_1\quad \boldsymbol{U}_2]=\begin{bmatrix}\cos\gamma & -\sin\gamma\mathrm{e}^{-\mathrm{j}\phi}\\ \sin\gamma\mathrm{e}^{\mathrm{j}\phi} & \cos\gamma\end{bmatrix} \tag{4.3.20}$$

$$\boldsymbol{T}=\boldsymbol{U}^{\mathrm{H}}=\begin{bmatrix}\cos\gamma & \sin\gamma\mathrm{e}^{-\mathrm{j}\phi}\\ -\sin\gamma\mathrm{e}^{\mathrm{j}\phi} & \cos\gamma\end{bmatrix} \tag{4.3.21}$$

特别提醒，极化表征参数(γ,ϕ)不是$\boldsymbol{\xi}(\omega_0 t,x,y,z)$的，也不是 $\hat{\boldsymbol{b}}$ 的，而是 $\hat{\boldsymbol{a}}$ 的。所以，新极化基$(\hat{\boldsymbol{a}},\hat{\boldsymbol{b}})$一旦给定，极化基的过渡矩阵和坐标向量变换矩阵就用 $\hat{\boldsymbol{a}}$ 的极化比参量(γ,ϕ)计算。

2）线极化比表征

新旧两对线极化基在平面笛卡儿坐标中是一种坐标系的旋转关系，即旧坐标系旋转特定角度后定格在由新基确定的新坐标系。为不失一般性，且目的是简化表达，所以旧极化基通常选择水平、垂直线极化基，旋转到新极化基的几何关系如图4.3.1所示，从图中单位矢量的几何关系以及新基两正交波在旧基形成坐标系上的坐标很容易得到式(4.3.18)，同时过渡矩阵写成

$$\begin{aligned}\boldsymbol{U}&=\cos\gamma_{\hat{a}}\begin{bmatrix}1 & -\tan\gamma_{\hat{a}}\mathrm{e}^{-\mathrm{j}\phi}\\ \tan\gamma_{\hat{a}}\mathrm{e}^{\mathrm{j}\phi} & 1\end{bmatrix}\\ &=\frac{1}{\sqrt{1+|P_{\hat{a}}|^2}}\begin{bmatrix}1 & -P_{\hat{a}}^{*}\\ P_{\hat{a}} & 1\end{bmatrix}\end{aligned} \tag{4.3.22}$$

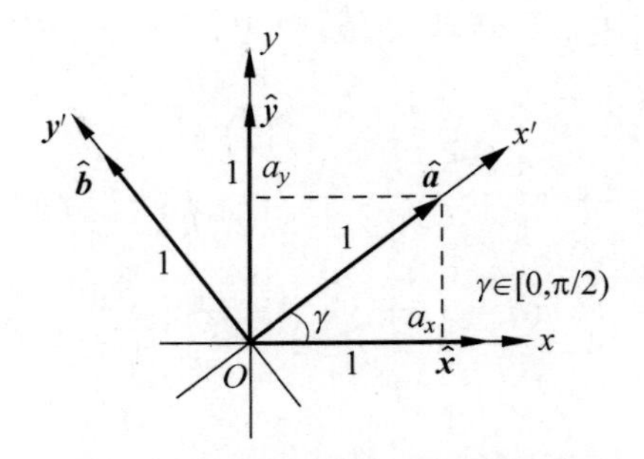

图4.3.1 极化基变换的坐标系旋转

式中：$P_{\hat{a}}=\tan\gamma_{\hat{a}}\mathrm{e}^{\mathrm{j}\phi}$，在极化基变换场合又称为变换极化比，它就是新基$(\hat{\boldsymbol{a}},\hat{\boldsymbol{b}})$中的$\hat{\boldsymbol{a}}$这个椭圆极化波在旧基$(\hat{\boldsymbol{x}},\hat{\boldsymbol{y}})$上的线极化比。

显然，新基中另一椭圆极化波$\hat{\boldsymbol{b}}$在旧基上的线极化比（负号写在分母中符合原始定义，是更恰当的写法）为

$$P_{\hat{a}}^{*}P_{\hat{b}}=-1$$

$$P_{\hat{b}}=\frac{1}{-P_{\hat{a}}^{*}} \tag{4.3.23}$$

3）极化椭圆几何描述子表征

图4.3.1坐标系旋转的思想是极具启发意义的。第2章已介绍了一般性椭圆极化如何转化为特殊极化的，可以获得水平极化、垂直极化、斜线极化、左右旋圆极化。一般性椭圆极化进行特殊极化的分解后，如果将这些特殊极化置于坐标系中，分解就转化为坐标系的旋转。因此，用新基中$\hat{\boldsymbol{a}}$椭圆极化波的几何参数表征过渡矩阵，可以离析成两个参数的相应算子的乘积形式。具体如下：

$$\begin{aligned}\boldsymbol{U}=\boldsymbol{R}(\tau)\boldsymbol{H}(\varepsilon)&=\begin{bmatrix}\cos\tau & -\sin\tau\\ \sin\tau & \cos\tau\end{bmatrix}\begin{bmatrix}\cos\varepsilon & \mathrm{j}\sin\varepsilon\\ \mathrm{j}\sin\varepsilon & \cos\varepsilon\end{bmatrix}\\&=\begin{bmatrix}\cos\tau\cos\varepsilon-\mathrm{j}\sin\tau\sin\varepsilon & -\sin\tau\cos\varepsilon+\mathrm{j}\cos\tau\sin\varepsilon\\ \sin\tau\cos\varepsilon+\mathrm{j}\cos\tau\sin\varepsilon & \cos\tau\cos\varepsilon+\mathrm{j}\sin\tau\sin\varepsilon\end{bmatrix}\\&\triangleq\begin{bmatrix}u_{11} & u_{12}\\ u_{21} & u_{22}\end{bmatrix}\end{aligned} \tag{4.3.24}$$

式中：$\boldsymbol{R}(\tau)$、$\boldsymbol{H}(\varepsilon)$分别称为旋转算子和椭圆率算子。利用式(4.3.24)可以验证过渡矩阵元素间的如下关系成立：

$$\begin{cases}|u_{11}|^2+|u_{21}|^2=1\\ |u_{12}|^2+|u_{22}|^2=1\\ u_{12}=-u_{21}^{*}\\ u_{22}=u_{11}^{*}\\ u_{11}^{*}u_{12}+u_{21}^{*}u_{22}=0\end{cases} \tag{4.3.25}$$

下面证明式(4.3.24)，分两步进行：第一步坐标旋转变换$\boldsymbol{R}(\tau)$；第二步椭圆率变换$\boldsymbol{H}(\varepsilon)$。两步法变换如图4.3.2所示。

先进行坐标旋转变换，如图4.3.3所示。在xOy平面笛卡儿坐标系中的单位水平、垂直线极化基$(\hat{\boldsymbol{x}},\hat{\boldsymbol{y}})$，旋转$\tau$后成为$x'Oy'$平面中新的单位线极化基$(\hat{\boldsymbol{x}}',\hat{\boldsymbol{y}}')$，新基在$xOy$平面

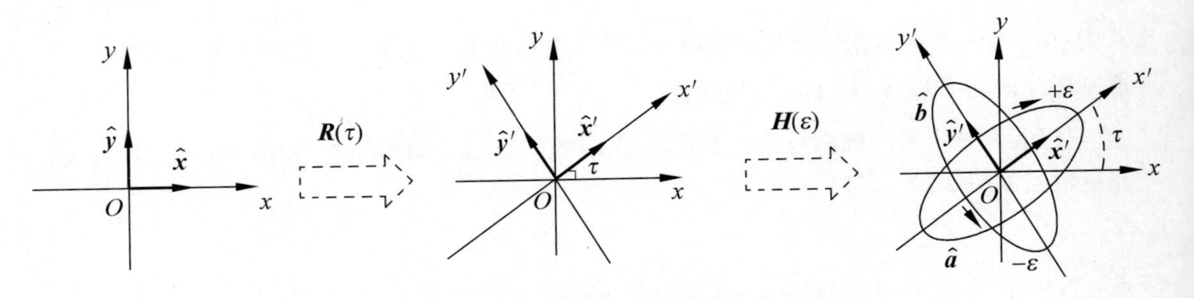

图 4.3.2 过渡矩阵的极化椭圆几何参数表征两步法

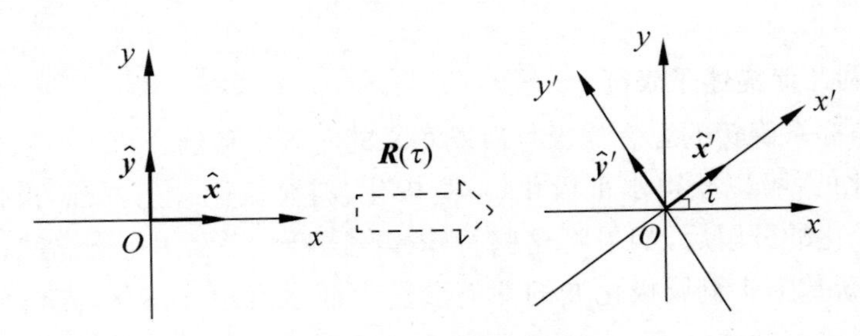

图 4.3.3 坐标旋转变换

坐标系中的表达式为

$$\begin{cases}\hat{\boldsymbol{x}}'=1\cdot\cos\tau\hat{\boldsymbol{x}}+1\cdot\sin\tau\hat{\boldsymbol{y}}\\ \hat{\boldsymbol{y}}'=-1\cdot\sin\tau\hat{\boldsymbol{x}}+1\cdot\cos\tau\hat{\boldsymbol{y}}\end{cases}\tag{4.3.26}$$

式(4.3.26)可以写为

$$\begin{aligned}(\hat{\boldsymbol{x}}',\hat{\boldsymbol{y}}')&=(\hat{\boldsymbol{x}},\hat{\boldsymbol{y}})\begin{bmatrix}\cos\tau & -\sin\tau\\ \sin\tau & \cos\tau\end{bmatrix}\\ &\triangleq(\hat{\boldsymbol{x}},\hat{\boldsymbol{y}})\boldsymbol{R}(\tau)\end{aligned}\tag{4.3.27}$$

式(4.3.27)已得到了旋转算子,与式(4.3.24)中的旋转算子相同。

再进行椭圆率变换,如图 4.3.4 所示。

在 $x'Oy'$ 平面笛卡儿坐标系中单位线极化基($\hat{\boldsymbol{x}}'$,$\hat{\boldsymbol{y}}'$),经椭圆率 ε 变换后成为 $x'Oy'$ 平面中极化矢量 $\hat{\boldsymbol{a}}$、$\hat{\boldsymbol{b}}$,它们在 $x'Oy'$ 平面坐标系中的表达式为

$$\begin{cases}\hat{\boldsymbol{a}}=\cos\varepsilon\hat{\boldsymbol{x}}'+\mathrm{j}\sin\varepsilon\hat{\boldsymbol{y}}'\\ \hat{\boldsymbol{b}}=\mathrm{j}\sin\varepsilon\hat{\boldsymbol{x}}'+\cos\varepsilon\hat{\boldsymbol{y}}'\end{cases}\tag{4.3.28}$$

式(4.3.28)可以写为

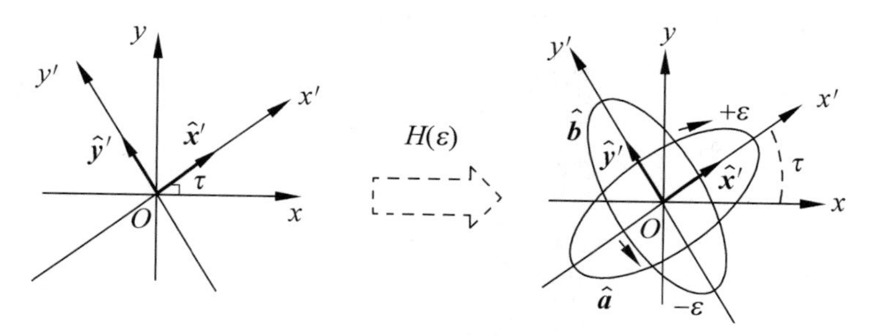

图 4.3.4 椭圆率变换

$$(\hat{\boldsymbol{a}},\hat{\boldsymbol{b}})=(\hat{\boldsymbol{x}}',\hat{\boldsymbol{y}}')\begin{bmatrix}\cos\varepsilon & \mathrm{j}\sin\varepsilon\\ \mathrm{j}\sin\varepsilon & \cos\varepsilon\end{bmatrix}$$

$$=(\hat{\boldsymbol{x}}',\hat{\boldsymbol{y}}')\boldsymbol{H}(\varepsilon) \tag{4.3.29}$$

式(4.3.29)已得到了椭圆率算子，与式(4.3.24)中的椭圆率算子相同。显然，$(\hat{a},\hat{b})$也构成了 $x'Oy'$平面坐标系中的单位椭圆极化基。从上面推导过程看得出，凡是从水平、垂直线极化基向一般性椭圆极化基转化，中间必经过一个线极化基的过渡，再转为椭圆极化基。

注解：为何有 $\hat{\boldsymbol{a}}=\cos\varepsilon\hat{\boldsymbol{x}}'+\mathrm{j}\sin\varepsilon\hat{\boldsymbol{y}}'$？

相位差等于$+\pi/2$时，为无倾斜左旋($-\pi/2$时右旋)椭圆极化，如图 4.3.5 所示。

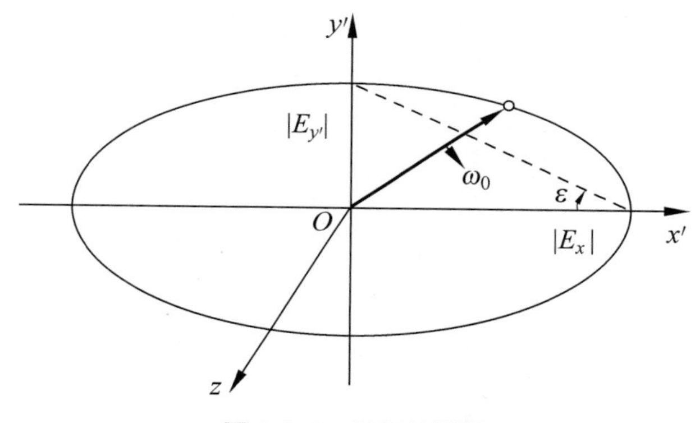

图 4.3.5 无倾斜椭圆

电场强度矢量随时间旋转时，x'、y'方向的最大值即振幅标于图中，有

$$\tan\gamma=\frac{|E_y{}'|}{|E_x{}'|}=\frac{y\text{ 向半轴长}}{x\text{ 向半轴长}}=\tan\varepsilon$$

$$\gamma=\varepsilon$$

即极化关系角等于椭圆率角。此结论也可以按如下算式得到

$$\sin 2\varepsilon=\sin 2\gamma\sin\phi \xrightarrow{\phi=\pi/2} \varepsilon=\gamma$$

在 $x'Oy'$ 平面坐标系中，无倾斜极化椭圆可用椭圆率角表达如下：

$$\hat{\boldsymbol{a}}=(|E_{x'}|\hat{\boldsymbol{x}}'+|E_{y'}|\mathrm{e}^{\mathrm{j}\phi}\hat{\boldsymbol{y}}')=\sqrt{|E_{x'}|^2+|E_{y'}|^2}(\cos\gamma\hat{\boldsymbol{x}}'+\sin\gamma\mathrm{e}^{\mathrm{j}\phi}\hat{\boldsymbol{y}}')$$

$$\xlongequal{\phi=90^\circ\text{为左旋；}\varepsilon=\gamma}E_0(\cos\varepsilon\hat{\boldsymbol{x}}'+\mathrm{j}\sin\varepsilon\hat{\boldsymbol{y}}')$$

证毕。

将极化基变换的两步综合起来，可以得到式(4.3.24)给出的结论：

$$\begin{aligned}(\hat{\boldsymbol{a}},\hat{\boldsymbol{b}})&=(\hat{\boldsymbol{x}}',\hat{\boldsymbol{y}}')\boldsymbol{H}(\varepsilon)=(\hat{\boldsymbol{x}},\hat{\boldsymbol{y}})\boldsymbol{R}(\tau)\boldsymbol{H}(\varepsilon)\\&=(\hat{\boldsymbol{x}},\hat{\boldsymbol{y}})\begin{bmatrix}\cos\tau&-\sin\tau\\\sin\tau&\cos\tau\end{bmatrix}\begin{bmatrix}\cos\varepsilon&\mathrm{j}\sin\varepsilon\\\mathrm{j}\sin\varepsilon&\cos\varepsilon\end{bmatrix}\\&=(\hat{\boldsymbol{x}},\hat{\boldsymbol{y}})\begin{bmatrix}\cos\tau\cos\varepsilon-\mathrm{j}\sin\tau\sin\varepsilon&-\sin\tau\cos\varepsilon+\mathrm{j}\cos\tau\sin\varepsilon\\\sin\tau\cos\varepsilon+\mathrm{j}\cos\tau\sin\varepsilon&\cos\tau\cos\varepsilon+\mathrm{j}\sin\tau\sin\varepsilon\end{bmatrix}\\&=(\hat{\boldsymbol{x}},\hat{\boldsymbol{y}})\boldsymbol{U}=(\hat{\boldsymbol{x}},\hat{\boldsymbol{y}})\begin{bmatrix}u_{11}&u_{12}\\u_{21}&u_{22}\end{bmatrix}=(\hat{\boldsymbol{x}},\hat{\boldsymbol{y}})[\boldsymbol{U}_1\quad\boldsymbol{U}_2]\end{aligned}\tag{4.3.30}$$

即构成

$$\hat{\boldsymbol{a}}=(\hat{\boldsymbol{x}},\hat{\boldsymbol{y}})\boldsymbol{U}_1=(\cos\tau\cos\varepsilon-\mathrm{j}\sin\tau\sin\varepsilon)\hat{x}+(\sin\tau\cos\varepsilon+\mathrm{j}\cos\tau\sin\varepsilon)\hat{\boldsymbol{y}}$$

$$\hat{\boldsymbol{b}}=(\hat{\boldsymbol{x}},\hat{\boldsymbol{y}})\boldsymbol{U}_2=(-\sin\tau\cos\varepsilon+\mathrm{j}\cos\tau\sin\varepsilon)\hat{x}+(\cos\tau\cos\varepsilon+\mathrm{j}\sin\tau\sin\varepsilon)\hat{\boldsymbol{y}}$$

显然有

$$P_{\hat{a}}P_{\hat{b}}^*=-1$$

因为过渡矩阵由两个旋转算子组成，所以它的两个列向量可读性强，并且极化的线极化比表征与极化椭圆几何参数表征之间的关系很容易得到：

$\boldsymbol{U}_1$ 是新基在旧基上的坐标向量，$\boldsymbol{U}_1$ 是倾角为 τ、椭圆率角为 ε 的左旋椭圆极化波：

$$\boldsymbol{U}_1=\begin{bmatrix}\cos\tau\cos\varepsilon-\mathrm{j}\sin\tau\sin\varepsilon\\\sin\tau\cos\varepsilon+\mathrm{j}\cos\tau\sin\varepsilon\end{bmatrix}$$

$\boldsymbol{U}_2$ 是新基在旧基上的坐标向量，$\boldsymbol{U}_2$ 是倾角为 $\tau\pm\pi/2$、椭圆率角为 $-\varepsilon$ 的右旋椭圆极化波：

$$\boldsymbol{U}_2=\begin{bmatrix}-\sin\tau\cos\varepsilon+\mathrm{j}\cos\tau\sin\varepsilon\\\cos\tau\cos\varepsilon+\mathrm{j}\sin\tau\sin\varepsilon\end{bmatrix}$$

另外，由过渡矩阵的极化椭圆几何描述子表征式(4.3.30)，可以很容易得到线极化比与极化椭圆几何参数的关系：

$$
\begin{aligned}
P &= \frac{u_{21}}{u_{11}} = \frac{\sin\tau\cos\varepsilon + \mathrm{j}\cos\tau\sin\varepsilon}{\cos\tau\cos\varepsilon - \mathrm{j}\sin\tau\sin\varepsilon} \\
&= \frac{(\sin\tau\cos\varepsilon + \mathrm{j}\cos\tau\sin\varepsilon)(\cos\tau\cos\varepsilon + \mathrm{j}\sin\tau\sin\varepsilon)}{\cos^2\tau\cos^2\varepsilon + \sin^2\tau\sin^2\varepsilon} \\
&= \frac{\sin\tau\cos\tau\cos^2\varepsilon + \mathrm{j}\sin^2\tau\cos\varepsilon\sin\varepsilon + \mathrm{j}\cos^2\tau\sin\varepsilon\cos\varepsilon - \cos\tau\sin\varepsilon\sin\tau\sin\varepsilon}{\frac{1}{2}(1+\cos2\tau\cos2\varepsilon)} \\
&= \frac{2(\sin\tau\cos\tau\cos2\varepsilon + \mathrm{j}\sin\varepsilon\cos\varepsilon)}{1+\cos2\tau\cos2\varepsilon} \\
&= \frac{\sin2\tau\cos2\varepsilon + \mathrm{j}\sin2\varepsilon}{1+\cos2\tau\cos2\varepsilon}
\end{aligned} \tag{4.3.31}
$$

4）过渡矩阵线极化比表征与椭圆几何参数表征的等价性

由式(4.3.31)可知，极化椭圆几何参数表征的线极化比为

$$
P = \frac{\sin2\tau\cos2\varepsilon + \mathrm{j}\sin2\varepsilon}{1+\cos2\tau\cos2\varepsilon}
$$

依据它计算下式：

$$
\begin{aligned}
\frac{1}{1+|P|^2} &= \frac{1}{1+\left|\dfrac{\sin2\tau\cos2\varepsilon + \mathrm{j}\sin2\varepsilon}{1+\cos2\tau\cos2\varepsilon}\right|^2} \\
&= \frac{(1+\cos2\tau\cos2\varepsilon)^2}{(1+\cos2\tau\cos2\varepsilon)^2 + (\sin^2 2\tau\cos^2 2\varepsilon + \sin^2 2\varepsilon)} \\
&= \frac{(1+\cos2\tau\cos2\varepsilon)^2}{1+2\cos2\tau\cos2\varepsilon + \cos^2 2\tau\cos^2 2\varepsilon + (\sin^2 2\tau\cos^2 2\varepsilon + \sin^2 2\varepsilon)} \\
&= \frac{(1+\cos2\tau\cos2\varepsilon)^2}{2(1+\cos2\tau\cos2\varepsilon)} \\
&= \frac{1}{2}(1+\cos2\tau\cos2\varepsilon) \\
&= \frac{1}{2}[\sin^2\tau + \cos^2\tau + (\cos^2\tau - \sin^2\tau)(\cos^2\varepsilon - \sin^2\varepsilon)] \\
&= \frac{1}{2}(\sin^2\tau + \cos^2\tau + \cos^2\tau\cos^2\varepsilon - \cos^2\tau\sin^2\varepsilon - \sin^2\tau\cos^2\varepsilon + \sin^2\tau\sin^2\varepsilon)
\end{aligned}
$$

$$=\cos^2\tau\cos^2\varepsilon+\sin^2\tau\sin^2\varepsilon \tag{4.3.32}$$

继续根据过渡矩阵式(4.3.30)的元素计算下面式子：

$$|u_{11}|^2=|\cos\tau\cos\varepsilon-\mathrm{j}\sin\tau\sin\varepsilon|^2=\cos^2\tau\cos^2\varepsilon+\sin^2\tau\sin^2\varepsilon \tag{4.3.33}$$

显然，式(4.3.32)和式(4.3.33)是相等的，即有

$$|u_{11}|=\frac{1}{\sqrt{1+|P|^2}}$$

由 $u_{12}=-u_{21}^*$ 可以得到

$$\frac{u_{12}}{u_{11}}=-\frac{u_{21}^*}{u_{11}}=-\left(\frac{u_{21}}{u_{11}}\right)^*\frac{u_{11}^*}{u_{11}}=-P^*\mathrm{e}^{-\mathrm{j}2\phi_1} \tag{4.3.34}$$

$u_{11}=|u_{11}|\mathrm{e}^{\mathrm{j}\phi_1}$，$\phi_1$ 为 u_{11} 的辐角

由 $u_{22}=u_{11}^*$ 可以得到

$$\frac{u_{22}}{u_{11}}=\frac{u_{11}^*}{u_{11}}=\mathrm{e}^{-\mathrm{j}2\phi_1} \tag{4.3.35}$$

所以，过渡矩阵由极化椭圆几何参数表征推导出由线极化比表征的结果为

$$\boldsymbol{U}=u_{11}\begin{bmatrix}1 & \dfrac{u_{12}}{u_{11}}\\ \dfrac{u_{21}}{u_{11}} & \dfrac{u_{22}}{u_{11}}\end{bmatrix}=\frac{\mathrm{e}^{\mathrm{j}\phi_1}}{\sqrt{1+|P|^2}}\begin{bmatrix}1 & -P^*\mathrm{e}^{-\mathrm{j}2\phi_1}\\ P & \mathrm{e}^{-\mathrm{j}2\phi_1}\end{bmatrix} \tag{4.3.36}$$

则有

$$\hat{\boldsymbol{a}}=\frac{\mathrm{e}^{\mathrm{j}\phi_1}}{\sqrt{1+|P|^2}}(\hat{\boldsymbol{x}}+P\hat{\boldsymbol{y}}),\quad \hat{\boldsymbol{b}}=\frac{\mathrm{e}^{-\mathrm{j}\phi_1}}{\sqrt{1+|P|^2}}(-P^*\hat{\boldsymbol{x}}+\hat{\boldsymbol{y}}) \tag{4.3.37}$$

由上可得出结论：忽略绝对相位，这里的 $\boldsymbol{U}$ 与前面的一致，等价性证明毕，即

$$\boldsymbol{U}(\varepsilon,\tau)=\boldsymbol{R}(\tau)\boldsymbol{H}(\varepsilon)=\begin{bmatrix}\cos\tau & -\sin\tau\\ \sin\tau & \cos\tau\end{bmatrix}\begin{bmatrix}\cos\varepsilon & \mathrm{j}\sin\varepsilon\\ \mathrm{j}\sin\varepsilon & \cos\varepsilon\end{bmatrix}$$

$$\cong \boldsymbol{U}(P)=\frac{1}{\sqrt{1+|P|^2}}\begin{bmatrix}1 & -P^* \\ P & 1\end{bmatrix} \tag{4.3.38}$$

4. 变基散射矩阵变换

散射矩阵 $\boldsymbol{S}$ 是在某一极化基下给定的，$\boldsymbol{S}$ 的具体形式随极化基不同而不同，但所含目标极化信息不变。为了简化推导时的表述，符号约定如下：

$\boldsymbol{S}(XY)$——在极化基$(\hat{\boldsymbol{x}},\hat{\boldsymbol{y}})$下的散射矩阵；

$\boldsymbol{S}(AB)$——在极化基$(\hat{\boldsymbol{a}},\hat{\boldsymbol{b}})$下的散射矩阵。

雷达极化学有两个基本方程，即散射方程（场论约束）和电压方程（网络约束），在后向散射对准约定（图 4.1.3）条件下，两个方程在某极化基上可写为

$$\begin{cases}\boldsymbol{E}^{\mathrm{s}}=\boldsymbol{S}\boldsymbol{E}^{\mathrm{t}} \\ \boldsymbol{V}=(\boldsymbol{h}^{\mathrm{r}})^{\mathrm{T}}\boldsymbol{E}^{\mathrm{s}}=(\boldsymbol{h}^{\mathrm{r}})^{\mathrm{T}}\boldsymbol{S}\boldsymbol{E}^{\mathrm{t}}\end{cases} \tag{4.3.39}$$

1）散射方程的变基散射矩阵变换

对雷达目标的散射方程，变基时散射矩阵变换为酉相似变换。$\boldsymbol{U}$ 为$(\hat{\boldsymbol{x}},\hat{\boldsymbol{y}})$到$(\hat{\boldsymbol{a}},\hat{\boldsymbol{b}})$的过渡矩阵，坐标向量变换是

$$\begin{aligned}&\boldsymbol{U}^{-1}=\boldsymbol{U}^{\mathrm{H}},\quad \boldsymbol{E}(AB)=\boldsymbol{U}^{\mathrm{H}}\boldsymbol{E}(XY)\\&\boldsymbol{E}(XY)=\boldsymbol{U}\boldsymbol{E}(AB)\\&\boldsymbol{E}^{\mathrm{t}}(XY)=\boldsymbol{U}\boldsymbol{E}^{\mathrm{t}}(AB),\quad \boldsymbol{E}^{\mathrm{s}}(XY)=\boldsymbol{U}\boldsymbol{E}^{\mathrm{s}}(AB)\end{aligned} \tag{4.3.40}$$

旧基$(\hat{\boldsymbol{x}},\hat{\boldsymbol{y}})$上的散射方程为

$$\boldsymbol{E}^{\mathrm{s}}(XY)=\boldsymbol{S}(XY)\boldsymbol{E}^{\mathrm{t}}(XY) \tag{4.3.41}$$

将式（4.3.40）代入式（4.3.41），即得新基$(\hat{\boldsymbol{a}},\hat{\boldsymbol{b}})$上的散射方程：

$$\begin{aligned}\boldsymbol{U}\boldsymbol{E}^{\mathrm{s}}(AB)&=\boldsymbol{S}(XY)\boldsymbol{U}\boldsymbol{E}^{\mathrm{t}}(AB)\\ \boldsymbol{E}^{\mathrm{s}}(AB)&=\boldsymbol{U}^{\mathrm{H}}\boldsymbol{S}(XY)\boldsymbol{U}\boldsymbol{E}^{\mathrm{t}}(AB)\\&\triangleq\boldsymbol{S}_{\mathrm{s}}(AB)\boldsymbol{E}^{\mathrm{t}}(AB)\end{aligned} \tag{4.3.42}$$

所以新基上的散射矩阵为

$$\boldsymbol{S}_{\mathrm{s}}(AB)=\boldsymbol{U}^{\mathrm{H}}\boldsymbol{S}(XY)\boldsymbol{U} \tag{4.3.43}$$

由上式可得出结论：对散射方程，变基时的散射矩阵变换是酉相似变换。

2）电压方程的变基散射矩阵变换

接收目标（用散射矩阵给出）回波信号，此时的电压方程变基时散射矩阵变换为酉相合变换。新旧基底上的天线极化矢量，其坐标向量变换为

$$\begin{aligned} \boldsymbol{h}^{\mathrm{r}}(AB) &= \boldsymbol{U}^{\mathrm{H}}\boldsymbol{h}^{\mathrm{r}}(XY) \\ \boldsymbol{h}^{\mathrm{r}}(XY) &= \boldsymbol{U}\boldsymbol{h}^{\mathrm{r}}(AB) \end{aligned} \tag{4.3.44}$$

代入电压方程

$$V_{XY} = \boldsymbol{h}_{\mathrm{r}}^{\mathrm{T}}(XY)\boldsymbol{S}(XY)\boldsymbol{E}^{\mathrm{t}}(XY) \tag{4.3.45}$$

得到

$$\begin{aligned} V_{XY} &= (\boldsymbol{U}\boldsymbol{h}_{\mathrm{r}}(AB))^{\mathrm{T}}\boldsymbol{S}(X)\boldsymbol{U}\boldsymbol{E}^{\mathrm{t}}(AB) \\ &= (\boldsymbol{h}^{\mathrm{r}})^{\mathrm{T}}(AB)\boldsymbol{U}^{\mathrm{T}}\boldsymbol{S}(XY)\boldsymbol{U}\boldsymbol{E}^{\mathrm{t}}(AB) \end{aligned} \tag{4.3.46}$$

新基上的电压方程为

$$V_{AB} = (\boldsymbol{h}^{\mathrm{r}})^{\mathrm{T}}(AB)\boldsymbol{S}(AB)\boldsymbol{E}^{\mathrm{t}}(AB) \tag{4.3.47}$$

雷达天线对目标散射回波的接收电压，与极化基的选择是无关的，有

$$V_{XY} = V_{AB} \tag{4.3.48}$$

得到

$$\boldsymbol{S}(AB) = \boldsymbol{U}^{\mathrm{T}}\boldsymbol{S}(XY)\boldsymbol{U} \tag{4.3.49}$$

新基下的散射矩阵，即变换散射矩阵的下标用电压的英文首字母 v，以代表该变换矩阵是针对电压方程的，目的是区别散射方程的以 s 作为下标的变换矩阵，即

$$\boldsymbol{S}_{\mathrm{v}}(AB) = \boldsymbol{U}^{\mathrm{T}}\boldsymbol{S}(XY)\boldsymbol{U} \tag{4.3.50}$$

由上可得出结论：对电压方程，变基时的散射矩阵变换是酉相合变换。

3）两个方程的变基散射矩阵之间关系

由上可见，在相同的极化基变换下，两个方程推导出的散射矩阵变换不同。二者关系的详细推导如下：

对散射方程的变基散射矩阵做运算

$$\boldsymbol{S}_{\mathrm{s}}(AB)=\boldsymbol{U}^{\mathrm{H}}\boldsymbol{S}(XY)\boldsymbol{U}$$
$$\boldsymbol{U}\boldsymbol{S}_{\mathrm{s}}(AB)\boldsymbol{U}^{-1}=\boldsymbol{U}\boldsymbol{U}^{\mathrm{H}}\boldsymbol{S}(XY)\boldsymbol{U}\boldsymbol{U}^{-1}$$

即得到

$$\boldsymbol{S}(XY)=\boldsymbol{U}\boldsymbol{S}_{\mathrm{s}}(AB)\boldsymbol{U}^{-1} \tag{4.3.51}$$

对电压方程的变基散射矩阵做运算，并将式(4.3.51)代入电压方程

$$\begin{aligned}\boldsymbol{S}_{\mathrm{v}}(AB)&=\boldsymbol{U}^{\mathrm{T}}\boldsymbol{S}(XY)\boldsymbol{U}\\&=\boldsymbol{U}^{\mathrm{T}}(\boldsymbol{U}\boldsymbol{S}_{\mathrm{s}}(AB)\boldsymbol{U}^{-1})\boldsymbol{U}\end{aligned} \tag{4.3.52}$$

得到

$$\boldsymbol{S}_{\mathrm{v}}(AB)=\boldsymbol{U}^{\mathrm{T}}\boldsymbol{U}\boldsymbol{S}_{\mathrm{s}}(AB) \tag{4.3.53}$$

可以看出，两个方程的新基散射矩阵相等的条件是过渡矩阵$\boldsymbol{U}$为正交矩阵，即

$$\boldsymbol{U}^{\mathrm{T}}\boldsymbol{U}=\boldsymbol{I} \tag{4.3.54}$$

而正交矩阵必为实矩阵，所以此时过渡矩阵$\boldsymbol{U}$为实酉矩阵，即

$$\boldsymbol{U}=\begin{bmatrix}\cos\gamma \mathrm{e}^{\mathrm{j}\phi_1} & -\sin\gamma \mathrm{e}^{\mathrm{j}\phi_2}\\ \sin\gamma \mathrm{e}^{\mathrm{j}\phi_3} & \cos\gamma \mathrm{e}^{\mathrm{j}\phi_4}\end{bmatrix}\xrightarrow{\text{蜕化为旋转矩阵}}$$
$$=\begin{bmatrix}\cos\gamma & -\sin\gamma\\ \sin\gamma & \cos\gamma\end{bmatrix} \tag{4.3.55a}$$
$$\gamma=\tau \tag{4.3.55b}$$

下面证明式(4.3.55b)。由矩阵理论知道，任何一个二阶酉矩阵可以分解为

$$\begin{aligned}\boldsymbol{U}&=\begin{bmatrix}\mathrm{e}^{\mathrm{j}\theta_1} & 0\\ 0 & \mathrm{e}^{\mathrm{j}\theta_2}\end{bmatrix}\begin{bmatrix}\cos\gamma & -\sin\gamma\\ \sin\gamma & \cos\gamma\end{bmatrix}\begin{bmatrix}\mathrm{e}^{\mathrm{j}\theta_3} & 0\\ 0 & \mathrm{e}^{\mathrm{j}\theta_4}\end{bmatrix}\\&=\begin{bmatrix}\cos\gamma \mathrm{e}^{\mathrm{j}(\theta_1+\theta_3)} & -\sin\gamma \mathrm{e}^{\mathrm{j}(\theta_1+\theta_4)}\\ \sin\gamma \mathrm{e}^{\mathrm{j}(\theta_2+\theta_3)} & \cos\gamma \mathrm{e}^{\mathrm{j}(\theta_2+\theta_4)}\end{bmatrix}\\&\triangleq\begin{bmatrix}\cos\gamma \mathrm{e}^{\mathrm{j}\phi_1} & -\sin\gamma \mathrm{e}^{\mathrm{j}\phi_2}\\ \sin\gamma \mathrm{e}^{\mathrm{j}\phi_3} & \cos\gamma \mathrm{e}^{\mathrm{j}\phi_4}\end{bmatrix}\end{aligned} \tag{4.3.56}$$

式中：θ_i、ϕ_i、γ 均为实数。

根据酉矩阵的性质可得

$$\begin{aligned} &\boldsymbol{U}^{-1}=\boldsymbol{U}^{\mathrm{H}} \rightarrow \boldsymbol{U}^{\mathrm{H}}\boldsymbol{U}=\boldsymbol{I} \\ &\phi_2-\phi_1=\phi_4-\phi_3 \\ &\phi_1+\phi_4=\phi_2+\phi_3 \end{aligned} \tag{4.3.57}$$

可得到新基

$$\begin{aligned} &(\hat{\boldsymbol{a}},\hat{\boldsymbol{b}})=(\hat{\boldsymbol{x}},\hat{\boldsymbol{y}})\boldsymbol{U} \\ &\begin{cases} \hat{\boldsymbol{a}}=\mathrm{e}^{\mathrm{j}\phi_1}(\cos\gamma\hat{\boldsymbol{x}}+\sin\gamma\mathrm{e}^{\mathrm{j}\phi}\hat{\boldsymbol{y}}) \\ \hat{\boldsymbol{b}}=\mathrm{e}^{\mathrm{j}\phi_4}(-\sin\gamma\mathrm{e}^{-\mathrm{j}\phi}\hat{\boldsymbol{x}}+\cos\gamma\hat{\boldsymbol{y}}) \end{cases} \\ &\phi=\phi_3-\phi_1=\phi_4-\phi_2 \end{aligned} \tag{4.3.58}$$

而极化椭圆几何参数表征的过渡矩阵为

$$\boldsymbol{U}=\boldsymbol{R}(\tau)\boldsymbol{H}(\varepsilon)=\begin{bmatrix}\cos\tau & -\sin\tau \\ \sin\tau & \cos\tau\end{bmatrix}\begin{bmatrix}\cos\varepsilon & \mathrm{j}\sin\varepsilon \\ \mathrm{j}\sin\varepsilon & \cos\varepsilon\end{bmatrix}$$

它为实矩阵时必须满足

$$j\sin\varepsilon=0 \rightarrow \varepsilon=0$$

则过渡矩阵为

$$\boldsymbol{U}=\boldsymbol{R}(\tau)\boldsymbol{I}=\begin{bmatrix}\cos\tau & -\sin\tau \\ \sin\tau & \cos\tau\end{bmatrix} \tag{4.3.59}$$

因此，式(4.3.59)与式(4.3.55a)对比得到椭圆倾角与极化关系角满足

$$\tau=\gamma \tag{4.3.60}$$

证毕。实际上此时的椭圆极化蜕变为斜线极化。

因此，由式(4.3.60)可以说明，新极化基必然与旧基一样，仍然是线极化基；或者说，只有在线极化基上，散射方程和电压方程的变基散射矩阵才是一致的。值得注意的是，当传播满足互易性条件时，后向散射矩阵在所有极化基上都是对称阵。但变基以后，散射矩阵是否对称要分两种情况来讨论。

① 对目标回波信号的电压方程，变基散射矩阵在所有极化基上都是对称矩阵：

$$\boldsymbol{S}_{\mathrm{v}}^{\mathrm{T}}(AB)=(\boldsymbol{U}^{\mathrm{T}}\boldsymbol{S}(XY)\boldsymbol{U})^{\mathrm{T}}=\boldsymbol{U}^{\mathrm{T}}\boldsymbol{S}(XY)\boldsymbol{U}=\boldsymbol{S}_{\mathrm{v}}(AB) \tag{4.3.61}$$

② 对雷达目标的散射方程，变基散射矩阵在线极化基上是对称矩阵，但在一般椭圆极化基上通常不对称。

线基上的变基散射矩阵对称情况：当$(\hat{\boldsymbol{a}},\hat{\boldsymbol{b}})$是线极化基时，有

$$\boldsymbol{S}_{\mathrm{s}}(AB)\xlongequal{\boldsymbol{U}^{\mathrm{T}}\boldsymbol{U}=\boldsymbol{I}\text{成立}}\boldsymbol{S}_{\mathrm{v}}(AB)=\boldsymbol{S}_{\mathrm{v}}^{\mathrm{T}}(AB)=\boldsymbol{S}_{\mathrm{s}}^{\mathrm{T}}(AB) \tag{4.3.62}$$

而在一般椭圆基上变基散射矩阵是非对称的：当$(\hat{\boldsymbol{a}},\hat{\boldsymbol{b}})$不是线极化基时，过渡矩阵$\boldsymbol{U}$是一般的酉矩阵而非正交矩阵，有

$$\begin{aligned}&\boldsymbol{S}_{\mathrm{v}}(AB)=\boldsymbol{U}^{\mathrm{T}}\boldsymbol{U}\boldsymbol{S}_{\mathrm{s}}(AB)\\&\boldsymbol{S}_{\mathrm{s}}(AB)=\boldsymbol{U}^{-1}(\boldsymbol{U}^{\mathrm{T}})^{-1}\boldsymbol{S}_{\mathrm{v}}(AB)\end{aligned}$$

则

$$\boldsymbol{S}_{\mathrm{s}}^{\mathrm{T}}(AB)=\boldsymbol{S}_{\mathrm{v}}^{\mathrm{T}}(AB)\boldsymbol{U}^{\mathrm{H}}\boldsymbol{U}^{*}=\boldsymbol{S}_{\mathrm{v}}^{\mathrm{T}}(AB)(\boldsymbol{U}^{\mathrm{T}}\boldsymbol{U})^{*}\xlongequal[=\boldsymbol{U}^{\mathrm{T}}\boldsymbol{U}\boldsymbol{S}_{\mathrm{s}}(AB)]{\boldsymbol{S}_{\mathrm{v}}^{\mathrm{T}}(AB)=\boldsymbol{S}_{\mathrm{v}}(AB)}\boldsymbol{U}^{\mathrm{T}}\boldsymbol{U}\boldsymbol{S}_{\mathrm{s}}(AB)(\boldsymbol{U}^{\mathrm{T}}\boldsymbol{U})^{-1} \tag{4.3.63}$$

所以对一般的目标而言，散射方程在新基下的变换散射矩阵$\boldsymbol{S}_{\mathrm{s}}^{\mathrm{T}}(AB)\neq\boldsymbol{S}_{\mathrm{s}}(AB)$；当且仅当$\boldsymbol{S}_{\mathrm{s}}(AB)$与$\boldsymbol{U}^{\mathrm{T}}\boldsymbol{U}$可交换，即$\boldsymbol{S}_{\mathrm{s}}^{\mathrm{T}}(AB)=\boldsymbol{S}_{\mathrm{s}}(AB)(\boldsymbol{U}^{\mathrm{T}}\boldsymbol{U})(\boldsymbol{U}^{\mathrm{T}}\boldsymbol{U})^{-1}$时，$\boldsymbol{S}_{\mathrm{s}}(AB)$才是对称的。

附： 式(4.3.63)中的一个局部推导

$$\begin{aligned}(\boldsymbol{U}^{\mathrm{T}}\boldsymbol{U})^{*}&=\boldsymbol{U}^{\mathrm{H}}\boldsymbol{U}^{*}\xlongequal{\boldsymbol{U}^{-1}=\boldsymbol{U}^{\mathrm{H}}}\boldsymbol{U}^{-1}[(\boldsymbol{U}^{\mathrm{H}})^{\mathrm{H}}]^{*}\\&=\boldsymbol{U}^{-1}[(\boldsymbol{U}^{\mathrm{H}})^{-1}]^{*}=\boldsymbol{U}^{-1}[(\boldsymbol{U}^{\mathrm{H}})^{*}]^{-1}=[(\boldsymbol{U}^{\mathrm{H}})^{*}\boldsymbol{U}]^{-1}=(\boldsymbol{U}^{\mathrm{T}}\boldsymbol{U})^{-1}\end{aligned}$$

4.3.2 目标极化不变量

目标极化散射矩阵与目标本身的物理属性（如形状、尺寸、结构、材料等）及观测条件（如入射波频率、目标与收/发天线的相对空间关系、目标姿态等）有关。此外，目标散射矩阵的具体取值还与收/发天线坐标系或极化基的选取有关。所谓目标极化不变量，是指目标散射矩阵中与观测坐标系或极化基选取无关并具有某种物理含义的数字特征。

1. Graves 功率矩阵极化不变量

在线极化基$(\hat{\boldsymbol{x}},\hat{\boldsymbol{y}})$上,雷达目标的后向散射矩阵记为$\boldsymbol{S}(XY)$,那么它的 Graves 功率矩阵定义为

$$\boldsymbol{G}(XY)=\boldsymbol{S}^{\mathrm{H}}(XY)\boldsymbol{S}(XY)=\begin{bmatrix}g_{11} & g_{12}\\ g_{21} & g_{22}\end{bmatrix} \tag{4.3.64}$$

它是一个 2 阶 Hermite 矩阵,非负定,秩与$\boldsymbol{S}(XY)$相同。前面已知,对散射方程,散射矩阵的变基变换为酉相似变换:

$$\boldsymbol{S}_{\mathrm{s}}(AB)=\boldsymbol{U}^{\mathrm{H}}\boldsymbol{S}(XY)\boldsymbol{U} \tag{4.3.65}$$

而对电压方程,散射矩阵的变基变换为酉相合变换:

$$\boldsymbol{S}_{\mathrm{v}}(AB)=\boldsymbol{U}^{\mathrm{T}}\boldsymbol{S}(XY)\boldsymbol{U} \tag{4.3.66}$$

对散射方程,即对酉相似变换,新基$(\hat{\boldsymbol{a}},\hat{\boldsymbol{b}})$上的功率矩阵也是酉相似变换:

$$\begin{aligned}\boldsymbol{G}_{\mathrm{s}}(AB)&=\boldsymbol{S}_{\mathrm{s}}^{\mathrm{H}}(AB)\boldsymbol{S}_{\mathrm{s}}(AB)=[\boldsymbol{U}^{\mathrm{H}}\boldsymbol{S}(XY)\boldsymbol{U}]^{\mathrm{H}}[\boldsymbol{U}^{\mathrm{H}}\boldsymbol{S}(XY)\boldsymbol{U}]\\&=\boldsymbol{U}^{\mathrm{H}}\boldsymbol{S}^{\mathrm{H}}(XY)\boldsymbol{S}(XY)\boldsymbol{U}=\boldsymbol{U}^{\mathrm{H}}\boldsymbol{G}(XY)\boldsymbol{U}\end{aligned} \tag{4.3.67}$$

对电压方程,即对酉相合变换,新基$(\hat{\boldsymbol{a}},\hat{\boldsymbol{b}})$上的功率矩阵为

$$\begin{aligned}\boldsymbol{G}_{\mathrm{v}}(AB)&=\boldsymbol{S}_{\mathrm{v}}^{\mathrm{H}}(AB)\boldsymbol{S}_{\mathrm{v}}(AB)=(\boldsymbol{U}^{\mathrm{T}}\boldsymbol{S}(XY)\boldsymbol{U})^{\mathrm{H}}(\boldsymbol{U}^{\mathrm{T}}\boldsymbol{S}(XY)\boldsymbol{U})\\&=\boldsymbol{U}^{\mathrm{H}}\boldsymbol{S}^{\mathrm{H}}(XY)\boldsymbol{U}^{*}\boldsymbol{U}^{\mathrm{T}}\boldsymbol{S}(XY)\boldsymbol{U}\end{aligned}$$

因为 $$\boldsymbol{U}\boldsymbol{U}^{-1}=\boldsymbol{I},\boldsymbol{U}^{-1}=\boldsymbol{U}^{\mathrm{H}}$$

所以 $$(\boldsymbol{U}\boldsymbol{U}^{-1})^{*}=\boldsymbol{I}^{*},\quad (\boldsymbol{U}\boldsymbol{U}^{\mathrm{H}})^{*}=\boldsymbol{I}^{*}$$

可得

$$\boldsymbol{U}^{*}\boldsymbol{U}^{\mathrm{T}}=\boldsymbol{I}$$

故 $$\boldsymbol{G}_{\mathrm{v}}(AB)=\boldsymbol{U}^{\mathrm{H}}\boldsymbol{G}(XY)\boldsymbol{U} \tag{4.3.68}$$

可见,电压方程变基时,功率矩阵仍然是酉相似变换。

因此,两个方程变基时虽然它们的散射矩阵变换不同,但其功率矩阵的变换是相同的,皆为酉相似变换。故变换后新基上的功率矩阵可统一符号记为

$$\boldsymbol{G}_{\mathrm{v}}(AB)=\boldsymbol{G}_{\mathrm{s}}(AB)\triangleq\boldsymbol{G}(AB) \tag{4.3.69}$$

设功率矩阵的两个非负特征值并按大小顺序分别表示为 λ_1 和 λ_2，则存在 $\boldsymbol{U}_0$ 矩阵，使得

$$\boldsymbol{G}(XY)=\boldsymbol{U}_0^{\mathrm{H}}\boldsymbol{\Lambda}\boldsymbol{U}_0 \tag{4.3.70}$$

其中

$$\boldsymbol{U}_0^{\mathrm{H}}=[\boldsymbol{U}_1 \quad \boldsymbol{U}_2], \quad \boldsymbol{\Lambda}=\begin{bmatrix}\lambda_1 & 0\\ 0 & \lambda_2\end{bmatrix}$$

显然，$\boldsymbol{U}_1$、$\boldsymbol{U}_2$ 分别为功率矩阵对应于 λ_1 和 λ_2 的单位特征向量。则在新极化基($\hat{\boldsymbol{a}},\hat{\boldsymbol{b}}$)上的功率矩阵为

$$\boldsymbol{G}(AB)=\boldsymbol{U}^{\mathrm{H}}\boldsymbol{G}(XY)\boldsymbol{U}=(\boldsymbol{U}_0\boldsymbol{U})^{\mathrm{H}}\boldsymbol{\Lambda}\ (\boldsymbol{U}_0\boldsymbol{U}) \tag{4.3.71}$$

由上式知道，任意极化基上的功率矩阵与对角矩阵均酉相似，功率矩阵的特征值与极化基的选取无关，两个特征值是极化不变量，并且是功率矩阵迹、行列式值、谱范数等其他极化不变量的基础源头。

极化不变量有：

(1) 功率矩阵的迹

$$\begin{aligned}\mathrm{tr}[\boldsymbol{G}(AB)]&=\mathrm{tr}(\boldsymbol{U}^{\mathrm{H}}\boldsymbol{G}(XY)\boldsymbol{U})=\mathrm{tr}(\boldsymbol{G}(XY)\boldsymbol{U}\boldsymbol{U}^{\mathrm{H}})\\&=\mathrm{tr}(\boldsymbol{G}(XY))=\mathrm{tr}(\boldsymbol{U}_0^{\mathrm{H}}\boldsymbol{\Lambda}\boldsymbol{U}_0)=\mathrm{tr}\boldsymbol{\Lambda}=\lambda_1+\lambda_2\end{aligned} \tag{4.3.72}$$

这个不变量所代表的物理含义是全极化测量条件下特定姿态目标的雷达散射截面积(RCS)的值，反映的是目标散射强度，能够大致解释目标的大小。

(2) 功率矩阵行列式值

$$\begin{aligned}\det\boldsymbol{G}(AB)&=\det(\boldsymbol{U}^{\mathrm{H}}\boldsymbol{G}(XY)\boldsymbol{U})=\det\boldsymbol{U}^{\mathrm{H}}\cdot\det\boldsymbol{G}(XY)\det\boldsymbol{U}\\&=\det\boldsymbol{G}(XY)=\det(\boldsymbol{U}_0^{\mathrm{H}}\boldsymbol{\Lambda}\boldsymbol{U})=\det\boldsymbol{\Lambda}=\lambda_1\lambda_2\end{aligned} \tag{4.3.73}$$

对应线目标，如金属丝等，其散射矩阵行列式值 $\det S=0$；对各向同性目标，如金属球 $\det S=A^2$(A 为一实数)；对于对称目标，有 $\det S=s_{xx}s_{yy}$。该极化不变量大致反映了目标的粗细，或形象地称为“胖瘦”。

(3) 功率矩阵的谱范数

$$\|\boldsymbol{G}(AB)\|_2=\|\boldsymbol{G}(XY)\|_2 \tag{4.3.74}$$

谱范数的平方为$\| \boldsymbol{G}(AB) \|_2 = \| \boldsymbol{G}(XY) \|_2 = \lambda_1$，该结果的物理含义是功率矩阵的谱范数对应了单位功率波照射下目标最大反射功率密度。

(4) 功率矩阵的 Frobenius 范数

$$\begin{aligned} \| \boldsymbol{G}(AB) \|_F &= \| \boldsymbol{U}^H \boldsymbol{G}(XY) \boldsymbol{U} \|_F = \| \boldsymbol{G}(XY) \|_F = \| \boldsymbol{U}_0^H \boldsymbol{\Lambda} \boldsymbol{U} \|_F \\ &= \| \boldsymbol{\Lambda} \|_F = (\lambda_1^2 + \lambda_2^2)^{1/2} \end{aligned} \tag{4.3.75}$$

物理上同样可以解释为目标功率矩阵 Frobenius 范数能够反映目标对照射信号的反射强度，或者大致说明目标的大小。

上述这些酉不变性数字特征，来源于功率矩阵两个特征值这一基本的酉不变性数字特征。需要注意的是，功率矩阵的两个特征向量不是极化不变量。在不同的极化基上，酉过渡矩阵是不同的，因此其列向量不同，也就是说特征向量因不同极化基的变换而改变。

2. 酉相似变换下的极化不变量

对应散射方程的变基散射矩阵变换$\boldsymbol{S}_s(AB) = \boldsymbol{U}^H \boldsymbol{S}(XY) \boldsymbol{U}$，不因极化基变换而变化的极化不变量有

(1) 散射矩阵的迹

$$\begin{aligned} \mathrm{tr}\boldsymbol{S}_s(AB) &= \mathrm{tr}(\boldsymbol{U}^H \boldsymbol{S}_s(XY) \boldsymbol{U}) = \mathrm{tr}(\boldsymbol{S}_s(XY) \boldsymbol{U} \boldsymbol{U}^H) \\ &= \mathrm{tr}\boldsymbol{S}_s(XY) \end{aligned} \tag{4.3.76}$$

(2) 散射矩阵行列式的值

$$\begin{aligned} \det\boldsymbol{S}_s(AB) &= \det(\boldsymbol{U}^H \boldsymbol{S}_s(XY) \boldsymbol{U}) \\ &= \det\boldsymbol{U}^H \det\boldsymbol{S}_s(XY) \det\boldsymbol{U} = \det\boldsymbol{S}_s(XY) \end{aligned} \tag{4.3.77}$$

(3) 散射矩阵的谱范数

$$\| \boldsymbol{S}_s(AB) \|_2 = \| \boldsymbol{S}_s(XY) \|_2 \tag{4.3.78}$$

并且有$\| \boldsymbol{S}_s(AB) \|_F = \| \boldsymbol{U}^H \boldsymbol{S}_s(XY) \boldsymbol{U} \|_2^2 = \| \boldsymbol{S}_s(XY) \|_2^2 = \lambda_1$

(4) 散射矩阵的 Frobenius 范数

$$\| \boldsymbol{S}_s(AB) \|_F = \| \boldsymbol{S}_s(XY) \|_F \tag{4.3.79}$$

并且散射矩阵的 Frobenius 范数的平方等于其功率矩阵的迹

$$\| \boldsymbol{S}_{s}(AB) \|_{F}^{2} = \| \boldsymbol{U}^{H} \boldsymbol{S}_{s}(XY) \boldsymbol{U} \|_{F}^{2} = \| \boldsymbol{S}_{s}(XY) \|_{F}^{2} = \sum_{i=1}^{2} \sum_{j=1}^{2} | s_{ij} |^{2}$$
$$= \mathrm{tr}\boldsymbol{G}(XY) = g_{11} + g_{22} = \lambda_{1} + \lambda_{2} \tag{4.3.80}$$

3. 酉相合变换下的极化不变量

对应电压方程的变基散射矩阵变换 $\boldsymbol{S}_{v}(AB)=\boldsymbol{U}^{T}\boldsymbol{S}(XY)\boldsymbol{U}$,极化不变量有:

(1) 散射矩阵行列式的模值

$$| \det\boldsymbol{S}_{v}(AB) |=| \det\boldsymbol{S}_{v}(XY) | \tag{4.3.81}$$

(2) 散射矩阵的 Frobenius 范数

$$\| \boldsymbol{S}_{v}(AB) \|_{F} = \| \boldsymbol{S}_{v}(XY) \|_{F} \tag{4.3.82}$$

(3) 散射矩阵的谱范数

$$\| \boldsymbol{S}_{v}(AB) \|_{2} = \| \boldsymbol{S}_{v}(XY) \|_{2} \tag{4.3.83}$$

4. 与横滚角无关的极化不变量

此类极化不变量的物理基础是,目标在径向上的横滚等价于坐标系的相应旋转或极化基的变换,如图 4.3.6 所示。

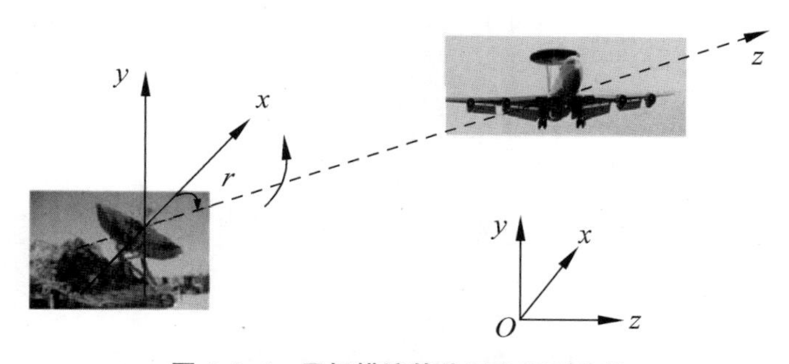

图 4.3.6 目标横滚等价于坐标系旋转

目标散射矩阵与其姿态有关,目标姿态分成横滚、俯仰、偏航(方位角)三维。目标横滚时,假如雷达天线跟着横滚,则波场极化与目标形体的触碰就没有变化,目标信息量没有任何增减。这种相互间的接触状态等同于极化椭圆做了如图 4.3.7 所示的旋转,即相当于极化基的改变。

尽管极化基的改变不会增加新的信息。但不同极化基下目标的散射特性可以是不同的,这是极化旋转域目标散射解译的物理基础[39,52,53]。记横滚角为 γ,则旋转矩阵(水平、垂直线极化基变换到另一对线极化基的过渡矩阵)为

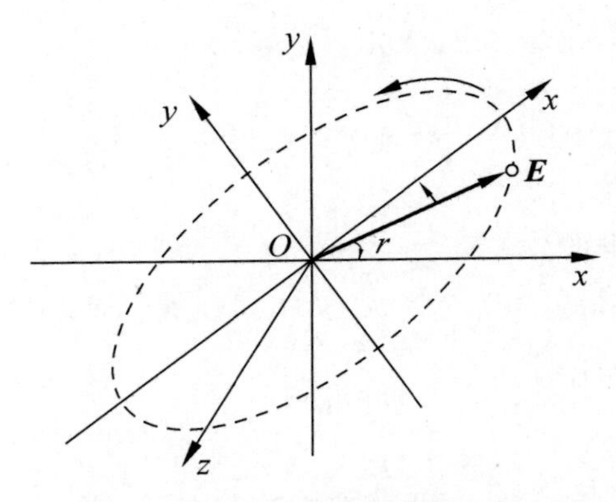

图 4.3.7 坐标系旋转等同于极化基变换

$$\boldsymbol{R}(r)=\begin{bmatrix}\cos r & -\sin r\\ \sin r & \cos r\end{bmatrix} \tag{4.3.84}$$

此时的极化基过渡矩阵 $\boldsymbol{R}(r)$ 是一个正交矩阵，根据式(4.3.53)，针对两个方程的变基散射矩阵变换是相同的，新基上的散射矩阵为

$$\begin{aligned}\boldsymbol{S}(AB)&=\boldsymbol{S}_{\mathrm{s}}(AB)=\boldsymbol{S}_{\mathrm{v}}(AB)=\boldsymbol{R}^{\mathrm{T}}(r)\boldsymbol{S}(XY)\boldsymbol{R}(r)\\&=\begin{bmatrix}s_{xx}\cos^2 r+s_{xy}\sin 2r+s_{yy}\sin^2 r & s_{xy}\cos 2r-\dfrac{1}{2}s_2\sin 2r\\ s_{xy}\cos 2r-\dfrac{1}{2}s_2\sin 2r & s_{xx}\sin^2 r-s_{xy}\sin 2r+s_{yy}\cos^2 r\end{bmatrix}\end{aligned} \tag{4.3.85}$$

式中：$s_2=s_{xx}+s_{yy}$。

雷达目标或散射矩阵的极化不变量有

(1) 散射矩阵行列式的值

$$\begin{aligned}\det\boldsymbol{S}(AB)&=\det\boldsymbol{R}^{\mathrm{T}}(r)\det\boldsymbol{S}(XY)\det\boldsymbol{R}(r)\\&=\det\boldsymbol{S}(XY)\end{aligned} \tag{4.3.86}$$

(2) 散射矩阵的迹

$$\mathrm{tr}\boldsymbol{S}(AB)=\mathrm{tr}\boldsymbol{S}(XY)\mathrm{tr}[\boldsymbol{R}^{\mathrm{T}}(r)\boldsymbol{R}(r)]=\mathrm{tr}\boldsymbol{S}(XY) \tag{4.3.87}$$

(3) 功率矩阵行列式的值

$$\boldsymbol{G}(AB)=\boldsymbol{S}^{\mathrm{H}}(AB)\boldsymbol{S}(AB)=\boldsymbol{R}^{\mathrm{T}}(r)\boldsymbol{G}(XY)\boldsymbol{R}(r)$$

$$\det \boldsymbol{G}(AB)=\det \boldsymbol{R}^{\mathrm{T}}(r)\det \boldsymbol{G}(XY)\det \boldsymbol{R}(r)$$
$$=\det \boldsymbol{G}(XY) \tag{4.3.88}$$

（4）功率矩阵的迹

$$\begin{aligned}\boldsymbol{G}(AB)&=\boldsymbol{S}^{\mathrm{H}}(AB)\boldsymbol{S}(AB)\\&=\boldsymbol{R}^{\mathrm{T}}(r)\boldsymbol{S}^{\mathrm{H}}(XY)\boldsymbol{R}(r)\boldsymbol{R}^{\mathrm{T}}(r)\boldsymbol{S}(XY)\boldsymbol{R}(r)\\&=\boldsymbol{R}^{\mathrm{T}}(r)\boldsymbol{G}(XY)\boldsymbol{R}(r)\end{aligned}$$
$$\begin{aligned}\operatorname{tr}\boldsymbol{G}(AB)&=\operatorname{tr}\boldsymbol{G}(XY)\operatorname{tr}[\boldsymbol{R}^{\mathrm{T}}(r)\boldsymbol{R}(r)]\\&=\operatorname{tr}\boldsymbol{G}(XY)\end{aligned} \tag{4.3.89}$$

（5）功率矩阵的 Frobenius 范数

$$\begin{aligned}\|\boldsymbol{G}(AB)\|_{\mathrm{F}}&=\|\boldsymbol{R}^{\mathrm{H}}(r)\boldsymbol{G}(XY)\boldsymbol{R}(r)\|_{\mathrm{F}}=\|\boldsymbol{G}(XY)\|_{\mathrm{F}}=\|\boldsymbol{U}_0^{\mathrm{H}}\boldsymbol{\Lambda}\boldsymbol{U}\|_{\mathrm{F}}\\&=\|\boldsymbol{\Lambda}\|_{\mathrm{F}}=(\lambda_1^2+\lambda_2^2)^{1/2}\end{aligned} \tag{4.3.90}$$

（6）去极化系数

$$D=1-\frac{|s_{xx}+s_{yy}|^2}{\operatorname{tr}\boldsymbol{G}} \tag{4.3.91}$$

该值大致反映目标散射中心数量，大的值往往对应多散射中心的组合体目标。

（7）本征（特征）极化椭圆参数

目标横滚等同于变极化基，也相当于雷达坐标系的旋转，变基时散射矩阵及其功率矩阵的迹都不变，伪本征极化和本征极化唯一且矢量性相同，是极化不变量，决定了其极化椭圆不变，即其几何参数不变。

椭圆倾角为

$$\tau_{\mathrm{d}}=\frac{1}{2}\arctan\frac{2\operatorname{Re}(s_1 s_{\mathrm{HV}})}{\operatorname{Re}(s_1 s_2)} \tag{4.3.92}$$

椭圆率角为

$$\varepsilon_{\mathrm{d}}=\frac{1}{2}\arctan\frac{2\mathrm{j}s_{12}}{s_1} \tag{4.3.93}$$

式中：$s_1=s_{xx}+s_{yy}$；$s_2=s_{xx}-s_{yy}$；$s_{12}=s_{xx}\cos 2\tau_{\mathrm{d}}-\frac{1}{2}s_2\sin 2\tau_{\mathrm{d}}$。

式(4.3.93)和式(4.3.92)的物理意义在于：本征极化椭圆率角是表征目标对称性的物理

量,而本征极化椭圆倾角则指示出测量天线与本征极化椭圆轴之间的相对取向,能够描述目标特定的俯仰姿态。

4.4 目标最优照射极化

第 3 章详细介绍了极化信号的“最佳接收”问题,这种情况下天线极化与来波信号极化匹配,天线的接收功率达到最大。而在另一场景,即目标对雷达照射信号反射(或散射)形成回波,该回波功率也会出现最大甚至最小的极值结果,对应的雷达发射极化称为“目标最佳极化”,这是长期以来的传统叫法,该最佳极化在极化全域有唯一解。在此特别说明,因为作者的研究成果,已经发现了在极化的局部区域比如在某类极化轨道上也存在目标回波功率的极值解,所以本书将传统的“目标最佳极化”的含义进行了拓广,变为“目标最优极化”,它包括“目标全局最优极化”即传统的目标最佳极化,以及“目标局部最优极化”。为了有助于初涉极化领域的学者能够快速牢靠地理解并记住“目标最优极化”这个概念,本节标题上加了“照射”两个字,即目标最优照射极化,实际上就是雷达的发射极化。

4.4.1 目标全局最优极化

“目标全局最优极化”这一概念:目标是指被雷达信号照射的各类型目标,或统称为雷达目标;全局是指极化全域,第 2 章介绍的极化球面就是表征极化全域。最优极化包括两方面:一是全域中的最佳发射极化,简称全局最优极化;二是局部最优极化,即极化球面某特定区域的最佳发射极化。

1. 零极化

给定目标(散射矩阵 $\boldsymbol{S}$ 已知),而改变照射信号的极化状态,那么在一般情况下,因为目标的变极化效应,目标回波中存在与照射极化正交的分量,回波随发射极化的变化做此消彼长的变化,必然出现零极化的特殊情况,即回波中只有与发射极化正交的分量存在,而与发射极化相同的分量为零。这种情况下的发射极化称为目标零极化,或共极化零点,如图 4.4.1 所示。

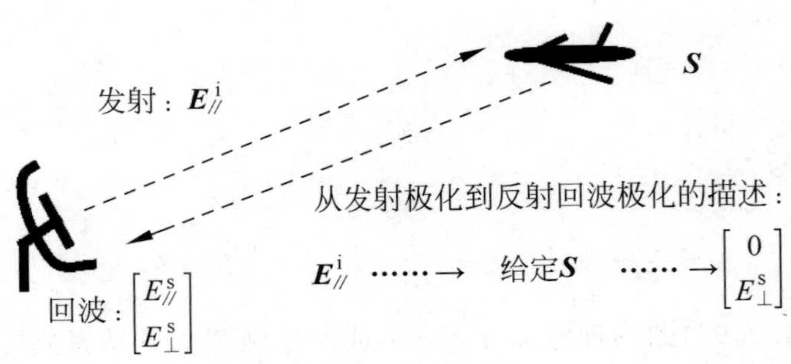

图 4.4.1 零极化图示

从接收的角度来讲，单基地雷达系统在收/发共天线的情况下是接收不到雷达目标回波信号的。只要给定目标散射矩阵，则零极化是必然存在的。本书忽略其求解过程，主要关注伪本征极化的求解。

2. 伪本征极化

与零极化的场景相同，即给定目标(散射矩阵 $\boldsymbol{S}$ 已知)，改变雷达发射信号的极化方式，因目标变极化效应，回波中与发射极化正交的回波分量随之而做此消彼长的变化，必然出现伪本征极化的特殊情况，即回波中只有与发射极化相同的分量存在，而与发射极化正交的分量为零。这种情况下的雷达发射极化称为目标伪本征极化，也称为正交极化零点、交叉极化零点，实际上也是目标功率矩阵的特征极化、本征极化，如图 4.4.2 所示。

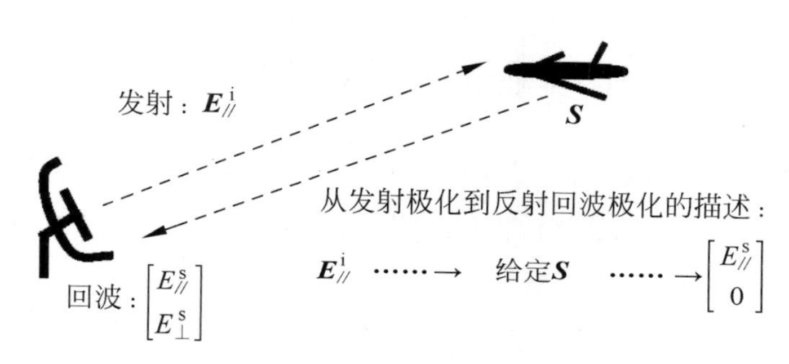

图 4.4.2　伪本征极化图示

3. 伪本征方程与匹配接收

对接收电压方程，散射矩阵变换为酉相合变换，而且电压方程的散射矩阵在任意极化基上都是对称矩阵，即

$$\boldsymbol{S}_{\mathrm{v}}(AB)=\boldsymbol{U}^{\mathrm{T}}\boldsymbol{S}(XY)\boldsymbol{U} \tag{4.4.1}$$

由矩阵理论知道，任意一个对称矩阵可通过一个满秩相合变换对角化。进一步讲，任一复对称阵，可通过酉相合变换对角化。用数学式描述，即为

$$\boldsymbol{U}^{\mathrm{T}}\boldsymbol{S}(XY)\boldsymbol{U}=\boldsymbol{\Lambda}_{\mathrm{d}}=\begin{bmatrix} \mu_1 & 0 \\ 0 & \mu_2 \end{bmatrix} \tag{4.4.2}$$

所以，对角化过程就是要寻找一个新的极化基，使在新基上目标 PSM 的两个次对角线元素等于零。下面介绍对角化过程中新极化基的确立。

假设已经找到了新极化基$(\hat{\boldsymbol{a}},\hat{\boldsymbol{b}})$，新基确立则一定同时确定了过渡矩阵，使 $\boldsymbol{S}(XY)$对角化，即

$$\boldsymbol{\Lambda}_{\mathrm{d}}=\boldsymbol{U}^{\mathrm{T}}\boldsymbol{S}(XY)\boldsymbol{U} \tag{4.4.3}$$

$$\boldsymbol{U}:(\hat{\boldsymbol{x}},\hat{\boldsymbol{y}})\rightarrow(\hat{\boldsymbol{a}},\hat{\boldsymbol{b}})$$

设$(\hat{\boldsymbol{c}},\hat{\boldsymbol{d}})$为另一基，过渡矩阵$\boldsymbol{U}_0:(\hat{\boldsymbol{x}},\hat{\boldsymbol{y}})\rightarrow(\hat{\boldsymbol{c}},\hat{\boldsymbol{d}})$，则变基散射矩阵为

$$\boldsymbol{S}(CD)=\boldsymbol{U}_0^{\mathrm{T}}\boldsymbol{S}(XY)\boldsymbol{U}_0 \tag{4.4.4}$$

由式(4.4.4)得到

$$\boldsymbol{S}(XY)=(\boldsymbol{U}_0^{\mathrm{T}})^{-1}\boldsymbol{S}(CD)\boldsymbol{U}_0^{-1} \tag{4.4.5}$$

将式(4.4.5)代入式(4.4.2)，得到

$$\boldsymbol{\Lambda}_{\mathrm{d}}=\boldsymbol{U}^{\mathrm{T}}\boldsymbol{S}(XY)\boldsymbol{U}=(\boldsymbol{U}_0^{-1}\boldsymbol{U})^{\mathrm{T}}\boldsymbol{S}(CD)\boldsymbol{U}_0^{-1}\boldsymbol{U} \tag{4.4.6}$$

上式形式上是一个酉相合变换，且过渡矩阵为$\boldsymbol{U}_0^{-1}\boldsymbol{U}$，并由这个过渡矩阵可以确定所要寻找的新极化基。因此得到结论：任意极化基上的对称矩阵$\boldsymbol{S}(XY)=\boldsymbol{S}^{\mathrm{T}}(XY)$均可通过适当的酉相合变换对角化成$\boldsymbol{\Lambda}_{\mathrm{d}}$。

由对角化过程，容易得到著名的 Kennaugh 伪本征方程。将式(4.4.2)写为

$$\boldsymbol{U}^{\mathrm{T}}\boldsymbol{S}(XY)\boldsymbol{U}=\boldsymbol{\Lambda}_{\mathrm{d}}\rightarrow\boldsymbol{S}(XY)\boldsymbol{U}=\boldsymbol{U}^{-T}\boldsymbol{\Lambda}_{\mathrm{d}} \tag{4.4.7}$$

根据酉过渡矩阵的性质，因为

$$\boldsymbol{U}=[\boldsymbol{U}_1\boldsymbol{U}_2],\quad \boldsymbol{U}^{\mathrm{H}}=\boldsymbol{U}^{-1}$$

所以

$$\boldsymbol{U}^{-T}=(\boldsymbol{U}^{\mathrm{H}})^{\mathrm{T}}=(\boldsymbol{U}^{*\mathrm{T}})^{\mathrm{T}}=\boldsymbol{U}^{*} \tag{4.4.8}$$

将式(4.4.8)代入式(4.4.7)，得到

$$\boldsymbol{S}(XY)\cdot[\boldsymbol{U}_1\boldsymbol{U}_2]=[\boldsymbol{U}_1^{*}\boldsymbol{U}_2^{*}]\begin{bmatrix}\mu_1 & 0\\ 0 & \mu_2\end{bmatrix} \tag{4.4.9}$$

上式就是著名的 Kennaugh 伪本征方程，可以写成简洁形式

$$\boldsymbol{S}\boldsymbol{U}_i=\mu_i\boldsymbol{U}_i^{*},\quad i=1,2 \tag{4.4.10}$$

式中：μ_1、μ_2 为散射矩阵的伪本征值，而散射矩阵表示的就是目标，因此也称为目标的伪本征值；$\boldsymbol{U}_1$、$\boldsymbol{U}_2$ 为过渡矩阵的两个列向量，称为散射矩阵的伪本征向量，因此也称为目标的伪

本征向量，实际上就是伪本征极化基（新基）在旧基（$\hat{\boldsymbol{x}},\hat{\boldsymbol{y}}$）上的坐标向量。

由上可得出结论：在极化全域，伪本征值（极值解）是唯一的，对应的伪本征向量也是唯一的，而伪本征向量在物理上的含义就是雷达发射极化矢量。这就是全局最优极化。

式（4.4.10）给出了单站情况下，收/发共极化雷达对目标进行后向散射回波接收的极化匹配条件，发射极化与目标回波极化复共轭，极化完全匹配。由式（4.4.10）可知，$\boldsymbol{U}_i$ 是照射信号极化，而 $\boldsymbol{U}_i^*$ 决定回波信号的极化，故两者的线极化比存在如下的关系：

$$\boldsymbol{SU}_i=\mu_i\boldsymbol{U}_i^* \tag{4.4.11}$$

$$P^{\mathrm{i}}=P_{U_i},\quad P^{\mathrm{r}}=P_{U_i^*}$$

$$P^{\mathrm{r}}=(P^{\mathrm{i}})^* \tag{4.4.12}$$

也可计算出极化匹配系数为1来说明极化匹配：

$$\rho=\frac{|\boldsymbol{U}_{\mathrm{r}}^{\mathrm{T}}\boldsymbol{E}_{\mathrm{s}}|^2}{\|\boldsymbol{U}_{\mathrm{r}}\|^2\|\boldsymbol{E}_{\mathrm{s}}\|^2}\xlongequal{\boldsymbol{U}_{\mathrm{r}}=\boldsymbol{U}_i(\text{共天线})}\frac{|\boldsymbol{U}_i^{\mathrm{T}}\mu_i\boldsymbol{U}_i^*|^2}{\|\boldsymbol{U}_i\|^2\|\mu_i\boldsymbol{U}_i^*\|^2}=1 \tag{4.4.13}$$

从接收的角度来讲，目标回波极化与发射极化完全匹配（线极化比复共轭），两者极化完全相同，共极化天线能实现最佳接收。可以得到发射天线和目标回波的极化“物理事实”是：形状同；长轴与长轴、短轴与短轴平行；波场矢量端点运动轨迹在同一坐标系中时针走向相反，相向坐标系中则极化旋向相同。所以本质上它们的极化方式完全一样。

方程中的 μ_1、μ_2 代表雷达接收电压，而天线有效长度就是伪本征极化矢量。在伪本征极化基（$\hat{\boldsymbol{a}},\hat{\boldsymbol{b}}$）上，有

$$\boldsymbol{h}(AB)=[1\quad 0]^{\mathrm{T}} \tag{4.4.14}$$

这意味着天线极化方式与 $\hat{\boldsymbol{a}}$ 相同。接收电压为

$$V_1=\boldsymbol{h}^{\mathrm{T}}(AB)[\boldsymbol{\Lambda}]_{\mathrm{d}}\boldsymbol{h}(AB)=[1\quad 0]\begin{bmatrix}\mu_1 & 0\\ 0 & \mu_2\end{bmatrix}\begin{bmatrix}1\\ 0\end{bmatrix}=\mu_1 \tag{4.4.15}$$

当 $\boldsymbol{h}(AB)=[0\quad 1]^{\mathrm{T}}$ 时，意味着天线极化方式与 $\hat{\boldsymbol{b}}$ 相同。接收电压为

$$V_2=[0\quad 1]\begin{bmatrix}\mu_1 & 0\\ 0 & \mu_2\end{bmatrix}\begin{bmatrix}0\\ 1\end{bmatrix}=\mu_2 \tag{4.4.16}$$

4. 伪本征方程的解算

1）确定极化椭圆几何参数

酉相合变换后，即

$$U^{\mathrm{T}}SU=\mathrm{diag}(\mu_1,\mu_2) \tag{4.4.17}$$

过渡矩阵可以做如下分解：

$$U=R(\tau)H(\varepsilon)=\begin{bmatrix}\cos\tau & -\sin\tau\\ \sin\tau & \cos\tau\end{bmatrix}\begin{bmatrix}\cos\varepsilon & \mathrm{j}\sin\varepsilon\\ \mathrm{j}\sin\varepsilon & \cos\varepsilon\end{bmatrix}$$

将上式代入式(4.4.17)中，令次对角线元素为零，得到

$$\begin{cases}\cos2\tau\cos2\varepsilon\,\mathrm{Re}2s_{xy}-\sin2\tau\cos2\varepsilon\,\mathrm{Re}s_2-\sin2\varepsilon\,\mathrm{Im}s_1=0\\ \cos2\tau\cos2\varepsilon\,\mathrm{Im}2s_{xy}-\sin2\tau\cos2\varepsilon\,\mathrm{Im}s_2-\sin2\varepsilon\,\mathrm{Re}s_1=0\end{cases} \tag{4.4.18}$$

设一对正交极化$(\varepsilon_{\mathrm{d}},\tau_{\mathrm{d}})$、$(-\varepsilon_{\mathrm{d}},\tau_{\mathrm{d}}+\pi/2)$为一组解，则解得

$$\tau_{\mathrm{d}}=\frac{1}{2}\arctan[2\mathrm{Re}(s_1^*s_{xy})/\mathrm{Re}(s_1^*s_2)],\quad \varepsilon_{\mathrm{d}}=\frac{1}{2}\arctan(j2s'_{xy})/s_1) \tag{4.4.19}$$

式中

$$s_1=s_{xx}+s_{yy},\quad s_2=s_{xx}-s_{yy},\quad 2s'_{xy}=(2s_{xy}\cos2\phi-s_2\sin2\phi)\,|_{\phi=\phi_{\mathrm{d}}}$$

2）确定伪本征（特征）极化

利用求得的倾角和椭圆率角，可得到伪本征极化（即雷达的发射极化）如下：

$$U_1=\begin{bmatrix}\cos\tau\cos\varepsilon-\mathrm{j}\sin\tau\sin\varepsilon\\ \sin\tau\cos\varepsilon+\mathrm{j}\cos\tau\sin\varepsilon\end{bmatrix} \tag{4.4.20a}$$

$$U_2=\begin{bmatrix}-\sin\tau\cos\varepsilon+\mathrm{j}\cos\tau\sin\varepsilon\\ \cos\tau\cos\varepsilon+\mathrm{j}\sin\tau\sin\varepsilon\end{bmatrix} \tag{4.4.20b}$$

由坐标向量写出构成极化基的两个正交波场为

$$\hat{\boldsymbol{a}}=(\hat{\boldsymbol{x}},\hat{\boldsymbol{y}})U_1=(\cos\tau\cos\varepsilon-\mathrm{j}\sin\tau\sin\varepsilon)\hat{\boldsymbol{x}}+(\sin\tau\cos\varepsilon+\mathrm{j}\cos\tau\sin\varepsilon)\hat{\boldsymbol{y}} \tag{4.4.21a}$$

$$\hat{\boldsymbol{b}}=(\hat{\boldsymbol{x}},\hat{\boldsymbol{y}})U_2=(-\sin\tau\cos\varepsilon+\mathrm{j}\cos\tau\sin\varepsilon)\hat{\boldsymbol{x}}+(\cos\tau\cos\varepsilon+\mathrm{j}\sin\tau\sin\varepsilon)\hat{\boldsymbol{y}} \tag{4.4.21b}$$

很容易验证椭圆正交基($\hat{\boldsymbol{a}}$,$\hat{\boldsymbol{b}}$)两个正交波场线极化比的如下关系：

$$P_{\hat{b}}=-\frac{1}{P_{\hat{a}}^{*}} \tag{4.4.22}$$

$\hat{\boldsymbol{a}}$ 和 $\hat{\boldsymbol{b}}$：传播方向相同，极化椭圆形状相同、旋向相反，长轴与长轴垂直，是一对单位正交波，如图 4.4.3(同一坐标系)所示。

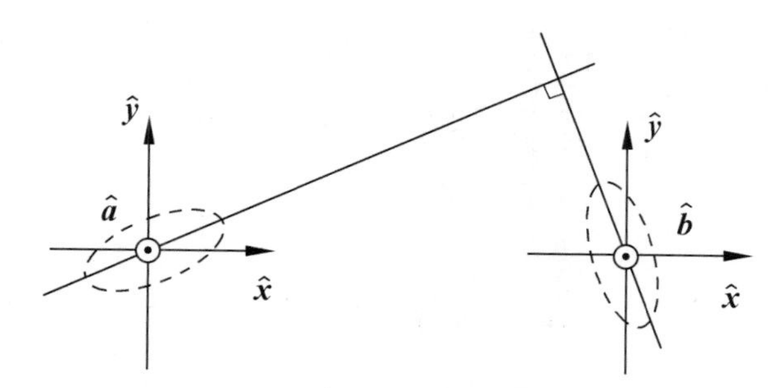

图 4.4.3　极化基两个波的极化关系

3）确定伪本征值

将散射矩阵对角化做一些形式上的变化，可以得到伪本征值的如下计算式：

$$\boldsymbol{U}^{\mathrm{T}}\boldsymbol{S}\boldsymbol{U}=\mathrm{diag}(\mu_1,\mu_2)\rightarrow$$

$$[\boldsymbol{U}_1\boldsymbol{U}_2]^{\mathrm{T}}\boldsymbol{S}[\boldsymbol{U}_1\boldsymbol{U}_2]=\begin{bmatrix}\boldsymbol{U}_1^{\mathrm{T}}\boldsymbol{S}\boldsymbol{U}_1 & \boldsymbol{U}_1^{\mathrm{T}}\boldsymbol{S}\boldsymbol{U}_2\\ \boldsymbol{U}_2^{\mathrm{T}}\boldsymbol{S}\boldsymbol{U}_1 & \boldsymbol{U}_2^{\mathrm{T}}\boldsymbol{S}\boldsymbol{U}_2\end{bmatrix}=\begin{bmatrix}\mu_1 & 0\\ 0 & \mu_2\end{bmatrix}$$

$$\mu_1=\boldsymbol{U}_1^{\mathrm{T}}\boldsymbol{S}\boldsymbol{U}_1,\quad \mu_2=\boldsymbol{U}_2^{\mathrm{T}}\boldsymbol{S}\boldsymbol{U}_2 \tag{4.4.23}$$

综上所述，椭圆几何参数、伪本征极化、伪本征值的求解关系为

$$\begin{cases}(\varepsilon_{\mathrm{d}},\tau_{\mathrm{d}})\leftrightarrow\boldsymbol{U}_1\leftrightarrow\mu_1\\ \left(-\varepsilon_{\mathrm{d}},\tau_{\mathrm{d}}\pm\dfrac{\pi}{2}\right)\leftrightarrow\boldsymbol{U}_2\leftrightarrow\mu_2\end{cases} \tag{4.4.24}$$

4）本征方程与伪本征方程的关系

由伪本征方程 $\boldsymbol{S}\boldsymbol{U}_i=\mu_i\boldsymbol{U}_i^{*}$ 可以得到如下变形：

$$\begin{cases}\boldsymbol{U}_i^{*}=\dfrac{\boldsymbol{S}\boldsymbol{U}_i}{\mu_i} & (4.4.25\mathrm{a})\\ (\boldsymbol{S}\boldsymbol{U}_i)^{*}=(\mu_i\boldsymbol{U}^{*})^{*}\rightarrow\boldsymbol{S}^{*}\boldsymbol{U}_i^{*}=\mu_i\boldsymbol{U}_i & (4.4.25\mathrm{b})\end{cases}$$

将式(4.4.25a)代入式(4.4.25b)可以得到

$$\boldsymbol{S}^*\boldsymbol{U}_i^*=\boldsymbol{S}^*\frac{\boldsymbol{S}\boldsymbol{U}_i}{\mu_i}=\mu_i\boldsymbol{U}_i$$

$$\boldsymbol{S}^*\boldsymbol{S}\boldsymbol{U}_i=\mu_i^2\boldsymbol{U}_i \tag{4.4.26}$$

由散射矩阵的对称性可以得到

$$\begin{cases}\boldsymbol{S}^{\mathrm{T}}=\boldsymbol{S},\boldsymbol{S}^*=\boldsymbol{S}^{*\mathrm{T}}\\ \boldsymbol{S}^*\boldsymbol{S}=\boldsymbol{S}^{*\mathrm{T}}\boldsymbol{S}=\boldsymbol{S}^{\mathrm{H}}\boldsymbol{S}=\boldsymbol{G}\end{cases} \tag{4.4.27}$$

则式(4.4.26)可以写成

$$\boldsymbol{G}\boldsymbol{U}_i=\mu_i^2\boldsymbol{U}_i,\quad i=1,2 \tag{4.4.28}$$

即

$$\boldsymbol{G}[\boldsymbol{U}_1\quad \boldsymbol{U}_2]=[\boldsymbol{U}_1\quad \boldsymbol{U}_2]\begin{bmatrix}\mu_1^2 & 0\\ 0 & \mu_2^2\end{bmatrix}$$

$$(\boldsymbol{G}-\lambda_i\boldsymbol{I})\boldsymbol{U}_i=0,\quad i=1,2 \tag{4.4.29}$$

式(4.4.28)就是本征方程。其本征值等于伪本征值的平方,本征向量与伪本征向量是相同的,在物理意义上都可以等同地表示雷达的发射极化。另外,利用功率矩阵变基变换为酉相似变换的结论,且酉相似变换可等价为本征值方程,也可以获得本征方程:

$$\boldsymbol{U}^{-1}\boldsymbol{G}\boldsymbol{U}=\begin{bmatrix}\lambda_1 & 0\\ 0 & \lambda_2\end{bmatrix},\quad \boldsymbol{U}=[\boldsymbol{U}_1\boldsymbol{U}_2]$$

$$[\boldsymbol{G}\boldsymbol{U}_1\quad \boldsymbol{G}\boldsymbol{U}_2]=[\lambda_1\boldsymbol{U}_1\quad \lambda_2\boldsymbol{U}_2]$$

$$(\boldsymbol{G}-\lambda_i\boldsymbol{I})\boldsymbol{U}_i=0,\quad i=1,2 \tag{4.4.30}$$

为吻合最佳接收概念,$\boldsymbol{U}_i$ 通常记成 $\boldsymbol{U}_{\mathrm{opt}}$,则本征方程重新写为

$$(\boldsymbol{G}-\lambda\boldsymbol{I})\boldsymbol{U}_{\mathrm{opt}}=0 \tag{4.4.31}$$

极化不变量中,因为相似变换的本征值相等,则可得到

$$\begin{cases}\det\boldsymbol{G}=g_{11}g_{22}-g_{12}g_{21}=\det\boldsymbol{\Lambda}=\lambda_1\lambda_2\\ \mathrm{tr}\boldsymbol{G}=g_{11}+g_{22}=\mathrm{tr}\,\boldsymbol{\Lambda}=\lambda_1+\lambda_2\end{cases} \tag{4.4.32}$$

本征值的显式解是一个简单的二次方程：

$$\begin{cases}\lambda_2=(g_{11}g_{22}-g_{12}g_{21})/\lambda_1\\ \lambda_1+\lambda_2=g_{11}+g_{22}\end{cases}$$

$$\lambda_i^2-\lambda_i(g_{11}+g_{22})+(g_{11}g_{22}-g_{12}g_{21})=0,\quad i=1,2 \tag{4.4.33}$$

其解为

$$\lambda_i=\frac{1}{2}(\mathrm{tr}\boldsymbol{G}\pm(\mathrm{tr}^2\boldsymbol{G}-4\det\boldsymbol{G})^{\frac{1}{2}}) \tag{4.4.34}$$

求得本征极化向量为

$$(\boldsymbol{G}-\lambda\boldsymbol{I})\boldsymbol{E}_{\mathrm{opt}}=\boldsymbol{0}$$

$$\begin{bmatrix}g_{11}-\lambda_i & g_{12}\\ g_{21} & g_{22}-\lambda_i\end{bmatrix}\frac{1}{\sqrt{1+|P_i|^2}}\begin{bmatrix}1\\ P_i\end{bmatrix}=\boldsymbol{0} \tag{4.4.35}$$

式中

$$P_i=(\lambda_i-g_{11})/g_{12},\quad i=1,2 \tag{4.4.36}$$

$$\boldsymbol{E}_{\mathrm{opt1}}^{\mathrm{H}}\boldsymbol{E}_{\mathrm{opt2}}=0$$

$$P_1P_2^*=-1$$

4.4.2　极化域采样与目标局部最优极化

围绕“最佳极化问题”已获得了完美的理论结果，在目标散射矩阵给定的情况下可以得到目标特征极化，即目标的最佳照射极化。但该极化在工程上难以实现，如何能够在硬件上实现特征极化在极化全域的快速确定需要正交通道幅相的快速捷变来支撑；而且特征极化是随散射矩阵不同而变化的，而散射矩阵又是随目标姿态的不同而变化。比如，战斗机在作战过程中，它相对于雷达的散射矩阵可能是大量的，即特征极化是大量的，说明雷达在实战中迅速实现大量目标特征极化以提高目标测量效果是不容易的。根本解决途径是，要从理论上找到变极化方法以指导硬件系统的实现。

目标特征极化因散射矩阵不同而不同，而且可能“很随意”地分布在极化球面的任何位置，即便能及时测得散射矩阵并计算出特征极化，但对发射系统来讲，要“很随意”地在极化全域跟上并发射它是极为艰难的，从目前技术水平来讲是做不到的。如何将“很随意”

变成"有序进行",使硬件易于实现不同极化的连续发射和寻优,是一个极具挑战性的课题。

1. 极化域的轨道采样

W. M. Boerner 求解最佳照射极化、接收极化的解耦三步法(对收发极化可调雷达):①调节发射极化,②使目标后向散射能流最强,③调节接收极化,使接收电压/功率最大。其解耦思想适于一切后向散射(包括线性、非线性情况)以及双站雷达情况,前提是要知道目标的极化散射矩阵。从最佳接收角度讲,这是一个全极化测量条件下的全局(整个极化球面)最优解问题,硬件实现极为困难。

为了便于变极化的硬件实现,设想对雷达发射极化进行参数约束,这便是极化球面(极化域)上进行极化轨道采样的思想基础。

1) 极化轨道

三条典型大圆极化轨道如图 4.4.4 所示。

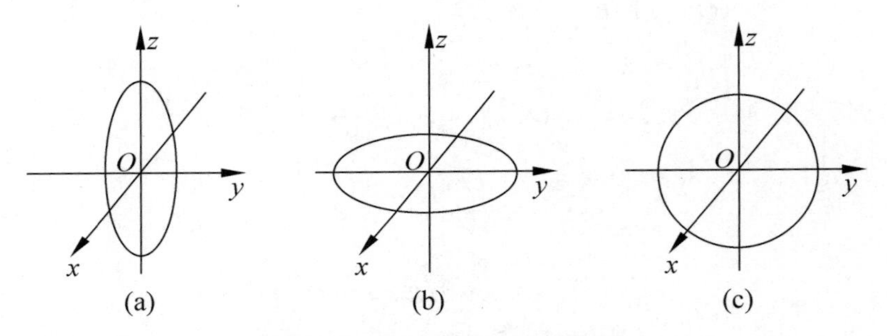

图 4.4.4 三条典型极化轨道

图 4.4.4(a)即椭圆倾角 $\tau=0$ 的轨道,代表了所有极化椭圆无倾斜的椭圆极化,图中 xOz 平面将球切成左右两半的剖面圆周。实现发射变极化的轨道约束:

$$\{\phi=\pm\pi/2;\ |E_y|/|E_x|\in(0,\infty)\} \tag{4.4.37}$$

图 4.4.4(b)即椭圆率角 $\varepsilon=0$ 轨道,代表了所有线极化,图中 xOy 平面将球切成上下两半的剖面圆周。实现发射变极化的轨道约束:

$$\{\phi=0,\pm\pi;\ |E_y|/|E_x|=(0,\infty)\} \tag{4.4.38}$$

图 4.4.4(c)即极化关系角 $\gamma=\pi/4$ 轨道,代表了所有照射信号场分量 E_x、E_y 等幅的极化,图中 yOz 平面将球切成前后两半的剖面圆周。实现发射变极化的轨道约束:

$$\{|E_y|/|E_x|=1,\phi\in[-\pi,\pi]\} \tag{4.4.39}$$

上述三条极化轨道皆为极化球面上的一个大圆，即剖面过球心。轨道上任意一条直径两个端点所代表的极化状态相互正交。

除上述极化轨道外，"双环"极化轨道(图 4.4.5)也很有意义，A、B 两个平行的圆环，A 上每一点必定对应着 B 上的每一点，对应的两点为直径的两个端点，即 A、B 两个环构成为一对正交环。

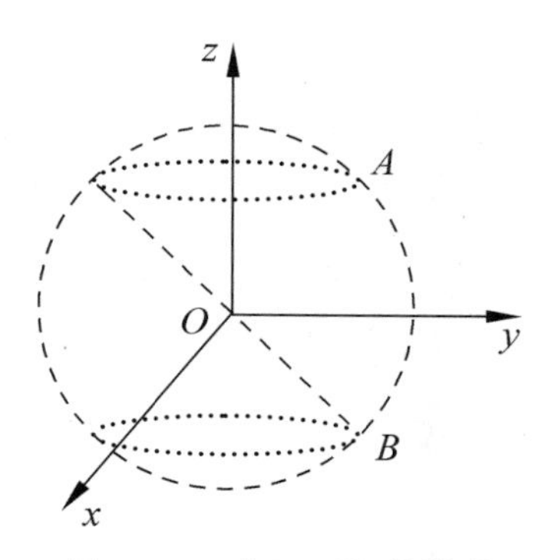

图 4.4.5 "双环"极化轨道

一般性极化轨道：水平(H)/垂直(V)线极化基下，线极化比 $P=\tan\gamma e^{j\phi}$，相位描述子(γ,ϕ)在极化球中的几何意义如图 4.4.6 所示。控制两个参量或自由度(r,ϕ)中的一个，而释放另一个在其值域中有序取值以吻合物理器件参数的惯性变化，即可获得一般性圆环轨道和一般性大圆轨道。

一般性圆环轨道，限制线极化比 P 的自由度极化关系角 γ，即

$$\gamma=\gamma_0\in[0,\pi/2] \tag{4.4.40}$$

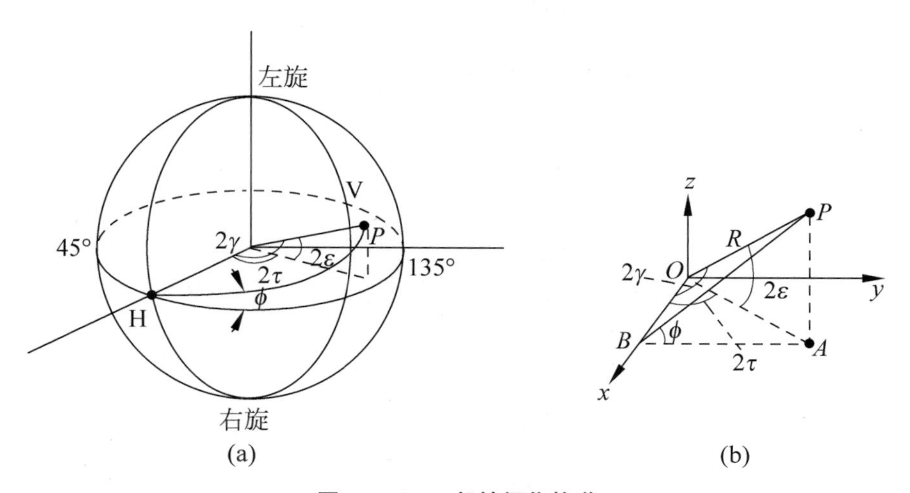

图 4.4.6 一般性极化轨道

而释放另一个自由度相位差 ϕ 在如下值域有序变化,即

$$\phi \in [-\pi, \pi] \tag{4.4.41}$$

则可以证明,此极化轨道约束是极化球上垂直于 HV 直径轴的一个圆环。

一般性大圆轨道,限制极化比 P 的自由度 ϕ,而释放另一个自由度 γ 在如下值域有序变化,即

$$\phi = \phi_0 \in [0, \pi], \quad \gamma \in [-\pi/2, \pi/2] \tag{4.4.42}$$

则可以证明,此极化轨道约束是极化球上垂直于 HV 直径轴的一个大圆。注意,ϕ 的值域缩小一半而 γ 扩大 1 倍的取值空间,可保证成圆周。

2)椭圆极化基底下的椭圆极化比

考虑极化基底变换可得

$$(\hat{\boldsymbol{a}}, \hat{\boldsymbol{b}}) = (\boldsymbol{H}, \boldsymbol{V})\boldsymbol{U} \tag{4.4.43}$$

$$\boldsymbol{U} = \frac{\mathrm{e}^{\mathrm{j}\phi_2}}{\sqrt{1+QQ^*}} \begin{bmatrix} \mathrm{e}^{\mathrm{j}\phi_1} & -Q^* \mathrm{e}^{-\mathrm{j}\phi_1} \\ Q\mathrm{e}^{\mathrm{j}\phi_1} & \mathrm{e}^{-\mathrm{j}\phi_1} \end{bmatrix}$$

式中:Q 为 $\hat{\boldsymbol{a}}$ 在极化基$(\boldsymbol{H}, \boldsymbol{V})$上的线极化比;$\phi_1$、$\phi_2$ 不影响新基$(\hat{\boldsymbol{a}}, \hat{\boldsymbol{b}})$的极化状态,仅有 ϕ_1 对之间的相对相位做贡献,故暂不考虑 ϕ_2。

$$(\hat{\boldsymbol{a}}, \hat{\boldsymbol{b}}) = (\boldsymbol{H}, \boldsymbol{V})\boldsymbol{U} = (\boldsymbol{H}, \boldsymbol{V}) \begin{bmatrix} \mathrm{e}^{\mathrm{j}\phi_1} & \\ & \boldsymbol{U}_2 \\ Q\mathrm{e}^{\mathrm{j}\phi_1} & \end{bmatrix}$$

$$P_{\hat{a}} = \frac{Q\mathrm{e}^{\mathrm{j}\phi_1}}{\mathrm{e}^{\mathrm{j}\phi_1}} = Q \tag{4.4.44}$$

根据坐标变换可得

$$\begin{bmatrix} E_a \\ E_b \end{bmatrix} = \boldsymbol{U}^{\mathrm{H}} \begin{bmatrix} E_{\mathrm{H}} \\ E_{\mathrm{V}} \end{bmatrix}, \quad \boldsymbol{U}^{\mathrm{H}} = \frac{1}{\sqrt{1+QQ^*}} \begin{bmatrix} \mathrm{e}^{-\mathrm{j}\phi_1} & Q^* \mathrm{e}^{-\mathrm{j}\phi_1} \\ -Q\mathrm{e}^{\mathrm{j}\phi_1} & \mathrm{e}^{\mathrm{j}\phi_1} \end{bmatrix}$$

$$E_a = \frac{\mathrm{e}^{-\mathrm{j}\phi_1}}{\sqrt{1+QQ^*}}(E_{\mathrm{H}} + Q^* E_{\mathrm{V}}), \quad E_b = \frac{\mathrm{e}^{\mathrm{j}\phi_1}}{\sqrt{1+QQ^*}}(-QE_{\mathrm{H}} + E_{\mathrm{V}})$$

所以,任意平面单色波 $\boldsymbol{\xi}(\omega_0 t, x, y, z)$ 的椭圆极化比定义为

$$q_{\triangle} \triangleq \frac{E_b}{E_a} = \mathrm{e}^{\mathrm{j}2\phi_1} \frac{-QE_{\mathrm{H}} + E_{\mathrm{V}}}{E_{\mathrm{H}} + Q^* E_{\mathrm{V}}} \triangleq \tan\zeta \mathrm{e}^{\mathrm{j}\theta} = h\mathrm{e}^{\mathrm{j}\theta} \tag{4.4.45}$$

为不失一般性，可令 $\phi_1 = 0$，则可得如下关系：

$$q_{\triangle} = \frac{-Q + P}{1 + Q^* P}, \quad P = \tan\gamma \mathrm{e}^{\mathrm{j}\phi} \tag{4.4.46}$$

其中，P 为$\boldsymbol{\xi}(\omega_0 t, x, y, z)$在$(\boldsymbol{H}, \boldsymbol{V})$上的线极化比，而$Q$ 为$\hat{\boldsymbol{a}}$ 在$(\boldsymbol{H}, \boldsymbol{V})$上的线极化比。像前面一样，约束椭圆极化比中的参数，即可获得一般情况下的极化轨道。若两个参数有秩序地在论域中取值，即可“无缝连接”地遍历整个极化球面。

3）变极化的目标回波功率

前面已经介绍，对散射方程和电压方程，变基时它们的功率矩阵是酉相似变换，说明了变基时的能量不变性。雷达目标回波的功率密度由下式给出：

$$\| \boldsymbol{E}^{\mathrm{r}} \|^2 = (\boldsymbol{E}^{\mathrm{r}})^{\mathrm{H}} \boldsymbol{E}^{\mathrm{r}} = (\boldsymbol{S}\boldsymbol{E}^{\mathrm{i}})^{\mathrm{H}} \boldsymbol{S}\boldsymbol{E}^{\mathrm{i}} = (\boldsymbol{E}^{\mathrm{i}})^{\mathrm{H}} \boldsymbol{G}\boldsymbol{E}_{\mathrm{i}} \tag{4.4.47}$$

式中：$\| \cdot \|$ 为 Frobenius 范数；$\boldsymbol{G}$ 为功率矩阵，且

$$\boldsymbol{G} = \boldsymbol{S}^{\mathrm{H}} \boldsymbol{S} = \begin{bmatrix} g_{11} & g_{12} \\ g_{21} & g_{22} \end{bmatrix}, \quad g_{12} = g_{21}^* \tag{4.4.48}$$

（1）圆环极化轨道上的目标回波功率。

圆环极化轨道满足如下条件（图 4.4.7 按线极化比而非椭圆极化比参量制作）：

$$\zeta = \zeta_0 \in [0, \pi/2], \quad \theta \in [-\pi, \pi], \quad h_0 = | q_{\triangle} | = \tan\zeta_0 \tag{4.4.49}$$

单位功率照射波为

$$\boldsymbol{E}^{\mathrm{i}} = \begin{bmatrix} \cos\zeta_0 \\ \sin\zeta_0 \mathrm{e}^{\mathrm{j}\theta} \end{bmatrix} = \frac{1}{\sqrt{1 + | q_{\triangle} |^2}} \begin{bmatrix} 1 \\ | q_{\triangle} | \mathrm{e}^{\mathrm{j}\theta} \end{bmatrix}, \quad \theta \in [-\pi, \pi] \tag{4.4.50}$$

则

$$\begin{aligned} \| \boldsymbol{E}^{\mathrm{r}} \|^2 = (\boldsymbol{E}^{\mathrm{i}})^{\mathrm{H}} \boldsymbol{G}\boldsymbol{E}^{\mathrm{i}} &= \frac{1}{1 + h_0^2} \begin{bmatrix} 1 & h_0 \mathrm{e}^{-\mathrm{j}\theta} \end{bmatrix} \begin{bmatrix} g_{11} & g_{12} \\ g_{21} & g_{22} \end{bmatrix} \begin{bmatrix} 1 \\ h_0 \mathrm{e}^{\mathrm{j}\theta} \end{bmatrix} \\ &= \frac{1}{1 + h_0^2} \begin{bmatrix} g_{11} + h_0 g_{21} \mathrm{e}^{-\mathrm{j}\theta} & g_{12} + h_0 g_{22} \mathrm{e}^{-\mathrm{j}\theta} \end{bmatrix} \begin{bmatrix} 1 \\ h_0 \mathrm{e}^{\mathrm{j}\theta} \end{bmatrix} \end{aligned}$$

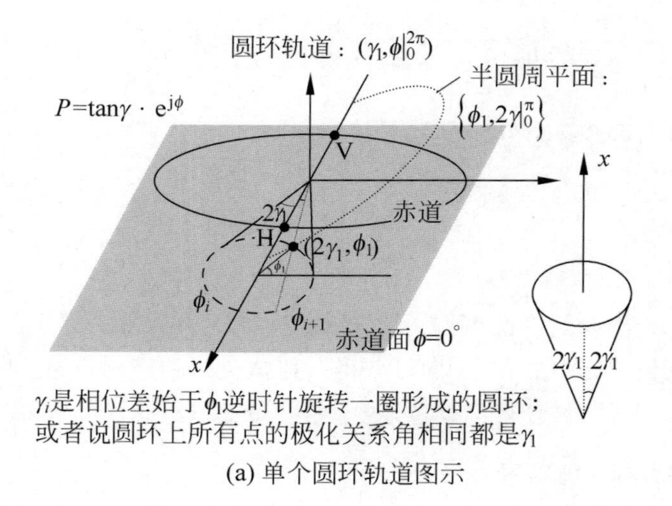

(a) 单个圆环轨道图示

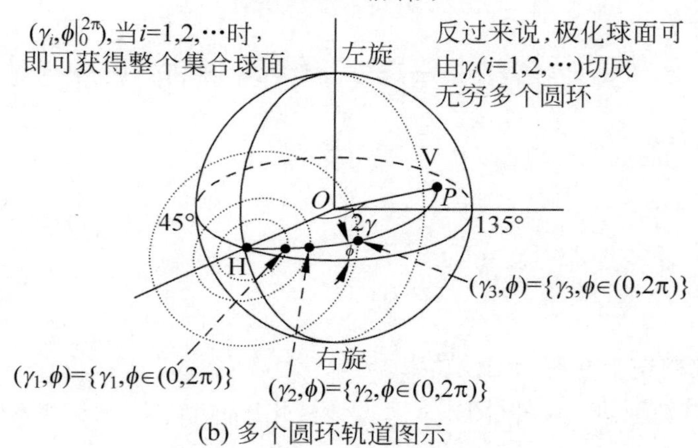

(b) 多个圆环轨道图示

图 4.4.7 极化球面上的圆环极化轨道

$$\underline{\underline{g_{12}=g_{21}^*}}\frac{g_{22}h_0^2+g_{11}}{1+h_0^2}+\frac{2h_0\,|\,g_{12}\,|}{1+h_0^2}\left[e^{-j(\theta+\arg(g_{12}))}+e^{j(\theta+\arg(g_{12}))}\right]$$

$$=\frac{g_{22}h_0^2+g_{11}}{1+h_0^2}+\frac{2h_0\,|\,g_{12}\,|}{1+h_0^2}\cos(\theta+\arg g_{12}) \tag{4.4.51}$$

$$\|\boldsymbol{E}_{\mathrm{R}}\|^2=\max,\quad \theta_1=-\arg(g_{12})$$

$$\|\boldsymbol{E}_{\mathrm{R}}\|^2=\min,\quad \theta_2=\pi-\arg(g_{12})$$

$$g_{12}=|\,g_{12}\,|\,e^{j\arg(g_{12})}$$

$$g_{12}=|\,g_{12}\,|\,e^{j\arg(g_{12})}$$

整理式(4.4.51)，可得

$$\| \boldsymbol{E}_{\mathrm{R}} \|^{2} = a + b\cos(\theta + \alpha) \tag{4.4.52}$$

$$a = \frac{g_{11} + g_{22}h_0^2}{1 + h_0^2}, \quad b = \frac{2h_0 \mid g_{12} \mid}{1 + h_0^2}$$

$$\alpha = \arg(g_{12}), \quad \cos\alpha = \frac{\mathrm{Re}(g_{12})}{\mid g_{12} \mid}$$

即在圆环轨道上，目标回波能流随发射极化态按余弦规律变化，如图 4.4.8 所示。

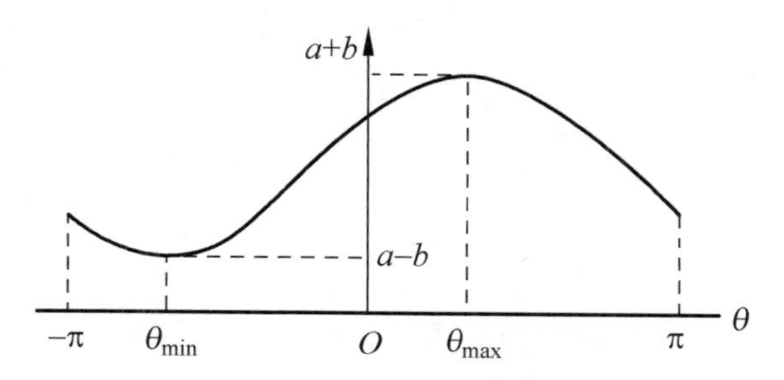

图 4.4.8　回波功率密度与发射极化关系

极值解为

$$\| \boldsymbol{E}^{\mathrm{r}} \|_{\max}^{2} = a + b = \frac{g_{11} + g_{22}h_0^2 + 2h_0 \mid g_{12} \mid}{1 + h_0^2} \tag{4.4.53}$$

$$\| \boldsymbol{E}^{\mathrm{r}} \|_{\min}^{2} = a - b = \frac{g_{11} + g_{22}h_0^2 - 2h_0 \mid g_{12} \mid}{1 + h_0^2} \tag{4.4.54}$$

如果轨道环变成大圆轨道，那么最大、最小回波能量对应的极化为一对正交极化，大圆相比于极化球面（极化域）是局部区域，所以该情况下的这对正交极化称为局部最优极化；其他轨道环不过球心，其上就不存在正交极化，也因此不存在局部最优极化。

（2）大圆极化轨道上的目标回波功率。

大圆轨道满足如下条件（图 4.4.9 按线极化比而非椭圆极化比参量制作）：

$$\theta = \theta_0 \in [-\pi, 0] \text{ 或 } [0, \pi]; \quad \zeta \in [-\pi/2, \pi/2] \tag{4.4.55}$$

发射信号的极化为

$$\boldsymbol{E}^{\mathrm{i}} = \frac{1}{\sqrt{1 + h^2}} \begin{bmatrix} 1 \\ h\mathrm{e}^{\mathrm{j}\theta_0} \end{bmatrix}, \quad -\infty < h < \infty \tag{4.4.56}$$

则其功率密度为

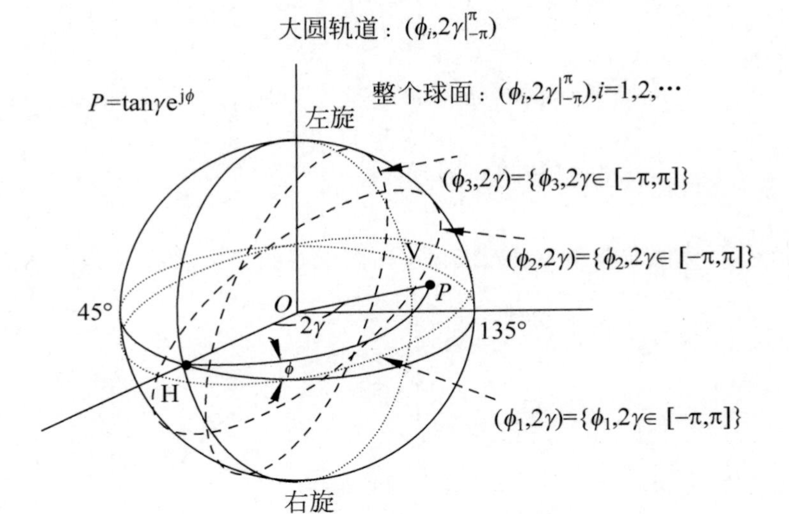

图 4.4.9 极化球面上的大圆极化轨道

$$\begin{aligned}\|\boldsymbol{E}^{\mathrm{r}}\|^2&=(\boldsymbol{E}^{\mathrm{i}})^{\mathrm{H}}\boldsymbol{G}\boldsymbol{E}_{\mathrm{i}}\\&=\frac{g_{22}h^2+2\mathrm{Re}(g_{12}\mathrm{e}^{\mathrm{j}\theta_0})h+g_{11}}{1+h^2}=\frac{ch^2+2dh+r}{1+h^2}\end{aligned}\tag{4.4.57}$$

$$c=g_{22},\quad d=\mathrm{Re}(g_{12}\mathrm{e}^{\mathrm{j}\theta_0}),\quad r=g_{11}$$

式(4.4.57)有无极值解需考查一、二阶导数情况。令一阶导数为零，解算结果为

$$\begin{aligned}\frac{\partial\|\boldsymbol{E}^{\mathrm{r}}\|^2}{\partial h}&=\frac{(2ch+2d)(1+h^2)-(rh^2+2dh+r)2h}{(1+h^2)^2}\\&=\frac{-2dh^2+2(c-h)h+2d}{(1+h^2)^2}=0\\&-2dh^2+2(c-h)h+2d=0\\h_{1,2}&=\frac{c-r}{2d}\pm\sqrt{\left(\frac{c-r}{2d}\right)^2+1}\end{aligned}\tag{4.4.58}$$

再考查解算点处的二阶导数：

$$\begin{aligned}\frac{\partial^2\|\boldsymbol{E}^{\mathrm{r}}\|^2}{\partial h^2}&=\frac{\partial}{\partial h}\left[\frac{-2dh^2+2(c-r)h+2d}{(1+h^2)^2}\right]\\&=\frac{[4dh+2(c-r)](1+h^2)^2-[-2dh^2+2(c-r)h+2d]\frac{\partial}{\partial h}(1+h^2)^2}{(1+h^2)^4}\end{aligned}$$

由于

$$-2dh^2+2(c-r)h+2d\,|_{h_{1,2}}=0$$

则上式简化为

$$\frac{\partial^2\|\boldsymbol{E}^{\mathrm{r}}\|^2}{\partial h^2}=\frac{-4d\left(h-\dfrac{c-r}{2d}\right)}{(1+h^2)^2} \tag{4.4.59}$$

式(4.4.58)中取“+”号解，即

$$h_1=\frac{c-r}{2d}+\sqrt{\left(\frac{c-r}{2d}\right)^2+1}$$

代入式(4.4.59)可得

$$\frac{\partial^2}{\partial h^2}\|\boldsymbol{E}^{\mathrm{r}}\|^2=\frac{-4d}{(1+h^2)^2}\sqrt{\left(\frac{c-r}{2d}\right)^2+1} \tag{4.4.60}$$

$$\begin{cases} d>0\rightarrow\dfrac{\partial^2}{\partial h^2}\|\boldsymbol{E}^{\mathrm{r}}\|^2<0, & h_1\text{ 为极大值点}\\ d<0\rightarrow\dfrac{\partial^2}{\partial h^2}\|\boldsymbol{E}^{\mathrm{r}}\|^2>0, & h_1\text{ 为极小值点}\end{cases} \tag{4.4.61}$$

注：$d=\mathrm{Re}(g_{12}\mathrm{e}^{\mathrm{j}\theta_0})$。

式(4.4.58)取“−”号，即

$$h_2=\frac{c-r}{2d}-\sqrt{\left(\frac{c-r}{2d}\right)^2+1}$$

代入式(4.4.59)可得

$$\frac{\partial^2}{\partial h^2}\|\boldsymbol{E}^{\mathrm{r}}\|^2=\frac{4d}{(1+h^2)^2}\sqrt{\left(\frac{c-r}{2d}\right)^2+1} \tag{4.4.62}$$

$$\begin{cases} d>0\rightarrow\dfrac{\partial^2}{\partial h^2}\|\boldsymbol{E}^{\mathrm{r}}\|^2>0, & h_2\text{ 为极小值点}\\ d<0\rightarrow\dfrac{\partial^2}{\partial h^2}\|\boldsymbol{E}^{\mathrm{r}}\|^2<0, & h_1\text{ 为极大值点}\end{cases} \tag{4.4.63}$$

2. 大圆极化轨道上的目标局部最优极化

在极化球的大圆极化轨道上，从目标回波功率与雷达发射极化的关系中，可以得到三个非常有意义的结论。

(1) 目标回波能量(功率密度) $\| \boldsymbol{E}^{\mathrm{r}} \|^2$ 有极值解。

(2) 目标散射能量与大圆轨道上的极化态呈现为正弦关系(图 4.4.10)。整理后可得

$$\| \boldsymbol{E}^{\mathrm{r}} \|^2 = \frac{ch^2 + 2dh + r}{1+h^2} = c + \frac{2d\left(h - \dfrac{c-r}{2d}\right)}{1+h^2} \tag{4.4.64}$$

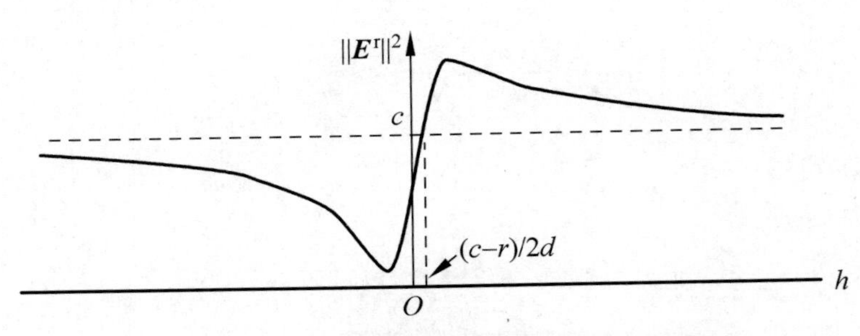

图 4.4.10　目标回波功率密度与照射极化关系

$\| \boldsymbol{E}^{\mathrm{r}} \|^2$ 与 ζ 的关系：

$$\begin{aligned}
\| \boldsymbol{E}^{\mathrm{r}} \|^2 &= \frac{ch^2 + 2dh + r}{1+h^2} \\
&= \frac{c\tan^2\zeta + 2d\tan\zeta + r}{1+\tan^2\zeta} \\
&= c\sin^2\zeta + d\sin 2\zeta + r\cos^2\zeta \\
&= d\sin 2\zeta + c + (r-c)\cos^2\zeta \\
&= d\sin 2\zeta + c + \frac{r-c}{2}(2\cos^2\zeta - 1) + \frac{r-c}{2} \\
&= d\sin 2\zeta + c + \frac{r-c}{2}\cos 2\zeta + \frac{r-c}{2} \\
&= \sqrt{d^2 + \left(\frac{r-c}{2}\right)^2}\sin(2\zeta + \psi) + \frac{r-c}{2}
\end{aligned} \tag{4.4.65}$$

式中

$$\sin\psi = \frac{(r-c)/2}{\sqrt{d^2 + \left(\dfrac{r-c}{2}\right)^2}}, \quad \cos\psi = \frac{d}{\sqrt{d^2 + \left(\dfrac{r-c}{2}\right)^2}}$$

显然式(4.4.65)是正弦关系，如图 4.4.11 所示。

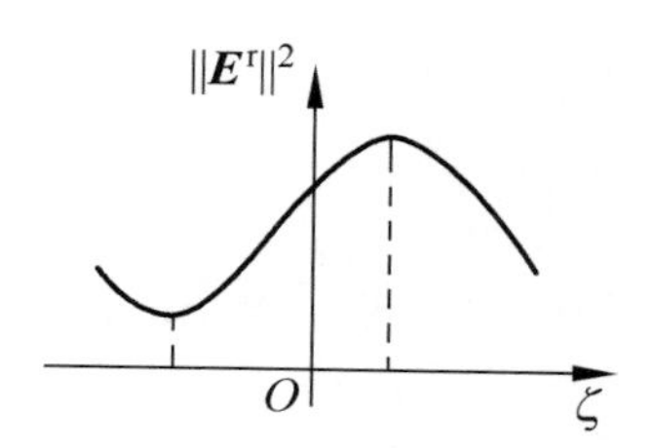

图 4.4.11　目标回波功率密度与照射极化关系

(3) 大圆极化轨道上的极大、极小能量恰好对应了一对正交极化，称其为极化轨道约束下的局部最优极化。其极化正交关系验证如下：

$$h_1=\frac{c-r}{2d}+\sqrt{\left(\frac{c-r}{2d}\right)^2+1},\quad h_2=\frac{c-r}{2d}-\sqrt{\left(\frac{c-r}{2d}\right)^2+1}$$

$$(h_1\mathrm{e}^{\mathrm{j}\theta_0})(h_2\mathrm{e}^{\mathrm{j}\theta_0})^*=-1,\quad P_1P_2^*=-1 \tag{4.4.66}$$

4.5　极化目标 RCS 区间性

前面讨论了雷达目标回波功率和雷达发射极化的关系，而目标回波功率又与目标 RCS 紧密相关，所以目标 RCS 与雷达发射极化也一定有关系。4.4 节已经讨论了目标回波功率与照射极化存在的解析解，以此可以预判目标 RCS 与照射极化也应该有解析关系。极化特性是目标极其重要的内质，其极化素质全部包含在它的极化散射矩阵里。

4.5.1　RCS 与极化的关系

目标 RCS 按图 4.5.1 所示的系统论定义，可以避免距离系数项。目标看作一个系统，其散射与入射功率密度的比值是一个无量纲的反射系数，能够反映它散射能力的大小，即

$$\sigma=\frac{\text{散射功率密度}}{\text{入射功率密度}}=\frac{\|\boldsymbol{E}^{\mathrm{s}}\|^2}{\|\boldsymbol{E}^{\mathrm{i}}\|^2}$$

任意辐射场为

$$\boldsymbol{E}^{\mathrm{i}}=\mathrm{j}\,\frac{Z_0I}{2\lambda r}\boldsymbol{h}^{\mathrm{i}}(\theta,\varphi)$$

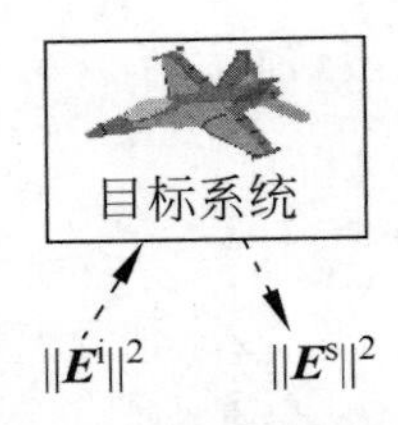

图 4.5.1 RCS 的系统论定义

则其功率密度为

$$\begin{aligned}\|\boldsymbol{E}^{\mathrm{i}}\|^{2}&=(\boldsymbol{E}^{\mathrm{i}})^{\mathrm{H}}\boldsymbol{E}^{\mathrm{i}}\\&=\left(\mathrm{j}\,\frac{Z_0 I}{2\lambda r}\right)^{*}\left(\mathrm{j}\,\frac{Z_0 I}{2\lambda r}\right)\left[h_x^{\mathrm{i}*}\quad h_y^{\mathrm{i}*}\right]\begin{bmatrix}h_x^{\mathrm{i}}\\h_y^{\mathrm{i}}\end{bmatrix}\\&=\frac{|Z_0|^2|I|^2}{4\lambda^2 r^2}\left(|h_x^{\mathrm{i}}|^2+|h_y^{\mathrm{i}}|^2\right)\end{aligned}\tag{4.5.1}$$

根据目标散射方程

$$\begin{bmatrix}E_x^{\mathrm{s}}\\E_y^{\mathrm{s}}\end{bmatrix}=\begin{bmatrix}s_{xx}&s_{xy}\\s_{yx}&s_{yy}\end{bmatrix}\begin{bmatrix}E_x^{\mathrm{i}}\\E_y^{\mathrm{i}}\end{bmatrix}$$

则有

$$\|\boldsymbol{E}^{\mathrm{s}}\|^{2}=(\boldsymbol{E}^{\mathrm{s}})^{\mathrm{H}}\boldsymbol{E}^{\mathrm{s}}=\frac{|Z_0|^2|I|^2}{4\lambda^2 r^2}\left[h_x^{\mathrm{i}*}\quad h_y^{\mathrm{i}*}\right]\boldsymbol{S}^{\mathrm{H}}\boldsymbol{S}\begin{bmatrix}h_x^{\mathrm{i}}\\h_y^{\mathrm{i}}\end{bmatrix}$$

目标散射截面积，即反射系数为

$$\begin{aligned}\sigma&=\frac{\|\boldsymbol{E}^{\mathrm{s}}\|^{2}}{\|\boldsymbol{E}^{\mathrm{i}}\|^{2}}\\&=\left(\left(\sqrt{|h_x^{\mathrm{i}}|^2+|h_y^{\mathrm{i}}|^2}\right)^2\left[\cos\gamma\sin\gamma\mathrm{e}^{-\mathrm{j}\phi}\right]\boldsymbol{S}^{\mathrm{H}}\boldsymbol{S}\begin{bmatrix}\cos\gamma\\\sin\gamma\mathrm{e}^{\mathrm{j}\phi}\end{bmatrix}\right)\Big/\left(|h_x^{\mathrm{i}}|^2+|h_y^{\mathrm{i}}|^2\right)\\&=\boldsymbol{P}_{\mathrm{i}}^{\mathrm{H}}\boldsymbol{S}^{\mathrm{H}}\boldsymbol{S}\boldsymbol{P}_{\mathrm{i}}\end{aligned}\tag{4.5.2}$$

式中：$\boldsymbol{P}_{\mathrm{i}}=[\cos\gamma\quad\sin\gamma\mathrm{e}^{\mathrm{j}\phi}]^{\mathrm{T}}$，为单位功率密度的照射极化态。

式(4.5.2)就是散射截面积 RCS 与照射极化的数学关系式。

4.5.2 RCS的线极化比表征

照射极化 $\boldsymbol{P}^{\mathrm{i}}$ 及其线极化比 P 为

$$\begin{cases}\boldsymbol{P}^{\mathrm{i}}=\begin{bmatrix}\cos\gamma\\ \sin\gamma\,\mathrm{e}^{\mathrm{j}\phi}\end{bmatrix}, & \text{照射极化}\\ P=\tan\gamma\,\mathrm{e}^{\mathrm{j}\phi}, & \text{线极化比}\end{cases} \tag{4.5.3}$$

关于照射极化 $\boldsymbol{P}^{\mathrm{i}}$,有如下式的一些结果:

$$\begin{cases}\boldsymbol{P}^{\mathrm{i}}=\dfrac{|E_x|}{\sqrt{|E_x|^2+|E_y|^2}}\begin{bmatrix}1\\ P\end{bmatrix}=\dfrac{1}{\sqrt{1+|P|^2}}\begin{bmatrix}1\\ P\end{bmatrix}\\ (\boldsymbol{P}^{\mathrm{i}})^{\mathrm{H}}=\dfrac{1}{\sqrt{1+|P|^2}}\begin{bmatrix}1 & P^*\end{bmatrix}\\ \|\boldsymbol{P}^{\mathrm{i}}\|^2=(\boldsymbol{P}^{\mathrm{i}})^{\mathrm{H}}\boldsymbol{P}^{\mathrm{i}}=\dfrac{1}{1+|P|^2}(1+P^*P)=1\end{cases} \tag{4.5.4}$$

散射矩阵及其功率矩阵分别为式(4.5.5)和式(4.5.6)

$$\boldsymbol{S}=\begin{bmatrix}s_{xx} & s_{xy}\\ s_{yx} & s_{yy}\end{bmatrix},\quad \boldsymbol{S}^{\mathrm{H}}=\begin{bmatrix}s_{xx}^* & s_{xy}^*\\ s_{yx}^* & s_{yy}^*\end{bmatrix} \tag{4.5.5}$$

$$\boldsymbol{S}^{\mathrm{H}}\boldsymbol{S}=\begin{bmatrix}s_{xx}^*s_{xx}+s_{yx}^*s_{yx} & s_{xx}^*s_{xy}+s_{yx}^*s_{yy}\\ s_{xy}^*s_{xx}+s_{yy}^*s_{yx} & s_{xy}^*s_{xy}+s_{yy}^*s_{yy}\end{bmatrix}\triangleq\boldsymbol{G},\quad g_{12}=g_{21}^* \tag{4.5.6}$$

利用以上结果得到线极化比表征的目标散射截面积 RCS 的表达式为

$$\begin{aligned}\sigma=\boldsymbol{P}_i^{\mathrm{H}}\boldsymbol{G}\boldsymbol{P}_{\mathrm{i}}&=\frac{1}{1+|P|^2}\begin{bmatrix}1 & P^*\end{bmatrix}\begin{bmatrix}g_{11} & g_{12}\\ g_{21} & g_{22}\end{bmatrix}\begin{bmatrix}1\\ P\end{bmatrix}\\ &=\frac{1}{1+|P|^2}\begin{bmatrix}g_{11}+P^*g_{21} & g_{12}+P^*g_{22}\end{bmatrix}\begin{bmatrix}1\\ P\end{bmatrix}\\ &=\frac{1}{1+|P|^2}[g_{11}+P^*g_{21}+P(g_{12}+P^*g_{22})]\\ &\xlongequal{g_{12}=g_{21}^*}\frac{1}{1+|P|^2}(g_{11}+P^*g_{21}+Pg_{21}^*+PP^*g_{22})\end{aligned}$$

$$=\frac{1}{1+|P|^2}[g_{11}+(Pg_{21}^*)^*+Pg_{21}^*+PP^*g_{22}]$$

$$=\frac{1}{1+|P|^2}(g_{11}+|P||g_{21}^*|+|P|^2g_{22}) \tag{4.5.7}$$

4.5.3 RCS的线极化比参量表征

式(4.5.7)也可以转化为线极化比两个参量(也称相位描述子)的表征式：

$$\begin{aligned}
\sigma &= \left(\boldsymbol{S}\begin{bmatrix}\cos\gamma \\ \sin\gamma\mathrm{e}^{\mathrm{j}\phi}\end{bmatrix}\right)^{\mathrm{H}}\boldsymbol{S}\begin{bmatrix}\cos\gamma \\ \sin\gamma\mathrm{e}^{\mathrm{j}\phi}\end{bmatrix} \\
&= [\cos\gamma \quad \sin\gamma\mathrm{e}^{-\mathrm{j}\phi}]\begin{bmatrix}s_{11}^* & s_{21}^* \\ s_{12}^* & s_{22}^*\end{bmatrix}\begin{bmatrix}s_{11} & s_{12} \\ s_{21} & s_{22}\end{bmatrix}\begin{bmatrix}\cos\gamma \\ \sin\gamma\mathrm{e}^{\mathrm{j}\phi}\end{bmatrix} \\
&= [\cos\gamma \quad \sin\gamma\mathrm{e}^{-\mathrm{j}\phi}]\begin{bmatrix}g_{11} & g_{12} \\ g_{21} & g_{22}\end{bmatrix}\begin{bmatrix}\cos\gamma \\ \sin\gamma\mathrm{e}^{\mathrm{j}\phi}\end{bmatrix} \\
&= [\cos\gamma g_{11}+\sin\gamma\mathrm{e}^{-\mathrm{j}\phi}g_{21} \quad \cos\gamma g_{12}+\sin\gamma\mathrm{e}^{-\mathrm{j}\phi}g_{22}]\begin{bmatrix}\cos\gamma \\ \sin\gamma\mathrm{e}^{\mathrm{j}\phi}\end{bmatrix} \\
&= \cos^2\gamma g_{11}+\cos\gamma\sin\gamma\mathrm{e}^{-\mathrm{j}\phi}g_{21}+\cos\gamma\sin\gamma\mathrm{e}^{\mathrm{j}\phi}g_{12}+\sin^2\gamma g_{22} \\
&= g_{11}\cos^2\gamma+g_{22}\sin^2\gamma+|g_{12}|\sin 2\gamma\cos(\phi+\phi_{g_{12}})
\end{aligned} \tag{4.5.8}$$

4.5.4 雷达目标的匹配截面积

雷达散射截面积是接收回波功率密度与照射信号功率密度之比。进行全极化测量以后，描述目标变极化效应采用了极化散射矩阵，相应地出现了“共极化雷达截面积”“正交极化雷达截面积”和“匹配截面积”三种RCS新概念。RCS用于描述目标的散射潜力，在全极化测量条件下，实际上就是指“匹配RCS”，如果把实测结果看作RCS，就有可能出现错误。例如，用圆极化信号照射金属球，同一部天线收不到信号，不能说金属球没有RCS。

共极化雷达截面积、正交极化雷达截面积、匹配雷达截面积分别表示如下：

$$\sigma_{/\!/}=|\boldsymbol{P}_{/\!/}^{\mathrm{T}}\boldsymbol{S}\boldsymbol{P}_{/\!/}|^2 \tag{4.5.9}$$

$$\sigma_{\perp}=|\boldsymbol{P}_{\perp}^{\mathrm{T}}\boldsymbol{S}\boldsymbol{P}_{/\!/}|^2 \tag{4.5.10}$$

$$\sigma=((\boldsymbol{P}^{\mathrm{i}})^{\mathrm{H}}\boldsymbol{S}^{\mathrm{H}}\boldsymbol{S}\boldsymbol{P}^{\mathrm{i}})=\sigma_{/\!/}+\sigma_{\perp} \tag{4.5.11}$$

从表达式中很清楚地看到，三种雷达截面积皆为发射极化而非天线有效长度的函数。下面证明式(4.5.11)：

目标散射的全部功率为

$$(\boldsymbol{E}^{s})^{H}\boldsymbol{E}^{s}=|E_{x}^{s}|^{2}+|E_{y}^{s}|^{2} \tag{4.5.12}$$

假设该信号功率已全部被接收下来，则雷达目标的匹配截面积为

$$\sigma=[(\boldsymbol{E}^{s})^{H}\boldsymbol{E}^{s}]/\|\boldsymbol{E}^{i}\|^{2}=\frac{|E_{x}^{s}|^{2}}{\|\boldsymbol{E}^{i}\|^{2}}+\frac{|E_{y}^{s}|^{2}}{\|\boldsymbol{E}^{i}\|^{2}}=\sigma_{/\!/}+\sigma_{\perp} \tag{4.5.13}$$

接收天线需要将其全部功率接收下来，具备的条件是接收天线的极化与目标回波的极化完全匹配，采用同一坐标系，极化匹配条件是 $P_{h}=P_{i}^{*}$（为了方便表达，将 $\boldsymbol{P}^{i}$ 写成 $\boldsymbol{P}_{i}$）。

另外，也可从天线接收的角度来获得式(4.5.13)：

$$\begin{aligned}
VV^{*}&=|\boldsymbol{h}^{T}\boldsymbol{E}^{s}|^{2}=|\sqrt{|h_{x}|^{2}+|h_{y}|^{2}}P_{h}^{T}\sqrt{|E_{x}^{s}|^{2}+|E_{y}^{s}|^{2}}\boldsymbol{P}^{s}|^{2}\\
&\xlongequal{P_{h}=(P^{s})^{*}}(|h_{x}|^{2}+|h_{y}|^{2})(|E_{x}^{s}|^{2}+|E_{y}^{s}|^{2})\\
&\quad\left|[\cos\gamma\quad \sin\gamma e^{-j\phi}]\begin{bmatrix}\cos\gamma\\ \sin\gamma e^{j\phi}\end{bmatrix}\right|^{2}\\
&\xlongequal{|h_{x}|^{2}+|h_{y}|^{2}=1}|E_{x}^{s}|^{2}+|E_{y}^{s}|^{2}
\end{aligned}$$

所以匹配雷达截面积为

$$\begin{aligned}
\sigma&=VV^{*}/\|\boldsymbol{E}^{i}\|^{2}=\frac{|E_{x}^{s}|^{2}+|E_{y}^{s}|^{2}}{\|\boldsymbol{E}^{i}\|^{2}}\\
&=\sigma_{/\!/}+\sigma_{\perp}
\end{aligned} \tag{4.5.14}$$

4.5.5　全极化测量下目标 RCS 的区间性

矩阵 $\boldsymbol{A}$ 的瑞利商定义如下：

$$R(\boldsymbol{X})=\frac{\boldsymbol{X}^{H}\boldsymbol{A}\boldsymbol{X}}{\boldsymbol{X}^{H}\boldsymbol{X}},\quad \forall\boldsymbol{X}(\neq\boldsymbol{0})\in\boldsymbol{C}^{n} \tag{4.5.15}$$

由定义式知道，若 $\boldsymbol{X}_{0}$ 是 $\boldsymbol{A}$ 的特征值 λ_{0} 对应的特征向量，则 $R(\boldsymbol{X}_{0})=\lambda_{0}$。另外，厄米特矩阵的瑞利商之值是实数。

瑞利商定理：设 $\boldsymbol{A}$ 是厄米特矩阵，最大、最小特征值分别为 λ_{1}、λ_{n}，对一切非零 $\boldsymbol{X}$ 有

$$\lambda_n \leqslant R(\boldsymbol{X}) = \frac{\boldsymbol{X}^{\mathrm{H}}\boldsymbol{A}\boldsymbol{X}}{\boldsymbol{X}^{\mathrm{H}}\boldsymbol{X}} \leqslant \lambda_1 \tag{4.5.16}$$

式中

$$\lambda_1 = \max R(\boldsymbol{X}), \quad \lambda_n = \min R(\boldsymbol{X})$$

在极化基$(\hat{\boldsymbol{x}},\hat{\boldsymbol{y}})$上目标处的回波及其功率密度为

$$\begin{cases}\boldsymbol{E}^{\mathrm{s}} = \boldsymbol{S}(XY)\boldsymbol{E}^{\mathrm{t}} \\ W_{\mathrm{s}} = \|\boldsymbol{E}^{\mathrm{s}}\|^2 = (\boldsymbol{E}^{\mathrm{t}})^{\mathrm{H}}\boldsymbol{G}(XY)\boldsymbol{E}^{\mathrm{t}}\end{cases} \tag{4.5.17}$$

$\boldsymbol{G}(XY)$是一个非负定厄米特矩阵，功率式是一个非负定的厄米特二次型。由瑞利商定理可得

$$\lambda_2 \leqslant \|\boldsymbol{E}^{\mathrm{s}}\|^2 = (\boldsymbol{E}^{\mathrm{t}})^{\mathrm{H}}\boldsymbol{G}(XY)\boldsymbol{E}^{\mathrm{t}} \leqslant \lambda_1 \tag{4.5.18}$$

式中：$\|\boldsymbol{E}^{\mathrm{t}}\|^2=1$，$\boldsymbol{E}_{\mathrm{t1}}$、$\boldsymbol{E}_{\mathrm{t2}}$是特征极化并正交，分别对应的$\lambda_1$、$\lambda_2$为最大、最小特征值。

目标雷达截面积与式(4.5.18)有完全相同的数学表达形式，即

$$\sigma = (\boldsymbol{P}^{\mathrm{t}})^{\mathrm{H}}\boldsymbol{S}^{\mathrm{H}}\boldsymbol{S}\boldsymbol{P}^{\mathrm{t}} = (\boldsymbol{P}^{\mathrm{t}})^{\mathrm{H}}\boldsymbol{G}\boldsymbol{P}^{\mathrm{t}} \tag{4.5.19}$$

$$\boldsymbol{P}^{\mathrm{t}} = [\cos\lambda \quad \sin\gamma \mathrm{e}^{\mathrm{j}\phi}]^{\mathrm{T}}, \quad \boldsymbol{E}^{\mathrm{t}} = \boldsymbol{P}^{\mathrm{t}}, \quad \|\boldsymbol{P}^{\mathrm{t}}\|^2 = \|\boldsymbol{E}^{\mathrm{t}}\|^2 = 1$$

目标最大和最小雷达截面积分别对应了最大和最小本征值。此时，回波极化与发射极化完全匹配，发射天线又可用作接收天线，能够完全匹配接收回波。而在其他发射极化下得到的目标截面积介于二者之间。

雷达发射最小本征极化照射目标$\boldsymbol{S}(XY)$时：

$$\boldsymbol{E}^{\mathrm{i}} = \begin{bmatrix} E_x^{\mathrm{i}} \\ E_y^{\mathrm{i}} \end{bmatrix}$$

因为
$$\boldsymbol{E}^{\mathrm{s}} = \mu_2(\boldsymbol{E}^{\mathrm{i}})^* = \mu_2\begin{bmatrix} E_x^{\mathrm{i}*} \\ E_y^{\mathrm{i}*} \end{bmatrix}$$

所以
$$\sigma = |\mu_2|^2 = \lambda_2 \tag{4.5.20}$$

雷达发射最大本征极化照射目标$\boldsymbol{S}(XY)$时

$$\boldsymbol{E}^{\mathrm{i}}=\begin{bmatrix}E_x^{\mathrm{i}}\\E_y^{\mathrm{i}}\end{bmatrix}$$

因为

$$\boldsymbol{E}^{\mathrm{s}}=\mu_1(\boldsymbol{E}^{\mathrm{i}})^*=\mu_1\begin{bmatrix}E_x^{\mathrm{i}*}\\E_y^{\mathrm{i}*}\end{bmatrix}$$

所以

$$\sigma=|\mu_1|^2=\lambda_1 \tag{4.5.21}$$

发射其他任意极化并匹配接收，雷达目标匹配截面积

$$\lambda_2\leqslant\sigma=\sigma_{/\!/}+\sigma_{\perp}\leqslant\lambda_1 \tag{4.5.22}$$

单一固定极化收发天线所测特定姿态目标的雷达截面积，是由目标本身物理属性决定的、衡量目标散射能力的一个不变值。但姿态变化时，RCS起伏。

全极化目标的雷达截面积不是一个固定量，而是一个固定取值区间，区间由散射矩阵决定，具体取值由发射极化决定。散射矩阵随目标姿态不同而不同，区间“起伏”。

对给定目标：

(1) 一对本征极化是唯一的、正交的，是目标全局最优的极化。

(2) 在大圆极化轨道上，也存在一对唯一的、正交的极化，是目标局部最优的极化。

(3) 如果大圆轨道以本征极化基的直径为轴旋转而遍历整个极化球面，那么所有轨道上的局部最优极化就是本征极化，即全局最优极化。

(4) 如果以本征极化基直径之外的任何一条直径为轴旋转，那么在遍历整个极化球面过程中只有一次机会遇到本征极化。

目标在一对特征极化照射下，后向散射波总功率密度为

$$c=\|\boldsymbol{S}\|_{\mathrm{F}}^2=\sum_{i=1}^{2}\sum_{j=1}^{2}|s_{ij}|^2=\sum_{i=1}^{2}\sum_{j=1}^{2}(\mathrm{Re}^2 s_{ij}+\mathrm{Im}^2 s_{ij}) \tag{4.5.23}$$

若单位功率密度发射极化由一对特征极化构成，则匹配接收后得到

$$\sigma=\sigma_1+\sigma_2=\lambda_1+\lambda_2 \tag{4.5.24}$$

散射矩阵的Frobenius范数 $\|\boldsymbol{S}\|_{\mathrm{F}}$ 的平方就是目标回波的总功率密度，也就是单位功率密度发射极化照射下的雷达目标匹配截面积：

$$\begin{aligned}\|\boldsymbol{E}^{\mathrm{s}}\|^2&=\|\boldsymbol{S}\|_{\mathrm{F}}^2=\|\boldsymbol{U}^{\mathrm{H}}\boldsymbol{S}\boldsymbol{U}\|_{\mathrm{F}}^2\\&=\|\boldsymbol{S}\|_{\mathrm{F}}^2=\sum_{i=1}^{2}\sum_{j=1}^{2}|s_{ij}|^2=\mathrm{tr}\boldsymbol{G}(XY)=g_{11}+g_{22}\\&=\lambda_1+\lambda_2\end{aligned} \tag{4.5.25}$$

4.6 目标极化散射特性及应用简例

目标极化散射矩阵的概念用于描述与表征目标固有极化特性，反映了目标对照射极化的调制效应，决定着目标回波的极化特性。以极化散射矩阵为基础，可以明晰目标极化散射特性的内涵，它包括目标内质极化特征和目标回波极化特性两方面，从而带来了获取目标极化特征信息的两大类思路：一是研究极化散射矩阵(是照射波给定频率和目标姿态的函数)各种特征量以获得目标内质极化特征信息；二是探究目标回波极化特性以提取目标极化特征信息(时域、频域、极化域、空域及其联合域，可根据不同雷达体制和实验情形来选择恰当的论域)，特别是宽带与极化相结合的新体制雷达可以获取目标的精细极化特征。雷达增加极化这一维测量能力，可以极大丰富目标特征信息的内容。

下面简要地列举几个应用实例，籍以示范目标极化散射特性研究的应用前景。需要特别提到的是，极化不变量作为目标内质极化特征的重要组成部分，黄培康院士在其著作中有过深刻的阐述，并在不同场合多次指出极化不变量具有理论与实用双重价值。

4.6.1 目标内质极化特征及其应用

已经发现的目标内质极化特征主要有：2 对全局最优极化，1 对局部最优极化，多个极化不变量。目标的这些特征信息可以应用于目标增强和提升检测性能以及目标极化散射特性刻画与识别等方面。

图 4.6.1 给出的结果是利用零极化(目标内质极化特征之一)用于抑制强海杂波，有效提升了目标和海杂波对比度，从而对舰船目标进行高概率的检测。

针对强海杂波干扰下的人造目标检测问题，为抑制强海杂波而提出了利用目标零极化的优化处理方法。从图 4.6.1(*b*)的量化评估结果可以看出，处理前舰船目标混杂在强海杂波中，而处理后的舰船目标从海杂波中得到了明显的分离，变得清晰可见，说明该方法能够显著提升舰船目标和海杂波的对比度，为目标寻的乃至于精确打击奠定良好基础。

有关目标内质极化特征(如局部最优极化和极化不变量等)在目标极化散射特性刻画与识别中的应用问题，读者可以检索出包括本书作者成果在内的不少文献资料，在此不再赘述。

4.6.2 目标回波极化特性及其应用

目标回波极化特性，是极化目标调制照射极化后其回波极化的变化特点，反映了目标极化内质对外在因素的行为表现，可以提取到目标在不同论域的极化特征信息，方法是通

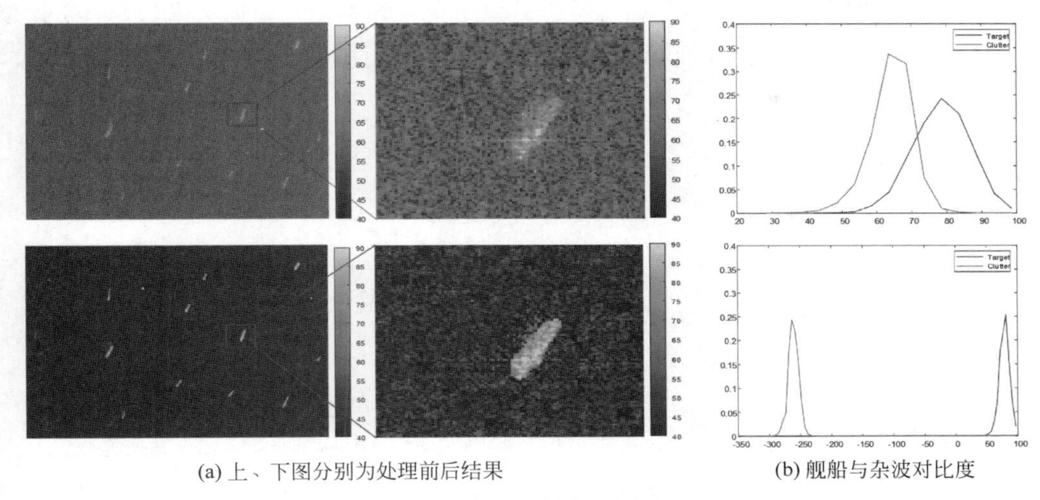

(a) 上、下图分别为处理前后结果　　(b) 舰船与杂波对比度

图 4.6.1　目标检测的零极化处理结果

过极化描述子来刻画目标回波的极化特性，在分析把握其变化特点的基础上提取稳定极化特征。

图 4.6.2 是某飞机目标的全极化测量数据，利用该数据并运用不同的极化表征参数可以得到随姿态(可等效目标空域机动)变化的目标回波极化特性，用途很广，读者可以参阅其他的文献了解更详细的过程和内容。

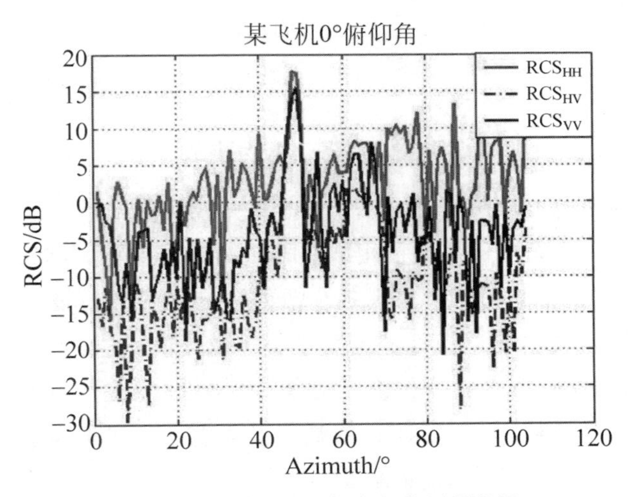

图 4.6.2　某飞机目标全极化测量数据

下面再简要介绍一个应用例子，利用目标回波极化特性解决箔条干扰下的舰船目标有效检测问题。箔条干扰可在时频域混叠遮盖目标，极化关系角的特性数据设计检测器进行无源干扰下的目标检测处理：过门限即可判断有无舰船目标。图 4.6.3 是舰船与箔条云的回波极化关系角的统计特性，很显然，差异非常大，这是冲淡干扰的结果，该方法也适用于箔条质心干扰的目标检测。

实际上,图中展示的目标回波极化特性数据用在目标识别方面也是极具参考价值的,舰船与箔条云用极化关系角所描述和表现出来的回波极化特性差异可直接用作目标分类识别的特征信息。

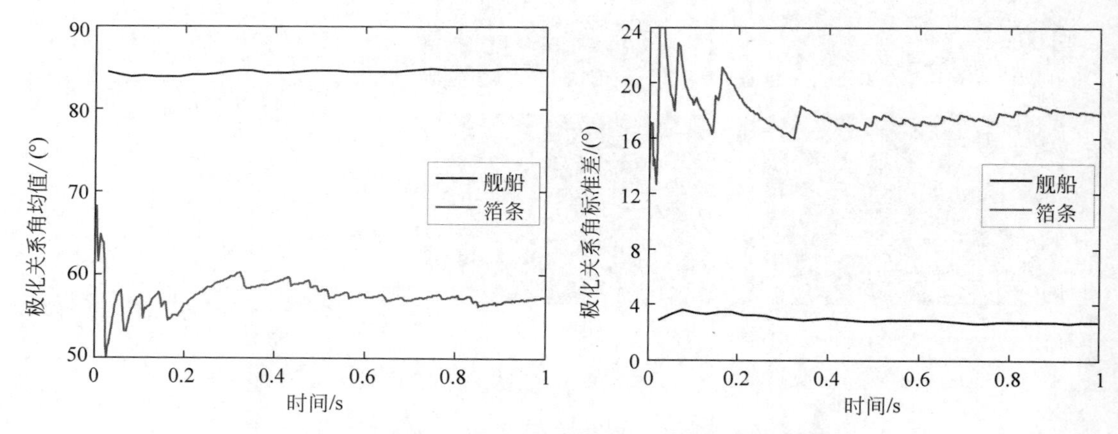

图 4.6.3 舰船与箔条云的回波极化关系角的统计特性

4.6.3 目标高分辨极化特性与识别

宽带与极化的结合是雷达新体制的主要发展方向,利用目标时域高分辨回波离析出散射中心,这些中心在一定的条件下具有稳定的物理结构并可等效为具有明确极化特性的简单形体,从而可以获取复杂目标局部的精细极化特征。图 4.6.4 是目标大方位角范围全极化散射中心分布特性。

基于上述分布提取目标准方位不变性极化特征参数,并进一步开展基于极化信息处理的超分辨成像与目标识别方法研究。图 4.6.5 是超分辨成像结果。

雷达具有宽带高分辨与全极化测量相结合的独特优势,因此可以获得目标精细的极化散射特性,具体来讲可以提取到复杂目标各个散射中心的极化特征,并由于复杂形体目标的局部区域所形成的各散射中心具有稳定性且可等效为圆盘、柱体、平板、球体、角反射器等简单形体目标,因此我们得以从极化论域对复杂形体目标进行简单形体的分解,类似于信号分解所形成的频谱结构,复杂形体目标最终分解为由不同权重的简单形体目标的集合,这是特别重要的可资目标识别的特征信息。图 4.6.6 示意了该分解过程。

目标极化域分解过程主要分三步进行:第一步,发射宽带高分辨信号照射图 4.6.6(a)中的复杂形体飞机目标,获得 HH、HV、VV 各极化组态的目标回波,所形成的目标径向散射中心分布或称目标一维距离像如图 4.6.6(b)所示;第二步,以这些数据为基础可以构建目标各散射中心的极化散射矩阵;第三步,各散射中心的极化散射矩阵与简单形体的理论散射矩阵(如图 4.6.6(c)用不同极化椭圆示意)比对,最终获得简单形体类别及其在整个复杂形体飞机目标中的比例权重。

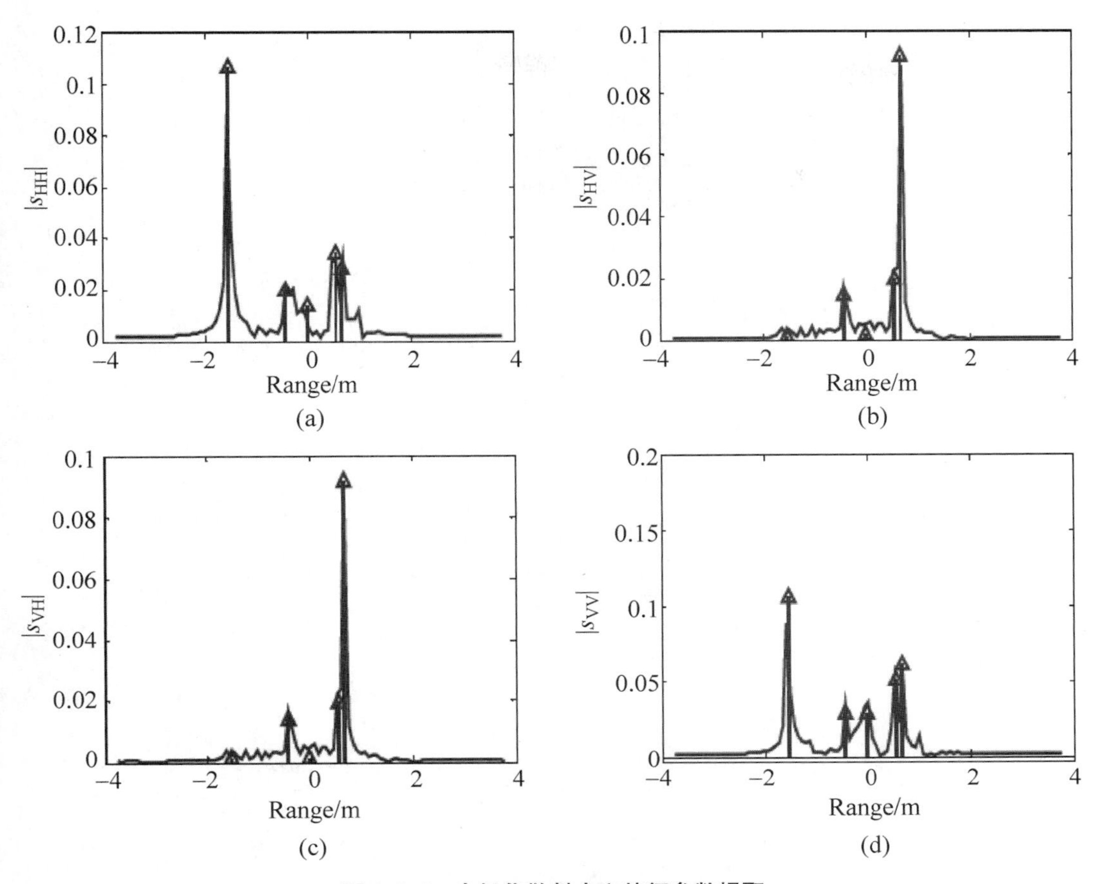

图 4.6.4 全极化散射中心特征参数提取

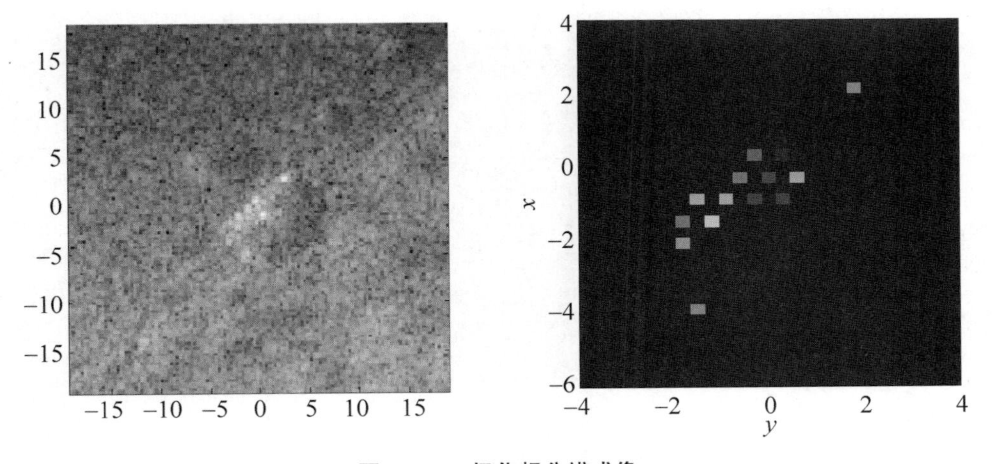

图 4.6.5 极化超分辨成像

(a) 复杂形体的飞机目标

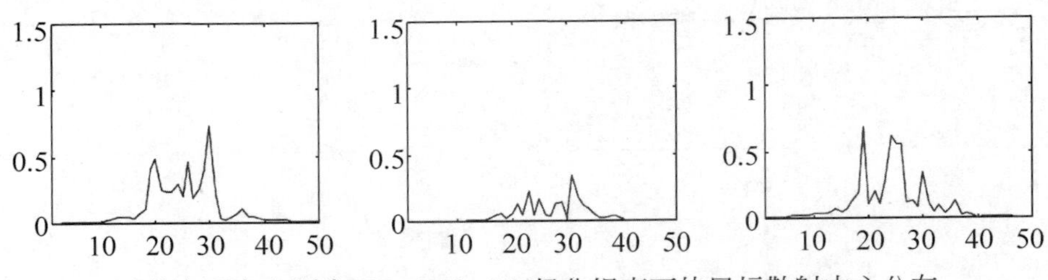

(b) 从左至右分别为HH、HV、VV极化组态下的目标散射中心分布

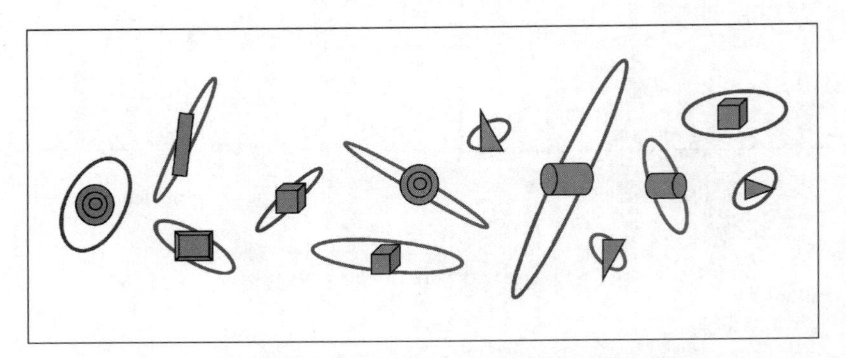

(c) 飞机目标组成件及其极化特性（极化椭圆表示）

图 4.6.6 复杂目标极化分解图示

第5章

目标极化测量

电磁散射理论表明，目标在电磁波照射下具有变极化效应，变极化效应可以用一个复散射矩阵描述，称为极化散射矩阵。它与入射波的频率、目标姿态、物理材料等因素有关。极化散射矩阵是雷达目标极化检测、极化增强、极化识别的物理基础。因此，如何准确获取目标的极化散射矩阵，长期以来一直是雷达探测领域备受关注的关键问题。

根据雷达发射、接收过程中雷达波形的应用方式，极化测量体制理论上可分为时分极化测量体制、频分极化测量体制以及波分极化测量体制三大类。在极化信息应用要求不高的场合，时分极化测量体制和频分极化测量体制是可行的，但是对于目标极化识别应用，必须精确获取目标的极化散射矩阵，就需要采用波分极化测量体制，这也是本章讨论的重点。波分极化测量体制由意大利学者 D. Giuli 于 20 世纪 90 年代初提出，但公开文献中重点分析了静止目标极化散射矩阵测量问题，没有分析目标运动对极化散射矩阵测量的影响。2008 年国防科技大学学者提出了极化-多普勒耦合矩阵概念描述目标运动对极化测量的影响，并通过矩阵求逆运算获得运动目标精确极化散射矩阵，为该测量体制走向工程应用奠定理论基础，并且大大降低了对波形正交性的苛刻要求。

在时分极化测量体制中，双极化“轮流发射”；在频分极化体制中，双极化“同时发射不同频率”；在波分极化体制中，双极化“同时发射正交波形”。根据双极化波形发射的时刻差异可以分为分时极化测量体制和同时极化测量体制，频分极化测量体制和波分极化测量体制均属于同时极化测量体制。

本章内容围绕目标极化散射矩阵测量问题展开。5.1 节对比分析时分、频分和波分三种极化测量体制，阐述其基本原理、特点、不足以及应用场合；5.2 节围绕波分极化测量体制，重点讲解同时发射极化波形的自模糊函数与互模糊函数；5.3 节给出基于正、负线性调频波形的同时极化测量雷达信号处理过程，提出了极化-多普勒耦合矩阵概念来描述目标运动对极化测量的影响，给出目标回波时延、多普勒频率以及极化散射矩阵的同时测量算法，仿真分析验证波分极化测量体制的有效性。

5.1 极化测量体制

5.1.1 时分极化测量体制

时分极化体制的基本原理是两个正交极化通道“轮流发射、同时接收、频率相同”。时分极化测量原理如图 5.1.1 所示。不失一般性，首先水平极化发射，双极化同时进行接收，双极化回波分别对应 $s_{HH}(t_0, f_0)$ 和 $s_{VH}(t_0, f_0)$；然后垂直极化发射，双极化同时进行接收，双极化回波分别对应 $s_{HV}(t_0+T, f_0)$ 和 $s_{VV}(t_0+T, f_0)$。测量得到的目标极化矩阵为

$$\boldsymbol{S}=\begin{bmatrix} s_{HH}(t_0, f_0) & s_{HV}(t_0+T, f_0) \\ s_{VH}(t_0, f_0) & s_{VV}(t_0+T, f_0) \end{bmatrix} \tag{5.1.1}$$

式中：T 为脉冲重复周期；t_0 为目标回波时延；f_0 为雷达工作频率。

可以看出：测量得到的极化矩阵理论上不构成极化散射矩阵，因为该极化矩阵的两列分别对应不同时刻，对于运动目标而言，则对应不同的目标姿态，因此该方法不能精确得到运动目标精确的极化散射矩阵。该测量体制仅适用于静止目标或慢速目标，可以在暗室开展目标极化特性测量实验，或者对飞机等气动目标进行探测。对于高速运动空间目标、弹道目标甚至临空目标，一个脉冲周期内目标姿态发生较大变化，该极化测量体制失效。

另外，轮流发射两次极化波形才能测量得到目标极化散射矩阵，因此极化矩阵数据率为脉冲重复频率的一半。

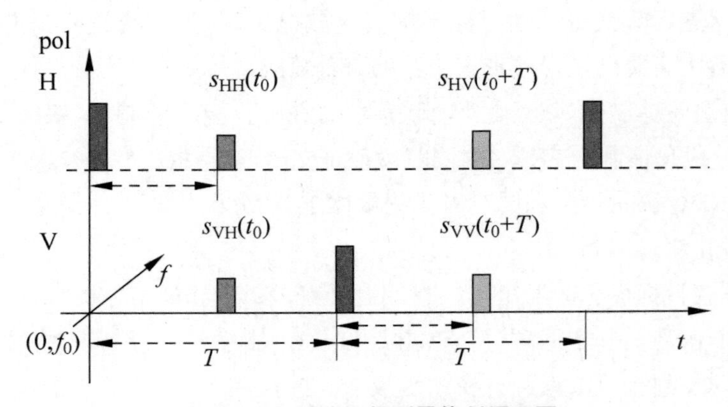

图 5.1.1 时分极化测量体制原理图

5.1.2 频分极化测量体制

频分极化体制的基本原理是两个正交极化通道“同时发射、同时接收、频率不同”，频分极化测量原理如图 5.1.2 所示。水平极化发射频率为 f_0，垂直极化发射频率为 f_1。接收时水平、垂直双极化同时进行接收，每个极化通道同时收到两个频率的回波，水平极化通道接收双频回波分别对应 $s_{HH}(t_0,f_0)$和 $s_{HV}(t_0,f_1)$；垂直极化通道接收双频回波分别对应 $s_{VH}(t_0,f_0)$和 $s_{VV}(t_0,f_1)$。测量得到的目标极化矩阵为

$$\boldsymbol{S}=\begin{bmatrix} s_{HH}(t_0,f_0) & s_{HV}(t_0,f_1) \\ s_{VH}(t_0,f_0) & s_{VV}(t_0,f_1) \end{bmatrix} \tag{5.1.2}$$

可以看出：测量得到的极化矩阵理论上也不构成极化散射矩阵，因为该极化矩阵的两列分别对应不同频率，因此该方法也不能精确得到目标精确的极化散射矩阵，无论目标静止或者运动。另外，由于同时发射、同时接收，因此极化矩阵数据率等于脉冲重复频率。

在信号处理时，每一极化通道要配置两个频率滤波器，中心频率分别为 f_0 和 f_1，如果两个频率间隔过小，则窄带滤波器设计较困难；如果两个频率间隔过大，则测量得到的极化矩阵与目标真实极化散射矩阵误差将更大，基于极化矩阵的目标特征提取与识别将变得更加不可靠。因此，对于频分极化测量体制而言，极化矩阵测量与窄带滤波器设计具有矛盾，如何优选发射双频点显得非常关键，需要折中考虑。

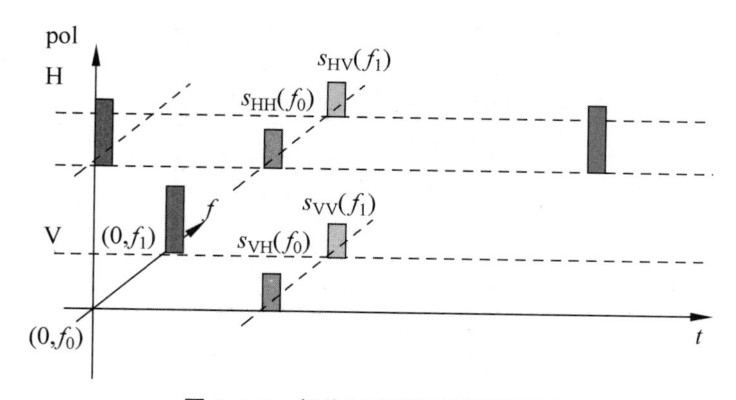

图 5.1.2 频分极化测量体制原理图

5.1.3 波分极化测量体制

时分极化测量体制交替发射同频率脉冲，频分极化测量体制同时发射不同频率脉冲，这两种体制理论上都不能精确获取目标极化散射矩阵。为解决上述问题，发射时需要同时

发射同频率波形，接收时对应不同极化矩阵元素的回波"混叠"在一起，信号处理时在"波形"域或"码"域将其区分开来，因此波分极化测量体制应运而生。

波分极化测量体制也可称为码分极化测量体制，其基本原理是两个正交极化通道"同时发射、同时接收、频率相同、波形正交"，波分极化测量原理如图 5.1.3 所示。水平极化发射波形 $c_{\mathrm{H}}(t)$，垂直极化发射波形 $c_{\mathrm{V}}(t)$，并且波形 $c_{\mathrm{H}}(t)$和 $c_{\mathrm{V}}(t)$正交。接收时水平、垂直双极化同时进行接收，每个极化通道同时接收到双正交波形的回波，水平极化通道接收的双正交波形回波分别对应 $s_{\mathrm{HH}}(t_0,f_0)$和 $s_{\mathrm{HV}}(t_0,f_0)$；垂直极化通道接收的双正交波形回波分别对应 $s_{\mathrm{VH}}(t_0,f_0)$和 $s_{\mathrm{VV}}(t_0,f_0)$。测量得到的目标极化散射矩阵为

$$\boldsymbol{S}=\begin{bmatrix} s_{\mathrm{HH}}(t_0,f_0) & s_{\mathrm{HV}}(t_0,f_0) \\ s_{\mathrm{VH}}(t_0,f_0) & s_{\mathrm{VV}}(t_0,f_0) \end{bmatrix} \tag{5.1.3}$$

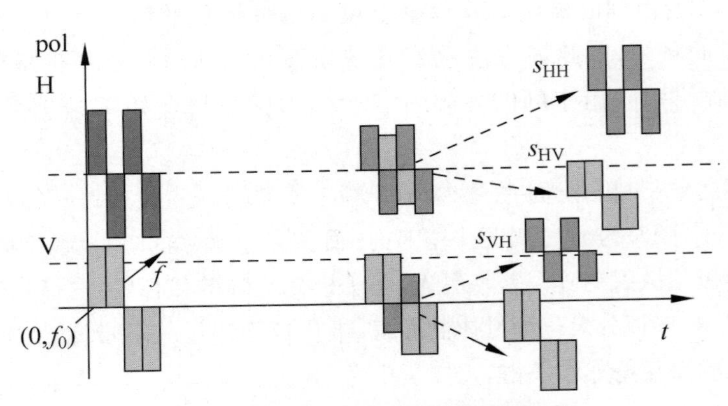

图 5.1.3 波分极化测量体制原理图

可以看出：波分极化测量体制可以精确获取目标时刻 t_0、频率 f_0 对应的极化散射矩阵，"完全"克服了时分和频分极化测量体制的"理论"缺陷，基于该极化散射矩阵可以进行目标极化特征提取与识别。另外，由于同时发射、同时接收，因此极化散射矩阵数据率等于脉冲重复频率。

在信号处理时，每一极化通道要利用波形的正交性将对应不同极化元素的回波进行分离，具体而言就是每个极化通道的回波信号同时与双正交波形进行匹配滤波或相关接收，从而分别得到目标极化散射矩阵四个元素。

波分极化测量体制在实际应用中需特别考虑以下两个问题：

一是双正交波形或正交码的选择。理想的正交波形必须满足自相关函数为单位冲激函数，互相关函数为零，如下式所示：

$$R_{\mathrm{HH}}(\tau)=\int_t c_{\mathrm{H}}^*(t-\tau)c_{\mathrm{H}}(t)\mathrm{d}t=\delta(\tau) \tag{5.1.4a}$$

$$R_{\mathrm{VV}}(\tau)=\int_t c_{\mathrm{V}}^*(t-\tau)c_{\mathrm{V}}(t)\mathrm{d}t=\delta(\tau) \tag{5.1.4b}$$

$$R_{\mathrm{HV}}(\tau)=\int_t c_{\mathrm{H}}^*(t-\tau)c_{\mathrm{V}}(t)\mathrm{d}t=0,\quad \forall\tau \tag{5.1.4c}$$

$$R_{\mathrm{VH}}(\tau)=\int_t c_{\mathrm{V}}^*(t-\tau)c_{\mathrm{H}}(t)\mathrm{d}t=0,\quad \forall\tau \tag{5.1.4d}$$

然而满足上述条件的波形几乎不存在。

二是时延、多普勒频率对极化散射矩阵测量的影响。从波分极化测量体制原理图可以看出，在接收端进行正交波形分离，本质上就是进行匹配滤波或相关接收，因此时延和多普勒频率必定会对极化散射矩阵的测量产生影响，归结起来就是相关函数甚至模糊函数问题。

需要特别强调：实际中根本不存在满足式(5.1.4)所示的理想正交波形，所有正交波形只能近似满足。相关函数和互相关函数的非理想特性将给极化测量带来同极化干扰和交叉极化干扰。同极化干扰主要源自自相关函数的"非冲激特性"，即当时延非零时，自相关函数值非零。这意味着，目标极化散射矩阵测量将会受到"邻近"目标的相同极化干扰。交叉极化干扰主要源自互相关函数的"非零特性"，即互相关函数非零。这意味着，目标极化测量将会受到自身和"邻近"目标的交叉极化干扰。上述误差本质上是正交波形非理想造成的。可以用峰值旁瓣比(PSL)和隔离度(I)来衡量正交波形非理想特性。它们的定义如下：

$$\mathrm{PSL}\triangleq\min_{\tau\notin\Omega_{\mathrm{m}}}20\lg\frac{R_{XX}(0)}{|R_{XX}(\tau)|},\quad X=\mathrm{H,V} \tag{5.1.5}$$

$$I\triangleq\min_{\forall\tau}20\lg\frac{R_{XX}(0)}{|R_{XY}(\tau)|}\quad \begin{matrix}X=\mathrm{H,V}\\ Y=\mathrm{V,H}\end{matrix} \tag{5.1.6}$$

式中，Ω_{m} 表示自相关函数的主瓣区域；X 表示 H 或 V 极化，Y 表示 V 或 H 极化。

PSL 指标反映了"邻近"目标对待测量目标同极化参数的影响程度。I 指标反映了待测目标和"邻近"目标的交叉极化对待测目标同极化参数的影响程度。图 5.1.4 给出了正、负线性调频信号的相关函数与互相关函数，其中：PSL$=13.4$dB，$I=33.0$dB。

上述分析仅考虑了时延对极化散射矩阵测量的影响，要全面考虑时延和多普勒频率的影响必须要利用雷达信号模糊函数工具。在雷达领域常用的正交信号包括正、负线性调频信号和相位编码信号等。由于相位编码信号对于运动目标多普勒具有敏感性，在实际应用中要有目标速度引导信息，或者要用并行多普勒滤波器组覆盖未知的目标速度范围，实现较复杂，所以这里重点考虑正、负线性调频信号对的应用。

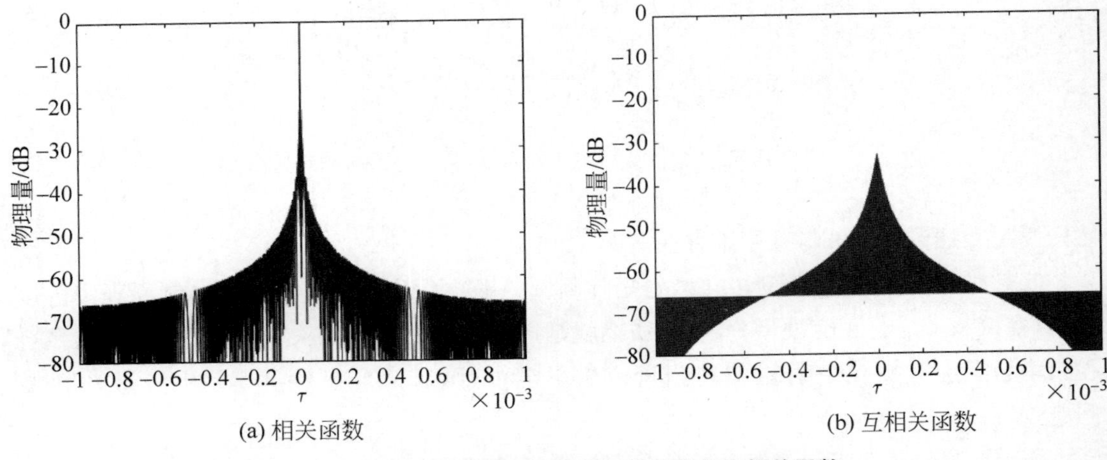

图 5.1.4 正、负线性调频信号相关函数与互相关函数

5.2 极化雷达模糊函数

5.2.1 模糊函数定义

信号的模糊函数定义有多种形式，本书定义为具有多普勒调制回波与发射信号的互相关函数（部分文献定义为互相关函数的模）。信号 $u(t)$ 和 $v(t)$ 的互模糊函数为

$$R_{uv}(\tau, f_{\mathrm{d}}) = \int_{-\infty}^{+\infty} u^*(t-\tau)v(t)\mathrm{e}^{\mathrm{j}2\pi f_{\mathrm{d}} t}\,\mathrm{d}t \tag{5.2.1}$$

当 $u(t)=v(t)$ 时，称为自模糊函数，简称模糊函数。

5.2.2 正、负线性调频信号模糊函数

雷达水平、垂直极化天线同时发射一对正、负调频斜率的线性调频信号，即

$$\boldsymbol{c}(t) = \begin{bmatrix} c_{\mathrm{H}}(t) \\ c_{\mathrm{V}}(t) \end{bmatrix} = \frac{1}{\sqrt{T}}\mathrm{rect}\left(\frac{t}{T}\right)\begin{bmatrix} \mathrm{e}^{\mathrm{j}\pi K t^2} \\ \mathrm{e}^{-\mathrm{j}\pi K t^2} \end{bmatrix} \tag{5.2.2}$$

式中：$\mathrm{rect}(t) = \begin{cases} 1, & 0 \leqslant t \leqslant 1 \\ 0, & 其他 \end{cases}$，为矩形函数；$T$ 为脉冲宽度；$\pm K$ 为线性调频斜率，不妨假

定 $K>0$，即水平极化发射正调频信号，垂直极化发射负调频信号。调频带宽 $B=KT$。发射信号的功率 $P_{\mathrm{H}}=P_{\mathrm{V}}=1$。

根据定义，略去复杂的数学推导，直接给出雷达发射信号 $c_{\mathrm{H}}(t)$ 和 $c_{\mathrm{V}}(t)$ 的模糊函数分别为

$$R_{\mathrm{HH}}(\tau,f_{\mathrm{d}})=\left(1-\frac{|\tau|}{T}\right)\mathrm{Sa}[\pi(f_{\mathrm{d}}+K\tau)(T-|\tau|)]\exp\{\mathrm{j}\pi[(f_{\mathrm{d}}+K\tau)(T+\tau)-K\tau^2]\} \tag{5.2.3}$$

$$R_{\mathrm{VV}}(\tau,f_{\mathrm{d}})=\left(1-\frac{|\tau|}{T}\right)\mathrm{Sa}[\pi(f_{\mathrm{d}}-K\tau)(T-|\tau|)]\exp\{\mathrm{j}\pi[(f_{\mathrm{d}}-K\tau)(T+\tau)+K\tau^2]\} \tag{5.2.4}$$

式中，$\mathrm{Sa}(x)=\dfrac{\sin x}{x}$，为采样函数。

信号 $c_{\mathrm{V}}(t)$ 和 $c_{\mathrm{H}}(t)$ 的互模糊函数为

$$\begin{aligned}R_{\mathrm{VH}}(\tau,f_{\mathrm{d}})&=\int_{-\infty}^{+\infty}\frac{1}{\sqrt{T}}\mathrm{rect}\left(\frac{t-\tau}{T}\right)\mathrm{e}^{\mathrm{j}\pi K(t-\tau)^2}\ \frac{1}{\sqrt{T}}\mathrm{rect}\left(\frac{t}{T}\right)\mathrm{e}^{\mathrm{j}\pi Kt^2}\,\mathrm{e}^{\mathrm{j}2\pi f_{\mathrm{d}}t}\,\mathrm{d}t\\&=\frac{1}{T}\mathrm{e}^{2\mathrm{j}\pi K\left\{\frac{\tau^2}{2}-\frac{(\tau-f_{\mathrm{d}}/K)^2}{4}\right\}}\begin{cases}\displaystyle\int_{\tau}^{T}\mathrm{e}^{2\mathrm{j}\pi K\left[t-\frac{\tau-f_{\mathrm{d}}/K}{2}\right]^2}\mathrm{d}t, & \tau>0\\ \displaystyle\int_{0}^{T+\tau}\mathrm{e}^{2\mathrm{j}\pi K\left[t-\frac{\tau-f_{\mathrm{d}}/K}{2}\right]^2}\mathrm{d}t, & \tau<0\end{cases}\\&=\frac{1}{T}\mathrm{e}^{\mathrm{j}\pi K\left\{\tau^2-\frac{(\tau-f_{\mathrm{d}}/K)^2}{2}\right\}}\ \frac{1}{2\sqrt{K}}\{[C(u_2)-C(u_1)]+\mathrm{j}[S(u_2)-S(u_1)]\}\end{aligned} \tag{5.2.5}$$

式中

$$u_1=\sqrt{K}\left(\frac{f_{\mathrm{d}}}{K}+|\tau|\right) \tag{5.2.6}$$

$$u_2=\sqrt{K}\left(2T+\frac{f_{\mathrm{d}}}{K}-|\tau|\right) \tag{5.2.7}$$

菲涅耳积分公式为

$$C(u)=\int_0^u\cos\left(\frac{\pi x^2}{2}\right)\mathrm{d}x \tag{5.2.8}$$

$$S(u)=\int_0^u\sin\left(\frac{\pi x^2}{2}\right)\mathrm{d}x \tag{5.2.9}$$

由于 $C_{\mathrm{H}}(t)=C_{\mathrm{V}}^{*}(t)$，所以信号 $c_{\mathrm{H}}(t)$ 和 $c_{\mathrm{V}}(t)$ 的互模糊函数为

$$R_{\mathrm{HV}}(\tau,f_{\mathrm{d}})=R_{\mathrm{VH}}^{*}(\tau,-f_{\mathrm{d}}) \tag{5.2.10}$$

模糊函数的模衡量了“相邻”目标间以及极化通道间互相影响的程度。下面给出模糊函数的模：

$$|R_{\mathrm{HH}}(\tau,f_{\mathrm{d}})|=\left(1-\frac{|\tau|}{T}\right)\mathrm{Sa}[\pi(f_{\mathrm{d}}+K\tau)(T-|\tau|)] \tag{5.2.11}$$

$$|R_{\mathrm{VV}}(\tau,f_{\mathrm{d}})|=\left(1-\frac{|\tau|}{T}\right)\mathrm{Sa}[\pi(f_{\mathrm{d}}-K\tau)(T-|\tau|)] \tag{5.2.12}$$

可以证明：

$$|R_{\mathrm{HV}}(\tau,f_{\mathrm{d}})|=|R_{\mathrm{VH}}(\tau,f_{\mathrm{d}})| \tag{5.2.13}$$

模糊函数的模在时频平面的投影定义为模糊图，图 5.2.1 和图 5.2.2 分别给出信号 $c_{\mathrm{H}}(t)$ 和 $c_{\mathrm{V}}(t)$ 的模糊函数的模与模糊图。图 5.2.3 给出信号 $c_{\mathrm{H}}(t)$ 和 $c_{\mathrm{V}}(t)$ 的互模糊函数的模与模糊图。

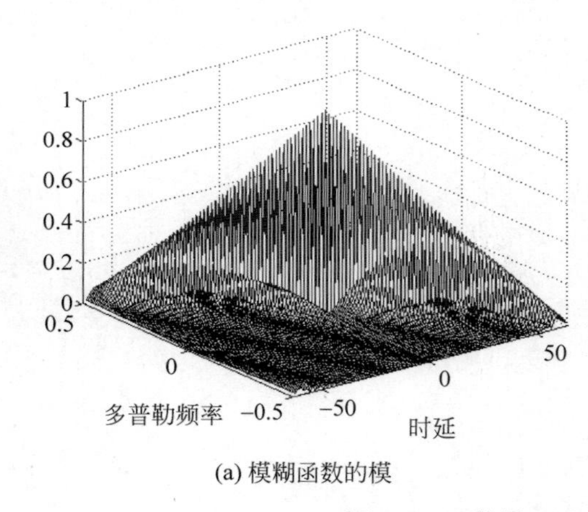

(a) 模糊函数的模

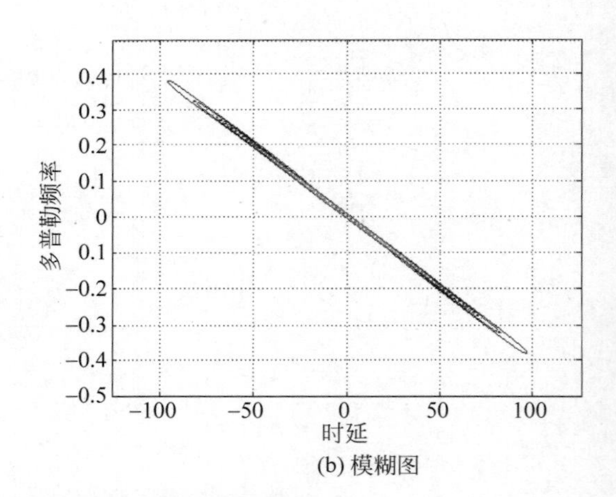

(b) 模糊图

图 5.2.1 信号 $c_{\mathrm{H}}(t)$ 的模糊函数的模与模糊图

5.2.3 测不准线

可以看出：在 $c_{\mathrm{H}}(t)$ 的模糊图中，模糊函数峰值出现在 $f_{\mathrm{d}}+K\tau=0$，在 $c_{\mathrm{V}}(t)$ 的模糊图中，模糊函数最大值出现在 $f_{\mathrm{d}}-K\tau=0$，上述两条线称为测不准线。线性调频信号测量目标的时延和多普勒频率时存在耦合，并且正调频信号与负调频信号的模糊图中目标测不准

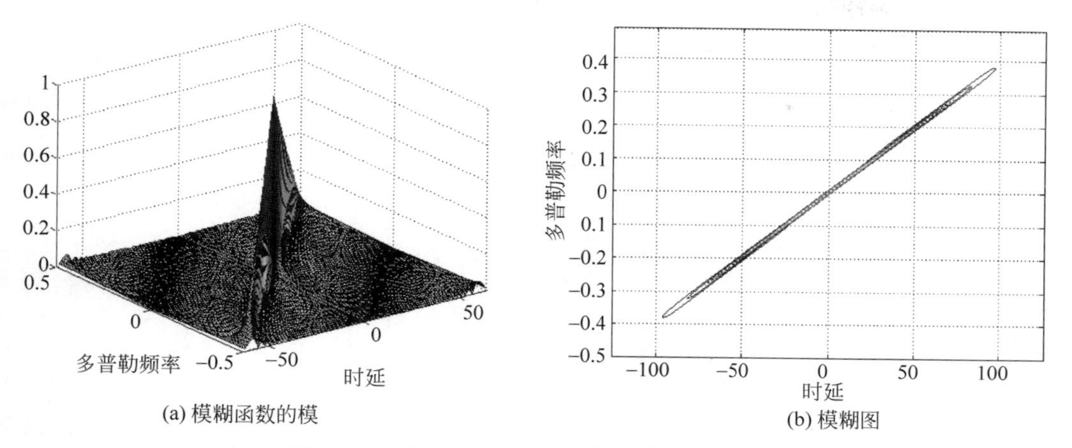

(a) 模糊函数的模　　(b) 模糊图

图 5.2.2　信号 $c_V(t)$ 的模糊函数的模与模糊图

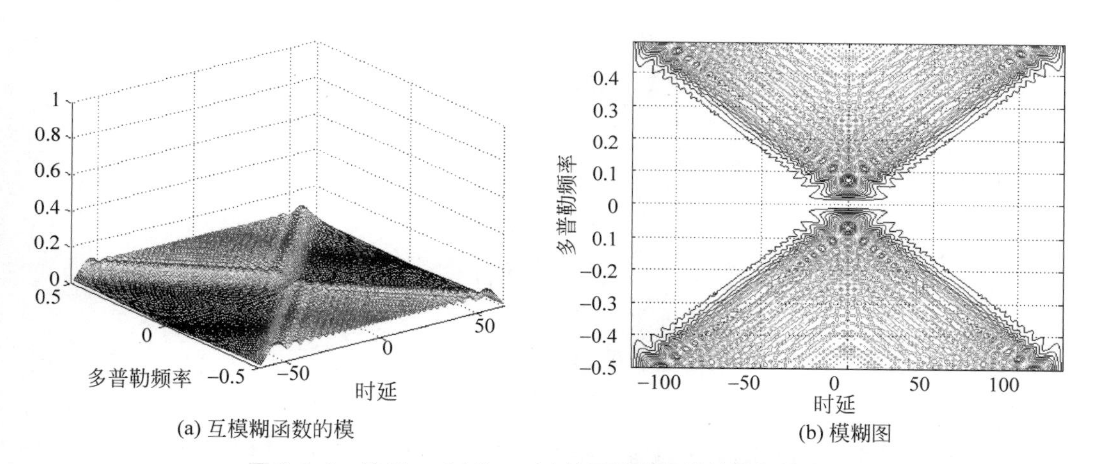

(a) 互模糊函数的模　　(b) 模糊图

图 5.2.3　信号 $c_H(t)$ 和 $c_V(t)$ 的互模糊函数的模与模糊图

线斜率相反。也就是说，由于目标多普勒频率导致的时延误差恰好相反。具体而言，对于正多普勒频率目标，正调频信号脉压后，输出波形峰值比目标真实位置超前，负调频信号脉冲后，输出波形峰值比目标真实位置滞后，并且超前量与滞后量相等。因此，可以将基于正、负线性调频测得的时延相加，可以消除时延与多普勒频率的耦合效应。

在测不准线上：

$$R_{\mathrm{HH}}\left(-\frac{f_{\mathrm{d}}}{K},f_{\mathrm{d}}\right)=\left(1-\frac{|f_{\mathrm{d}}|}{B}\right)\exp\left(-\mathrm{j}\pi BT\frac{f_{\mathrm{d}}^{2}}{B^{2}}\right) \tag{5.2.14}$$

$$R_{\mathrm{VV}}\left(\frac{f_{\mathrm{d}}}{K},f_{\mathrm{d}}\right)=\left(1-\frac{|f_{\mathrm{d}}|}{B}\right)\exp\left(\mathrm{j}\pi BT\frac{f_{\mathrm{d}}^{2}}{B^{2}}\right) \tag{5.2.15}$$

$$R_{\mathrm{VH}}\left(\frac{f_{\mathrm{d}}}{K},f_{\mathrm{d}}\right)=\frac{1}{2T\sqrt{K}}\{[C(u_2)-C(u_1)]+\mathrm{j}[S(u_2)-S(u_1)]\}\exp\left(\mathrm{j}\pi BT\frac{f_{\mathrm{d}}^2}{B^2}\right) \tag{5.2.16}$$

式中

$$u_2=\sqrt{K}\left(2T+\frac{f_{\mathrm{d}}-|f_{\mathrm{d}}|}{K}\right),\quad u_1=\sqrt{K}\left(\frac{f_{\mathrm{d}}+|f_{\mathrm{d}}|}{K}\right)$$

$$R_{\mathrm{HV}}\left(-\frac{f_{\mathrm{d}}}{K},f_{\mathrm{d}}\right)=\frac{1}{2T\sqrt{K}}\{[C(u_2)-C(u_1)]-\mathrm{j}[S(u_2)-S(u_1)]\}\exp\left(-\mathrm{j}\pi BT\frac{f_{\mathrm{d}}^2}{B^2}\right) \tag{5.2.17}$$

式中

$$u_2=\sqrt{K}\left(2T-\frac{f_{\mathrm{d}}+|f_{\mathrm{d}}|}{K}\right),\quad u_1=\sqrt{K}\left(\frac{|f_{\mathrm{d}}|-f_{\mathrm{d}}}{K}\right)$$

可以证明：

$$\begin{aligned}\left|R_{\mathrm{HH}}\left(-\frac{f_{\mathrm{d}}}{K},f_{\mathrm{d}}\right)\right|=\left|R_{\mathrm{VV}}\left(\frac{f_{\mathrm{d}}}{K},f_{\mathrm{d}}\right)\right|\gg\left|R_{\mathrm{HV}}\left(-\frac{f_{\mathrm{d}}}{K},f_{\mathrm{d}}\right)\right|\\ \approx\left|R_{\mathrm{VH}}\left(\frac{f_{\mathrm{d}}}{K},f_{\mathrm{d}}\right)\right|\end{aligned} \tag{5.2.18}$$

上式说明：滤波器输出的峰值点位置主要取决于模糊函数，互模糊函数的值相对较小，但是对极化散射矩阵测量的影响不能忽略。

5.3 波分极化测量体制信号处理

5.3.1 接收信号模型

假定目标为理想点目标，不考虑目标运动速度对回波复包络的影响。设目标的时延为t_0，目标的多普勒频率为f_{d}，目标的极化散射矩阵是目标姿态的函数，对于运动目标也就是时间的函数，记为$\boldsymbol{S}(t)$，发射波与目标作用的时刻为$\frac{t_0}{2}$，即待估计的散射矩阵为$\boldsymbol{S}\left(\frac{t_0}{2}\right)$。在下面的分析中略去$\frac{t_0}{2}$，即

$$\boldsymbol{S}=\begin{bmatrix} s_{\mathrm{HH}} & s_{\mathrm{HV}} \\ s_{\mathrm{VH}} & s_{\mathrm{VV}} \end{bmatrix}$$

式中：散射矩阵元素的下标，右边的为发射极化，左边的为接收极化。

波分极化测量雷达系统原理框图如图 5.3.1 所示。

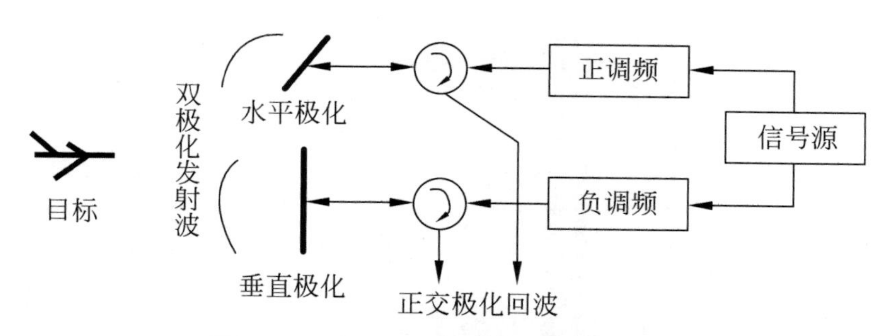

图 5.3.1　波分极化测量雷达系统原理框图

雷达双极化天线同时接收目标回波，假定雷达频率调制与解调过程理想，放大器均为线性，并且忽略雷达载波项。正交极化双通道接收信号为

$$\boldsymbol{r}(t)=\boldsymbol{S}\boldsymbol{c}(t-t_0)\mathrm{e}^{\mathrm{j}2\pi f_{\mathrm{d}}(t-t_0)}+\boldsymbol{n}(t) \tag{5.3.1}$$

具体展开为

$$r_{\mathrm{H}}(t)=s_{\mathrm{HH}}c_{\mathrm{H}}(t-t_0)\mathrm{e}^{\mathrm{j}2\pi f_{\mathrm{d}}(t-t_0)}+s_{\mathrm{HV}}c_{\mathrm{V}}(t-t_0)\mathrm{e}^{\mathrm{j}2\pi f_{\mathrm{d}}(t-t_0)}+n_{\mathrm{H}}(t) \tag{5.3.2}$$

$$r_{\mathrm{V}}(t)=s_{\mathrm{VH}}c_{\mathrm{H}}(t-t_0)\mathrm{e}^{\mathrm{j}2\pi f_{\mathrm{d}}(t-t_0)}+s_{\mathrm{VV}}c_{\mathrm{V}}(t-t_0)\mathrm{e}^{\mathrm{j}2\pi f_{\mathrm{d}}(t-t_0)}+n_{\mathrm{V}}(t) \tag{5.3.3}$$

可以看出：水平极化通道中包含了垂直极化发射信号回波，垂直极化通道中也包含了水平极化发射信号回波。假设双正交极化信道内部噪声为零均值、独立、正态、平稳随机过程，并且噪声与信号独立，具有相同的方差 σ^2，即

$$E[n_{\mathrm{H}}(t)]=E[n_{\mathrm{V}}(t)]=0,\quad E[|n_{\mathrm{H}}(t)|^2]=E[|n_{\mathrm{V}}(t)|^2]=\sigma^2,$$
$$E[n_{\mathrm{H}}^*(t)n_{\mathrm{V}}(t)]=0,\quad E[n_X^*(t)C_Y(t)]=0,\quad X,Y=\mathrm{H},\mathrm{V}$$

5.3.2　信号处理流程

在线性处理条件下，对接收信号进行匹配滤波或相关接收可以获得最优的检测性能。对于运动目标，在时延、频移以及极化未知的条件下，只能进行匹配滤波处理，对于线性调

频信号而言,匹配滤波即脉冲压缩。脉冲压缩之后进行参数测量,包括回波时延、目标多普勒频率以及目标极化散射矩阵。

信号处理的流程:首先对每个极化通道的回波信号同时进行两路正交波形的匹配滤波,其次估计滤波器输出峰值的位置和复幅度,然后利用模糊函数特性测量目标回波的时延和频移,最后求解线性方程,消除多普勒频率的影响,得到目标的极化散射矩阵。信号处理流程如图 5.3.2 所示。

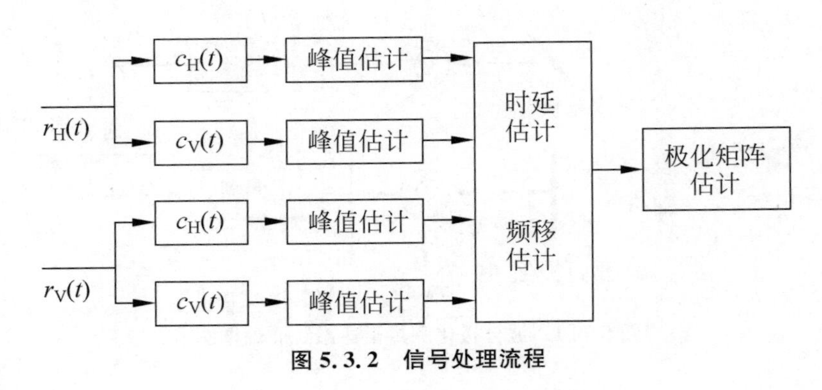

图 5.3.2 信号处理流程

5.3.3 匹配滤波

1. 水平极化回波匹配滤波

水平极化回波 $r_H(t)$ 与 $c_H(t)$ 进行匹配滤波,输出为

$$\begin{aligned} y_{HH}(\tau) &= \int_{-\infty}^{+\infty} c_H^*(t-\tau) r_H(t)\mathrm{d}t \\ &= s_{HH}R_{HH}(\tau - t_0, f_d) + s_{HV}R_{HV}(\tau - t_0, f_d) + \phi_{HH}(\tau) \end{aligned} \tag{5.3.4}$$

式中:$\phi_{HH}(\tau)$ 为噪声的输出,且有

$$\phi_{HH}(\tau) = \int_{-\infty}^{+\infty} c_H^*(t-\tau) n_H(t)\mathrm{d}t$$

滤波输出的峰值点 (τ_{HH}, y_{HH}) 满足

$$\tau_{HH} - t_0 = -\frac{f_d}{K} \tag{5.3.5}$$

$$y_{HH}(\tau_{HH}) = s_{HH}R_{HH}\left(-\frac{f_d}{K}, f_d\right) + s_{HV}R_{HV}\left(-\frac{f_d}{K}, f_d\right) + \phi_{HH}(\tau_{HH}) \tag{5.3.6}$$

水平极化回波 $r_{\mathrm{H}}(t)$ 与 $c_{\mathrm{V}}(t)$ 进行匹配滤波，输出为

$$
\begin{aligned}
y_{\mathrm{VH}}(\tau) &= \int_{-\infty}^{+\infty} c_{\mathrm{V}}^{*}(t-t_{0}) r_{\mathrm{H}}(t) \mathrm{d}t \\
&= s_{\mathrm{HH}} R_{\mathrm{VH}}(\tau-t_{0}, f_{\mathrm{d}}) + s_{\mathrm{HV}} R_{\mathrm{VV}}(\tau-t_{0}, f_{\mathrm{d}}) + \phi_{\mathrm{VH}}(\tau)
\end{aligned} \tag{5.3.7}
$$

式中：$\phi_{\mathrm{VH}}(\tau)$ 为噪声的输出，且有

$$
\phi_{\mathrm{VH}}(\tau) = \int_{-\infty}^{+\infty} c_{\mathrm{V}}^{*}(t-\tau) n_{\mathrm{H}}(t) \mathrm{d}t
$$

滤波输出的峰值点 $(\tau_{\mathrm{VH}}, y_{\mathrm{VH}})$ 满足

$$
\tau_{\mathrm{VH}} - t_{0} = \frac{f_{\mathrm{d}}}{K} \tag{5.3.8}
$$

$$
y_{\mathrm{VH}}(\tau_{\mathrm{VH}}) = s_{\mathrm{HH}} R_{\mathrm{VH}}\left(\frac{f_{\mathrm{d}}}{K}, f_{\mathrm{d}}\right) + s_{\mathrm{HV}} R_{\mathrm{VV}}\left(\frac{f_{\mathrm{d}}}{K}, f_{\mathrm{d}}\right) + \phi_{\mathrm{VH}}(\tau_{\mathrm{VH}}) \tag{5.3.9}
$$

2. 垂直极化回波匹配滤波

垂直极化回波 $r_{\mathrm{V}}(t)$ 与 $c_{\mathrm{H}}(t)$ 进行匹配滤波，输出为

$$
\begin{aligned}
y_{\mathrm{HV}}(\tau) &= \int_{-\infty}^{+} c_{\mathrm{H}}^{*}(t-t_{0}) r_{\mathrm{V}}(t) \mathrm{d}t \\
&= s_{\mathrm{VH}} R_{\mathrm{HH}}(\tau-t_{0}, f_{\mathrm{d}}) + s_{\mathrm{VV}} R_{\mathrm{HV}}(\tau-t_{0}, f_{\mathrm{d}}) + \phi_{\mathrm{HV}}(\tau)
\end{aligned} \tag{5.3.10}
$$

式中：$\phi_{\mathrm{HV}}(\tau)$ 为噪声的输出，且有

$$
\phi_{\mathrm{HV}}(\tau) = \int_{-\infty}^{+\infty} c_{\mathrm{H}}^{*}(t-\tau) n_{\mathrm{V}}(t) \mathrm{d}t
$$

滤波输出的峰值点 $(\tau_{\mathrm{HV}}, y_{\mathrm{HV}})$ 满足

$$
\tau_{\mathrm{HV}} - t_{0} = -\frac{f_{\mathrm{d}}}{K} \tag{5.3.11}
$$

$$
y_{\mathrm{HV}}(\tau_{\mathrm{HV}}) = s_{\mathrm{VH}} R_{\mathrm{HH}}\left(-\frac{f_{\mathrm{d}}}{K}, f_{\mathrm{d}}\right) + s_{\mathrm{VV}} R_{\mathrm{HV}}\left(-\frac{f_{\mathrm{d}}}{K}, f_{\mathrm{d}}\right) + \phi_{\mathrm{HV}}(\tau_{\mathrm{HV}}) \tag{5.3.12}
$$

垂直极化回波 $r_{\mathrm{V}}(t)$ 与 $c_{\mathrm{V}}(t)$ 进行匹配滤波，输出为

$$
y_{\mathrm{VV}}(\tau) = \int_{-\infty}^{+\infty} c_{\mathrm{V}}^{*}(t-t_{0}) r_{\mathrm{V}}(t) \mathrm{d}t
$$

$$=s_{\mathrm{VH}}R_{\mathrm{VH}}(\tau-t_0,f_{\mathrm{d}})+s_{\mathrm{VV}}R_{\mathrm{VV}}(\tau-t_0,f_{\mathrm{d}})+\phi_{\mathrm{VV}}(\tau) \tag{5.3.13}$$

式中，ϕ_{VV} 噪声输出。

$$\phi_{\mathrm{VV}}(\tau)=\int_{-\infty}^{+\infty}c_{\mathrm{V}}^{*}(t-\tau)n_{\mathrm{V}}(t)\mathrm{d}t$$

滤波输出的峰值点$(\tau_{\mathrm{VV}},y_{\mathrm{VV}})$满足

$$\tau_{\mathrm{VV}}-t_0=\frac{f_{\mathrm{d}}}{K} \tag{5.3.14}$$

$$y_{\mathrm{VV}}(\tau_{\mathrm{VV}})=s_{\mathrm{VH}}R_{\mathrm{VH}}\left(\frac{f_{\mathrm{d}}}{K},f_{\mathrm{d}}\right)+s_{\mathrm{VV}}R_{\mathrm{VV}}\left(\frac{f_{\mathrm{d}}}{K},f_{\mathrm{d}}\right)+\phi_{\mathrm{VV}}(\tau_{\mathrm{VV}}) \tag{5.3.15}$$

3. 匹配滤波输出噪声特性

首先考虑输出噪声的一阶特性，其均值为

$$E[\varphi_{YX}(\tau)]=\int_{-\infty}^{+\infty}c_{Y}^{*}(t-\tau)E[n_{X}(t)]\mathrm{d}t=0\quad X,Y\in[\mathrm{H},\mathrm{V}] \tag{5.3.16}$$

可见，通道热噪声通过匹配滤波器输出噪声均值为零。

考虑输出噪声的二阶统计特性，其方差为

$$\begin{aligned}E[|\varphi_{YX}(\tau)|^2]&=E\left\{\int_{-\infty}^{+\infty}c_{Y}(t_1-\tau)n_{X}^{*}(t_1)\mathrm{d}t_1\int_{-\infty}^{+\infty}c_{Y}^{*}(t_2-\tau)n_{X}(t_2)\mathrm{d}t_2\right\}\\&=\sigma^2\int_{-\infty}^{+\infty}|c_{Y}(t-\tau)|^2\mathrm{d}t\\&=\sigma^2R_{YY}(0)=\sigma^2\quad X,Y\in[\mathrm{H},\mathrm{V}]\end{aligned} \tag{5.3.17}$$

可见，通道热噪声通过匹配滤波器输出噪声方差为σ^2。

同一噪声分别通过正交波形滤波器输出噪声协方差为

$$\begin{aligned}E[\varphi_{YX}^{*}(\tau)\varphi_{XX}(\tau)]&=E\left\{\int_{-\infty}^{+\infty}c_{Y}(t_1-\tau)n_{X}^{*}(t_1)\mathrm{d}t_1\int_{-\infty}^{+\infty}c_{X}^{*}(t_2-\tau)n_{X}(t_2)\mathrm{d}t_2\right\}\\&=\sigma^2\int_{-\infty}^{+\infty}c_{X}^{*}(t-\tau)c_{Y}(t-\tau)\mathrm{d}t\\&=\sigma^2R_{XY}(0)\approx0\quad X,Y\in[\mathrm{H},\mathrm{V}]\end{aligned} \tag{5.3.18}$$

可见，通道热噪声通过正交波形滤波器后输出噪声协方差约等于零。

5.3.4 参数测量

1. 时延和多普勒频率测量

联合式(5.3.5)、式(5.3.8)、式(5.3.11)和式(5.3.14),可得时延和多普勒频率的估计分别为

$$\hat{t}_0 = \frac{\tau_{\mathrm{HH}} + \tau_{\mathrm{HV}} + \tau_{\mathrm{VH}} + \tau_{\mathrm{VV}}}{4} \tag{5.3.19}$$

$$\hat{f}_{\mathrm{d}} = K\,\frac{\tau_{\mathrm{VH}} + \tau_{\mathrm{VV}} - \tau_{\mathrm{HH}} - \tau_{\mathrm{HV}}}{4} \tag{5.3.20}$$

2. 极化散射矩阵测量

联合式(5.3.6)和式(5.3.9)得到

$$\begin{bmatrix} y_{\mathrm{HH}}\left(-\frac{f_{\mathrm{d}}}{K}\right) \\ y_{\mathrm{VH}}\left(\frac{f_{\mathrm{d}}}{K}\right) \end{bmatrix} = \begin{bmatrix} R_{\mathrm{HH}}\left(-\frac{f_{\mathrm{d}}}{K}, f_{\mathrm{d}}\right) & R_{\mathrm{HV}}\left(-\frac{f_{\mathrm{d}}}{K}, f_{\mathrm{d}}\right) \\ R_{\mathrm{VH}}\left(\frac{f_{\mathrm{d}}}{K}, f_{\mathrm{d}}\right) & R_{\mathrm{VV}}\left(\frac{f_{\mathrm{d}}}{K}, f_{\mathrm{d}}\right) \end{bmatrix} \begin{bmatrix} s_{\mathrm{HH}} \\ s_{\mathrm{HV}} \end{bmatrix} + \begin{bmatrix} \phi_{\mathrm{HH}}(\tau_{\mathrm{HH}}) \\ \phi_{\mathrm{VH}}(\tau_{\mathrm{VH}}) \end{bmatrix} \tag{5.3.21}$$

联合式(5.3.12)和式(5.3.15)得到

$$\begin{bmatrix} y_{\mathrm{HV}}\left(-\frac{f_{\mathrm{d}}}{K}\right) \\ y_{\mathrm{VV}}\left(\frac{f_{\mathrm{d}}}{K}\right) \end{bmatrix} = \begin{bmatrix} R_{\mathrm{HH}}\left(-\frac{f_{\mathrm{d}}}{K}, f_{\mathrm{d}}\right) & R_{\mathrm{HV}}\left(-\frac{f_{\mathrm{d}}}{K}, f_{\mathrm{d}}\right) \\ R_{\mathrm{VH}}\left(\frac{f_{\mathrm{d}}}{K}, f_{\mathrm{d}}\right) & R_{\mathrm{VV}}\left(\frac{f_{\mathrm{d}}}{K}, f_{\mathrm{d}}\right) \end{bmatrix} \begin{bmatrix} s_{\mathrm{VH}} \\ s_{\mathrm{VV}} \end{bmatrix} + \begin{bmatrix} \phi_{\mathrm{HV}}(\tau_{\mathrm{HV}}) \\ \phi_{\mathrm{VV}}(\tau_{\mathrm{VV}}) \end{bmatrix} \tag{5.3.22}$$

定义矩阵

$$\boldsymbol{G} \triangleq \begin{bmatrix} R_{\mathrm{HH}}\left(-\frac{f_{\mathrm{d}}}{K}, f_{\mathrm{d}}\right) & R_{\mathrm{HV}}\left(-\frac{f_{\mathrm{d}}}{K}, f_{\mathrm{d}}\right) \\ R_{\mathrm{VH}}\left(\frac{f_{\mathrm{d}}}{K}, f_{\mathrm{d}}\right) & R_{\mathrm{VV}}\left(\frac{f_{\mathrm{d}}}{K}, f_{\mathrm{d}}\right) \end{bmatrix}$$

称为极化-多普勒耦合矩阵，它是目标多普勒频率的函数。

当 $f_d=0$ 时，有

$$G=\begin{bmatrix}1 & R_{HV}(0,0)\\ R_{VH}(0,0) & 1\end{bmatrix}$$

由于 $|R_{VH}(0,0)|=|R_{HV}(0,0)|<<1$，所以 $G\approx I_2$。因此，对于静止目标而言，直接用正交匹配滤波输出回波的峰值作为极化散射矩阵元素的估计是合理的。

然而，当 $f_d\neq 0$ 时，$G\neq I_2$，并且 f_d 越大，$\|G-I_2\|_F$ 越大。也就是说，多普勒频率越大，其对极化散射矩阵的影响就越大，因此对于动目标极化散射矩阵测量必须要进行修正。根据式(5.3.21)和式(5.3.22)，以及式(5.3.16)～式(5.3.18)，可以得到精确的极化散射矩阵的估计：

$$\begin{bmatrix}\hat{s}_{HH}\\ \hat{s}_{HV}\end{bmatrix}=\begin{bmatrix}R_{HH}\left(-\frac{f_d}{K},f_d\right) & R_{HV}\left(-\frac{f_d}{K},f_d\right)\\ R_{VH}\left(\frac{f_d}{K},f_d\right) & R_{VV}\left(\frac{f_d}{K},f_d\right)\end{bmatrix}^{-1}\begin{bmatrix}y_{HH}\\ y_{VH}\end{bmatrix} \tag{5.3.23}$$

$$\begin{bmatrix}\hat{s}_{VH}\\ \hat{s}_{VV}\end{bmatrix}=\begin{bmatrix}R_{HH}\left(-\frac{f_d}{K},f_d\right) & R_{HV}\left(-\frac{f_d}{K},f_d\right)\\ R_{VH}\left(\frac{f_d}{K},f_d\right) & R_{VV}\left(\frac{f_d}{K},f_d\right)\end{bmatrix}^{-1}\begin{bmatrix}y_{HV}\\ y_{VV}\end{bmatrix} \tag{5.3.24}$$

这样就在一个脉冲周期内精确地测量出了目标的时延、多普勒频率和极化散射矩阵。

5.3.5 仿真分析

1. 参数设置

L 波段空间监视的雷达，工作波长 $\lambda=0.2\text{m}$，目标搜索模式时线性调频信号的时宽 $T=1000\mu\text{s}$，带宽 $B=1\text{MHz}$，接收机数字采样频率 $f_s=2B=2\text{MHz}$，目标的径向速度 $v_r=8000\text{m/s}$，因此多普勒频率 $f_d=80\text{kHz}$，目标极化散射矩阵为

$$S=\begin{bmatrix}2e^{j\frac{\pi}{3}} & e^{j\frac{2\pi}{3}}\\ e^{j\frac{2\pi}{3}} & 3e^{j\frac{\pi}{2}}\end{bmatrix}$$

水平和垂直极化通道接收机热噪声方差相等，均为 $\sigma^2=0.01$。

2. 匹配滤波输出

水平极化和垂直极化接收通道回波分别与双正交波形进行匹配滤波，其输出波形如图 5.3.3 所示。

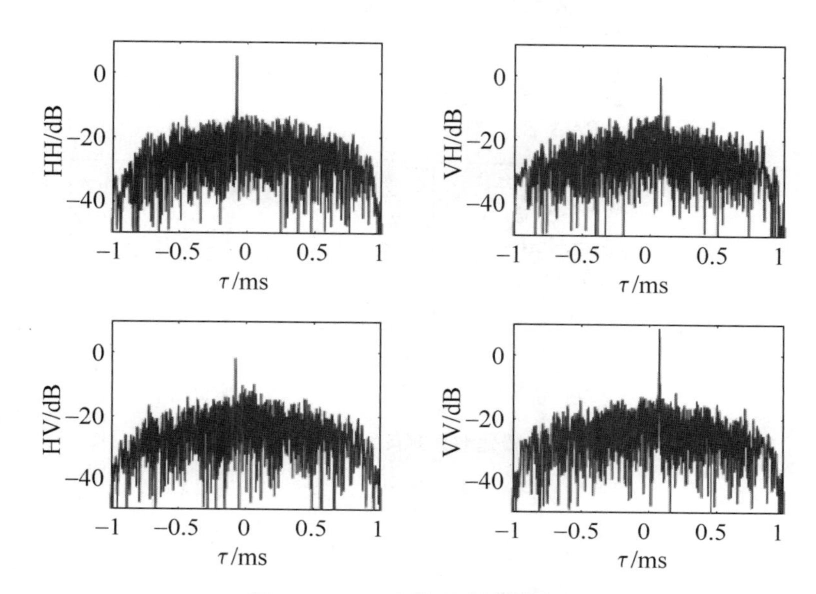

图 5.3.3　正交波形滤波器输出

可以看出，HH 通道和 HV 通道匹配滤波器输出峰值超前目标真实位置，VH 通道和 VV 通道匹配滤波器输出峰值滞后目标真实位置，并且超前量和滞后量相等，均为 0.08ms，测量出目标多普勒频率 $\hat{f}_{\mathrm{d}}=80\mathrm{kHz}$。

3. 极化散射矩阵元素误差分布

根据测量得到的多普勒频率，进而得到极化-多普勒耦合矩阵为

$$\boldsymbol{G}=\begin{bmatrix}0.2843-0.8750\mathrm{j} & -0.0042-0.0096\mathrm{j}\\ -0.0048+0.0088\mathrm{j} & 0.2843+0.8750\mathrm{j}\end{bmatrix}$$

再结合 HH、HV、VH 和 VV 极化通道峰值大小可以解算出目标的极化散射矩阵。根据蒙特卡洛仿真，得到极化散射矩阵元素的误差分布如图 5.3.4 所示。

可以看出，目标极化散射矩阵元素测量值为无偏估计，$\mathrm{var}(\hat{s}_{\mathrm{HH}})=0.0108$，$\mathrm{var}(\hat{s}_{\mathrm{HV}})=\mathrm{var}(\hat{s}_{\mathrm{VH}})=0.0113$，$\mathrm{var}(\hat{s}_{\mathrm{VV}})=0.0103$，极化散射矩阵各个元素估计精度大体相当。

4. 极化散射矩阵测量性能与 SNR 的关系

目标综合信噪比定义为

$$\mathrm{SNR}=\frac{\|\boldsymbol{S}\|_{\mathrm{F}}^{2}}{4\sigma^{2}}$$

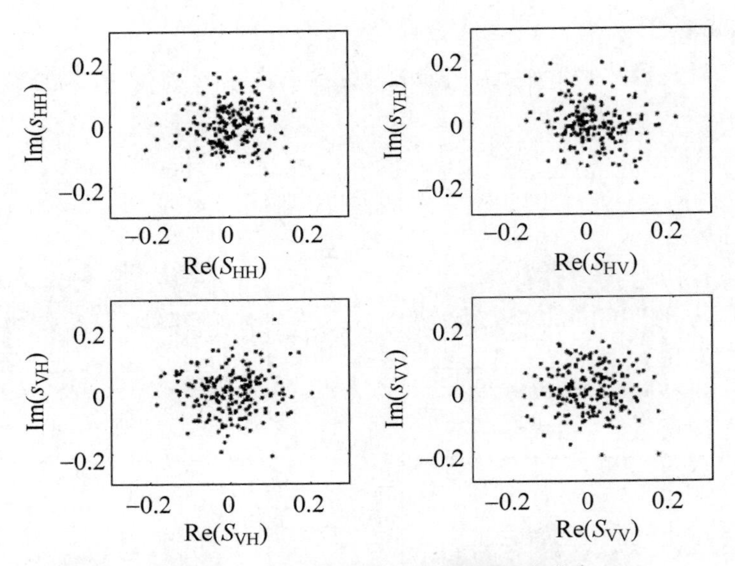

图 5.3.4 极化散射矩阵元素测量误差分布

极化散射矩阵测量的相对误差为

$$\varepsilon=\frac{\|\hat{\boldsymbol{S}}-\boldsymbol{S}\|_{\mathrm{F}}^{2}}{\|\boldsymbol{S}\|_{\mathrm{F}}^{2}}$$

式中：$\|\cdot\|_{\mathrm{F}}^{2}$ 表示矩阵的 Frobenius 范数。

固定目标多普勒频率 $f_{\mathrm{d}}=80\mathrm{kHz}$，通过蒙特卡洛仿真得到极化散射矩阵相对误差随信噪比的变化关系曲线如图 5.3.5 所示。可以看出，随着 SNR 的提高，极化散射矩阵测量精度提升。

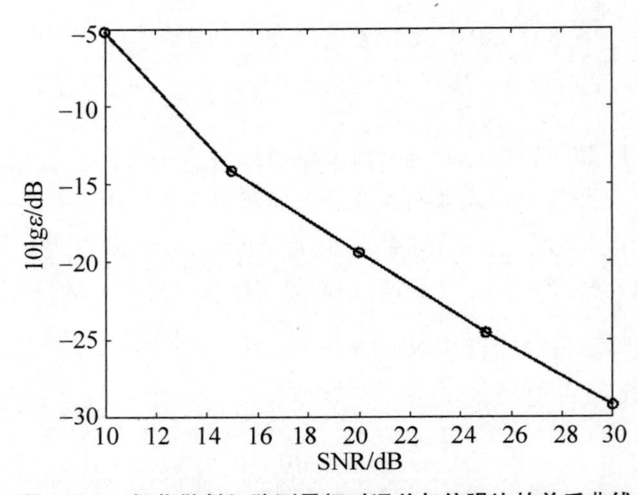

图 5.3.5 极化散射矩阵测量相对误差与信噪比的关系曲线

5. 极化散射矩阵测量性能与多普勒频率的关系

固定目标综合信噪比 SNR＝25dB，通过蒙特卡洛仿真得到极化散射矩阵相对误差随目标多普勒频率的变化关系曲线如图 5. 3. 6 所示。可以看出，当目标多普勒频率为零时，极化散射矩阵测量精度最高，随着目标多普勒频率的增加，极化散射矩阵测量精度“稍微”下降。进一步说明极化－多普勒耦合矩阵求逆运算，“几乎”完全矫正了目标运动对极化测量的影响，因此可以“适当”放松对正交波形隔离度的要求。

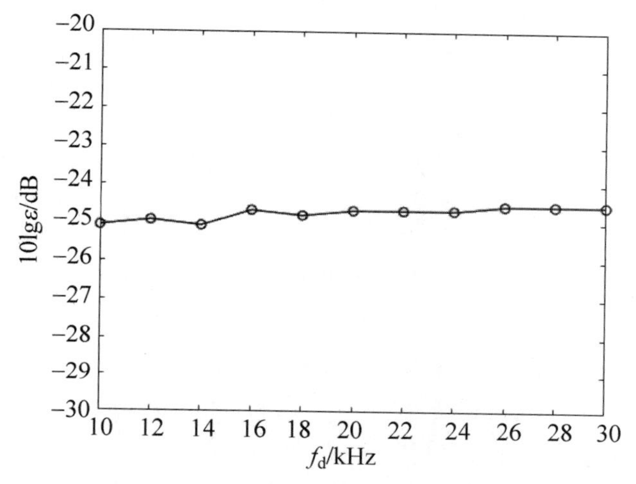

图 5. 3. 6 极化散射矩阵测量相对误差与目标多普勒频率的关系曲线

第6章

目标极化校准

极化特征是雷达回波信号中除幅度、相位、多普勒频移以外的第四特征。极化信息的获取和利用是雷达技术长期关注的重要问题，也是提高雷达检测能力、抗干扰能力、目标识别能力和成像质量的重要手段，而这些应用的前提和基础是准确测量雷达目标的极化散射矩阵。对于实际极化雷达而言，通道增益不一致、极化隔离不理想等误差因素在所难免，实际测得的目标极化散射矩阵将偏离真实值，如果不加以校正，将不能准确反映出雷达目标的真实极化散射特性，也就限制了诸多极化信息处理技术的应用。因此，极化校准技术是雷达极化信息准确获取与充分利用的基础和前提。下面从静态雷达目标极化校准、动态雷达目标极化校准两方面介绍相关的国内外研究现状和发展趋势。

在静态目标极化校准方面，国外比较实用的极化校准技术主要兴起于 20 世纪 90 年代初期。随着人们对雷达目标极化散射特性认识的深入，K. Sarabandi、M. W. Whitt、A. Freeman 等深入分析了极化测量系统的误差来源，建立了多种测量误差模型，提出了多种无源校准算法，并进行了暗室、外场测量校准实验。

随着全极化 SAR 系统走向实用化（如 SIR-C SAR、NASA/JPL DC-8 SAR、JERS-1 SAR 及 IECAS X-SAR），全极化 SAR 校准技术越来越受到关注，特别是提出了基于极化有源校准器（PARC）的有源校准技术，K. Sarabandi 等利用 PARC 来校准 SIR-C SAR 系统，可使幅度校准精度达到 ±0.5dB，相位校准精度达到 ±5°；A. Freeman 等利用 PARC 使 NASA/JPL DC-8 SAR 系统的幅度误差控制在 ±0.4dB，相位误差控制在 ±10°；M. Shimada 等为 JERS-1 SAR 雷达系统研制了频率可调的 PARC；H. D. Jackson 等为 ERS-1/2 SA 雷达系统研制了 PARC 模块。

目前，国内对极化校准的研究不是特别多，主要有中国航天科工集团第二研究院 207 所、中国科学院电子研究所以及国防科技大学等单位的一批研究人员。中国航天科工集团第二研究院 207 所长期致力于极化测量问题的研究工作；中国科学院电子研究所不是单一地研究极化校准，而是把其作为 SAR 校准的一部分，主要研究针对高频极化 SAR 的极化校准问题；国防科技大学主要对低频超宽带极化 SAR 的极化校准问题、线性目标的互易性修正等问题做了探讨；在有源极化校准技术方面，中国科学院电子研究所为 IECAS X-SAR 雷达系统研制了 PARC 模块。

相较于静态目标极化校准，动态目标极化校准还鲜有报道。在雷达目标做高速大机动运动时，分时极化测量体制带来了固有的测量误差。国防科技大学在机动目标的极化特性测量和极化校准方面开展了一些探索性研究工作，修正了 D. Giuli 等提出的分时极化测量体制无法精确测量运动目标，尤其是高速运动目标的散射矩阵的错误结论，设计了相应的补偿和修正算法。实验证明了该方法对运动目标的极化校准取得了较大改善。同时，在 D. Giuli 等工作的基础上，深入分析了动目标散射矩阵测量过程中引起散射矩阵列元素去相关效应的因素，研究了基于目标互易性和双频矢量脉冲信号的同时极化测量方法，在适当的信噪比条件下，可以有效地消除目标径向距离变化导致的散射矩阵去相关，实现了对动目标散射矩阵的同时极化测量。

本章主要讲述针对静止目标的极化校准经典算法。6.1 节给出极化测量误差模型与校准流程。6.2 节重点讲述基于无源校准器的四种极化校准算法。6.3 节简要阐述有源极化校准技术。

6.1 极化测量误差模型与校准流程

6.1.1 极化测量误差模型

极化散射矩阵的获取需要同时处理多个通道信号，各极化通道之间必然存在幅度增益误差、相位误差及耦合误差等，使测量值不能准确描述目标的极化散射特性。极化校准是指通过利用极化散射特性已知的标准目标（通过无源或有源的办法产生）等措施来确定实际极化测量系统未知的系统误差参数，并利用对应的校准算法加以校正、补偿，建立待测目标的极化散射矩阵实际测量值与其真实值之间的量化关系，其根本目的就是从测量数据中最大限度地还原出目标真实极化散射矩阵。图 6.1.1 给出了通用极化测量系统的处理流程。

具体来讲，极化校准首先根据极化测量系统的处理流程，分析极化测量存在误差的因素并建立对应误差模型；在此基础上，设计校准算法，在测量值与真实值之间建立一种对应描述关系，通过特定算法由测量值反演出真实值。

现役极化雷达大都采用分时极化测量体制，其工作原理是：极化雷达利用两个连续脉冲交替发射水平极化、垂直极化信号，而接收时，正交极化通道同时接收雷达目标散射回波，这样就得到四路极化通道（HH/VH/HV/VV）数据，从而反演出雷达目标极化散射矩阵。在整个极化测量过程中，信号发射、信号接收过程都会引入测量误差，下面分别加以

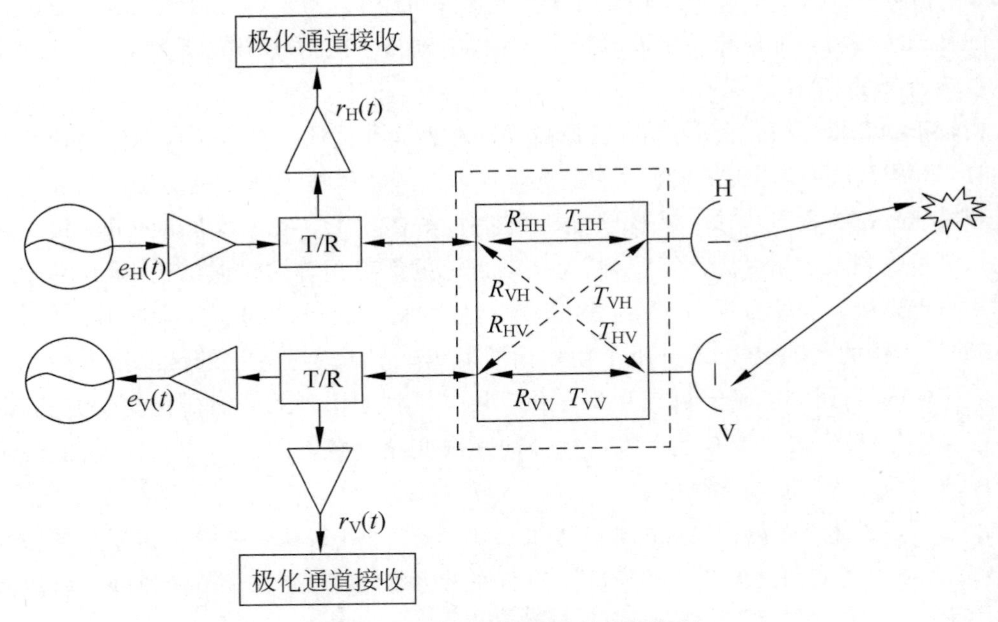

图 6.1.1　极化测量系统的处理流程

讨论。

首先，极化雷达通常采用铁氧体转换发射天线的方式来实现发射变极化，发射通道示意框图如图 6.1.2 所示。

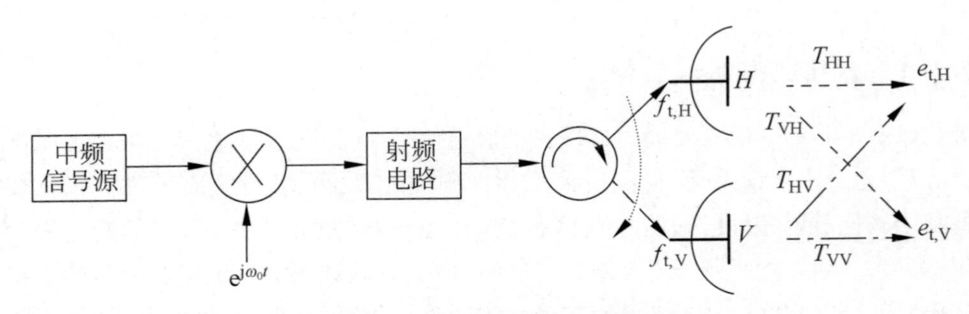

图 6.1.2　极化雷达发射通道示意框图

可以看出，极化雷达发射通道的误差主要有 H、V 极化通道增益失衡误差，以及由天线极化隔离度不理想(工程上为 20dB 左右)引起的极化隔离误差。记中频信号源产生的信号矢量 $\boldsymbol{f}=[f_{t,H}\quad f_{t,V}]^{T}$，则由发射天线辐射出去的射频信号 $\boldsymbol{e}_{t}=[e_{t,H}\quad e_{t,V}]^{T}$ 可以表示成

$$\boldsymbol{e}_{t}=\begin{bmatrix}T_{HH} & T_{HV}\\ T_{VH} & T_{VV}\end{bmatrix}\boldsymbol{f}=\boldsymbol{T}\boldsymbol{f} \tag{6.1.1}$$

式中：$\boldsymbol{T}$ 是发射通道的系统误差矩阵；$T_{\mathrm{HH}} \neq T_{\mathrm{VV}}$ 表示发射通道失衡误差；T_{VH}、T_{HV} 是由天线极化隔离度不理想引起的极化隔离误差因子。

其次，极化雷达采用正交极化通道同时接收、同时处理的方案。接收通道示意框图如图 6.1.3 所示。

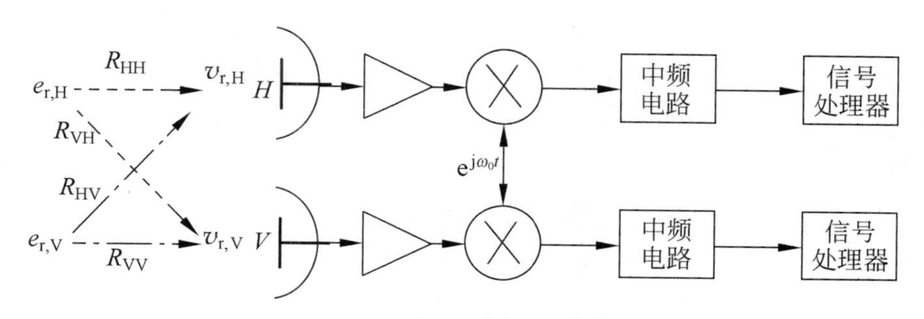

图 6.1.3 极化雷达接收通道示意框图

同理，对于接收通道也存在幅相增益不一致及天线隔离不理想等系统误差，到达雷达接收机的回波信号矢量 $\boldsymbol{e}_{\mathrm{r}} = [e_{\mathrm{r,H}} \quad e_{\mathrm{r,V}}]^{\mathrm{T}}$，信号处理器接收的复电压信号 $\boldsymbol{v}_{\mathrm{r}} = [v_{\mathrm{r,H}} \quad v_{\mathrm{r,V}}]^{\mathrm{T}}$，则接收通道误差模型可以写成

$$\boldsymbol{v}_{\mathrm{r}} = \begin{bmatrix} R_{\mathrm{HH}} & R_{\mathrm{HV}} \\ R_{\mathrm{VH}} & R_{\mathrm{VV}} \end{bmatrix} \boldsymbol{e}_{\mathrm{r}} = \boldsymbol{R} \cdot \boldsymbol{e}_{\mathrm{r}} \tag{6.1.2}$$

式中：$\boldsymbol{R}$ 是接收通道误差矩阵；$R_{\mathrm{HH}} \neq R_{\mathrm{VV}}$ 表示接收通道复增益误差；R_{HV}、R_{VH} 是由接收天线极化隔离不理想产生的极化隔离误差因子。

最后，由测量环境背景会产生一个加性误差，记作 $\boldsymbol{I} = \begin{bmatrix} I_{\mathrm{HH}} & I_{\mathrm{HV}} \\ I_{\mathrm{VH}} & I_{\mathrm{VV}} \end{bmatrix}$。

经以上分析，极化雷达测量系统的误差模型可以建模为 RST 误差模型，即

$$\boldsymbol{S}^{\mathrm{m}} = \frac{K}{r^2} \mathrm{e}^{-\mathrm{j}2kr} \boldsymbol{RST} + \boldsymbol{I} \tag{6.1.3}$$

式中：$\boldsymbol{S}^{\mathrm{m}} = \begin{bmatrix} S_{\mathrm{HH}}^{\mathrm{m}} & S_{\mathrm{HV}}^{\mathrm{m}} \\ S_{\mathrm{VH}}^{\mathrm{m}} & S_{\mathrm{VV}}^{\mathrm{m}} \end{bmatrix}$ 是目标极化散射矩阵测量值；K 是由雷达辐射功率、天线增益决定的幅度因子；r 是雷达目标距离；$\boldsymbol{S} = \begin{bmatrix} S_{\mathrm{HH}} & S_{\mathrm{HV}} \\ S_{\mathrm{VH}} & S_{\mathrm{VV}} \end{bmatrix}$ 是目标真实极化散射矩阵；$\boldsymbol{R} = \begin{bmatrix} R_{\mathrm{HH}} & R_{\mathrm{HV}} \\ R_{\mathrm{VH}} & R_{\mathrm{VV}} \end{bmatrix}$ 是接收通道误差矩阵；$\boldsymbol{T} = \begin{bmatrix} T_{\mathrm{HH}} & T_{\mathrm{HV}} \\ T_{\mathrm{VH}} & T_{\mathrm{VV}} \end{bmatrix}$ 是发射通道误差矩阵；$\boldsymbol{I}$ 是背景加性误差矩阵。

一般地，$\frac{K}{r^2}\mathrm{e}^{-\mathrm{j}2kr}$ 可通过单极化校准手段加以解决，因此，通常将上述 RST 误差模型写成

$$\boldsymbol{S}^{\mathrm{m}}=\boldsymbol{RST}+\boldsymbol{I} \tag{6.1.4}$$

极化校准就是基于上述测量误差模型，通过测量校准器（理论极化散射矩阵已知，通过无源或有源的办法产生）的极化散射矩阵，来标定极化测量系统误差矩阵 $\boldsymbol{R}$、$\boldsymbol{T}$ 及 $\boldsymbol{I}$，从而解算出待测目标的真实极化散射矩阵。常用的校准器有金属球、金属圆盘、金属平板、金属二面角、金属三面角及极化有源校准器等。另外，加性误差矩阵 $\boldsymbol{I}$ 可以方便地通过测量无目标暗室或采用背景矢量相减技术消除，这里提到的校准技术将不加以考虑。

综上所述，可以看出一种好的极化校准技术应具有以下特点：

(1) 应尽可能准确地建立与极化测量系统相匹配的误差模型；

(2) 应能够比较精确地获得校准器散射特性的测量值；

(3) 应采用与误差模型匹配的极化校准算法，精确估计出系统误差系数；

(4) 比较精确地获取待测目标极化散射矩阵的测量值，并加以校准。

6.1.2 极化校准技术分类

极化雷达系统的极化校准技术包括内校准技术和外校准技术两类。内校准技术是通过向雷达链路中注入定标信号来校准极化雷达系统参数的过程，内校准技术不能校准发射、接收天线等参数，在极化校准中并不实用。外校准技术是通过无源目标或有源转发器产生定标信号来标定系统参数。当前，广泛研究和应用的是外校准技术。

按照极化校准的应用背景，外校准技术又分成点目标极化校准技术、宽带成像极化校准技术两类；按照定标体的类型外校准技术又可分成无源极化校准和有源极化校准两类。从应用对象来看，目前极化校准技术考虑的主要对象是暗室极化测量系统、极化 SAR 系统、极化气象雷达系统等。图 6.1.4 给出的是极化校准算法流程框图。后面将分别介绍无源极化和有源极化校准技术。

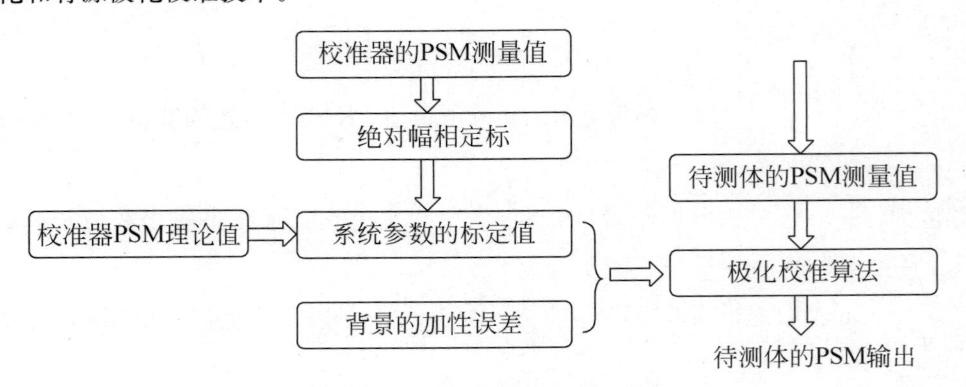

图 6.1.4 极化校准算法的流程框图

6.2　基于无源校准器的极化校准技术

在各种基于无源校准器的极化校准算法中，较典型算法包括以下四类：

6.2.1　三目标校准算法

三目标校准算法(TTCT)是最为经典的极化校准算法。该算法是 Tzong-Jyh Chen 在1991年提出的，该算法没有对误差模型进行任何简化，除四个加性误差因子外，还包含八个乘性误差因子，是当前全极化测量系统普遍采用的校准算法。该算法利用金属圆盘、0°二面角和 θ(约 22.5°)旋转二面角作为定标体，三个定标体的极化散射矩阵理论值分别记作

$$\boldsymbol{S}_1=\alpha\begin{bmatrix}1 & 0\\0 & 1\end{bmatrix},\quad \boldsymbol{S}_2=\beta\begin{bmatrix}-1 & 0\\0 & 1\end{bmatrix},\quad \boldsymbol{S}_3=\gamma\begin{bmatrix}-\cos2\theta & \sin2\theta\\\sin2\theta & \cos2\theta\end{bmatrix}\tag{6.2.1}$$

三个定标体的极化散射矩阵测量值分别记作 $\boldsymbol{S}_1^{\mathrm{m}}$、$\boldsymbol{S}_2^{\mathrm{m}}$ 及 $\boldsymbol{S}_3^{\mathrm{m}}$，待测目标的真实极化散射矩阵及其测量值分别记作 $\boldsymbol{S}_{\mathrm{u}}$、$\boldsymbol{S}_{\mathrm{u}}^{\mathrm{m}}$，并有以下关系式：

$$\begin{cases}\boldsymbol{S}_1^{\mathrm{m}}=\boldsymbol{RS}_1\boldsymbol{T}+\boldsymbol{I}=2\boldsymbol{RT}+\boldsymbol{I}\\ \boldsymbol{S}_2^{\mathrm{m}}=\boldsymbol{RS}_2\boldsymbol{T}+\boldsymbol{I}=\beta\boldsymbol{R}\begin{bmatrix}-1 & 0\\0 & 1\end{bmatrix}\boldsymbol{T}+\boldsymbol{I}\\ \boldsymbol{S}_3^{\mathrm{m}}=\boldsymbol{RS}_3\boldsymbol{T}+\boldsymbol{I}=\gamma R\begin{bmatrix}-\cos2\theta & \sin2\theta\\\sin2\theta & \cos2\theta\end{bmatrix}\boldsymbol{T}+\boldsymbol{I}\end{cases}\tag{6.2.2}$$

校准算法详细流程如图 6.2.1 所示。

算法详细步骤如下：

(1) 计算得到金属圆盘的理论散射矩阵 $\alpha\begin{bmatrix}1 & 0\\0 & 1\end{bmatrix}$。

(2) 测量背景加性误差矩阵 $\boldsymbol{I}$，并加以校准。

(3) 测量金属圆盘的极化散射矩阵 $\boldsymbol{S}_1^{\mathrm{m}}$、0°二面角的极化散射矩阵 $\boldsymbol{S}_2^{\mathrm{m}}$ 及 θ 旋转二面角的极化散射矩阵 $\boldsymbol{S}_3^{\mathrm{m}}$。通过变换得到

$$\boldsymbol{R}=\frac{1}{\alpha}S_1^{\mathrm{m}}\boldsymbol{T}^{-1},\quad \boldsymbol{TE}=\frac{\beta}{\alpha}\begin{bmatrix}-1 & 0\\0 & 1\end{bmatrix}\boldsymbol{T},\quad \boldsymbol{E}=(\boldsymbol{S}_1^{\mathrm{m}})^{-1}\boldsymbol{S}_2^{\mathrm{m}}\tag{6.2.3a}$$

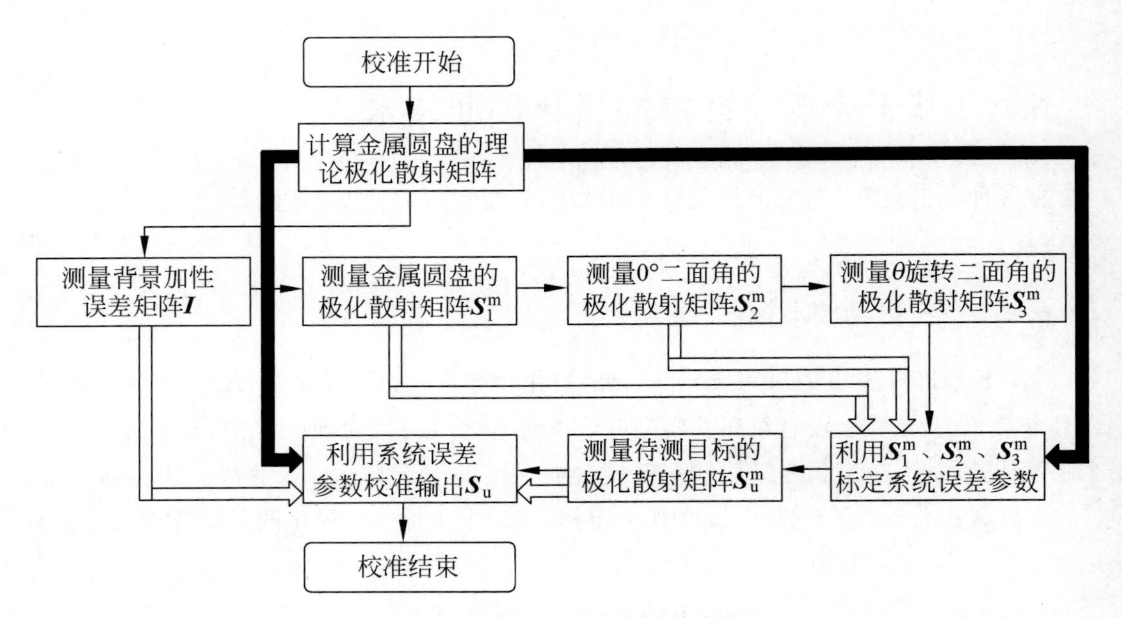

图 6.2.1 TTCT 校准算法流程框图

注："→"表示校准流程；"➡"表示校准器理论计算数据流；"⇨"表示测量数据流。

$$\boldsymbol{TF}=\frac{\gamma}{\alpha}\begin{bmatrix}-\cos 2\theta & \sin 2\theta \\ \sin 2\theta & \cos 2\theta\end{bmatrix}\boldsymbol{T},\quad \boldsymbol{F}=(\boldsymbol{S}_1^{\mathrm{m}})^{-1}\boldsymbol{S}_3^{\mathrm{m}} \tag{6.2.3b}$$

(4) 联立上述方程组，得到

$$\begin{cases}E_{11}T_{\mathrm{HH}}+E_{21}T_{\mathrm{HV}}=-\dfrac{\beta}{\alpha}T_{\mathrm{HH}} \\ E_{12}T_{\mathrm{HH}}+E_{22}T_{\mathrm{HV}}=-\dfrac{\beta}{\alpha}T_{\mathrm{HV}} \\ E_{11}T_{\mathrm{VH}}+E_{21}T_{\mathrm{VV}}=\dfrac{\beta}{\alpha}T_{\mathrm{VH}} \\ E_{12}T_{\mathrm{VH}}+E_{22}T_{\mathrm{HV}}=\dfrac{\beta}{\alpha}T_{\mathrm{VV}}\end{cases} \tag{6.2.4a}$$

$$\begin{cases}F_{11}T_{\mathrm{HH}}+F_{21}T_{\mathrm{HV}}=\dfrac{\gamma}{\alpha}(-\cos 2\theta T_{\mathrm{HH}}+\sin 2\theta T_{\mathrm{VH}}) \\ F_{12}T_{\mathrm{HH}}+F_{22}T_{\mathrm{HV}}=\dfrac{\gamma}{\alpha}(-\cos 2\theta T_{\mathrm{HV}}+\sin 2\theta T_{\mathrm{VV}}) \\ F_{11}T_{\mathrm{VH}}+F_{21}T_{\mathrm{VV}}=\dfrac{\gamma}{\alpha}(\sin 2\theta T_{\mathrm{HH}}+\sin 2\theta T_{\mathrm{VH}}) \\ F_{12}T_{\mathrm{VH}}+F_{22}T_{\mathrm{HV}}=\dfrac{\gamma}{\alpha}(\sin 2\theta T_{\mathrm{HV}}+\cos 2\theta T_{\mathrm{VV}})\end{cases} \tag{6.2.4b}$$

通过对上述方程组的处理，可以得到

$$\left.\begin{array}{l}E_{12}u^2+(E_{22}-E_{11})u-E_{21}=0\\E_{12}v^2+(E_{22}-E_{11})v-E_{21}=0\end{array}\right\}\Rightarrow u、v$$

$$\left.\begin{array}{l}\tan2\theta=\dfrac{2uvwF_{11}+(u+v)wF_{21}}{u(v^2-w^2)F_{11}+(uv-w^2)F_{21}}\\\tan2\theta=\dfrac{2uvwF_{12}+(u+v)wF_{22}}{u(uv-w^2)F_{12}+(u^2-w^2)F_{22}}\end{array}\right\}\Rightarrow w \tag{6.2.5}$$

式中

$$u=\frac{T_{HH}}{T_{HV}},\quad v=\frac{T_{HV}}{T_{VV}},\quad w=\frac{T_{HH}}{T_{VV}},\quad \boldsymbol{T}=T_{VV}\begin{bmatrix}w & w/u\\ v & 1\end{bmatrix}=T_{VV}\boldsymbol{T}',$$

$$\boldsymbol{R}=\frac{1}{\alpha T_{VV}}(\boldsymbol{S}_1^{m})^{-1}\boldsymbol{T}'=\frac{1}{\alpha T_{VV}}\boldsymbol{R}'$$

(5) 测量待测目标的极化散射矩阵，并依据以上参数进行校准输出：

$$\boldsymbol{S}^{c}=\alpha(\boldsymbol{R}')^{-1}\boldsymbol{S}^{m}(\boldsymbol{T}')^{-1} \tag{6.2.6}$$

该算法具有以下特点：

(1) 没有对误差模型进行简化，通用性好；

(2) 提供了一个自相容参数 θ，可以避免精确确定 θ 的麻烦；

(3) 算法只需要确切求出金属圆盘的复 RCS 因子 α，而不需要二面角的复 RCS 因子 β、γ。

该算法的缺点是：需要校准器较多，由摆放位置误差引起的校准误差，特别是相位误差较大。

6.2.2 高极化隔离校准算法

高极化隔离校准算法(IACT)是 K. Sarabandi 在 1990 年提出的，当测量系统的极化隔离度大于 25dB 时，极化通道间的极化隔离度误差可以忽略不计，发射、接收误差矩阵可以简化成如下形式：

$$\boldsymbol{R}=\begin{bmatrix}R_{HH} & 0\\ 0 & R_{VV}\end{bmatrix},\quad \boldsymbol{T}=\begin{bmatrix}T_{HH} & 0\\ 0 & T_{VV}\end{bmatrix}$$

该校准算法是在上述简化误差模型上提出的：首先，测量金属球或金属平板(同极化散射体)的极化散射矩阵,标定同极化通道误差;然后,测量45°旋转二面角(交叉极化散射体)的极化散射矩阵,标定交叉极化通道误差。IACT 校准算法流程框图如图 6.2.2 所示。

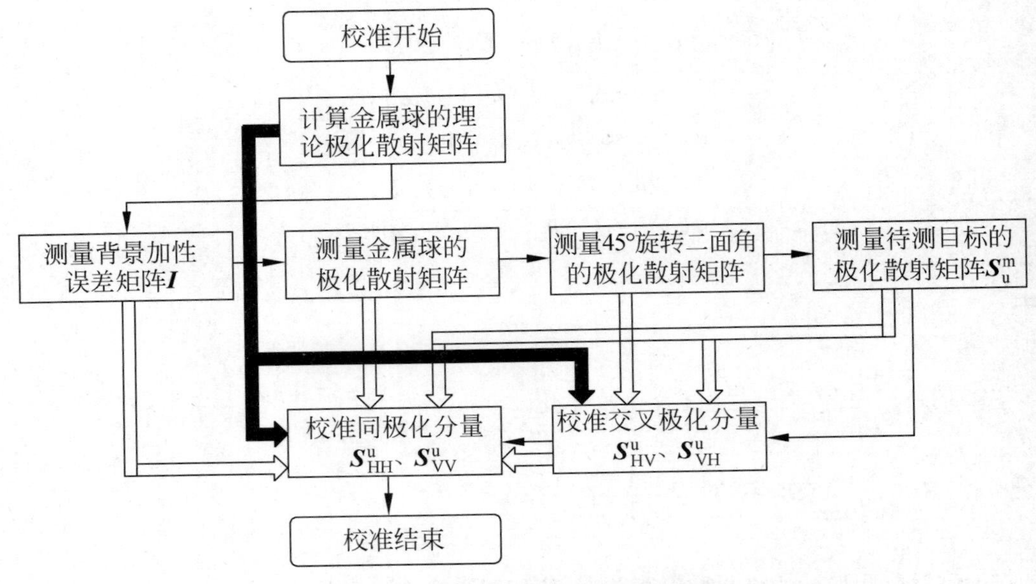

图 6.2.2 IACT 校准算法流程框图

设金属球的理论极化散射矩阵 $\boldsymbol{S}_0=\sigma\begin{bmatrix}1 & 0\\0 & 1\end{bmatrix}$,测量值为 $\boldsymbol{S}_0^{\mathrm{m}}$,45°旋转二面角的极化散射矩阵测量值为 $\boldsymbol{S}_1^{\mathrm{m}}$,待测目标的极化散射矩阵测量值为 $\boldsymbol{S}_{\mathrm{u}}^{\mathrm{m}}$。

算法详细步骤如下:

(1) 计算金属球的理论 RCS 值 σ。

(2) 测量背景加性误差矩阵 $\boldsymbol{I}$,并加以校准。

(3) 测量金属球、45°旋转二面角及待测目标的极化散射矩阵 $\boldsymbol{S}_0^{\mathrm{m}}$、$\boldsymbol{S}_1^{\mathrm{m}}$ 及 $\boldsymbol{S}_{\mathrm{u}}^{\mathrm{m}}$。

(4) 校准同极化分量:

$$S_{\mathrm{u,HH}}=\frac{S_{\mathrm{u,HH}}^{\mathrm{m}}}{S_{0,\mathrm{HH}}^{\mathrm{m}}}\left(\frac{r_{\mathrm{u}}}{r_0}\right)^2\mathrm{e}^{-\mathrm{j}2k(r_0-r_{\mathrm{u}})}\sigma$$

$$S_{\mathrm{u,VV}}=\frac{S_{\mathrm{u,VV}}^{\mathrm{m}}}{S_{\mathrm{u,VV}}^{\mathrm{m}}}\left(\frac{r_{\mathrm{u}}}{r_0}\right)^2\mathrm{e}^{-\mathrm{j}2k(r_0-r_{\mathrm{u}})}\sigma \tag{6.2.7}$$

(5) 计算参数 $K_1=\dfrac{S_{1,\mathrm{HV}}^{\mathrm{m}}}{S_{1,\mathrm{VH}}^{\mathrm{m}}}$,$K_2=S_{0,\mathrm{HH}}^{\mathrm{m}}S_{0,\mathrm{VV}}^{\mathrm{m}}$,并校准交叉极化分量:

$$S_{\mathrm{u,HV}}=\frac{S_{\mathrm{u,HV}}^{\mathrm{m}}}{\sqrt{K_1K_2}}\left(\frac{r_{\mathrm{u}}}{r_0}\right)^2\mathrm{e}^{-\mathrm{j}2k(r_0-r_{\mathrm{u}})}\sigma$$

$$S_{\mathrm{u,VH}}=\sqrt{\frac{K_1}{K_2}}S_{\mathrm{u,VH}}^{\mathrm{m}}\left(\frac{r_{\mathrm{u}}}{r_0}\right)^2\mathrm{e}^{-\mathrm{j}2k(r_0-r_{\mathrm{u}})}\sigma \tag{6.2.8}$$

当极化测量系统的极化隔离度很高时，该算法的校准性能较好；但对极化隔离度不理想的极化测量系统，此校准算法的性能将变差。

6.2.3 单目标校准算法

单目标校准算法(STCT)是 K. SarabandI 针对 IACT 算法的缺点提出的，算法流程如图 6.2.3 所示。

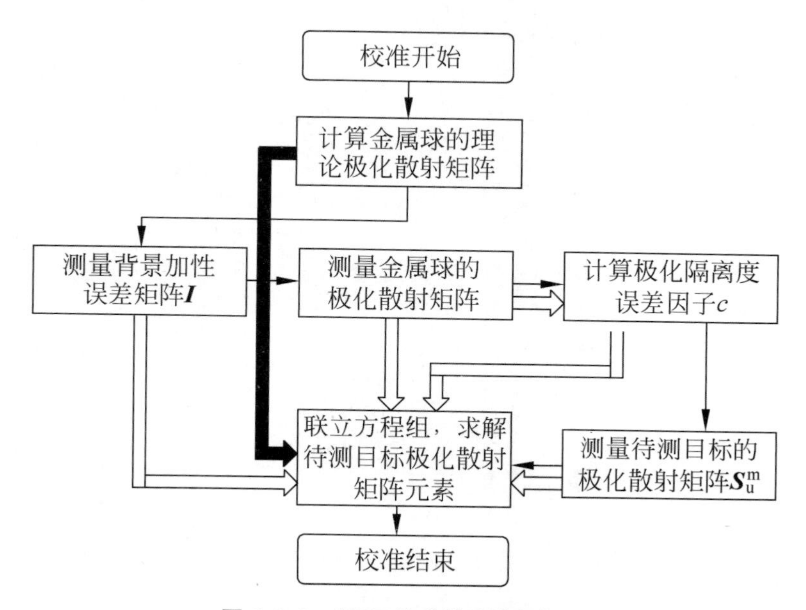

图 6.2.3 STCT 校准算法流程框图

当极化测量系统采用收、发共天线时，发射、接收误差矩阵可以进行分解，写成

$$\boldsymbol{R}=\begin{bmatrix}R_{\mathrm{HH}} & 0\\ 0 & R_{\mathrm{VV}}\end{bmatrix}\begin{bmatrix}1 & c\\ c & 1\end{bmatrix},\quad \boldsymbol{T}=\begin{bmatrix}T_{\mathrm{HH}} & 0\\ 0 & T_{\mathrm{VV}}\end{bmatrix}\begin{bmatrix}1 & c\\ c & 1\end{bmatrix}$$

式中：R_{HH}、R_{VV} 是接收通道增益参数，T_{HH}、T_{VV} 是发射通道增益参数；c 是由极化隔离度误差因子。

经过上述简化后，利用单个校准器(金属球)的极化散射矩阵来校准待测目标的极化散射矩阵。

该算法仅需要一个金属球校准器，受位置摆放误差影响小，是操作简单、较实用化的一种校准算法。

设金属球的理论极化散射矩阵为 $\sigma\begin{bmatrix}1 & 0\\ 0 & 1\end{bmatrix}$，极化散射矩阵测量值 $\boldsymbol{S}_0^{\mathrm{m}}=\begin{bmatrix}S_{0,\mathrm{HH}}^{\mathrm{m}} & S_{0,\mathrm{HV}}^{\mathrm{m}}\\ S_{0,\mathrm{VH}}^{\mathrm{m}} & S_{0,\mathrm{VV}}^{\mathrm{m}}\end{bmatrix}$，待测目标的极化散射矩阵的测量值 $\boldsymbol{S}_{\mathrm{u}}=\begin{bmatrix}S_{\mathrm{u,HH}}^{\mathrm{m}} & S_{\mathrm{u,HV}}^{\mathrm{m}}\\ S_{\mathrm{u,VH}}^{\mathrm{m}} & S_{\mathrm{u,VV}}^{\mathrm{m}}\end{bmatrix}$，校准输出值 $\boldsymbol{S}^{\mathrm{c}}=\begin{bmatrix}S_{\mathrm{HH}}^{\mathrm{c}} & S_{\mathrm{HV}}^{\mathrm{c}}\\ S_{\mathrm{VH}}^{\mathrm{c}} & S_{\mathrm{VV}}^{\mathrm{c}}\end{bmatrix}$。

校准算法详细步骤如下：

(1) 计算金属球的理论 RCS 值 σ。

(2) 测量背景加性误差矩阵 $\boldsymbol{I}$，并加以校准。

(3) 测量金属球的极化散射矩阵，并得到

$$R_{\mathrm{HH}}T_{\mathrm{HH}}(1+c^2)=\frac{S_{0,\mathrm{HH}}^{\mathrm{m}}}{\sigma},\quad 2R_{\mathrm{HH}}T_{\mathrm{VV}}c=\frac{S_{0,\mathrm{HV}}^{\mathrm{m}}}{\sigma}\tag{6.2.9a}$$

$$2R_{\mathrm{VV}}T_{\mathrm{HH}}c=\frac{S_{0,\mathrm{VH}}^{\mathrm{m}}}{\sigma},\quad R_{\mathrm{VV}}T_{\mathrm{VV}}(1+c^2)=\frac{S_{0,\mathrm{VV}}^{\mathrm{m}}}{\sigma}\tag{6.2.9b}$$

解方程

$$\frac{4c^2}{(1+c^2)^2}=\frac{S_{0,\mathrm{HV}}^{\mathrm{m}}S_{0,\mathrm{VH}}^{\mathrm{m}}}{S_{0,\mathrm{HH}}^{\mathrm{m}}S_{0,\mathrm{VV}}^{\mathrm{m}}}\triangleq a$$

求出参数

$$c=\pm\frac{1}{\sqrt{a}}(1-\sqrt{1-a})$$

式中："±"可以通过测量具有确定相位关系的目标加以消除。

(4) 测量待测目标的极化散射矩阵，并依据以下公式校准：

$$\begin{cases}S_{\mathrm{VV}}^{\mathrm{c}}=\dfrac{1}{(1-c^2)^2}\left[-2c^2\left(\dfrac{S_{\mathrm{u,HV}}^{\mathrm{m}}}{S_{0,\mathrm{HV}}^{\mathrm{m}}}+\dfrac{S_{\mathrm{u,VH}}^{\mathrm{m}}}{S_{0,\mathrm{VH}}^{\mathrm{m}}}\right)+(1+c^2)\left(\dfrac{S_{\mathrm{u,HH}}^{\mathrm{m}}}{S_{0,\mathrm{HH}}^{\mathrm{m}}}+c^2\dfrac{S_{\mathrm{u,VV}}^{\mathrm{m}}}{S_{0,\mathrm{VV}}^{\mathrm{m}}}\right)\right]\sigma\\ S_{\mathrm{HH}}^{\mathrm{c}}=\dfrac{1}{(1-c^2)^2}\left[-2c^2\left(\dfrac{S_{\mathrm{u,HV}}^{\mathrm{m}}}{S_{0,\mathrm{HV}}^{\mathrm{m}}}+\dfrac{S_{\mathrm{u,VH}}^{\mathrm{m}}}{S_{0,\mathrm{VH}}^{\mathrm{m}}}\right)+(1+c^2)\left(\dfrac{S_{\mathrm{u,VV}}^{\mathrm{m}}}{S_{0,\mathrm{VV}}^{\mathrm{m}}}+c^2\dfrac{S_{\mathrm{u,HH}}^{\mathrm{m}}}{S_{0,\mathrm{HH}}^{\mathrm{m}}}\right)\right]\sigma\\ S_{\mathrm{VH}}^{\mathrm{c}}=\dfrac{c}{(1-c^2)^2}\left[2\dfrac{S_{\mathrm{u,HV}}^{\mathrm{m}}}{S_{0,\mathrm{HV}}^{\mathrm{m}}}+2c^2\dfrac{S_{\mathrm{u,VH}}^{\mathrm{m}}}{S_{0,\mathrm{VH}}^{\mathrm{m}}}-(1+c^2)\left(\dfrac{S_{\mathrm{u,VV}}^{\mathrm{m}}}{S_{0,\mathrm{VV}}^{\mathrm{m}}}+\dfrac{S_{\mathrm{u,HH}}^{\mathrm{m}}}{S_{0,\mathrm{HH}}^{\mathrm{m}}}\right)\right]\sigma\\ S_{\mathrm{VH}}^{\mathrm{c}}=\dfrac{c}{(1-c^2)^2}\left[2\dfrac{S_{\mathrm{u,VH}}^{\mathrm{m}}}{S_{0,\mathrm{VH}}^{\mathrm{m}}}+2c^2\dfrac{S_{\mathrm{u,HV}}^{\mathrm{m}}}{S_{0,\mathrm{HV}}^{\mathrm{m}}}-(1+c^2)\left(\dfrac{S_{\mathrm{u,VV}}^{\mathrm{m}}}{S_{0,\mathrm{VV}}^{\mathrm{m}}}+\dfrac{S_{\mathrm{u,HH}}^{\mathrm{m}}}{S_{0,\mathrm{HH}}^{\mathrm{m}}}\right)\right]\sigma\end{cases}$$

对 $\boldsymbol{S}^{\mathrm{c}}$ 进行距离校正，从而求出

$$\boldsymbol{S}_{\mathrm{out}}^{\mathrm{c}}=\left(\frac{r_{\mathrm{t}}}{r_{\mathrm{c}}}\right)^{2}\mathrm{e}^{-2ik(r_{\mathrm{c}}-r_{\mathrm{t}})}\boldsymbol{S}^{\mathrm{c}}$$

6.2.4　单二面角校准算法

单二面角校准算法(SDCT)是 J. R. Gau 等为简化校准过程而提出的，通过对极化测量误差模型进行转换，把四个极化通道的增益表示成四个独立参量，乘性误差模型可以写成

$$\begin{bmatrix} A_{\mathrm{HH}}S_{\mathrm{HH}}^{\mathrm{m}} & A_{\mathrm{HV}}S_{\mathrm{HV}}^{\mathrm{m}} \\ A_{\mathrm{VH}}S_{\mathrm{VH}}^{\mathrm{m}} & A_{\mathrm{VV}}S_{\mathrm{VV}}^{\mathrm{m}} \end{bmatrix}=\begin{bmatrix} 1 & \delta_{\mathrm{H}} \\ \delta_{\mathrm{V}} & 1 \end{bmatrix}\begin{bmatrix} S_{\mathrm{HH}} & S_{\mathrm{HV}} \\ S_{\mathrm{VH}} & S_{\mathrm{VV}} \end{bmatrix}\begin{bmatrix} 1 & \delta_{\mathrm{V}} \\ \delta_{\mathrm{H}} & 1 \end{bmatrix} \tag{6.2.11}$$

式中：$A_{ij}\,(i,j\in\{\mathrm{H、V}\})$为四个极化通道的复增益；$\delta_{\mathrm{H}}$、$\delta_{\mathrm{V}}$ 为极化隔离误差因子。

上述误差模型包含 6 个未知参数，该算法利用单个菱形二面角校准器，通过测量其在两个不同姿态下(0°和 β)的测量结果，联立成 8 个线性方程组，求解出 6 个未知参数，从而实现极化校准。SDCT 校准算法流程框图如图 6.2.4 所示。

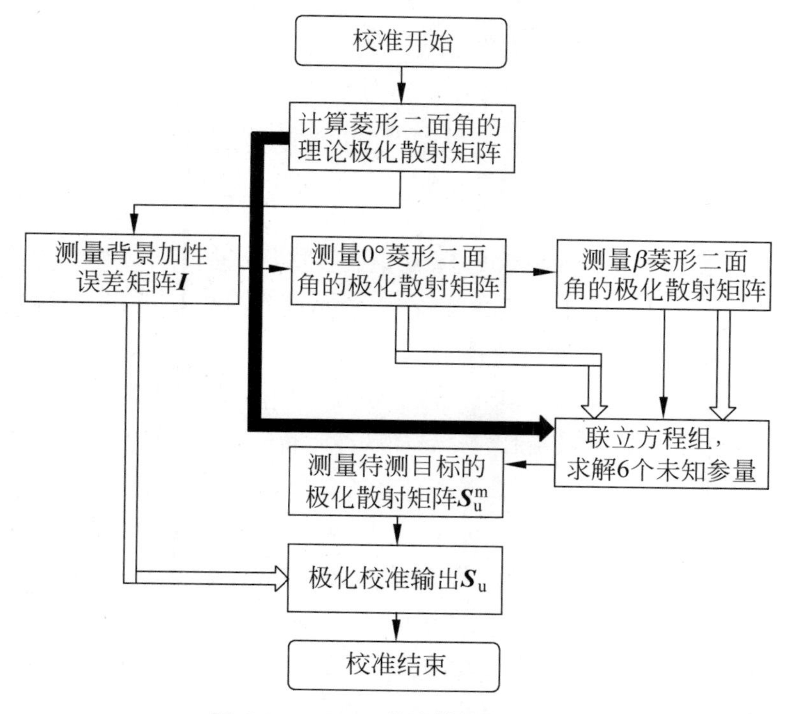

图 6.2.4　SDCT 校准算法流程框图

该算法适用于任何单站和准单站测量系统，并可应用于宽带情况。

算法详细步骤如下：

(1) 计算 0°、β 菱形二面角的极化散射矩阵理论值 $\boldsymbol{S}_{\mathrm{d}}(0)$、$\boldsymbol{S}_{\mathrm{d}}(\beta)$。

(2) 测量背景加性误差矩阵 $\boldsymbol{I}$，并加以校准。

(3) 测量 0°、β 菱形二面角的极化散射矩阵 $\boldsymbol{S}_{\mathrm{d}}^{\mathrm{m}}(0)$、$\boldsymbol{S}_{\mathrm{d}}^{\mathrm{m}}(\beta)$。

(4) 通过下述公式求解出误差因子：

$$\begin{cases} A_{\mathrm{HH}}=\dfrac{S_{\mathrm{d,HH}}(0)}{S_{\mathrm{d,HH}}^{\mathrm{m}}(0)} \\ A_{\mathrm{VV}}=\dfrac{S_{\mathrm{d,VV}}(0)}{S_{\mathrm{d,VV}}^{\mathrm{m}}(0)} \\ A_{\mathrm{HV}}=\dfrac{1}{S_{\mathrm{d,HV}}^{\mathrm{m}}(\beta)}(\delta_2 S_{\mathrm{d,HH}}(\beta)+S_{\mathrm{d,HV}}(\beta)+\delta_1 S_{\mathrm{d,VV}}(\beta)) \\ A_{\mathrm{VH}}=\dfrac{1}{S_{\mathrm{d,VH}}^{\mathrm{m}}(\beta)}(\delta_2 S_{\mathrm{d,HH}}(\beta)+S_{\mathrm{d,VH}}(\beta)+\delta_1 S_{\mathrm{d,VV}}(\beta)) \end{cases} \tag{6.2.12}$$

式中，

$$\delta_1=\frac{A_{\mathrm{HH}}S_{\mathrm{d,HH}}^{\mathrm{m}}(\beta)-S_{\mathrm{d,HH}}(\beta)}{2S_{\mathrm{d,HV}}(\beta)},\quad \delta_2=\frac{A_{\mathrm{VV}}S_{\mathrm{d,VV}}^{\mathrm{m}}(\beta)-S_{\mathrm{d,VV}}(\beta)}{2S_{\mathrm{d,HV}}(\beta)}$$

(5) 测量待测目标的极化散射矩阵，并进行校准：

$$\boldsymbol{S}^{\mathrm{c}}=\begin{bmatrix}1 & \delta_1 \\ \delta_2 & 1\end{bmatrix}^{-1}\begin{bmatrix}S_{\mathrm{t,HH}}^{\mathrm{m}}A_{\mathrm{HH}} & S_{\mathrm{t,HV}}^{\mathrm{m}}A_{\mathrm{HV}} \\ S_{\mathrm{t,HV}}^{\mathrm{m}}A_{\mathrm{HV}} & S_{\mathrm{t,VV}}^{\mathrm{m}}A_{\mathrm{VV}}\end{bmatrix}\begin{bmatrix}1 & \delta_2 \\ \delta_1 & 1\end{bmatrix}^{-1} \tag{6.2.13}$$

以上是四种常用的点目标无源极化校准算法，这些算法都需要测量一个或多个定标体的极化散射矩阵，所以对定标体的摆放位置、观测角度有一定要求，从而限制了其应用范围，大多数只限于暗室或小型全极化测量系统。

此外，目前国内外研究和报道比较多的还有极化 SAR 校准技术，主要分三类：点目标极化校准技术；分布目标极化校准技术；混合点目标和分布目标的极化校准技术。点目标定标算法是最早开展研究的算法。虽然点目标的选择、定标场的选择、点目标的定向精度问题、点目标的制造精度、野外摆放的方便性、点目标与背景的相互影响都会对定标结果产生误差，而且为了定标整个测绘带，需要在整个测绘带摆放大量人造点目标，成本很高。但是，点目标定标算法有概念和算法直观简单的优点，而且在上面提到的误差因素得到较好处理的情况下精度也很高，所以直到目前，定标点目标的改进、定标算法的改进都仍然受到高度关注。

能否精确获得校准器的姿态是校准成败的关键，同时还要避免由校准器非理想引入新的系统误差。对现役雷达系统进行校准时，暗室校准实验将难以满足条件，需要进行外场校准试验。当利用无源定标体进行外场校准时，常用的校准技术包括地面校准、高架校准、吊气球校准、人造卫星校准等方法。前两种校准技术易受到地物杂波的影响，实际中很少采用。吊气球校准技术已成功应用于单极化雷达校准，但对于极化测量雷达，由于需要的校准器种类较多，校准器的姿态难以精确控制，因此，这种技术实施比较困难，精度有限；另外，对于远区很远的雷达，为了保证雷达工作在较高的仰角，被吊目标的高度通常要达到数百米，难以实现。人造卫星极化校准技术需精确知道卫星的参数和形状姿态等信息，同时也需要多类校准器，因此，人造卫星虽可用来校准单极化雷达系统，却很少用来校准全极化雷达系统。为克服无源校准的缺点，基于极化有源校准器的有源校准技术成为当前国内外常用的极化校准技术。

6.3　有源极化校准技术

极化有源校准技术是利用 PARC 精确接收雷达信号，经幅相调制及延时控制后，转发回雷达。在此过程中，PARC 所转发信号的幅度、频率、相位、极化信息是可准确控制的，极化雷达获取该转发信号并进行处理后，即可标定自身的系统误差。与无源校准技术相比，有源极化校准技术具有以下优点：①PARC 通过控制转发延时，可以增大转发信号的等效距离，有效抑制地物杂波、气象杂波等干扰；②PARC 的转发信号可以具有较大功率，相当于具有很大的目标 RCS，并能灵活控制；③PARC 有很宽的波束宽度，克服了无源定标器观测角度有限的缺点；④PARC 通过灵活的幅度、相位调制，可获取多种极化散射矩阵形式。典型 PARC 的结构框图如图 6.3.1 所示。

图 6.3.1　典型 PARC 的结构框图

其主要功能模块包括收发天线模块、控制及信号调制模块、射频模拟电子线路模块、跟踪模块及数字接收机模块。收发天线模块由两套极化方式(分别为水平极化、垂直极化)的天线系统构成,其应具有宽频带、宽波束的特点,用于接收、转发雷达射频信号。射频模拟电子线路模块由低噪声放大器,上变频、下变频及中频放大等电路组成,用于模拟信号的放大、变频处理。控制及信号调制模块是核心模块,作用是把接收信号按设定值进行必要的调幅、调频及调相处理后转发出去。跟踪模块控制天线波束指向,使其主瓣对准雷达方向。数字接收机模块完成对雷达信号的必要分析,并进行一定的数字调制。

第7章

极化滤波技术

如何有效抑制干扰、改善信号接收质量，一直是雷达、通信以及导航等电子信息领域中的关键问题。一般来说，期望信号和干扰信号之间至少存在某一方面的差别，包括波达方向、极化状态、频谱分布、编码结构等。信号滤波的主要任务是利用期望信号和干扰信号的特征差异来抑制干扰并增强信号。人们针对上述特征差异分别提出了多种滤波技术，并且针对未知或时变的电磁环境开发了自适应实现算法。电子信息系统的滤波抗干扰措施大体分为两类：一类在进入接收机之前，利用期望信号和干扰信号在空间到达角或极化状态方面的特征差异，抑制干扰并增强信号，相应地分别形成了空域滤波技术和极化域滤波技术；另一类是进入接收机以后利用期望信号和干扰信号在频谱分布以及编码结构等方面的差异抑制干扰并增强信号，形成了频域滤波以及时频域滤波等滤波技术。

通常，信号滤波的研究包含两个方面：一最优滤波器求解。即在已知信号和干扰特征参数条件下求解理论最优的滤波器，并给出滤波器的理论性能，得出理论性能与信号和干扰特征参数之间的关系。虽然“特征参数已知”这一条件不具有现实意义，但是最优滤波器求解为滤波器的实现提供理论指导。二是最优滤波器实现。即在未知或时变电磁环境下求解滤波器的自适应实现算法，使得滤波器实际性能最大限度逼近理论“最优”。

电磁波极化信息是除时域、频域和空域信息以外又一可资利用的重要资源，在极化滤波抗干扰方面应用前景广阔。当干扰和信号在时域、频域以及空域的特征参数都很接近时，可以考虑利用干扰和信号在极化域的特征差别来有效区分，抑制干扰，并增强信号。极化滤波技术主要利用干扰信号与期望信号的极化特征差异在极化域中抑制干扰并增强信号。从系统工程实现角度而言，极化滤波系统要具备同时正交双极化接收能力，每一极化通道都进行I/Q正交解调。从信号处理角度而言，极化滤波本质上是二维复信号处理问题，也可以看作简单的二维阵列信号处理问题，信号自由度为1，其最优解有解析公式，根本不需要复杂的矩阵运算。另一方面，如果将极化滤波问题用Stokes矢量这一工具来表述，将二维复矢量转化为四维实矢量，最优极化滤波问题可以最终转化为一个“一元二次方程”

问题，求解过程不需要复杂的矩阵运算以及数值迭代过程，因此该求解方法是迄今为止最简捷的方法。

本章内容包含最优极化滤波器求解和最优滤波器实现两部分。7.1节从阵列信号处理的角度求解最优极化滤波器，根据最大信噪比准则得出最优极化滤波器和最大输出信干噪比(SINR)。7.2节利用Stokes矢量工具求解最优极化滤波器，通过一元二次方程求解出最大输出信干噪比和最优极化滤波器。7.3节给出自适应极化对消算法，分析了极化对消性能与对消通道选择问题。7.4节给出自适应正交极化滤波算法，分析滤波器的“稳态”性能和“暂态”性能。

7.1 最优极化滤波器阵列法求解

极化滤波属于广义的阵列信号处理问题，阵列的维数为2，自由度为1。因此，极化滤波完全可以“套用”阵列信号处理方法。本节从阵列信号处理的角度求解最优极化滤波器，根据最大信噪比准则得出最优极化滤波器和最大输出信干噪比，并分析最优极化滤波性能，得出结论。

7.1.1 接收信号模型

不失一般性，假定期望信号为完全极化波，干扰信号为部分极化波，干扰条件下极化雷达接收信号模型为

$$\boldsymbol{x}(t)=\boldsymbol{s}d(t)+\boldsymbol{i}(t)+\boldsymbol{n}(t) \tag{7.1.1}$$

其中：$\boldsymbol{s}\in\mathbf{C}^{2\times1}$ 表示期望信号极化状态矢量，且 $\|\boldsymbol{s}\|=1$；$d(t)$表示期望信号的复包络，$P_{\mathrm{S}}=E[|d(t)|^2]$表示期望信号的功率；$\boldsymbol{i}(t)$为双极化通道干扰信号复包络，干扰信号均值为零，即 $E[\boldsymbol{i}(t)]=\boldsymbol{0}_{2\times1}$，干扰信号极化相干矩阵 $\boldsymbol{C}=E[\boldsymbol{i}(t)\boldsymbol{i}^{\mathrm{H}}(t)]$，干扰信号功率为极化相干矩阵的迹，即 $P_{\mathrm{I}}=\mathrm{tr}(\boldsymbol{C})$。

根据部分极化波分解定理，一个任意部分极化波可以分解为未极化波与完全极化波的叠加，极化相干矩阵可分解为

$$\boldsymbol{C}=\frac{P_{\mathrm{U}}}{2}\boldsymbol{E}_2+\boldsymbol{P}_{\mathrm{C}}\boldsymbol{i}_{\mathrm{C}}\boldsymbol{i}_{\mathrm{C}}^{\mathrm{H}} \tag{7.1.2}$$

式中：P_{U}、P_{C} 分别表示未极化波和完全极化波的功率；$\boldsymbol{i}_{\mathrm{C}}\in\mathbf{C}^2$ 表示完全极化波的极化矢量，且 $\|\boldsymbol{i}_{\mathrm{C}}\|=1$，$\boldsymbol{E}_2$ 为二阶单位矩阵。

部分极化波的极化度定义为完全极化波功率与总功率之比，即

$$D=\frac{P_{\mathrm{C}}}{P_{\mathrm{I}}}=\frac{P_{\mathrm{C}}}{P_{\mathrm{C}}+P_{\mathrm{U}}} \tag{7.1.3}$$

$\boldsymbol{n}(t)$表示双极化通道接收机热噪声信号，且热噪声信号均值为零，即$E[\boldsymbol{n}(t)]=\boldsymbol{0}_{2\times1}$，协方差矩阵为$E[\boldsymbol{n}(t)\boldsymbol{n}^{\mathrm{H}}(t)]=\sigma^2\boldsymbol{E}_2$，$\sigma^2$ 为热噪声功率，并且接收机热噪声信号独立于期望信号和干扰信号。

7.1.2 最优接收极化

设极化接收矢量为$\boldsymbol{h}$(可以理解为阵列信号处理中的加权矢量)，则极化滤波器输出为

$$y(t)=\boldsymbol{h}^{\mathrm{H}}\boldsymbol{x}(t) \tag{7.1.4}$$

最优加权矢量的确定与信号处理准则密切相关，准则不同，对应的加权矢量也不同，阵列的最优滤波性能也不同。但是，在高斯白噪声背景与线性处理条件下，多个准则之间是“等价的”。这里采用最大信噪比准则，即以阵列输出信号干扰噪声比最大为优化目标。根据最大信噪比准则可得最优极化接收矢量为

$$\boldsymbol{h}_{\mathrm{opt}}=\mu\boldsymbol{R}^{-1}\boldsymbol{s} \tag{7.1.5}$$

式中：μ 为任意非零常数；$\boldsymbol{R}$ 为干扰加噪声协方差矩阵，且阵有

$$\boldsymbol{R}=\boldsymbol{C}+\sigma^2\boldsymbol{E}_2=\left(\sigma^2+\frac{P_{\mathrm{U}}}{2}\right)\boldsymbol{E}_2+P_{\mathrm{C}}\boldsymbol{i}_{\mathrm{C}}\boldsymbol{i}_{\mathrm{C}}^{\mathrm{H}} \tag{7.1.6}$$

根据矩阵求逆引理：

$$\begin{aligned}\boldsymbol{R}^{-1}&=\left[\left(\sigma^2+\frac{P_{\mathrm{U}}}{2}\right)\boldsymbol{E}_2+P_{\mathrm{C}}\boldsymbol{i}_{\mathrm{C}}\boldsymbol{i}_{\mathrm{C}}^{\mathrm{H}}\right]^{-1}\\&=\left(\sigma^2+\frac{P_{\mathrm{U}}}{2}\right)^{-1}\left[\boldsymbol{E}_2-\frac{P_{\mathrm{C}}\left(\sigma^2+\frac{P_{\mathrm{U}}}{2}\right)^{-1}}{1+P_{\mathrm{C}}\left(\sigma^2+\frac{P_{\mathrm{U}}}{2}\right)^{-1}}\boldsymbol{i}_{\mathrm{C}}\boldsymbol{i}_{\mathrm{C}}^{\mathrm{H}}\right]\end{aligned} \tag{7.1.7}$$

所以

$$\boldsymbol{h}_{\mathrm{opt}}=\mu[\boldsymbol{s}-\chi\boldsymbol{i}_{\mathrm{C}}^{\mathrm{H}}\boldsymbol{s}\boldsymbol{i}_{\mathrm{C}}] \tag{7.1.8}$$

式中

$$\chi = \frac{P_{\mathrm{C}}\left(\sigma^2 + \frac{P_{\mathrm{U}}}{2}\right)^{-1}}{1 + P_{\mathrm{C}}\left(\sigma^2 + \frac{P_{\mathrm{U}}}{2}\right)^{-1}}$$

当干扰为完全极化波时,有

$$\chi = \frac{P_{\mathrm{I}}}{\sigma^2 + P_{\mathrm{I}}} \approx 1$$

7.1.3 最优滤波性能

极化滤波器最大输出 SINR 为

$$\mathrm{SINR}_{\max} = P_{\mathrm{S}} \boldsymbol{s}^{\mathrm{H}} \boldsymbol{R}^{-1} \boldsymbol{s} \tag{7.1.9}$$

式(7.1.7)代入式(7.1.9)可得

$$\mathrm{SINR}_{\max} = P_{\mathrm{S}}\left(\sigma^2 + \frac{P_{\mathrm{U}}}{2}\right)^{-1}\left[1 - \frac{P_{\mathrm{C}}\left(\sigma^2 + \frac{P_{\mathrm{U}}}{2}\right)^{-1}}{1 + P_{\mathrm{C}}\left(\sigma^2 + \frac{P_{\mathrm{U}}}{2}\right)^{-1}} \left| \boldsymbol{s}^{\mathrm{H}} \boldsymbol{i}_{\mathrm{C}} \right|^2\right] \tag{7.1.10}$$

定义:$M_{\mathrm{P}} = |\boldsymbol{s}^{\mathrm{H}} \boldsymbol{i}_{\mathrm{C}}|^2 \in [0,1]$,为期望信号与干扰信号完全极化分量的极化匹配系数;$\mathrm{SNR} = \frac{P_{\mathrm{S}}}{\sigma^2}$,$\mathrm{INR} = \frac{P_{\mathrm{I}}}{\sigma^2}$。可以看出,最大输出信干噪比与信噪比、干噪比、干扰极化度以及极化匹配系数有关。下面分别考察干扰极化度和极化匹配系数对最大输出信干噪比的影响。

7.1.4 最优极化滤波性能分析

设定 SNR=10dB,INR=30dB。图 7.1.1 给出了最大输出信干噪比与极化度的关系曲线,图 7.1.2 给出了最大输出信干噪比与极化匹配系数的关系曲线。

从图 7.1.1 可以看出,固定极化匹配系数,最大输出信干噪比随着极化度增大而增大。从图 7.1.2 可以看出,固定干扰极化度,最大输出信干噪比随着极化匹配系数增大而减小。通过分析可知,信号与干扰极化状态差异越大,滤波性能越好;干扰极化度越高,越容易被抑制。

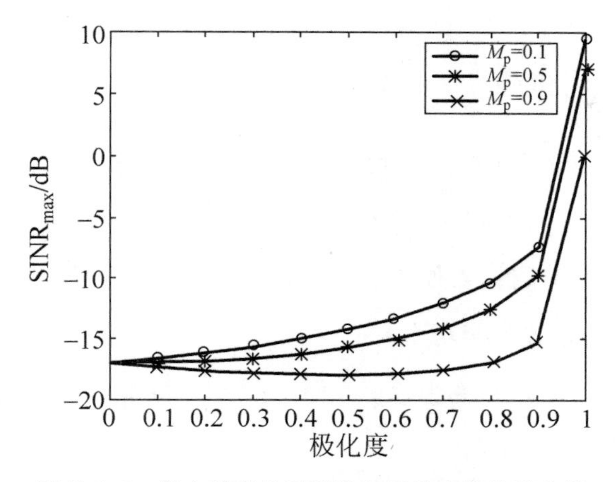

图 7.1.1　最大输出信干噪比与极化度的关系曲线

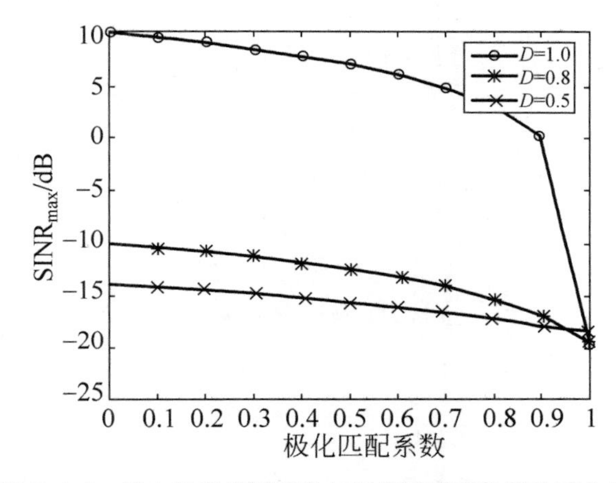

图 7.1.2　最大输出信干噪比与极化匹配系数的关系曲线

7.2　最优极化滤波器 Stokes 矢量法求解

将期望信号、干扰信号以及热噪声信号的极化状态用 Stokes 矢量表示，从数学上看就是将一个二维复矢量转化为一个四维实矢量，相应的优化问题可以在实空间进行求解。首先在实空间中，极化滤波可以表示为一个带约束非线性最优化问题；然后利用变量代换方法将带非线性约束的优化问题转化为无约束的优化问题，利用极值必要条件将优化问题转化为一元二次方程求根问题，推导出最大输出 SINR 和最优接收极化的解析表达式；最后分析了最优极化滤波性能，并得出结论。

7.2.1 SINR 优化模型

期望信号和干扰信号的 Stokes 矢量分别为 $\boldsymbol{J}_{\mathrm{S}}=[g_{\mathrm{S0}} \quad \boldsymbol{g}_{\mathrm{S}}^{\mathrm{T}}]^{\mathrm{T}}$ 和 $\boldsymbol{J}_{\mathrm{I}}=[g_{\mathrm{I0}} \quad \boldsymbol{g}_{\mathrm{I}}^{\mathrm{T}}]^{\mathrm{T}}$，并且 $g_{\mathrm{S0}} \geqslant \|\boldsymbol{g}_{\mathrm{S}}\|$，$g_{\mathrm{I0}} \geqslant \|\boldsymbol{g}_{\mathrm{I}}\|$，对于完全极化波等号成立。

双极化通道热噪声信号可以看作未极化波，其 Stokes 矢量为 $\boldsymbol{J}_{\mathrm{N}}=[N_0 \quad 0 \quad 0 \quad 0]^{\mathrm{T}}$，$N_0=2\sigma^2$，$\sigma^2$ 为单极化通道热噪声功率。

雷达接收天线的 Stokes 矢量为 $\boldsymbol{J}_{\mathrm{R}}=[\mathbf{1} \quad \boldsymbol{g}_{\mathrm{R}}^{\mathrm{T}}]^{\mathrm{T}}$，满足单位增益完全极化约束，即 $\|\boldsymbol{g}_{\mathrm{R}}\|=1$。期望信号接收功率为

$$P_{\mathrm{S}}=\frac{1}{2}\boldsymbol{J}_{\mathrm{R}}^{\mathrm{T}}\boldsymbol{J}_{\mathrm{S}}=\frac{1}{2}(g_{\mathrm{S0}}+\boldsymbol{g}_{\mathrm{R}}^{\mathrm{T}}\boldsymbol{g}_{\mathrm{S}}) \tag{7.2.1}$$

干扰信号接收功率为

$$P_{\mathrm{I}}=\frac{1}{2}\boldsymbol{J}_{\mathrm{R}}^{\mathrm{T}}\boldsymbol{J}_{\mathrm{I}}=\frac{1}{2}(g_{\mathrm{I0}}+\boldsymbol{g}_{\mathrm{R}}^{\mathrm{T}}\boldsymbol{g}_{\mathrm{I}}) \tag{7.2.2}$$

热噪声信号接收功率为 $P_{\mathrm{N}}=\frac{1}{2}N_0$。因此极化滤波器输出 SINR 为

$$\mathrm{SINR}=\frac{g_{\mathrm{S0}}+\boldsymbol{g}_{\mathrm{R}}^{\mathrm{T}}\boldsymbol{g}_{\mathrm{S}}}{N_0+g_{\mathrm{I0}}+\boldsymbol{g}_{\mathrm{R}}^{\mathrm{T}}\boldsymbol{g}_{\mathrm{I}}} \tag{7.2.3}$$

由上式可看出，SINR 是接收极化 $\boldsymbol{g}_{\mathrm{R}}$ 的函数，适当调整 $\boldsymbol{g}_{\mathrm{R}}$ 可使 SINR 达到最大。结合单位增益约束，可用一个带非线性约束的优化模型来描述：

$$\begin{aligned}
&\max_{\boldsymbol{g}_{\mathrm{R}}\in\mathbf{R}^{3}\times 1} \quad \mathrm{SINR}=\frac{g_{\mathrm{S0}}+\boldsymbol{g}_{\mathrm{R}}^{\mathrm{T}}\boldsymbol{g}_{\mathrm{S}}}{N_0+g_{\mathrm{I0}}+\boldsymbol{g}_{\mathrm{R}}^{\mathrm{T}}\boldsymbol{g}_{\mathrm{I}}} \\
&\text{s. t.} \quad \|\boldsymbol{g}_{\mathrm{R}}\|=1
\end{aligned} \tag{7.2.4}$$

7.2.2 最优接收极化

为推导方便，令 $\boldsymbol{x}=\boldsymbol{g}_{\mathrm{R}}$，$\boldsymbol{\alpha}=\boldsymbol{g}_{\mathrm{S}}$，$\boldsymbol{\beta}=\boldsymbol{g}_{\mathrm{I}}$，$a=g_{\mathrm{S0}}$，$b=g_{\mathrm{I0}}+N_0$，则上述问题可以重新写为

$$\max_{x\in\mathbf{R}^{3\times 1}} \quad f(\boldsymbol{x})=\frac{a+\boldsymbol{\alpha}^{\mathrm{T}}\boldsymbol{x}}{b+\boldsymbol{\beta}^{\mathrm{T}}\boldsymbol{x}}$$

$$\text{s.t.} \quad \|\boldsymbol{x}\|=1 \tag{7.2.5}$$

该目标函数实际上暗含了分母不为零假设，否则函数无意义。对于该问题，由于热噪声的存在，$N_0+g_{\mathrm{I0}}>\|\boldsymbol{g}_{\mathrm{I}}\|$，即 $b>\|\boldsymbol{\beta}\|$，所以对于任意的 $\|\boldsymbol{x}\|=1$，$b+\boldsymbol{\beta}^{\mathrm{T}}\boldsymbol{x}\neq 0$ 恒成立。

令 $\boldsymbol{x}=\frac{\boldsymbol{y}}{\|\boldsymbol{y}\|}$，且 $\boldsymbol{y}\neq\boldsymbol{0}$，将带约束的优化问题转化为无约束的优化问题：

$$\max_{\substack{\boldsymbol{y}\in\mathbf{R}^{3\times 1}\\ \boldsymbol{y}\neq\boldsymbol{0}}} \quad f(y)=\frac{a\|\boldsymbol{y}\|+\boldsymbol{\alpha}^{\mathrm{T}}\boldsymbol{y}}{b\|\boldsymbol{y}\|+\boldsymbol{\beta}^{\mathrm{T}}\boldsymbol{y}} \tag{7.2.6}$$

利用极值必要条件，将目标函数对矢量求梯度，并令梯度矢量为零：

$$\frac{\partial f(\boldsymbol{y})}{\partial\boldsymbol{y}}=\frac{(b\|\boldsymbol{y}\|+\boldsymbol{\beta}^{\mathrm{T}}\boldsymbol{y})\left(a\frac{\boldsymbol{y}}{\|\boldsymbol{y}\|}+\boldsymbol{\alpha}\right)-\left(b\frac{\boldsymbol{y}}{\|\boldsymbol{y}\|}+\boldsymbol{\beta}\right)(a\|\boldsymbol{y}\|+\boldsymbol{\alpha}^{\mathrm{T}}\boldsymbol{y})}{(b\|\boldsymbol{y}\|+\boldsymbol{\beta}^{\mathrm{T}}\boldsymbol{y})^2}=\boldsymbol{0} \tag{7.2.7}$$

化简得到

$$(b\|\boldsymbol{y}\|+\boldsymbol{\beta}^{\mathrm{T}}\boldsymbol{y})\left(a\frac{\boldsymbol{y}}{\|\boldsymbol{y}\|}+\boldsymbol{\alpha}\right)=\left(b\frac{\boldsymbol{y}}{\|\boldsymbol{y}\|}+\boldsymbol{\beta}\right)(a\|\boldsymbol{y}\|+\boldsymbol{\alpha}^{\mathrm{T}}\boldsymbol{y}) \tag{7.2.8}$$

上式两边同除以 $\|\boldsymbol{y}\|$，并将 $\boldsymbol{x}=\frac{\boldsymbol{y}}{\|\boldsymbol{y}\|}$ 再代入上式，得到

$$(b+\boldsymbol{\beta}^{\mathrm{T}}\boldsymbol{x})(a\boldsymbol{x}+\boldsymbol{\alpha})=(b\boldsymbol{x}+\boldsymbol{\beta})(a+\boldsymbol{\alpha}^{\mathrm{T}}\boldsymbol{x}) \tag{7.2.9}$$

两边同除以 $(b+\boldsymbol{\beta}^{\mathrm{T}}\boldsymbol{x})$ 得到

$$a\boldsymbol{x}+\boldsymbol{\alpha}=(b\boldsymbol{x}+\boldsymbol{\beta})\frac{a+\boldsymbol{\alpha}^{\mathrm{T}}\boldsymbol{x}}{b+\boldsymbol{\beta}^{\mathrm{T}}\boldsymbol{x}}=M(b\boldsymbol{x}+\boldsymbol{\beta}) \tag{7.2.10}$$

式中：$M=\frac{a+\boldsymbol{\alpha}^{\mathrm{T}}\boldsymbol{x}}{b+\boldsymbol{\beta}^{\mathrm{T}}\boldsymbol{x}}$，恰好是所要求的最大值（其实也可以是最小值，这里仅考虑最大值情形）。将式(7.3.10)化简得

$$\boldsymbol{x}=\frac{M\boldsymbol{\beta}-\boldsymbol{\alpha}}{a-bM} \tag{7.2.11}$$

由于 $\| \boldsymbol{x} \| = 1$，所以

$$(a - bM)^2 = (M\boldsymbol{\beta} - \boldsymbol{\alpha})^{\mathrm{T}}(M\boldsymbol{\beta} - \boldsymbol{\alpha}) \tag{7.2.12}$$

上式进一步化简，得到

$$(b^2 - \| \boldsymbol{\beta} \|^2)M^2 - 2(ab - \boldsymbol{\alpha}^{\mathrm{T}}\boldsymbol{\beta})M + (a^2 - \| \boldsymbol{\alpha} \|^2) = 0 \tag{7.2.13}$$

这是简单的一元二次方程，可以容易求得它的两个根，目标函数的最大值取较大的那个根。最大值为

$$M = \frac{ab - \boldsymbol{\alpha}^{\mathrm{T}}\boldsymbol{\beta} + \sqrt{(ab - \boldsymbol{\alpha}^{\mathrm{T}}\boldsymbol{\beta})^2 - (a^2 - \| \boldsymbol{\alpha} \|^2)(b^2 - \| \boldsymbol{\beta} \|^2)}}{b^2 - \| \boldsymbol{\beta} \|^2} \tag{7.2.14}$$

将原来的值代入上式得到，最大输出 SINR 为

$$\mathrm{SINR}_{\max} = \frac{g_{S0}(g_{I0} + N_0) - \boldsymbol{g}_S^{\mathrm{T}}\boldsymbol{g}_I + \sqrt{[g_{S0}(g_{I0} + N_0) - \boldsymbol{g}_S^{\mathrm{T}}\boldsymbol{g}_I]^2 - (g_{S0}^2 - \| \boldsymbol{g}_S \|^2)[(g_{I0} + N_0)^2 - \| \boldsymbol{g}_I \|^2]}}{(g_{I0} + N_0)^2 - \| \boldsymbol{g}_I \|^2} \tag{7.2.15}$$

最优接收极化为

$$\boldsymbol{g}_{R,\mathrm{opt}} = \frac{\mathrm{SINR}_{\max}\boldsymbol{g}_I - \boldsymbol{g}_S}{g_{S0} - (g_{I0} + N_0)\mathrm{SINR}_{\max}} \tag{7.2.16}$$

只要给出信号和干扰的 Stokes 矢量以及热噪声强度，根据式(7.2.15)和式(7.2.16)即可得到最大输出 SINR 和最优接收极化矢量。需要特别说明的是，本方法适用于一般的部分极化情形。

通常情况下，期望信号为完全极化，即 $g_{S0} = \| \boldsymbol{g}_S \|$，因此最大输出 SINR 为

$$\mathrm{SINR}_{\max} = \frac{2[g_{S0}(g_{I0} + N_0) - \boldsymbol{g}_S^{\mathrm{T}}\boldsymbol{g}_I]}{(g_{I0} + N_0)^2 - \| \boldsymbol{g}_I \|^2} \tag{7.2.17}$$

干扰信号的极化度用 Stokes 矢量表示为 $D_I = \dfrac{\| \boldsymbol{g}_I \|}{g_{I0}}$，显然 $0 \leqslant D_I \leqslant 1$。期望信号与干扰信号完全极化分量的极化匹配度用 Stokes 矢量表示为

$$M_P = \frac{1}{2}\left(1 + \frac{\boldsymbol{g}_S^{\mathrm{T}}\boldsymbol{g}_I}{\| \boldsymbol{g}_S \| \| \boldsymbol{g}_I \|}\right) \tag{7.2.18}$$

为了与前面统一，定义 $\mathrm{SNR}=\frac{P_\mathrm{S}}{\sigma^2}$，$\mathrm{INR}=\frac{P_\mathrm{I}}{\sigma^2}$。可以看出，最大输出信干噪比与信噪比、干噪比、干扰极化度以及极化匹配系数有关。下面分别考察干扰极化度和极化匹配系数对最大输出信干噪比的影响。

7.2.3 滤波性能分析

设定 SNR=10dB，INR=30dB。图 7.2.1 给出了最大输出信干噪比与极化度的关系曲线，图 7.2.2 给出了最大输出信干噪比与极化匹配系数的关系曲线。

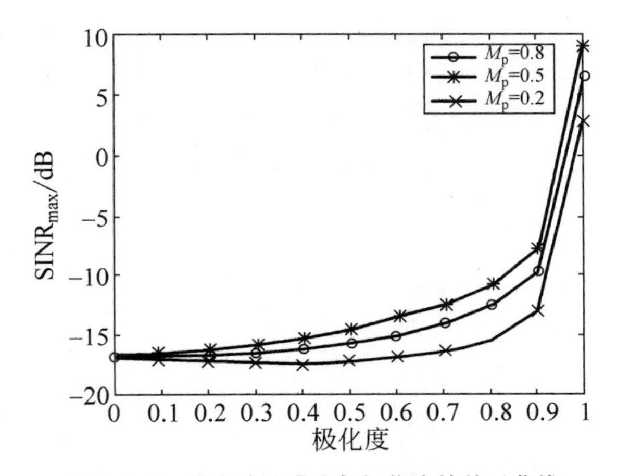

图 7.2.1 最大信干噪比与极化度的关系曲线

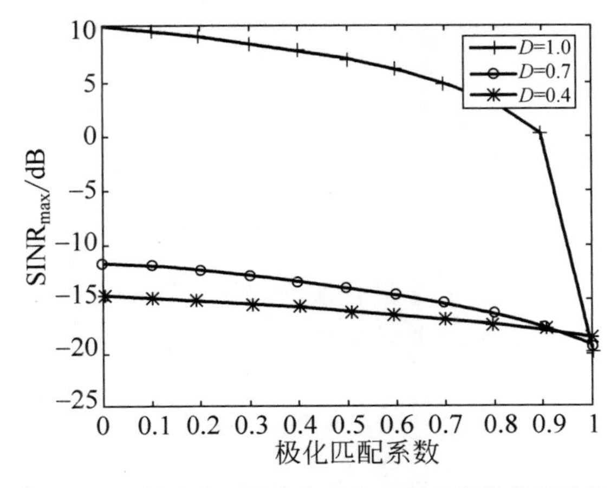

图 7.2.2 最大信干噪比与极化匹配系数的关系曲线

从图 7.2.1 可以看出，固定极化匹配系数，最大输出信干噪比随着极化度增大而增大。从图 7.2.2 可以看出，固定干扰极化度，最大输出信干噪比随着极化匹配系数增大而减小。通过分析可知，信号与干扰极化状态差异越大，滤波性能越好；干扰极化度越高，越容易被抑制。

7.3 自适应极化对消算法

极化对消器是经典的极化抗干扰措施，最早由 Nathan Son 在 1975 年提出，由于极化对消通常采用自适应方式，因此也称为自适应极化对消器。其基本原理是：采用正交双极化通道接收，对其中一个极化通道信号进行复加权，使其与另一极化通道的信号"相似"，并进行信号对消。具体而言就是自适应优化复加权，使得对消后输出功率最小。极化对消器的结构(图 7.3.1)与旁瓣对消器的结构(图 7.3.2)完全相同，极化对消器的推导过程与旁瓣对消器的推导过程完全类似，极化对消器本质上就是旁瓣对消原理在极化信号处理中的应用，关键是选择哪个信号通道作"期望信号"，哪个信号通道作"参考信号"。

本节将首先求解理论最优的复加权和输出最小误差功率，为自适应极化对消提供理论指导；然后应用优化理论中最陡下降原理得到自适应极化对消算法；最后进行性能仿真，验证算法有效性，并得出结论。

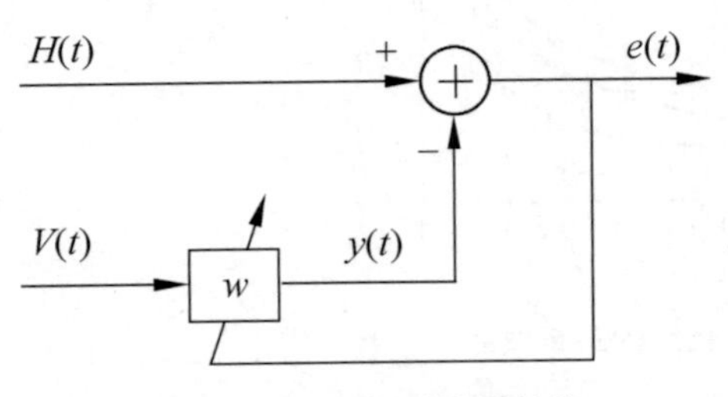

图 7.3.1 极化对消器结构

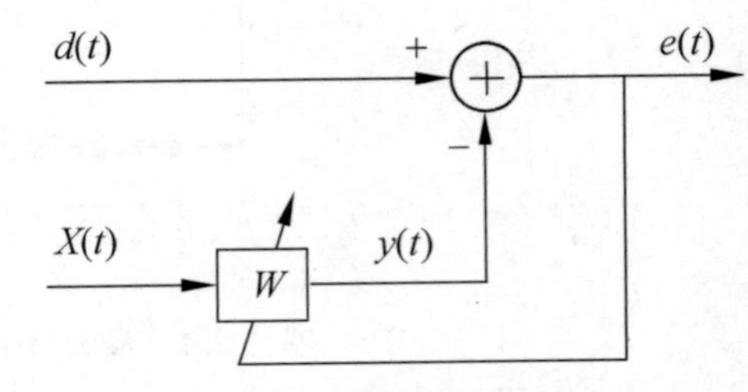

图 7.3.2 旁瓣对消器结构

7.3.1 最优极化对消器

1. 极化信号接收模型

不失一般性，假定干扰信号为完全极化波。如果是部分极化波，则根据部分极化波分解定理，将其中的未极化分量和接收机热噪声归结到一起。极化对消器输入信号模型为

$$\begin{cases} x_{\mathrm{H}}(n)=\cos\gamma a(n)+n_{\mathrm{H}}(n) \\ x_{\mathrm{V}}(n)=\sin\gamma \mathrm{e}^{\mathrm{j}\eta} a(n)+n_{\mathrm{V}}(n) \end{cases} \tag{7.3.1}$$

式中：$a(n)$为干扰信号复包络。定义$\boldsymbol{i}=[\cos\gamma \quad \sin\gamma \mathrm{e}^{\mathrm{j}\eta}]^{\mathrm{T}}$表示干扰信号的极化矢量。

在雷达探测场景中，点目标回波信号仅仅存在某个别距离单元，而扩展目标连续占据

部分距离单元，并且独立于干扰信号。干扰对消之后将作为“对消剩余”或“误差信号”体现出来。

2. 最优极化对消

不失一般性，令 H 极化信号为“期望信号”，V 极化信号为“参考信号”，对消通道的复加权系数为 w，则极化对消器误差信号输出为

$$e(n)=x_{\mathrm{H}}(n)-w^{*}x_{\mathrm{V}}(n) \tag{7.3.2}$$

误差信号功率为

$$\begin{aligned}P(w)&=E[|e(n)|^{2}]\\&=|w|^{2}E[|x_{\mathrm{V}}(n)|^{2}]-2\mathrm{Re}\{w^{*}E[x_{\mathrm{V}}(n)x_{\mathrm{H}}^{*}(n)]\}+E[|x_{\mathrm{H}}(n)|^{2}]\end{aligned} \tag{7.3.3}$$

误差信号功率是复加权系数的函数，当加权后的参考信号“逼近”期望信号时，误差输出最小。该问题也可看作一个估计问题，最优权应使误差均方最小，根据正交原理，误差与参考信号正交，即

$$E[x_{\mathrm{V}}(n)e^{*}(n)]=E\{x_{\mathrm{V}}(n)[x_{\mathrm{H}}^{*}(n)-wx_{\mathrm{V}}^{*}(n)]\}=0 \tag{7.3.4}$$

可得最优的权值为

$$w_{\mathrm{opt}}=\frac{E[x_{\mathrm{V}}(n)x_{\mathrm{H}}^{*}(n)]}{E[|x_{\mathrm{V}}(n)|^{2}]} \tag{7.3.5}$$

最小误差功率为

$$P_{\min}=E[|x_{\mathrm{H}}(n)|^{2}]-\frac{|E[x_{\mathrm{V}}(n)x_{\mathrm{H}}^{*}(n)]|^{2}}{E[|x_{\mathrm{V}}(n)|^{2}]} \tag{7.3.6}$$

同理，如果令 V 极化信号为“期望信号”，H 极化信号为“参考信号”，则极化对消后最小噪声功率为

$$P_{\min}=E[|x_{\mathrm{V}}(n)|^{2}]-\frac{|E[x_{\mathrm{H}}(n)x_{\mathrm{V}}^{*}(n)]|^{2}}{E[|x_{\mathrm{H}}(n)|^{2}]} \tag{7.3.7}$$

对比上述两式可以看出，用强信号对消较弱信号得到的最小误差功率将最小，对于干扰的抑制效果最好。

理论最优求解过程证实了最优权的存在性和唯一性问题。然而，直接应用需要先根据一系列样本估计方差与协方差，再计算最优权值，运算量较大；另外，如果信号的统计特性发生变化，那么必须重新估计，因此这种开环处理方式在实际的雷达系统中不太实用，需要寻求一种闭环处理方式。

7.3.2 自适应对消算法

1. 最陡下降原理

均方误差函数是复权值的二次函数，它是一个上凹的抛物面，具有唯一最小解，调节复权值使得均方误差最小，相当于沿着抛物面下降，寻找最小值，可以采用优化理论中的最陡下降原理来实现。即先给复权值设置一个初值，再沿着负梯度方向进行调整。权值更新过程为

$$w(n+1)=w(n)-\mu\,\nabla_w(n) \tag{7.3.8}$$

式中：∇_w 为均方误差函数对复权值的梯度；μ 为一个控制算法收敛速度和稳定性的常数，称为收敛因子。

2. 极化对消算法

精确计算梯度是困难的，一种粗略但有效的方法是直接取误差平方 $|e(n)|^2$ 的梯度作为均方误差 $E[|e(n)|^2]$的梯度的估计值：

$$\hat{\nabla}_w(n)=-2x_{\mathrm{V}}(n)e^*(n) \tag{7.3.9}$$

因此，权值更新过程为

$$w(n+1)=w(n)+2\mu x_{\mathrm{V}}(n)e^*(n) \tag{7.3.10}$$

3. 收敛因子的选择

为了保证权值更新过程收敛到最优解，收敛因子必须满足

$$0<\mu<\frac{1}{E[|x_{\mathrm{V}}(n)|^2]}=\frac{1}{\sigma^2+P_{\mathrm{V}}} \tag{7.3.11}$$

式中：P_{V} 为 V 极化通道干扰信号功率；σ^2 为通道热噪声功率。

收敛因子控制着收敛速度与稳定性，这是一对矛盾的性能指标。当 μ 较大时，收敛速度快，但是稳定性较差。实际应用中通过预估参考通道信号功率来选择收敛因子。

7.3.3 仿真分析

1. 干扰极化"跟踪"

在该实验中,干扰序列长度为200,前100点为左旋圆极化,后100点为右旋圆极化,干扰强度不变。干扰噪声比为20dB,仿真结果见图7.3.3。

极化对消器输出很快进入稳态,复加权收敛到最优值,极化对消效果较好;当干扰极化发生"突变"后,极化对消器迅速"跟踪"其变化,并重新自适应调整复权值达到最优。

2. 极化信号检测

在该实验中,考虑点目标回波检测问题。干扰序列长度为200,为左旋圆极化,干扰噪声比为20dB,在第50、100和150采样点加入目标回波,目标回波极化任意,信干比为0dB,但极化特性与干扰信号有差异。仿真结果见图7.3.4。

极化对消器输出很快进入稳态,复加权收敛到最优值,极化对消效果较好;当遇到目标回波信号时,利用信号和干扰在极化特性方面的差异,滤除干扰,"突显"目标信号。

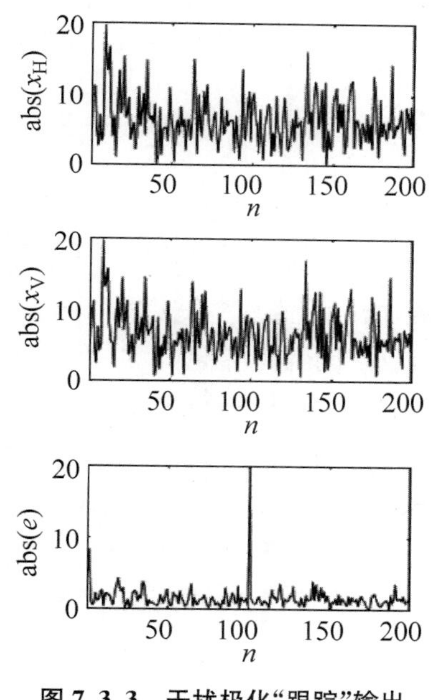

图7.3.3 干扰极化"跟踪"输出

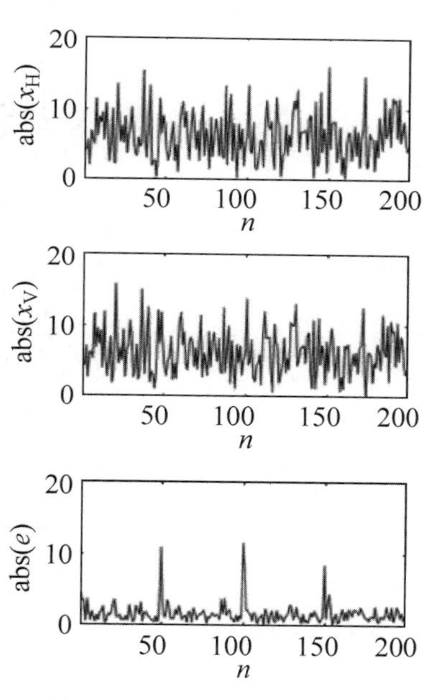

图7.3.4 极化信号检测输出

3. 极化对消通道选择

在该实验中,干扰序列长度为200,干扰噪声比为20dB。干扰极化矢量为 $\boldsymbol{i}=\left[\cos\frac{\pi}{6}\quad \mathrm{j}\sin\frac{\pi}{6}\right]^{\mathrm{T}}$,显然水平极化强于垂直极化。本仿真实验对比了"用V通道对消H通道"和"用H通道对消V通道"两种情况,仿真结果见图7.3.5。

可以看出，用 H 通道对消 V 通道输出误差更小，因为 H 极化功率更强，因此在实际应用中应采用强信号对消弱信号的工作模式。

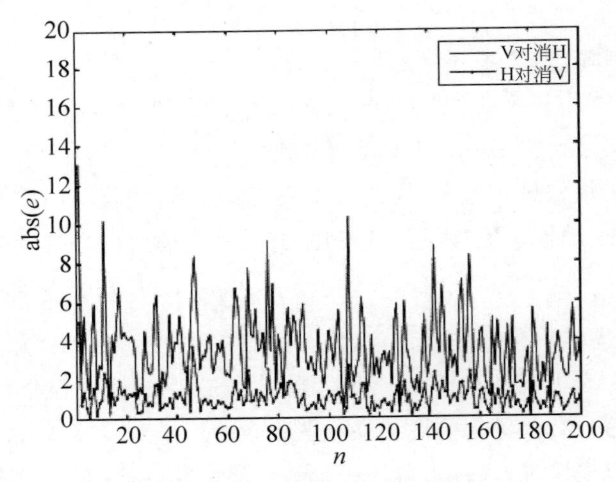

图 7.3.5　极化对消通道选择对比

7.4　自适应正交极化滤波算法

自适应极化对消算法在应用中，用强极化信号对消弱极化信号，效果最佳。然而，若干扰极化状态是时变的，不是总能得到最优的效果。对于完全极化干扰，其本身具有确定的极化状态，因此可以通过使用与之正交的极化接收，进而抑制干扰。在实际工程应用中，干扰的极化状态并不都是先验可知的，并且还常随时间或空间缓慢变化，因此需要研究自适应正交极化滤波问题。自适应正交极化滤波核心思想是实时估计干扰的极化，跟踪干扰极化状态的变化，实时调整接收极化状态使之与干扰极化始终正交。当干扰极化特性未知时，极化滤波器调整自己参数的过程称为“学习”；而当干扰极化特性变化时，极化滤波器调整自己参数的过程称为“跟踪”。自适应正交极化滤波的思想比较直观，图 7.4.1 给出了自适应正交极化原理框图。

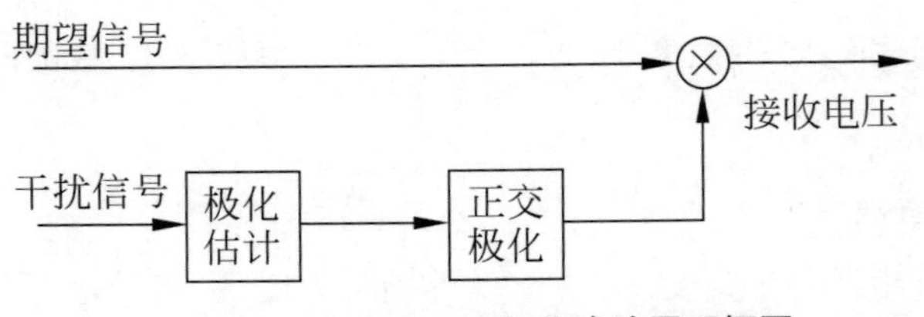

图 7.4.1　自适应正交极化滤波原理框图

7.4.1 干扰极化估计

1. 极化信号接收模型

不失一般性，假定干扰信号为完全极化波，如果是部分极化波，则根据部分极化波分解定理，将其中的未极化分量和接收机热噪声归结到一起。极化对消器输入信号模型为

$$\begin{cases} x_{\mathrm{H}}(n)=\cos\gamma a(n)+n_{\mathrm{H}}(n) \\ x_{\mathrm{V}}(n)=\sin\gamma \mathrm{e}^{\mathrm{j}\eta}a(n)+n_{\mathrm{V}}(n) \end{cases} \tag{7.4.1}$$

式中：$\boldsymbol{i}=[\cos\gamma \quad \sin\gamma \mathrm{e}^{\mathrm{j}\eta}]^{\mathrm{T}}$，表示干扰信号的极化矢量；$a(n)$为干扰信号复包络。

在雷达探测场景中，点目标回波信号仅仅存在某个别距离单元，而扩展目标连续占据部分距离单元，并且独立于干扰信号。干扰对消之后将作为“对消剩余”或“误差信号”体现出来。

2. 相干极化矩阵的估计

干扰极化信息可以由极化相干矩阵完全表征，极化相干矩阵定义为$\boldsymbol{C}=E\{\boldsymbol{x}\boldsymbol{x}^{\mathrm{H}}\}$，其中$\boldsymbol{x}=[x_{\mathrm{H}} \quad x_{\mathrm{V}}]^{\mathrm{T}}$，可以看出$\boldsymbol{C}$是厄米特矩阵。实际工程应用中，极化相干矩阵是不能先验得到的，其最大似然估计为

$$\hat{\boldsymbol{C}}=\frac{1}{M}\sum_{m=1}^{M}\boldsymbol{x}_m\boldsymbol{x}_m^{\mathrm{H}} \tag{7.4.2}$$

即统计平均转化为集合平均来近似估计，假定该M个样本信号中不含目标回波信号。

显然，极化估计量是样本数M的函数，极化相干矩阵估计的精度与M有关，因此要提高估计的精度，必须增加采样点的数量，然而由于独立采样定理以及信号时限关系的限制，M不可能很大。通常，样本数M是信号维数的2～3倍，这样带来的性能损失小于3dB。

7.4.2 接收天线极化优化

假设接收极化矢量为$\boldsymbol{h}$，它为完全极化且满足单位增益约束，则其接收干扰加噪声功率为

$$P=\boldsymbol{h}^{\mathrm{H}}\boldsymbol{C}\boldsymbol{h} \tag{7.4.3}$$

最佳接收极化为带约束条件优化问题的解：

$$\begin{aligned} \min \quad & P = \boldsymbol{h}^{\mathrm{H}} \boldsymbol{C} \boldsymbol{h} \\ \text{s.t.} \quad & \| \boldsymbol{h} \| = 1 \end{aligned} \tag{7.4.4}$$

由于 $\boldsymbol{C}$ 为厄米特矩阵，其最优解为矩阵 $\boldsymbol{C}$ 最小特征值所对应的特征矢量的共轭。$\boldsymbol{C}$ 的两个特征值为 λ_1 和 λ_2，不妨设 $\lambda_1 \geqslant \lambda_2$，并设 v_1 和 v_2 分别为 λ_1、λ_2 对应的特征矢量，对于二维厄米特矩阵，其特征值和特征矢量是可以解析求解的。记

$$\boldsymbol{C} = \begin{bmatrix} C_{\mathrm{HH}} & C_{\mathrm{HV}} \\ C_{\mathrm{VH}} & C_{\mathrm{VV}} \end{bmatrix}$$

则最小特征值为

$$\lambda_2 = \frac{1}{2}\left(\mathrm{tr}\boldsymbol{C} - \sqrt{(\mathrm{tr}\boldsymbol{C})^2 - 4\det\boldsymbol{C}}\right) \tag{7.4.5}$$

相应的特征矢量为

$$\boldsymbol{v}_2 = \begin{bmatrix} 2C_{\mathrm{HV}} \\ C_{\mathrm{VV}} - C_{\mathrm{HH}} - \sqrt{(\mathrm{tr}C)^2 - 4\det C} \end{bmatrix} \tag{7.4.6}$$

因此，最优正交接收极化为

$$\boldsymbol{h}_{\mathrm{opt}} = \frac{\boldsymbol{v}_2^*}{\| v_2 \|} \tag{7.4.7}$$

相应的最小接收功率为

$$P_{\min} = \boldsymbol{h}_{\mathrm{opt}}^{\mathrm{H}} \boldsymbol{C} \boldsymbol{h}_{\mathrm{opt}} = \frac{\boldsymbol{v}_2^{\mathrm{H}} \boldsymbol{C} \boldsymbol{v}_2}{\| \boldsymbol{v}_2 \|^2} = \frac{\lambda_2}{\| \boldsymbol{v}_2 \|^2} \tag{7.4.8}$$

7.4.3 自适应正交极化滤波算法

自适应正交极化滤波算法是为了实时跟踪干扰极化状态的变化，调整天线的极化，使得滤波器参数适应环境的变化。极化参数估计可以认为是“学习”过程，“学习”即利用已有的历史数据获取信号所蕴含的极化信息；自适应递推相当于“跟踪”过程，“跟踪”即在已有的极化信息基础上结合新观测得到的样本更新极化信息。

设已经获得第 n 时刻极化相干矩阵的估计 $\hat{\boldsymbol{C}}_n$，由式(7.4.7)和式(7.4.8)可以得到当前时刻最优的天线极化 $\boldsymbol{h}_n$，$n+1$ 时刻接收电场为 $\boldsymbol{x}_{n+1}$，则滤波后接收电压为

$$V_{n+1}=\boldsymbol{h}_n^{\mathrm{H}}\boldsymbol{x}_{n+1} \tag{7.4.9}$$

根据电场 $\boldsymbol{x}_{n+1}$ 对极化估计量进行修正得到

$$\hat{\boldsymbol{C}}_{n+1}=(1-\lambda)\hat{\boldsymbol{C}}_n+\lambda\boldsymbol{x}_{n+1}\boldsymbol{x}_{n+1}^{\mathrm{H}}=\hat{\boldsymbol{C}}_n+\lambda(\boldsymbol{x}_{n+1}\boldsymbol{x}_{n+1}^{\mathrm{H}}-\hat{\boldsymbol{C}}_n) \tag{7.4.10}$$

式中：$0\leqslant\lambda<1$ 为新数据权重因子。

这里取 $\lambda=\dfrac{1}{M}$，则

$$\hat{\boldsymbol{C}}_{n+1}=\hat{\boldsymbol{C}}_n+\frac{1}{M}(\boldsymbol{x}_{n+1}\boldsymbol{x}_{n+1}^{\mathrm{H}}-\hat{\boldsymbol{C}}_n)=\frac{M-1}{M}\hat{\boldsymbol{C}}_n+\frac{1}{M}\boldsymbol{x}_{n+1}\boldsymbol{x}_{n+1}^{\mathrm{H}} \tag{7.4.11}$$

定义极化新息矩阵为

$$\boldsymbol{G}=\boldsymbol{x}_{n+1}\boldsymbol{x}_{n+1}^{\mathrm{H}}-\hat{\boldsymbol{C}}_n \tag{7.4.12}$$

其反映了干扰极化特征的变化量。初始值 $\hat{\boldsymbol{C}}_0$ 可以取为单位矩阵。

7.4.4 仿真算例

1. 干扰极化“跟踪”

在该试验中，干扰序列长度为200，前100点为左旋圆极化，后100点为右旋圆极化，干扰强度不变。取 $M=10$，极化相干矩阵初始值 $\hat{\boldsymbol{C}}_0=\boldsymbol{E}_2$。仿真结果见图7.4.2。

滤波起始时极化信息未知，初始极化参数选择具有任意性，干扰抑制效果不好，但是进入稳态后，正交极化收敛到最优值，滤波效果较好；当干扰极化发生突变后，滤波器迅速跟踪其变化，并重新自适应地调整滤波器参数达到最优。

2. 极化信号检测

在该试验中，考虑扩展目标检测问题。干扰为左旋圆极化，为了显示与前一节的区别，本仿真试验加入一个扩展目标信号，信号强度较弱，但极化特性与干扰有差异。取 $M=10$，极化相干矩阵初始值 $\hat{\boldsymbol{C}}_0=\boldsymbol{E}_2$。仿真结果见图7.4.3。

利用信号和干扰在极化特性方面的差异，可以抑制干扰并增强信号，滤波效果较好，可以改善信号检测性能。

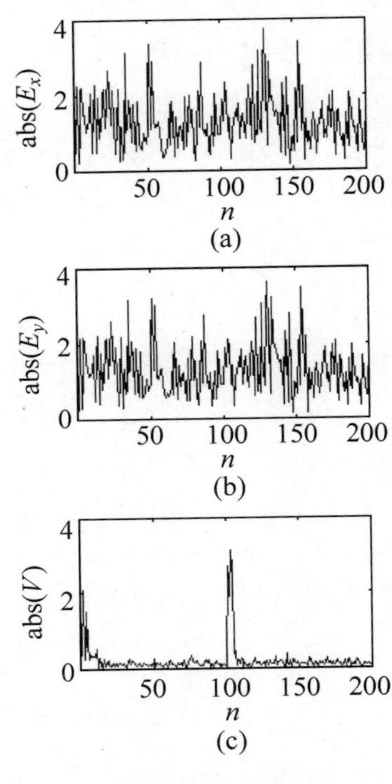

图 7.4.2 干扰极化"跟踪"输出

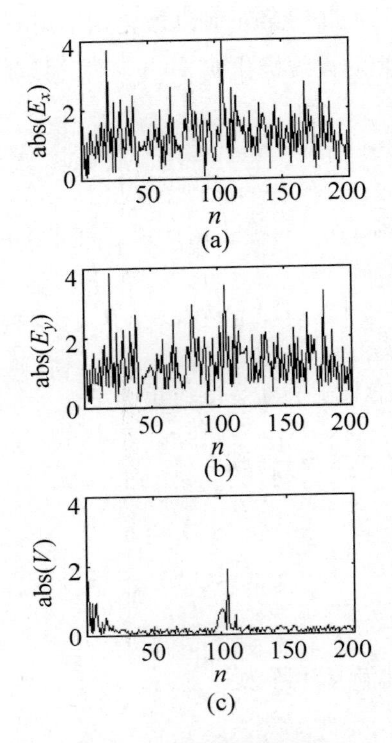

图 7.4.3 极化信号检测输出

7.4.5 性能分析

1. 滤波器稳态性能以及与理想滤波器比较

定义自适应极化滤波器的抑制比为 $R=10\log\left(\frac{P_{\text{out}}}{P_{\text{in}}}\right)$，图 7.4.4 给出了抑制比与干扰极化度的关系曲线。曲线表明，随着干扰极化度的增大，抑制比变大。自适应正交极化滤波器的性能逼近"最优"极化滤波器，主要是滤波器进入稳态后，接收极化仍然随机起伏的缘故。

2. 过渡过程及学习曲线

自适应正交极化滤波算法的误差过渡过程称为"学习"曲线。由图 7.4.5 可以看出，"学习"曲线与估计样本数 M 有关：当 M 较大时，"学习"速度较慢，但是稳态误差起伏较小；当 M 较小时，"学习"速度较快，但是稳态误差起伏较大。仿真试验中，干扰极化度为 0.9，极化相干矩阵初始值选为 $\hat{\boldsymbol{C}}_0=\boldsymbol{E}_2$。

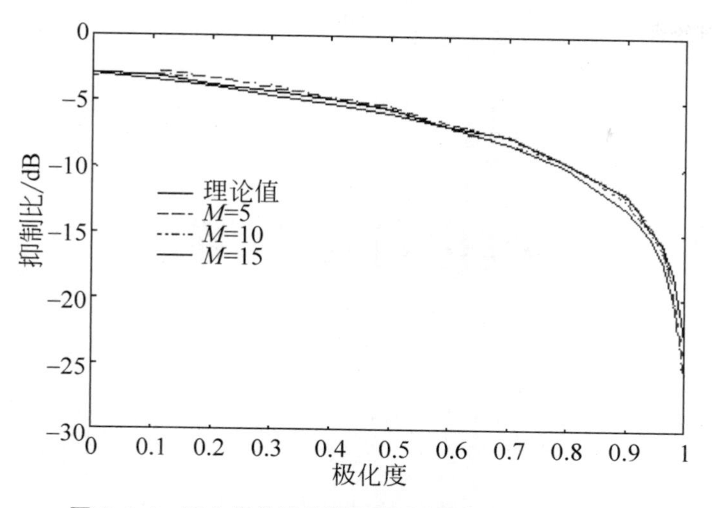

图 7.4.4 正交极化滤波器抑制比与极化度的关系曲线

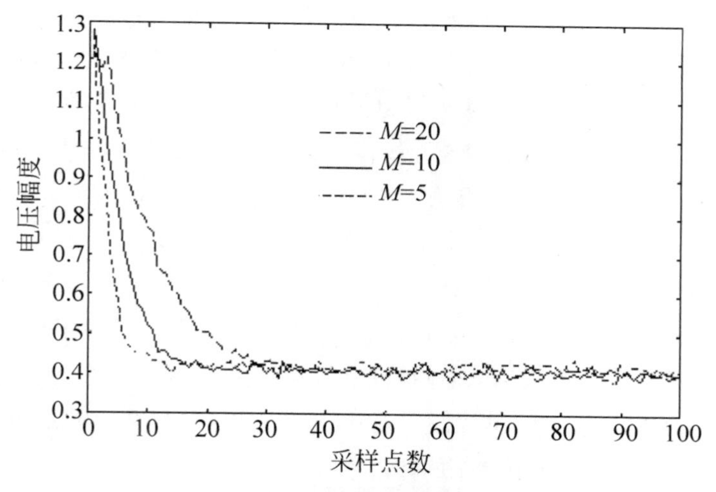

图 7.4.5 自适应极化滤波器"学习"曲线

第8章

极化目标分解

极化目标分解理论是用于解译极化SAR数据目标散射机理的有效工具。目前，提出了大量的极化目标分解算法，并在地物分类、森林研究、海冰研究、土壤湿度反演和灾害评估等领域得到了广泛应用。极化目标分解理论主要包含相干极化目标分解和非相干极化目标分解。相干极化目标分解主要基于极化散射矩阵。非相干极化目标分解主要基于极化相干矩阵和极化协方差矩阵等二阶统计量，具有更广泛的应用。非相干极化目标分解主要包含基于特征值-特征矢量的分解方法和基于模型的分解方法两大类。近年来，由于存在体散射分量过估计、出现负能量和散射机理模糊等不合理结果，基于模型的分解方法受到了更多的关注，并涌现出很多改进算法。J. J. van Zyl 等提出了特征值非负的约束准则，用于从理论上避免负能量的出现。此外，方位向补偿概念已经引入了基于模型的极化目标分解框架。该方法也称为去取向处理，通过使交叉极化分量最小化实现。特别对相对SAR飞行方向有一定夹角的城区建筑物(称为倾斜建筑物)，该方法能够显著改进分解算法的性能。为了更好地拟合植被区域，一些更精细的体散射模型已经建立并引入极化目标分解算法。

本章主要介绍极化目标分解的原理及应用。8.1节介绍相干极化目标分解，包括Pauli分解、Krogager分解及Cameron分解。8.2节介绍基于特征值分解的非相干极化目标分解。8.3节介绍基于模型的非相干极化目标分解，主要包括Freeman-Durden分解、Yamaguchi分解及广义极化目标分解等。8.4节分析建筑物震灾前后的散射机理，并利用广义极化目标分解对建筑物损毁进行评估。

8.1 相干极化目标分解

相干极化目标分解主要基于极化散射矩阵，针对的是相干目标，代表性方法主要有Pauli分解、Krogager分解和Cameron分解。

8.1.1　Pauli 分解

Pauli 分解将极化散射矩阵 $\boldsymbol{S}$ 分解为各 Pauli 基矩阵的复数形式的加权和。每个 Pauli 基矩阵对应着一种基本的散射机制。其表达式为

$$\boldsymbol{S}=\begin{bmatrix} S_{\mathrm{HH}} & S_{\mathrm{HV}} \\ S_{\mathrm{VH}} & S_{\mathrm{VV}} \end{bmatrix}=\frac{a}{\sqrt{2}}\begin{bmatrix} 1 & 0 \\ 0 & 1 \end{bmatrix}+\frac{b}{\sqrt{2}}\begin{bmatrix} 1 & 0 \\ 0 & -1 \end{bmatrix}+\frac{c}{\sqrt{2}}\begin{bmatrix} 0 & 1 \\ 1 & 0 \end{bmatrix}+\frac{d}{\sqrt{2}}\begin{bmatrix} 0 & -\mathrm{j} \\ \mathrm{j} & 0 \end{bmatrix} \tag{8.1.1}$$

式中：a、b、c 和 d 均为复数，其表达形式为

$$a=\frac{S_{\mathrm{HH}}+S_{\mathrm{VV}}}{\sqrt{2}},\quad b=\frac{S_{\mathrm{HH}}-S_{\mathrm{VV}}}{\sqrt{2}},\quad c=\frac{S_{\mathrm{HV}}+S_{\mathrm{VH}}}{\sqrt{2}},\quad d=\mathrm{j}\,\frac{S_{\mathrm{HV}}-S_{\mathrm{VH}}}{\sqrt{2}} \tag{8.1.2}$$

这四种散射机制分别为平板、球体或三面角反射器的单次散射，0°二面角反射器的偶次散射，45°二面角反射器的体散射和不对称散射分量。当满足互易性条件时，即 $S_{\mathrm{HV}}=S_{\mathrm{VH}}$。此时，Pauli 基矩阵可以简化为三个基矩阵，从而使 $d=0$。

8.1.2　Krogager 分解

Krogager 分解将极化散射矩阵 $\boldsymbol{S}$ 分解成三个散射分量之和，三个散射分量分别对应球散射、旋转角度为 θ 的二面角散射以及螺旋体散射。其表达式为

$$\begin{aligned}\boldsymbol{S}_{(\mathrm{H,V})}&=\mathrm{e}^{\mathrm{j}\phi}\{\mathrm{e}^{\mathrm{j}\phi_{\mathrm{S}}}k_{\mathrm{S}}\boldsymbol{S}_{\mathrm{sphere}}+k_{\mathrm{D}}\boldsymbol{S}_{\mathrm{diplane}(\theta)}+k_{\mathrm{H}}\boldsymbol{S}_{\mathrm{helix}(\theta)}\}\\&=\mathrm{e}^{\mathrm{j}\phi}\left\{\mathrm{e}^{\mathrm{j}\phi_{\mathrm{S}}}k_{\mathrm{S}}\begin{bmatrix} 1 & 0 \\ 0 & 1 \end{bmatrix}+k_{\mathrm{D}}\begin{bmatrix} \cos2\theta & \sin2\theta \\ \sin2\theta & -\cos2\theta \end{bmatrix}+k_{\mathrm{H}}\mathrm{e}^{\mp\mathrm{j}2\theta}\begin{bmatrix} 1 & \pm\mathrm{j} \\ \pm\mathrm{j} & -1 \end{bmatrix}\right\}\end{aligned} \tag{8.1.3}$$

式中：k_{S}、k_{D} 和 k_{H} 分别表示球散射、二面角散射和螺旋体散射分量的贡献；θ 为取向角；ϕ 为极化散射矩阵的绝对相位；ϕ_{S} 为相对相位，表示球散射分量相对于二面角散射分量的相移。

在圆极化基(R,L)下求解散射分量较为简单，圆极化基下 Krogager 分解可以写为

$$\begin{aligned}\boldsymbol{S}_{(\mathrm{R,L})}&=\begin{bmatrix} S_{\mathrm{RR}} & S_{\mathrm{RL}} \\ S_{\mathrm{LR}} & S_{\mathrm{LL}} \end{bmatrix}\\&=\mathrm{e}^{\mathrm{j}\phi}\left\{\mathrm{e}^{\mathrm{j}\phi_{\mathrm{S}}}k_{\mathrm{S}}\begin{bmatrix} 0 & \mathrm{j} \\ \mathrm{j} & 0 \end{bmatrix}+k_{\mathrm{D}}\begin{bmatrix} \mathrm{e}^{\mathrm{j}2\theta} & 0 \\ 0 & -\mathrm{e}^{-\mathrm{j}2\theta} \end{bmatrix}+k_{\mathrm{H}}\begin{bmatrix} \mathrm{e}^{\mathrm{j}2\theta} & 0 \\ 0 & 0 \end{bmatrix}\right\}\end{aligned} \tag{8.1.4}$$

式中

$$k_S=|S_{RL}|, k_D=\min\{|S_{LL}|, |S_{RR}|\}, k_H=||S_{RR}|-|S_{LL}||$$

$$\phi=\frac{1}{2}(\phi_{RR}+\phi_{LL}-\pi), \theta=\frac{1}{4}(\phi_{RR}-\phi_{LL}+\pi)$$

$$\phi_S=\phi_{RL}-\frac{1}{2}(\phi_{RR}+\phi_{LL}) \tag{8.1.5}$$

Krogager 分解建立了三类单一散射目标散射模型与实际观测量的直接对应关系，从而通过三个矩阵分量可以表示实际的物理散射过程。

8.1.3 Cameron 分解

Cameron 分解是一种相干极化目标分解方法，将极化散射矩阵分解为非互易性部分、对称部分及非对称部分。其表达式为

$$\boldsymbol{S}=a\{\cos\theta_{rec}\{\cos\tau_{sym}\hat{\boldsymbol{S}}_{sym}^{max}+\sin\tau_{sym}\hat{\boldsymbol{S}}_{sym}^{min}\}+\sin\theta_{rec}\hat{\boldsymbol{S}}_{nonrec}\} \tag{8.1.6}$$

式中：a 为标量，$a=\|\boldsymbol{S}\|_2^2$；θ_{rec} 表示散射矩阵满足互易性的程度；τ_{sym} 表示散射矩阵偏离对称散射体的散射矩阵集合 $\hat{\boldsymbol{S}}_{sym}$ 的角度；$\hat{\boldsymbol{S}}_{nonrec}$ 表示归一化非互易分量；$\hat{\boldsymbol{S}}_{sym}^{max}$ 表示归一化最大对称分量；$\hat{\boldsymbol{S}}_{sym}^{min}$ 表示归一化最小对称分量。

将对称散射体的散射矩阵 $\hat{\boldsymbol{S}}_{sym}^{max}$ 分解为

$$\hat{\boldsymbol{S}}_{sym}^{max}=b\mathrm{e}^{\mathrm{j}\phi}\boldsymbol{R}_4(\psi)\hat{\boldsymbol{\Lambda}}(z) \tag{8.1.7}$$

式中：b 为散射矩阵的幅度；ϕ 为绝对相位；ψ 为散射体方向角；$\boldsymbol{R}_4(\psi)$为散射矢量的旋转变换矩阵；而

$$\hat{\boldsymbol{\Lambda}}(z)=\frac{1}{\sqrt{1+|z|^2}}[1\quad 0\quad 0\quad z]^{\mathrm{T}} \tag{8.1.8}$$

式中：z 为复数，用来确定散射体的类型，将其称为类型参数。以 z 值的实部与虚部分别为 x 轴与 y 轴，得到 Cameron 极化分解圆，如图 8.1.1 所示，各散射体对应的类型参数 z 对应单位球中一点，且 z 为对应点所在位置的坐标。典型的对称散射体包括二面角、三面角（球、平板）、偶极子、圆柱体、窄二面角、1/4 波器件 6 类。对散射体类型的判别，通过计算与六类典型散射体的距离 d 来确定：

$$d(z,z_{\mathrm{ref}})=\arccos\left(\frac{\max\{|1+zz_{\mathrm{ref}}^{*}|,|z+z_{\mathrm{ref}}^{*}|\}}{\sqrt{1+|z|^{2}}\sqrt{1+|z_{\mathrm{ref}}^{*}|^{2}}}\right) \tag{8.1.9}$$

式中：z_{ref} 为典型散射体的类型参数；z 为待分类散射体的类型参数。

d 度量了散射体间的差异程度，通过比较待分类散射体与各类典型散射体间的距离，判定散射体类型。根据 d，Cameron 极化分解圆被划分为 7 个区域，每一区域对应一类典型散射体。区域的分界线为与两典型散射体距离相等的点的轨迹。待分类散射体的 z 分布于哪一区域，就将其判定为该区域对应的典型散射结构类型。

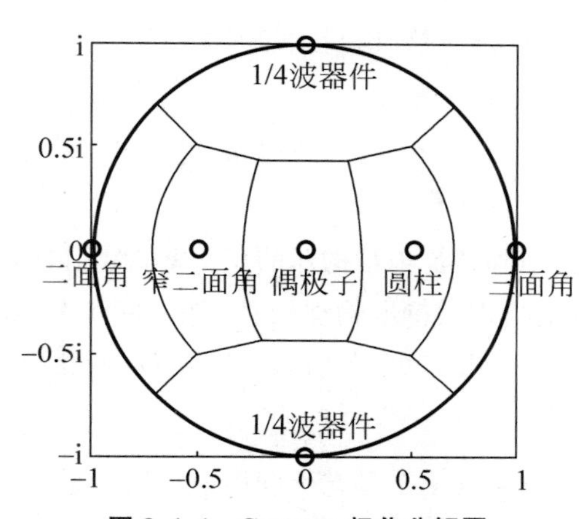

图 8.1.1　Cameron 极化分解圆

8.2　基于特征值分解的非相干极化目标分解

基于特征值-特征矢量的极化目标分解技术的核心思想是利用矩阵分解的数学方法，通过特征值分解将极化相干矩阵唯一分解为一系列相互正交的基矩阵的线性组合；然后对分解得到的特征值和特征矢量进行参数化表示，建立能够表征散射机理的参数集，用于目标散射机理分析和理解。

对满足互易性条件的 3×3 极化相干矩阵，基于特征值-特征矢量的极化目标分解公式为

$$\langle \boldsymbol{T}\rangle=\boldsymbol{U}_3\boldsymbol{\Sigma}_3\boldsymbol{U}_3^{-1} \tag{8.2.1}$$

$\boldsymbol{\Sigma}_3$ 为对角阵，包含矩阵 $\langle \boldsymbol{T}\rangle$ 的所有特征值

$$\boldsymbol{\Sigma}_3=\begin{bmatrix}\lambda_1 & 0 & 0\\ 0 & \lambda_2 & 0\\ 0 & 0 & \lambda_3\end{bmatrix},\quad \lambda_1\geqslant\lambda_2\geqslant\lambda_3>0 \tag{8.2.2}$$

$\boldsymbol{U}_3$ 为酉矩阵，包含矩阵$\langle \boldsymbol{T} \rangle$的所有特征矢量

$$\boldsymbol{U}_3 = [\boldsymbol{u}_1 \quad \boldsymbol{u}_2 \quad \boldsymbol{u}_3] \tag{8.2.3}$$

对特征矢量 $\boldsymbol{u}_i$ 进行参数化表征，可以得到

$$\boldsymbol{u}_i = [\cos\alpha_i \quad \sin\alpha_i \cos\beta_i \mathrm{e}^{\mathrm{j}\delta_i} \quad \sin\alpha_i \cos\beta_i \mathrm{e}^{\mathrm{j}\gamma_i}]^{\mathrm{T}}, \quad i = 1,2,3 \tag{8.2.4}$$

联立式(8.2.1)～式(8.2.3)，得到$\langle \boldsymbol{T} \rangle$矩阵的分解结果为

$$\langle \boldsymbol{T} \rangle = \sum_{i=1}^{3} \lambda_i \boldsymbol{u}_i \boldsymbol{u}_i^{\mathrm{H}} \tag{8.2.5}$$

这样，利用对应的特征值和特征矢量构建的正交基，就可以将矩阵$\langle \boldsymbol{T} \rangle$分解为相互正交的三个矩阵。为了理解散射机理并提取物理信息，Cloude 和 Pottier 从式(8.2.5)中进一步导出了一系列特征参数。最常用的三个参数为极化熵 H、极化反熵 $\boldsymbol{A}$、平均 $\bar{\alpha}$ 角参数。

1. 极化熵 $\boldsymbol{H}$

在一个散射单元内，通常包含多个具有不同散射类型的散射体。极化熵的提出就是为了描述这些不同散射体在统计上的混乱程度。具体定义为

$$H = -\sum_{i=1}^{3} p_i \log_3 p_i, \quad p_i = \frac{\lambda_i}{\sum_{k=1}^{3} \lambda_k} \tag{8.2.6}$$

式中：p_i是伪概率密度。

如果极化熵取值 H 较低($H<0.3$)，则认为该散射单元的去极化效应较弱，因而可以提取主散射机理。如果极化熵取值较大，则在一个散射单元内混合存在具有不同散射类型的散射体。随着极化熵取值的进一步增大，观测数据中散射机理类别的可区分度也随之降低。当取极值 $H=1$ 时，观测数据完全为随机噪声，无法提取有用的极化信息。

2. 极化反熵 $\boldsymbol{A}$

极化反熵 A 是极化熵 H 的一个辅助参数，主要考察较小的两个特征值参数之间的相对大小。将特征值参数降序排列 $\lambda_1 \geqslant \lambda_2 \geqslant \lambda_3 > 0$，则极化反熵定义为

$$A = \frac{\lambda_2 - \lambda_3}{\lambda_2 + \lambda_3} \tag{8.2.7}$$

极化反熵参数描述了第二和第三特征值(λ_2 和 λ_3)的相对大小。在实际应用中,当极化熵 $H>0.7$ 时,可以利用极化反熵进一步区分散射体的散射类型。当极化熵取值较小时,第二和第三特征值通常取值较小并受噪声影响较大,这时得到的极化反熵参数也是严重受噪声污染的。

3. 平均 $\bar{\alpha}$ 角参数

平均 $\bar{\alpha}$ 角参数是识别主散射机理的核心参数,定义为

$$\bar{\alpha}=\sum_{i=1}^{3}p_i\alpha_i \tag{8.2.8}$$

在式(8.2.8)中,主要是通过平均 $\bar{\alpha}$ 角参数来分析和解译目标的散射机理。具体而言,可以划分平均 $\bar{\alpha}$ 角参数取值的三个特征态:①当 $\bar{\alpha}\to 0$ 时,对应的散射机理主要为由粗糙表面引起的奇次散射机理,也称为面散射机理;②当 $\bar{\alpha}\to\pi/4$ 时,对应的是体散射机理;③当 $\bar{\alpha}\to\pi/2$ 时,对应的是二次散射机理。

对基于特征值-特征矢量极化目标分解方法的进一步分析、发展和应用可以参见相关文献[27,30]。

8.3　基于模型的非相干极化目标分解

基于模型的非相干极化分解主要基于极化相干矩阵和极化协方差矩阵,针对的是成像雷达中更常见的非相干目标,如扩展目标和起伏目标。因此,非相干极化目标分解的应用领域更广,在土壤湿度反演、地物分类、森林研究、海冰研究、灾害评估等方面都获得了成功应用。Freeman-Durden 分解是较早的非相干目标分解方法。由于传统方法存在诸多不足,基于模型的非相干极化目标分解方法近年来获得人们的极大关注并成为研究热点,国内外学者提出了许多更先进和更精细的分解方法。下面对常用的极化散射模型和基本的分解原理进行介绍。

8.3.1　典型极化散射模型

1. 体散射模型

通常而言,体散射机理有基于物理结构和经验模型两种建模原理。

1) 基于物理结构的模型

体散射分量可以由一系列具有不同取向的基本散射体的集合平均所刻画。对一个具有 θ 角取向的基本散射体,对应的极化散射矩阵为

$$\boldsymbol{S}(\theta)=\boldsymbol{R}_2(\theta)\boldsymbol{S}\boldsymbol{R}_2^{\mathrm{T}}(\theta) \tag{8.3.1}$$

假设基本散射体取向角 θ 的概率分布函数为 $p(\theta)$，体散射模型可以通过以下积分得到：

$$\langle \boldsymbol{T}_{\text{vol}} \rangle=\int_0^{2\pi}\boldsymbol{T}(\theta)p(\theta)\mathrm{d}\theta=\begin{bmatrix} a & d & e \\ d^* & b & f \\ e^* & f^* & c \end{bmatrix} \tag{8.3.2}$$

式中：a、b 和 c 是实数；d、e 和 f 是复数。

通常，基本散射体为具有方位向随机分布的偶极子。常用的水平和垂直取向偶极子的极化散射矩阵为

$$\boldsymbol{S}_{\text{H-dip}}=\begin{bmatrix} 1 & 0 \\ 0 & 0 \end{bmatrix},\quad \boldsymbol{S}_{\text{V-dip}}=\begin{bmatrix} 0 & 0 \\ 0 & 1 \end{bmatrix} \tag{8.3.3}$$

对常用的具有随机分布的偶极子，如果取向角满足均匀分布，即 $p(\theta)=1/(2\pi)$，则对应的极化相干矩阵为

$$\langle \boldsymbol{T}_{\text{vol1}} \rangle=\frac{1}{4}\begin{bmatrix} 2 & 0 & 0 \\ 0 & 1 & 0 \\ 0 & 0 & 1 \end{bmatrix} \tag{8.3.4}$$

考虑到森林中主要包含垂直取向偶极子散射体，并采用 Yamaguchi(2005 年)提出的概率分布函数，对水平和垂直偶极子可以得到另外两个体散射模型，即

$$\langle \boldsymbol{T}_{\text{vol2}} \rangle=\frac{1}{30}\begin{bmatrix} 15 & 5 & 0 \\ 5 & 7 & 0 \\ 0 & 0 & 8 \end{bmatrix},\quad \langle \boldsymbol{T}_{\text{vol3}} \rangle=\frac{1}{30}\begin{bmatrix} 15 & -5 & 0 \\ -5 & 7 & 0 \\ 0 & 0 & 8 \end{bmatrix} \tag{8.3.5}$$

这三种体散射模型的极化协方差矩阵的表达式为

$$\langle \boldsymbol{C}_{\text{vol1}} \rangle=\frac{3}{8}\begin{bmatrix} 1 & 0 & 1/3 \\ 0 & 2/3 & 0 \\ 1/3 & 0 & 1 \end{bmatrix} \tag{8.3.6}$$

$$\langle \boldsymbol{C}_{\text{vol2}} \rangle=\frac{1}{15}\begin{bmatrix} 8 & 0 & 2 \\ 0 & 4 & 0 \\ 2 & 0 & 3 \end{bmatrix},\quad \langle \boldsymbol{C}_{\text{vol3}} \rangle=\frac{1}{15}\begin{bmatrix} 3 & 0 & 2 \\ 0 & 4 & 0 \\ 2 & 0 & 8 \end{bmatrix} \tag{8.3.7}$$

为了使体散射模型更加精细和准确，也采用了一些其他的概率分布。M. Neumann 等利用了 von Mises 分布用于刻画植被的冠层。M. Arii 利用了 n 次的余弦平方函数的概率分布，该分布包含取向角均值和表面粗糙度参数。基于多视数据相位差的分布，J. S. Lee 提出了一系列的模型用于匹配不同的方位角分布。

2) 经验模型

A. Freeman 提出一种采用形状参数 ρ 刻画不同森林结构的模型：

$$\langle \boldsymbol{C}_{\mathrm{vol4}} \rangle = f_{\mathrm{v}} \begin{bmatrix} 1 & 0 & \rho \\ 0 & (1-\rho) & 0 \\ \rho^{*} & 0 & 1 \end{bmatrix} \tag{8.3.8}$$

由于引入了未知参数 ρ，分解算法从三成分分解降低为二成分分解。

此外，W. T. An 假设体散射模型应该具有最高的散射熵，对应的体散射模型为单位矩阵：

$$\langle \boldsymbol{C}_{\mathrm{vol5}} \rangle = f_{\mathrm{v}} \begin{bmatrix} 1 & 0 & 0 \\ 0 & 1 & 0 \\ 0 & 0 & 1 \end{bmatrix} \tag{8.3.9}$$

注意，模型(8.3.9)是模型(8.3.8)中参数 $\rho=0$ 时的特殊情形。

总体而言，就我们的理解，很难直接从理论上判定哪种建模方式或者哪种散射模型更具优越性。第一种建模方法基于物理结构，具有更加清晰的物理含义，因而得到广泛使用。然而，这种方法依然需要提前指定基本散射体模型并假设散射体取向的概率分布函数。实际上，正如 M. Arii 也指出，目前并没有理论依据判断哪种概率分布描述方式更好，其他的具有合理性的概率分布函数也是可以采用的。因此，如何选择合理的基本散射结构和概率分布函数依然是一个开放性的问题。

2. 奇次散射模型

奇次散射模型通常由面散射机理表征。对于具有较小粗糙度的面散射(布拉格散射)，交叉极化分量通常是可以忽略的。表征布拉格散射的极化散射矩阵为

$$\boldsymbol{S}_{\mathrm{odd}} = \begin{bmatrix} R_{\mathrm{H}} & 0 \\ 0 & R_{\mathrm{V}} \end{bmatrix} \tag{8.3.10}$$

对水平和垂直极化波，散射系数分别为

$$R_{\mathrm{H}} = \frac{\cos\phi - \sqrt{\varepsilon_{\mathrm{r}} - \sin^2\varphi}}{\cos\phi + \sqrt{\varepsilon_{\mathrm{r}} - \sin^2\varphi}} \tag{8.3.11}$$

$$R_{\mathrm{V}}=\frac{(\varepsilon_{\mathrm{r}}-1)\{\sin^2\varphi-\varepsilon_{\mathrm{r}}(1+\sin^2\varphi)\}}{(\varepsilon_{\mathrm{r}}\cos\phi+\sqrt{\varepsilon_{\mathrm{r}}-\sin^2\varphi})^2} \tag{8.3.12}$$

式中：φ 是入射角；ε_{r} 是相对介电常数。对绝大多数自然地表，可以得到 $\mathrm{Re}[\varepsilon_{\mathrm{r}}]\gg\mathrm{Im}[\varepsilon_{\mathrm{r}}]$。因此，$\varepsilon_{\mathrm{r}}$、$R_{\mathrm{H}}$ 和 R_{V} 可以近似为实数。

奇次散射机理对应的极化相干矩阵的模型表达式为

$$\boldsymbol{T}_{\mathrm{odd}}=f_{\mathrm{s}}\begin{bmatrix}1 & \beta^* & 0\\ \beta & |\beta|^2 & 0\\ 0 & 0 & 0\end{bmatrix} \tag{8.3.13}$$

式中

$$\beta=\frac{(R_{\mathrm{H}}-R_{\mathrm{V}})}{(R_{\mathrm{H}}+R_{\mathrm{V}})},\quad |\beta|<1$$

以极化协方差矩阵进行表征，得到的奇次散射模型为

$$\boldsymbol{C}_{\mathrm{odd}}=f_{\mathrm{s}}\begin{bmatrix}|\beta|^2 & 0 & \beta\\ 0 & 0 & 0\\ \beta^* & 0 & 1\end{bmatrix} \tag{8.3.14}$$

式中：$\beta=\dfrac{R_{\mathrm{H}}}{R_{\mathrm{V}}}$。

3. 二次散射模型

二次散射分量通常由二面角散射体结构（如“墙面-地面”）进行建模。不同的散射面可以由具有不同电介质的材料构成。垂直面对水平极化和垂直极化的散射响应分别为 R_{TH} 和 R_{TV}。相应地，水平面的菲涅尔散射系数为 R_{GH} 和 R_{GV}。此外，还可以引入传播因子 $\mathrm{e}^{\mathrm{j}2\gamma_{\mathrm{H}}}$ 和 $\mathrm{e}^{\mathrm{j}2\gamma_{\mathrm{V}}}$（$\gamma_{\mathrm{H}}$ 和 γ_{V} 表征传播的衰减和相位变化效应），从而使模型更加精细。表征二次散射模型的极化散射矩阵为

$$\boldsymbol{S}_{\mathrm{dbl}}=\begin{bmatrix}\mathrm{e}^{\mathrm{j}2\gamma_{\mathrm{H}}}R_{\mathrm{TH}}R_{\mathrm{GH}} & 0\\ 0 & \mathrm{e}^{\mathrm{j}2\gamma_{\mathrm{V}}}R_{\mathrm{TV}}R_{\mathrm{GV}}\end{bmatrix} \tag{8.3.15}$$

水平和垂直发射极化下的目标散射系数为

$$R_{i\mathrm{H}}=\frac{\cos\varphi_i-\sqrt{\varepsilon_i-\sin^2\varphi_i}}{\cos\varphi_i+\sqrt{\varepsilon_i-\sin^2\varphi_i}} \tag{8.3.16}$$

$$R_{i\mathrm{V}}=\frac{\varepsilon_i\cos\varphi_i-\sqrt{\varepsilon_i-\sin^2\varphi_i}}{\varepsilon_i\cos\varphi_i+\sqrt{\varepsilon_i-\sin^2\varphi_i}} \tag{8.3.17}$$

式中，$i\in\{T,G\}$，水平面和垂直面的介电常数为 ε_G 和 ε_T。对应的入射角为 $\varphi_\mathrm{G}=\theta$ 和 $\varphi_\mathrm{T}=\pi/2-\theta$。

二次散射分量对应的极化相干矩阵的模型表达式为

$$\boldsymbol{T}_{\mathrm{dbl}}=f_\mathrm{d}\begin{bmatrix}|\alpha|^2 & \alpha & 0\\ \alpha^* & 1 & 0\\ 0 & 0 & 0\end{bmatrix} \tag{8.3.18}$$

式中

$$\alpha=\frac{R_{\mathrm{TH}}R_{\mathrm{GH}}+\mathrm{e}^{\mathrm{j}\phi}R_{\mathrm{TV}}R_{\mathrm{GV}}}{R_{\mathrm{TH}}R_{\mathrm{GH}}-\mathrm{e}^{\mathrm{j}\phi}R_{\mathrm{TV}}R_{\mathrm{GV}}},\quad \phi=2\gamma_\mathrm{V}-2\gamma_\mathrm{H}$$

以极化协方差矩阵进行表征，得到的二次散射模型为

$$\boldsymbol{C}_{\mathrm{dbl}}=f_\mathrm{d}\begin{bmatrix}|\alpha|^2 & 0 & \alpha\\ 0 & 0 & 0\\ \alpha^* & 0 & 1\end{bmatrix} \tag{8.3.19}$$

式中

$$\alpha=\mathrm{e}^{2\mathrm{j}(\gamma_\mathrm{H}-\gamma_\mathrm{V})}\frac{R_{\mathrm{TH}}R_{\mathrm{GH}}}{R_{\mathrm{TV}}R_{\mathrm{GV}}}$$

4. 螺旋散射模型

上面介绍的体散射模型、奇次散射模型和二次散射模型均假设地物满足散射对称性条件。也就是说，共极化分量和交叉极化分量完全正交，二者的相关项可以忽略，认为满足 $\langle S_{\mathrm{HH}}S_{\mathrm{HV}}^*\rangle=0$ 和 $\langle S_{\mathrm{VV}}S_{\mathrm{HV}}^*\rangle=0$。虽然很多自然地物的后向散射满足散射对称性条件，但并不是所有地物都满足，如城区的后向散射通常就不满足散射对称性条件。为了兼顾和适应后向散射不满足散射对称性的情形，即 $\langle S_{\mathrm{HH}}S_{\mathrm{HV}}^*\rangle\neq0$ 和 $\langle S_{\mathrm{VV}}S_{\mathrm{HV}}^*\rangle\neq0$，引入了螺旋散射分量。

左旋和右旋螺旋散射分量的极化散射矩阵为

$$\boldsymbol{S}_{\text{L-hel}}=\frac{1}{2}\begin{bmatrix}1 & \mathrm{j}\\ \mathrm{j} & -1\end{bmatrix},\quad \boldsymbol{S}_{\text{R-hel}}=\frac{1}{2}\begin{bmatrix}1 & -\mathrm{j}\\ -\mathrm{j} & -1\end{bmatrix} \tag{8.3.20}$$

螺旋散射分量具有旋转不变性，用于描述散射非对称情形。在非相干极化目标分解算法中，以极化相干矩阵进行表征，得到的螺旋散射模型为

$$\boldsymbol{T}_{\text{hel}}=\frac{1}{2}f_{\mathrm{c}}\begin{bmatrix}0 & 0 & 0\\ 0 & 1 & \pm\mathrm{j}\\ 0 & \mp\mathrm{j} & 1\end{bmatrix} \tag{8.3.21}$$

以极化协方差矩阵进行表征，得到的螺旋散射模型为

$$\boldsymbol{C}_{\text{hel}}=\frac{1}{4}f_{\mathrm{c}}\begin{bmatrix}1 & \pm\mathrm{j}\sqrt{2} & -1\\ \mp\mathrm{j}\sqrt{2} & 2 & \pm\mathrm{j}\sqrt{2}\\ -1 & \mp\mathrm{j}\sqrt{2} & 1\end{bmatrix} \tag{8.3.22}$$

8.3.2 基于模型的极化目标分解基本原理

理论上，基于模型的极化目标分解技术就是将测量得到的极化矩阵进行分解，分解后由一系列物理含义确知的基本散射模型的线性或非线性的组合进行表示，通过反演和求解模型参数，可以提取基本散射机理的散射能量等物理特征参数。以极化相干矩阵和常用的线性分解为例，基于模型的目标分解表达式为

$$\boldsymbol{T}=f_{\mathrm{d}}\boldsymbol{T}_{\text{dbl}}+f_{\mathrm{v}}\langle\boldsymbol{T}_{\text{vol}}\rangle+f_{\mathrm{s}}\boldsymbol{T}_{\text{odd}}+f_{\mathrm{c}}\boldsymbol{T}_{\text{hel}}+\cdots \tag{8.3.23}$$

式中：$\boldsymbol{T}$ 为输入的极化相干矩阵；$\boldsymbol{T}_{\text{dbl}}$、$\boldsymbol{T}_{\text{vol}}$、$\boldsymbol{T}_{\text{odd}}$ 和 $\boldsymbol{T}_{\text{hel}}$ 分别为二次散射、体散射、奇次散射和螺旋散射模型；f_{d}、f_{v}、f_{s} 和 f_{c} 为对应的模型系数。

完成极化目标分解处理后，可以得到每种散射机理的散射能量，分别用 P_{d}、P_{v}、P_{s} 和 P_{c} 表征二次散射、体散射、奇次散射和螺旋散射分量的散射能量。通过比较各散射分量能量的大小，就可以确定每个散射单元的主散射机理。进一步，还可以根据分解得到的散射能量，按三原色原理合成伪彩色的 RGB 图，便于可视化的直观理解。

8.3.3 极化方位角和去取向理论

极化方位角是描述电磁波极化状态的一个重要参数。在极化 SAR 模式下，沿飞行航

迹起伏的地表和方位向与飞行航迹有夹角的建筑物(简称倾斜建筑物)都会在散射入射波时扭转极化基,从而引起极化方位角偏移。因此,通过分析极化方位角的变化,就可以提取地形起伏和建筑物方位向等特征信息。

为了提取极化方位角参数,J. S. Lee 等提出了多种估计算法,利用圆极化的算法是最有效的,并在海浪测量、地形高程反演、建筑物方位向提取等领域得到广泛应用。近年来,目标方位向补偿处理(也称为去取向处理)得到了广泛重视,并引入到基于模型的极化目标分解算法。去取向处理的主要思想是通过将极化相干矩阵旋转一个特定角度,使得交叉极化分量的能量最小。从理论上分析,该旋转角与极化方位角是等价的。

1. 圆极化方法

有研究表明,极化方位角可以通过圆极化基下共极化分量的相位差进行估计,具体的估计公式为

$$-4\theta=\arg(\langle S_{RR}S_{LL}^{*}\rangle)=\arctan\left(\frac{-4\mathrm{Re}(\langle(S_{HH}-S_{VV})S_{HV}^{*}\rangle)}{-\langle|S_{HH}-S_{VV}|^{2}+4\langle|S_{HV}|^{2}\rangle\rangle}\right)\tag{8.3.24}$$

式中:$\arg(a)$表示取 a 的相位。

式(8.3.24)中得到的 θ 角是缠绕的,但并不像干涉相位可以通过干涉条纹进行解缠。θ 角参数是通过加一个 π 进行解缠,具体如下:

$$\eta=\frac{1}{4}\arctan\left(\frac{-4\mathrm{Re}(\langle(S_{HH}-S_{VV})S_{HV}^{*}\rangle)}{-\langle|S_{HH}-S_{VV}|^{2}+4\langle|S_{HV}|^{2}\rangle\rangle}+\pi\right)\tag{8.3.25}$$

最终得到的极化方位角估计表达式为

$$\theta=\begin{cases}\eta, & \eta\leqslant\pi/4\\ \eta-\pi/2, & \eta>\pi/4\end{cases},\quad \theta\in[-\pi/4,\pi/4]\tag{8.3.26}$$

2. 去取向方法

根据去取向理论的观点,极化方位角可以通过旋转极化相干矩阵使交叉极化分量最小化而得到。交叉极化项 T_{33} 为

$$T_{33}(\theta)=T_{33}\cos^{2}2\theta+T_{22}\sin^{2}2\theta-\mathrm{Re}(T_{23})\sin4\theta\tag{8.3.27}$$

以 θ 角为变量,对 $T_{33}(\theta)$进行求导,得到一阶导数为

$$T'_{33}(\theta)=2(T_{22}-T_{33})\sin4\theta-4\mathrm{Re}(T_{23})\cos4\theta\tag{8.3.28}$$

$T_{33}(\theta)$的二阶导数为

$$T''_{33}(\theta)=8(T_{22}-T_{33})\cos4\theta+16\mathrm{Re}(T_{23})\sin4\theta \tag{8.3.29}$$

令一阶导数 $T'_{33}(\theta)=0$，则可以得到 $T_{33}(\theta)$的极值。对应的 θ 角可通过下式求得

$$\tan4\theta=\frac{2\mathrm{Re}(T_{23})}{T_{22}-T_{33}} \tag{8.3.30}$$

θ 角对应的主值区间为$[-\pi/8,\pi/8]$。

为了得到 $T_{33}(\theta)$的极小值，还需要进一步满足二阶导数取值为正，即

$$T''_{33}(\theta)>0 \tag{8.3.31}$$

最终得到的极化方位角参数估计式为

$$\theta=\begin{cases}\alpha, & 0\leqslant\alpha\leqslant\pi/8,\quad \mathrm{Re}(T_{23})\geqslant0\\ \alpha, & -\pi/8\leqslant\alpha<0,\quad \mathrm{Re}(T_{23})<0\\ \alpha-\pi/4, & 0\leqslant\alpha\leqslant\pi/8,\quad \mathrm{Re}(T_{23})<0\\ \alpha+\pi/4, & -\pi/8\leqslant\alpha<0,\quad \mathrm{Re}(T_{23})\geqslant0\end{cases}$$

式中

$$\alpha=\frac{1}{4}\arctan\left(\frac{2\mathrm{Re}(T_{23})}{T_{22}-T_{33}}\right) \tag{8.3.32}$$

θ 角参数的主值区间拓展为$[-\pi/4,\pi/4]$。依据极化相干矩阵与圆极化基下极化协方差矩阵的关系式，可以验证式(8.3.32)的旋转角参数 θ 等价于式(8.3.26)中的极化方位角参数。此外，条件式(8.3.31)是必需的，否则极化相干矩阵将向相反方向旋转，进而交叉极化项 T_{33} 会被错误地最大化。

8.3.4 Freeman-Durden 分解

Freeman-Durden 分解是极化目标分解领域的先驱工作，该方法在散射对称性假设下将极化协方差矩阵/极化相干矩阵分解为二次散射、奇次散射和体散射机理，进而用于地物散射特性的解译与分析。以极化相干矩阵为例，Freeman-Durden 分解的表达式为

$$\boldsymbol{T}=f_{\mathrm{v}}\langle\boldsymbol{T}_{\mathrm{vol}}\rangle+f_{\mathrm{d}}\langle\boldsymbol{T}_{\mathrm{dbl}}\rangle+f_{\mathrm{s}}\langle\boldsymbol{T}_{\mathrm{odd}}\rangle \tag{8.3.33}$$

式中，$\boldsymbol{T}_{\mathrm{vol}}$，$\boldsymbol{T}_{\mathrm{dbl}}$ 和 $\boldsymbol{T}_{\mathrm{odd}}$ 分别为体散射、二次散射和奇次散射模型；f_{v}、f_{d} 和 f_{s} 为对应的模型系数。

具体而言，Freeman-Durden 分解中用到的体散射、二次散射和奇次散射模型分别为

$$\langle \boldsymbol{T}_{\mathrm{vol}} \rangle = \frac{1}{4}\begin{bmatrix} 2 & 0 & 0 \\ 0 & 1 & 0 \\ 0 & 0 & 1 \end{bmatrix} \tag{8.3.34}$$

$$\langle \boldsymbol{T}_{\mathrm{dbl}} \rangle = \begin{bmatrix} |\alpha|^2 & \alpha & 0 \\ \alpha^* & 1 & 0 \\ 0 & 0 & 0 \end{bmatrix} \tag{8.3.35}$$

$$\langle \boldsymbol{T}_{\mathrm{odd}} \rangle = \begin{bmatrix} 1 & \beta^* & 0 \\ \beta & |\beta|^2 & 0 \\ 0 & 0 & 0 \end{bmatrix} \tag{8.3.36}$$

式中：α、β 分别为二次散射和奇次散射模型的参数。

从式(8.3.33)～式(8.3.36)可以看到，Freeman-Durden 分解中，只有体散射模型具有交叉极化分量。这样在模型求解中，首先求取体散射模型系数，并将体散射分量从原始极化相干矩阵中减掉，得到关于 4 个未知数的 3 个方程：

$$\begin{cases} f_{\mathrm{s}} + f_{\mathrm{d}} |\alpha|^2 = T_{11} \\ f_{\mathrm{s}}\beta^* + f_{\mathrm{d}}\alpha = T_{12} \\ f_{\mathrm{s}} |\beta|^2 + f_{\mathrm{d}} = T_{22} \end{cases} \tag{8.3.37}$$

然后，根据判决准则(硬判决条件)，即 $\mathrm{Re}(\langle S_{\mathrm{HH}} S_{\mathrm{HH}}^* \rangle)$ 取值的正负性，判断二次散射或奇次散射为主导散射机理。当判决条件大于 0 时，奇次散射占优，令 $\alpha=-1$；反之，二次散射占优，令 $\beta=1$。因此，参数 f_{s}、f_{d}、α、β 均可以通过方程求解得到。最终，各个散射分量的散射能量为

$$\begin{cases} P_{\mathrm{s}} = f_{\mathrm{s}}(1+|\beta|^2) \\ P_{\mathrm{d}} = f_{\mathrm{d}}(1+|\alpha|^2) \\ P_{\mathrm{v}} = f_{\mathrm{v}} \end{cases} \tag{8.3.38}$$

从上述求解步骤可以看到，体散射模型具有最高的优先级。不论任何目标，只要其极化相干矩阵中交叉极化分量不为 0，则必定有体散射机理。上述隐含的假设条件和求解顺序通常会导致体散射机理的过估计，并可能使剩余的二次散射/奇次散射分量出现负能量

情形，违背物理原理。此外，在 Freeman-Durden 分解中，由于引入了散射对称性假设，极化相干矩阵的 T_{13} 和 T_{23} 分量没有用于散射机理建模，极化信息利用不够充分。

8.3.5 Yamaguchi 分解

如前所述，Freeman-Durden 三分量分解对不满足反射对称性条件的目标，如一些非均匀区域包含形状复杂的目标和人造目标，难以准确解译目标的散射机理。Yamaguchi 等通过引入螺旋散射体提出了四分量分解方法，消除了反射对称性假设。以极化相干矩阵为例，Yamaguchi 分解的表达式为

$$\boldsymbol{T} = f_{\mathrm{v}}\langle \boldsymbol{T}_{\mathrm{vol}}\rangle + f_{\mathrm{d}}\langle \boldsymbol{T}_{\mathrm{dbl}}\rangle + f_{\mathrm{s}}\langle \boldsymbol{T}_{\mathrm{odd}}\rangle + f_{\mathrm{c}}\langle \boldsymbol{T}_{\mathrm{hel}}\rangle \tag{8.3.39}$$

式中：$\boldsymbol{T}_{\mathrm{vol}}$、$\boldsymbol{T}_{\mathrm{dbl}}$、$\boldsymbol{T}_{\mathrm{odd}}$ 和 $\boldsymbol{T}_{\mathrm{hel}}$ 分别为体散射、二次散射、奇次散射和螺旋散射模型；f_{v}、f_{d}、f_{s} 和 f_{c} 为对应的模型系数。

Yamaguchi 分解用到的体散射模型包含$\langle \boldsymbol{T}_{\mathrm{vol1}}\rangle$、$\langle \boldsymbol{T}_{\mathrm{vol2}}\rangle$和$\langle \boldsymbol{T}_{\mathrm{vol3}}\rangle$，相应的表达式为

$$\begin{gathered}\langle \boldsymbol{T}_{\mathrm{vol1}}\rangle = \frac{1}{4}\begin{bmatrix}2 & 0 & 0\\ 0 & 1 & 0\\ 0 & 0 & 1\end{bmatrix},\quad \langle \boldsymbol{T}_{\mathrm{vol2}}\rangle = \frac{1}{30}\begin{bmatrix}15 & 5 & 0\\ 5 & 7 & 0\\ 0 & 0 & 8\end{bmatrix},\\ \langle \boldsymbol{T}_{\mathrm{vol3}}\rangle = \frac{1}{30}\begin{bmatrix}15 & -5 & 0\\ -5 & 7 & 0\\ 0 & 0 & 8\end{bmatrix}\end{gathered} \tag{8.3.40}$$

为了更好地拟合实际地物的散射类型，Yamaguchi 分解采用如下判决条件来选择体散射模型：

$$\mathrm{th} = 10\log\left(\frac{|S_{\mathrm{VV}}|^2}{|S_{\mathrm{HH}}|^2}\right) = 10\log\left(\frac{T_{11} + T_{22} - 2\mathrm{Re}(T_{12})}{T_{11} + T_{22} + 2\mathrm{Re}(T_{12})}\right) \tag{8.3.41}$$

当 $\mathrm{th} \in [-4\mathrm{dB}, -2\mathrm{dB}]$时，采用模型$\langle \boldsymbol{T}_{\mathrm{vol2}}\rangle$；当 $\mathrm{th} \in (-2\mathrm{dB}, 2\mathrm{dB})$时，采用模型$\langle \boldsymbol{T}_{\mathrm{vol1}}\rangle$；当 $\mathrm{th} \in [2\mathrm{dB}, 4\mathrm{dB}]$时，采用模型$\langle \boldsymbol{T}_{\mathrm{vol3}}\rangle$。

Yamaguchi 分解的求解过程与 Freeman-Durden 求解方法大致相同，先求出螺旋散射分量和体散射分量，再利用判决条件 $\boldsymbol{T}_0$ 来判断二次散射、奇次散射中的主散射机理，其中

$$\boldsymbol{T}_0 = T_{11} - T_{22} - T_{33} + P_{\mathrm{c}} \tag{8.3.42}$$

最终通过方程求解得到各散射分量的能量。

另外，由于三分量分解存在负能量现象，Yamaguchi 分解中人为添加了能量限制条件，

避免负能量现象的出现。然而，施加负能量限制的方法并不能从原理上解决负能量的问题。

Yamaguchi 分解中，二次散射和奇次散射仍然采用的是与 Freeman-Durden 一样的模型，并没有考虑取向角，所有的交叉极化分量仍然全部分配到体散射，导致 Yamaguchi 分解仍存在体散射能量过估计和出现负能量的不足。因此，Yamaguchi 等又提出了在模型分解之前先进行去取向处理，提出了结合方位向补偿处理的 Yamaguchi 四分量分解方法，从一定程度上解决了体散射能量过估计的问题。然而，由于方位向补偿的程度有限，当目标方位角超过一定范围之后，交叉极化分量无法被完全补偿，所以后续研究中提出了多散射分量、精细散射模型等方法对交叉极化分量建模，推动了极化目标分解领域的发展。

8.3.6　广义极化目标分解

近年来，为了更好地拟合植被区域，已经建立一些更精细的体散射模型并引入到极化目标分解算法。虽然体散射建模已经更精细化，然而对当前绝大部分极化目标分解方法而言，二次散射和奇次散射依然被建模为没有交叉极化分量。需要指出的是，倾斜地表和倾斜建筑物都可能扭转后向散射回波的极化基，进而产生较大的交叉极化能量。方位向补偿处理可以减小交叉极化分量并改善极化目标分解性能。然而，对目标极化方位角的估计实质是所有散射分量的混合值。这种处理并不能始终确保二次散射和奇次散射分量被旋转回零方位角状态，从而使交叉极化分量为零。这是引起极化散射机理模糊的又一本质原因。目前，只有十分有限的研究涉及发展更精细化的二次散射和奇次散射模型。

本节将介绍通过分离二次散射和奇次散射的方位角，建立更为精细的目标散射模型，这些精细化散射模型能够很好地刻画由倾斜建筑物和倾斜地表引入的交叉极化能量。进而，将介绍精细化的广义极化目标分解方法。

1. 精细化散射模型

1）二次散射模型

二次散射分量通常由二面角散射体结构（如“墙体-地面”）进行建模。不同的散射面可以由具有不同电介质的材料构成。垂直面的水平极化和垂直极化散射响应分别为 R_{TH} 和 R_{TV}。相应地，水平面的菲涅尔散射系数为 R_{GH} 和 R_{GV}。此外，还可以引入传播因子 $\mathrm{e}^{\mathrm{j}2\gamma_{\mathrm{H}}}$ 和 $\mathrm{e}^{\mathrm{j}2\gamma_{\mathrm{V}}}$（$\gamma_{\mathrm{H}}$ 和 γ_{V} 表征传播的衰减和相位变化效应），使模型更加精细。倾斜建筑物通过旋转极化基可以引入显著的交叉极化分量。如果引入极化基旋转角参数 θ_{dbl}，精细化的二次散射模型为

$$\boldsymbol{T}_{\mathrm{dbl}}(\theta_{\mathrm{dbl}})=\boldsymbol{R}_3(\theta_{\mathrm{dbl}})\boldsymbol{T}_{\mathrm{dbl}}\boldsymbol{R}_3^{\mathrm{T}}(\theta_{\mathrm{dbl}})$$

$$
=\begin{bmatrix} |\alpha|^2 & \alpha\cos 2\theta_{\mathrm{dbl}} & -\alpha\sin 2\theta_{\mathrm{dbl}} \\ \alpha^*\cos 2\theta_{\mathrm{dbl}} & \cos^2 2\theta_{\mathrm{dbl}} & -\frac{1}{2}\sin 4\theta_{\mathrm{dbl}} \\ -\alpha^*\sin 2\theta_{\mathrm{dbl}} & -\frac{1}{2}\sin 4\theta_{\mathrm{dbl}} & \sin^2 2\theta_{\mathrm{dbl}} \end{bmatrix} \tag{8.3.43}
$$

式中

$$
\alpha=\frac{R_{\mathrm{TH}}R_{\mathrm{GH}}+\mathrm{e}^{\mathrm{j}\phi}R_{\mathrm{TV}}R_{\mathrm{GV}}}{R_{\mathrm{TH}}R_{\mathrm{GH}}-\mathrm{e}^{\mathrm{j}\phi}R_{\mathrm{TV}}R_{\mathrm{GV}}}
$$

其中：$\phi=2\gamma_{\mathrm{V}}-2\gamma_{\mathrm{H}}$；$\alpha$ 为复数，$|\alpha|<1$。

2）奇次散射模型

具有较小粗糙度的面散射（布拉格散射），交叉极化分量通常可以忽略，奇次散射模型对应的极化相干矩阵为式（8.3.13）。倾斜地表通过旋转极化基也可以引入较为显著的交叉极化分量。为了适应这种实际情形，精细化的奇次散射模型需要引入表征极化基旋转的旋转角参数 θ_{odd}，得到的精细化模型为

$$
\begin{aligned}
\boldsymbol{T}_{\mathrm{odd}}(\theta_{\mathrm{odd}}) &= \boldsymbol{R}_3(\theta_{\mathrm{odd}})\boldsymbol{T}_{\mathrm{odd}}\boldsymbol{R}_3^{\mathrm{T}}(\theta_{\mathrm{odd}}) \\
&= \begin{bmatrix} 1 & \beta^*\cos 2\theta_{\mathrm{odd}} & -\beta^*\sin 2\theta_{\mathrm{odd}} \\ \beta\cos 2\theta_{\mathrm{odd}} & |\beta|^2\cos^2 2\theta_{\mathrm{odd}} & -\frac{1}{2}|\beta|^2\sin 4\theta_{\mathrm{odd}} \\ -\beta\sin 2\theta_{\mathrm{odd}} & -\frac{1}{2}|\beta|^2\sin 4\theta_{\mathrm{odd}} & |\beta|^2\sin^2 2\theta_{\mathrm{odd}} \end{bmatrix}
\end{aligned} \tag{8.3.44}
$$

式中

$$
\beta=\frac{R_{\mathrm{H}}-R_{\mathrm{V}}}{R_{\mathrm{H}}+R_{\mathrm{V}}},\quad |\beta|<1
$$

其中：R_{H}、R_{V} 分别为水平极化和垂直极化电磁波的散射系数。

对绝大多数自然地表，可以得到 $\mathrm{Re}[\varepsilon_{\mathrm{r}}]\gg\mathrm{Im}[\varepsilon_{\mathrm{r}}]$，即 ε_{r} 近似为实数。这样，R_{H}、R_{V} 和 β 可以近似为实数。

2. 广义极化目标分解框架

对测量得到的极化相干矩阵 $\boldsymbol{T}$，广义极化目标分解框架为

$$
\boldsymbol{T}=\langle\boldsymbol{T}_{\mathrm{vol}}\rangle+\boldsymbol{T}_{\mathrm{dbl}}(\theta_{\mathrm{dbl}})+\boldsymbol{T}_{\mathrm{odd}}(\theta_{\mathrm{odd}})+\boldsymbol{T}_{\mathrm{hel}}+\cdots+\boldsymbol{T}_{\mathrm{residual}}
$$

$$
\begin{aligned}
&= f_{\mathrm{v}}\begin{bmatrix} a & d & e \\ d^* & b & f \\ e^* & f^* & c \end{bmatrix} + f_{\mathrm{d}}\begin{bmatrix} |\alpha|^2 & \alpha\cos 2\theta_{\mathrm{dbl}} & -\alpha\sin 2\theta_{\mathrm{dbl}} \\ \alpha^*\cos 2\theta_{\mathrm{dbl}} & \cos^2 2\theta_{\mathrm{dbl}} & -\dfrac{1}{2}\sin 4\theta_{\mathrm{dbl}} \\ -\alpha^*\sin 2\theta_{\mathrm{dbl}} & -\dfrac{1}{2}\sin 4\theta_{\mathrm{dbl}} & \sin^2 2\theta_{\mathrm{dbl}} \end{bmatrix} + \\
&f_{\mathrm{s}}\begin{bmatrix} 1 & \beta^*\cos 2\theta_{\mathrm{odd}} & -\beta^*\sin 2\theta_{\mathrm{odd}} \\ \beta\cos 2\theta_{\mathrm{odd}} & |\beta|^2\cos^2 2\theta_{\mathrm{odd}} & -\dfrac{1}{2}|\beta|^2\sin 4\theta_{\mathrm{odd}} \\ -\beta\sin 2\theta_{\mathrm{odd}} & -\dfrac{1}{2}|\beta|^2\sin 4\theta_{\mathrm{odd}} & |\beta|^2\sin^2 2\theta_{\mathrm{odd}} \end{bmatrix} + \\
&\frac{1}{2}f_{\mathrm{c}}\begin{bmatrix} 0 & 0 & 0 \\ 0 & 1 & \pm\mathrm{j} \\ 0 & \mp\mathrm{j} & 1 \end{bmatrix} + \cdots + \boldsymbol{T}_{\mathrm{residual}}
\end{aligned}
\tag{8.3.45}
$$

分解框架式(8.3.45)可以包含任意的散射模型。剩余矩阵 $\boldsymbol{T}_{\mathrm{residual}}$ 用于衡量这些模型与观测值的匹配程度。剩余矩阵越小,模型越能很好地匹配观测值。因此,使这个剩余矩阵最小化可以作为模型参数求解的优化准则,即

$$
\min:\ \|\boldsymbol{T}_{\mathrm{residual}}\|_2 \tag{8.3.46}
$$

式中:$\|\boldsymbol{T}_{\mathrm{residual}}\|_2$ 是 $\boldsymbol{T}_{\mathrm{residual}}$ 的2-范数。

由于极化相干矩阵为厄米特矩阵,因此只需要利用上三角元素进行求解。这样,可以得到 $\|\boldsymbol{T}_{\mathrm{residual}}\|_2=\sum_{n=1}^{9}|G_n|^2$。同时,9个归一化的 G_n 方程分别为

$$
\begin{cases}
G_1 = f_{\mathrm{d}}|\alpha|^2 + f_{\mathrm{s}} + af_{\mathrm{v}} - T_{11} \\
G_2 = f_{\mathrm{d}}\cos^2 2\theta_{\mathrm{dbl}} + f_{\mathrm{s}}|\beta|^2\cos^2 2\theta_{\mathrm{odd}} + bf_{\mathrm{v}} + \dfrac{1}{2}f_{\mathrm{c}} - T_{22} \\
G_3 = f_{\mathrm{d}}\sin^2 2\theta_{\mathrm{dbl}} + f_{\mathrm{s}}|\beta|^2\sin^2 2\theta_{\mathrm{odd}} + cf_{\mathrm{v}} + \dfrac{1}{2}f_{\mathrm{c}} - T_{33} \\
G_4 = f_{\mathrm{d}}\mathrm{Re}[\alpha]\cos 2\theta_{\mathrm{dbl}} + f_{\mathrm{s}}\beta^*\cos 2\theta_{\mathrm{odd}} + df_{\mathrm{v}} - \mathrm{Re}[T_{12}] \\
G_5 = f_{\mathrm{d}}\mathrm{Im}[\alpha]\cos 2\theta_{\mathrm{dbl}} - \mathrm{Im}[T_{12}] \\
G_6 = f_{\mathrm{d}}\mathrm{Re}[\alpha]\sin 2\theta_{\mathrm{dbl}} + f_{\mathrm{s}}\beta^*\sin 2\theta_{\mathrm{odd}} + \mathrm{Re}[T_{13}] \\
G_7 = f_{\mathrm{d}}\mathrm{Im}[\alpha]\sin 2\theta_{\mathrm{dbl}} + \mathrm{Im}[T_{13}] \\
G_8 = \dfrac{1}{2}f_{\mathrm{d}}\sin 4\theta_{\mathrm{dbl}} + \dfrac{1}{2}f_{\mathrm{s}}|\beta|^2\sin 4\theta_{\mathrm{odd}} + \mathrm{Re}[T_{23}] \\
G_9 = \dfrac{1}{2}f_{\mathrm{c}} - |\mathrm{Im}[T_{23}]|
\end{cases}
\tag{8.3.47}
$$

注意，在建立的算法框架式(8.3.45)下，精细化的二次和奇次散射模型已经对目标方位信息进行了建模，因此不需要对观测数据做方位角补偿处理。这也体现出该算法框架的广义性。

3. 模型参数反演

为了确保方程组的求解为确定性问题，散射模型中所允许的未知参数最多为9个。对绝大多数自然地表，介电常数的虚部为零，因此β近似为实数。这样，所提出的精细化二次和奇次散射模型式(8.3.43)和式(8.3.44)就包含了7个未知参数(f_{d}、f_{s}、$\mathrm{Re}[\alpha]$、$\mathrm{Im}[\alpha]$、β、θ_{dbl}和θ_{odd})。考虑到只有螺旋散射分量包含$\mathrm{Im}[T_{23}]$，另一个需要的未知参数为f_{c}。这样，为了避免方程欠定，只剩下一个未知参数f_{v}用于体散射模型。前面已经指出，很难从理论上确定具有普适性的体散射模型。因此，这里将建立一个可以包含任意体散射模型的查找表。查找表中每个体散射模型的模型参数均为常数。最优的体散射模型将通过模型优化求解所确定。这样，优化问题式(8.3.46)就成为确定性问题，包含9个已知的输入值和9个未知参数。

模型求解以剩余量最小为优化准则。具体而言，将采用非线性最小二乘优化方法求解目标函数式(8.3.46)。传统极化目标分解算法的解和估计得到的极化方位角可以作为非线性最小二乘算法的初始值。此外，模型参数集$\{f_{\mathrm{d}}, f_{\mathrm{v}}, f_{\mathrm{s}}, f_{\mathrm{c}}, \theta_{\mathrm{dbl}}, \theta_{\mathrm{odd}}, \mathrm{Re}[\alpha], \mathrm{Im}[\alpha], \beta\}$的边界条件为

$$
\begin{aligned}
&0 \leqslant f_{\mathrm{d}}, f_{\mathrm{v}}, f_{\mathrm{s}} \leqslant \mathrm{SPAN}, \quad 0 \leqslant f_{\mathrm{c}} \leqslant 2\,|\,\mathrm{Im}(T_{23})\,| \\
&-\frac{\pi}{4} \leqslant \theta_{\mathrm{dbl}}, \theta_{\mathrm{odd}} \leqslant \frac{\pi}{4}, \quad |\,\beta\,|, |\,\alpha\,| < 1
\end{aligned}
\tag{8.3.48}
$$

上述边界条件覆盖了每个参数所有的可能取值。值得一提的是，利用上述边界条件还可以从理论上避免出现负能量。

8.4 结合极化目标分解的建筑物损毁评估

建筑物震灾前后由于坍塌等形变对电磁波的极化响应不同，通过极化散射机理分析，可以提取极化特征量刻画建筑物的损毁情况。同时，极化特征量表征目标固有的结构属性和散射特性，基本不受时间/空间基线等参数影响，相比于传统特征量具有更稳健的性能。由于震区数据缺乏等原因，基于极化SAR数据散射机理分析的自然灾害损毁研究十分有限。郭华东等利用传统极化目标分解理论和圆极化相关系数等参数对2008年汶川地震和2010年青海玉树地震倒塌建筑物的空间分布、倒塌率等进行了评估分析。M. Watanabe等综合利用多种极化目标分解和极化相干系数分析了“3·11”东日本大地震建筑群损毁情

况。此外,本书作者也利用多时相星载极化 SAR 数据对“3・11”东日本大地震引起的海啸对城区、河岸和稻田等典型地物的损毁情况进行了研究。同时,利用极化解译技术开展了基于单一极化特征量的建筑物损毁评估研究,成功区分建筑物群的损毁程度,与真值数据十分吻合,获得了比单极化 SAR 评估技术更优的评估性能,证实了极化信息在灾害评估中的优越性。

8.4.1 震灾前后散射机理分析

对震前没有损毁的建筑物区域,通常包含了三种主要的散射机理,如图 8.4.1(a)所示。第一种机理是直接来自地面、墙体或者屋顶的一次散射分量;第二种机理是来自由“地面-墙体”形成的二面角结构的二次散射分量。第三种机理来自“地面-墙体-地面”或者“墙体-地面-墙体”的三次散射分量。其中,主散射机理主要取决于建筑物相对于 SAR 飞行方向的取向和建筑物周围地表的粗糙程度等因素。G. Franctschetti 等的研究表明,当周围地表粗糙程度相对波长适当时,建筑物后向散射中的二次散射通常为主散射机理。同时,由于能量衰减,这种情形下的三次散射相比于二次散射是可以忽略的。

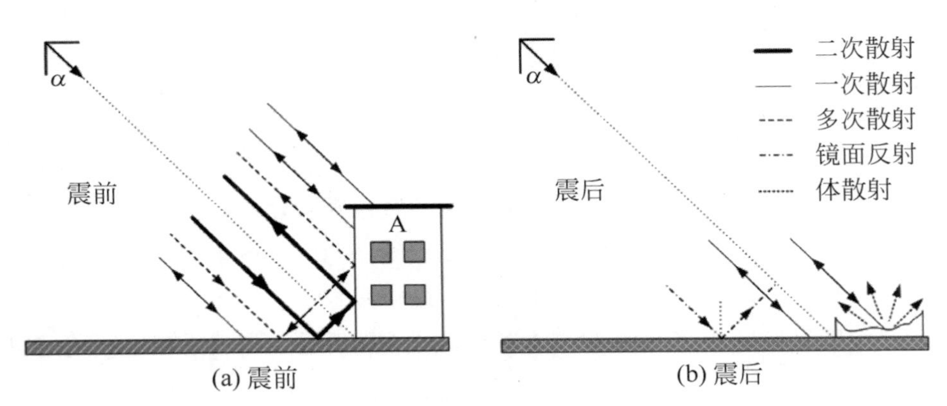

图 8.4.1 震灾前后建筑物区域极化散射机理变化示意图

如图 8.4.1(b)所示,如果建筑物 A 在地震或者海啸中损毁,其散射机理会相应地发生显著改变。散射机理的变化主要取决于建筑物的受损程度和地表的变化情况。以地震海啸为例,在灾区重建前,地表的变化主要可以分为四种情形:

(1) 地表仍然被水淹没。这种情形发生在海啸来临后的一小段时间。随着海啸的运动或者刮风降雨等的影响,由水覆盖的淹没区域主要表现为面散射机理。如果水淹区域表面相对平静,呈现为光滑平面,则主要表现为镜面反射机理。这时,后向散射能量十分有限,在 SAR 图像中显示为黑色。由于一些残留建筑物或者其残骸会裸露在水面上,因此也可能会形成一定的二次散射或者奇次散射。由于建筑物残骸的取向是随机的,其后向散射能量会远低于损毁前建筑物的后向散射能量。此外,需要注意的是,海啸与强降雨引起的洪灾的破坏程度通常是不同的。对于后者,建筑物通常不会被大面积冲走或者损毁。这样,建筑物的墙体和水面还是会形成类似二面角的强散射结构。

(2) 大量的建筑物残骸堆积在地面,但没有明显积水。根据灾害救援、清理和重建进度,这一阶段在灾后可能会持续相对较长的时间。实际上,这一阶段的极化散射机理是十分复杂的。由于残骸形状、大小和取向等特性的不同,极化散射机理可以显著不同。这一阶段可以包含损毁前建筑物区域所具有的所有三种散射机理。然而,由于建筑物墙体的损毁,后向散射中由"墙体-地面"形成的二次散射机理应该是减少的。此外,如果存在大量尺寸与入射波波长可比拟的小碎片,略微增加的体散射分量也是可以解释的。

(3) 少量残骸堆积在地面。随着救援和重建工作的深入,大部分的损毁物,特别是横亘在道路上的残骸得到有效清理。由于依然还存在一些残留物,相比于灾前;地表粗糙度可能会有所增加,面散射机理得到增强而二次散射机理减少。

(4) 所有损毁物全部清理干净。在这种情形下最主要的变化是面散射机理的增加。

从对建筑物区域地震海啸后四个主要阶段的分析可以得出结论:震灾在城区引起的最主要的散射机理变化为二次散射和三次散射分量将随着建筑物墙体的损毁而显著减少甚至是完全没有;与此同时,面散射将成为损毁建筑物区域的主散射机理。对用到的获取于2011年4月8日的ALOS/PALSAR灾后数据,地表的变化情况主要属于上述的情形(1)和(2)。

8.4.2 数据描述

ALOS卫星在"3·11"东日本大地震后开展了紧急观测,获取了灾区大量的光学和雷达数据。截至ALOS卫星停止工作的2011年4月22日,ALOS卫星搭载的光学和SAR传感器在灾区获得了643幅图像数据。下面以一组震灾前后的ALOS/PALSAR极化SAR数据进行灾害损毁评估。该数据主要包含了受损严重的石卷市和女川町等区域,多时相数据的获取信息如表8.4.1所示。最近的震前数据获取于2010年11月21日。震后则只在2011年4月8日获取了一幅全极化SAR数据。这组D1-D2多时相数据的时间基线为138天,空间基线为1747m。单视条件下该极化SAR数据的方位向和距离向分辨率分别为4.45m和23.14m。为了使方位向和距离向分辨率相当,在方位向做了8视处理。

表8.4.1 ALOS/PALSAR在日本宫城县石卷市附近获取的多时相全极化SAR数据的信息

数据编号	获取时间	入射角/(°)	风速/(m/s)	温度/(℃)
D1	2011年4月8日	23.832	2.8	10.5
D2	2010年11月21日	23.796	2.1	14.0
D3	2009年4月2日	23.774	5.8	4.6
D4	2007年5月13日	23.773	7.5	13.9
D5	2007年3月28日	23.780	1.3	5.8

注:对应的当地天气信息摘自日本气象局。入射角指成像区域中心处的入射角。

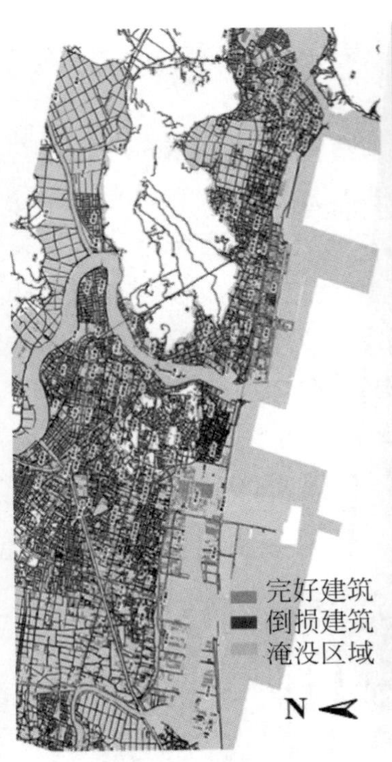

(a) 建筑物损毁真值图

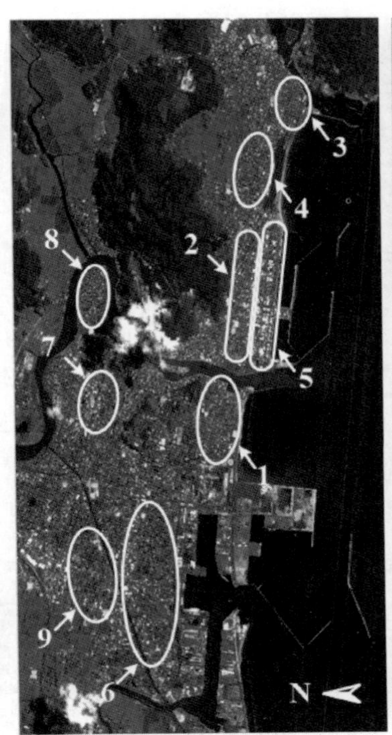

(b) 震前光学图

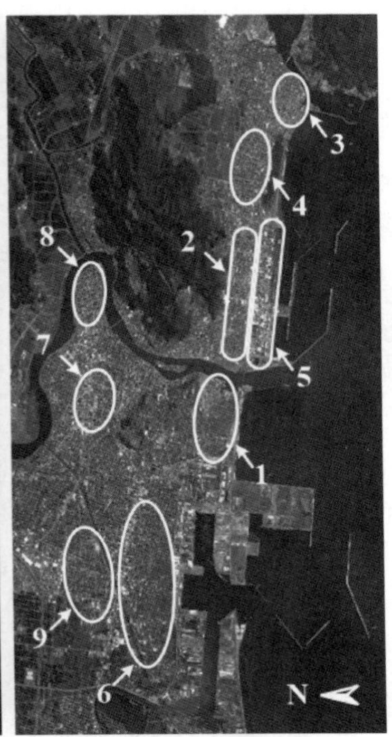

(c) 震后光学图

图 8.4.2 研究区域示意图，包含日本宫城县石卷市严重受损区域（10 km×5 km）。分别获取于 2010 年 8 月 23 日（震前）和 2011 年 4 月 10 日（震后）。从图中选取了 9 块建筑物区块，编号为 1～9。建筑物区块 1、2～3、4～6、7～9 的损毁程度分别为 80%～100%、50%～80%、20%～50%和 0～20%。

ALOS/PALSAR 全极化 SAR 数据的分辨率并不足以分辨单一的建筑物，因此下面的研究是以街区为尺度分析受损建筑物区域的极化散射机理变化。为了寻找散射机理变化与损毁程度间的定量关系，选取了 9 块具有不同损毁程度的建筑物区块进行分析。这 9 块区域在图 8.4.2 中用椭圆框进行标注并分别编号为 1～9。损毁程度定义为所选取建筑物区块内被冲毁建筑物所占的比例。根据损毁真值图 8.4.2(a)，可以将损毁程度划分为 4 种等级：80%～100%（区块 1），50%～80%（区块 2～3），20%～50%（区块 4～6）和 0～20%（区块 7～9）。更高的损毁等级意味着该区域受灾更严重。从图 8.4.2(a)可以看到，所有这 9 块区域都被海啸淹没，因此需要注意的是 0%的损毁程度是指该区域几乎没有建筑物被冲毁，而不是指该区域一点损坏都没有。另外，还需要指出的是尽管区块 2 相比于区块 5 离海岸线更远，其受灾程度却是强于区块 5 的。其主要原因是区块 5 中包含大量大型建筑物，而区块 2 中主要包含的是尺寸较小的民居。因此，相比于钢筋混凝土结构的建筑物，木结构的民居就更容易被海啸冲走。

8.4.3 广义极化目标分解结果

本节利用广义极化目标分解技术分析地震海啸引起的地表变化，进而提取极化特征参数用于分析受损情况。由于数据的分辨率有限，为了更好地保护图像细节，在进行目标分解前不采用任何相干斑滤波等图像预处理技术。震前和震后的广义极化目标分解结果分别如图 8.4.3 所示。总体而言，地震海啸前，建筑物区域的主散射机理为二次散射，由森林覆盖的山区主要表现为体散射机理，海洋区域则明显地呈现出面散射机理。这些结论也可以从表 8.4.1 中其他两幅震前数据中得出。地震海啸后，从损毁真值图和光学图可以看到，大部分靠近海岸的房屋都被完全冲走，剩下一个相对粗糙的地表。因此，震后数据的极化目标分解结果清楚地表明，在这些受灾极为严重的城区，主散射机理已经从二次散射变为了奇次散射。

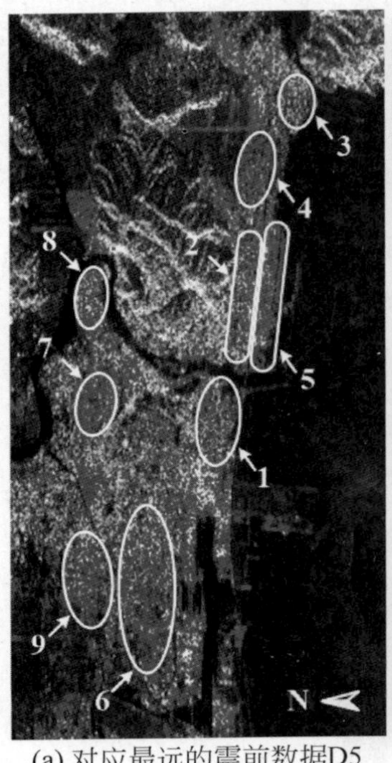

(a) 对应最远的震前数据D5
（获取于2007年3月28日）

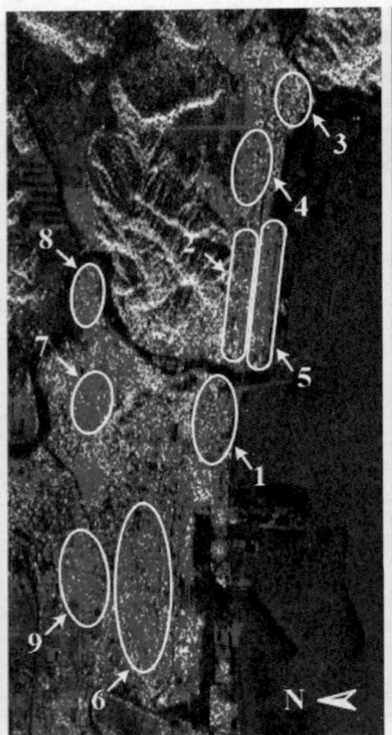

(b) 对应最近的震前数据D2
（获取于2010年11月21日）

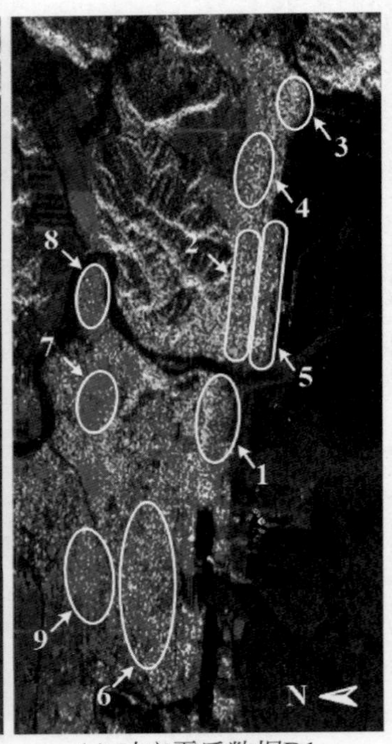

(c) 对应震后数据D1
（获取于2011年4月8日）

图 8.4.3 广义极化目标分解结果

注：分解结果图由分解得到的散射分量能量 P_d（红色）、P_v（绿色）和 P_s（蓝色）进行合成。

下面对选取的 9 块具有不同损毁程度的建筑物区块进行定量分析，研究每块区域主散射机理的贡献在震灾前后的变化。图 8.4.4(a)、(b)、(c)分别展示了 5 组多时相数据中，9 块建筑物区块的主二次散射 P_d、主体散射 P_v 和主奇次散射 P_s 所占的比例。对在海啸中有建筑物被冲毁的区块 1～6，主二次散射机理的贡献是一致性减少的，同时主奇次散射机理相应地一致性增加。体散射机理的贡献基本维持不变。由于还存在一些随机取向的碎片残留物,从分解结果中也可以观测到体散射分量有略微的增加。因此,地震海啸后,绝大部分减少的二次散射能量转化为奇次散射能量。建筑物区块7~9,由于几乎没有建筑物被冲毁,震灾前后的散射机理基本保持不变。此外,从震前四组数据的散射机理分解结果可以看到,三种主散射机理曲线除了有轻微起伏外基本保持不变。考虑到这些多时相数据对有较大的时间和空间基线,地物在两次观测之间存在一定的变化是可以理解的。此外,这些建筑物区块是人工选取,并没有采用任何建筑物模板剔除虚警,因此区块内不可避免会包含一些植被地物。这样,散射分量的轻微起伏是可以解释并可以接受的。同时,相对地震海啸引起的地物变化而言,这些起伏可以忽略。

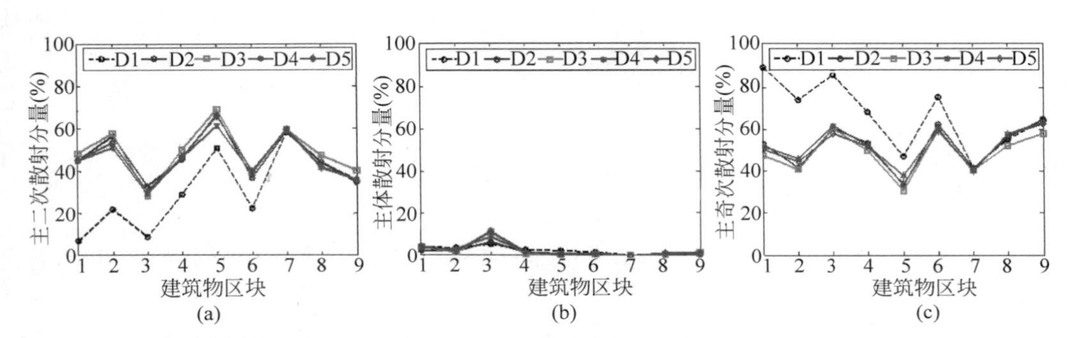

图 8.4.4 震灾前后建筑物区块1~9的主散射机理贡献对比分析。(a)~(c)分别对应主二次散射 P_d,主体散射 P_v 和主奇次散射 P_s

对地震海啸前的所有数据,主散射分量的贡献基本保持不变。地震海啸后,对有建筑物损毁的区块,主二次散射分量的贡献急剧下降,并主要转变为奇次散射分量;对基本没有建筑物损毁的区块,各散射分量的贡献基本保持不变。这些观测结果可以通过震灾前后的地物变化进行解译。在受损区块,由于建筑物被冲毁,建筑物与地面形成的“地面-墙体”这种二面角结构大量减少,二次散射机理也就相应地减少。这些极化散射机理的分析结果与理论分析和光学图像中的真值结果都十分吻合。此外,通过对多时相数据的分析,特别是长时间基线数据的分析,也证实了建筑物区域“地面-墙体”这种二面角结构的时间稳定性。同时,这一结论也与 A. Ferretti 等提出的关于稳定散射体的检测理论相吻合。在后面的分析中,将继续分析该特性并用于损毁程度的定量评估。

8.4.4 损毁定量评估

当震灾前后的数据无法形成有效的干涉对时,通常采用后向散射幅值和极化相关特征参数用于定量分析灾区的损毁情况。然而,对长时间基线的极化 SAR 数据,即使没有自然灾害,地物的后向散射幅值也可能由于各种随机的去相干因素而发生变化。相比而言,建筑物区域中的“地面-墙体”二面角等基本散射结构属于永久性散射体,在长时间基线条件下其散射特性也是更为稳定的。因此，相比于基于后向散射幅值和极化相关特征的方法，利用极化散射机理分析的技术在定量分析城区损毁情况时将会更加稳健。

"3・11"东日本大地震引发的大海啸冲走了海边的大量建筑物。本节利用的损毁等级由一个区块内冲毁建筑物所占的比例进行定义。建筑物的损毁通常会使"地面-墙体"这种二面角结构发生等量减少。由于城区中的二次散射机理直接来自"地面-墙体"二面角结构，因此震后-震前主二次散射机理的比值就能够反映出二面角结构的减少量，也就能够反映出该区域的建筑物损毁数量。这就是下面定量分析的物理背景和基本原理。前面的研究已经指出，利用基于模型的极化目标分解技术可以提取建筑物区块的主二次散射分量的贡献。这样，减少的主二次散射分量就直接与损毁的"地面-墙体"二面角结构的数量密切相关。因此，利用多时相数据对的主二次散射分量贡献的比值作为建筑物损毁程度评估因子：

$$\mathrm{Ratio}_{(\mathrm{D}n\text{-}\mathrm{D}m,i)}=\frac{(\mathrm{Dominant}P_{\mathrm{d}})_{(\mathrm{D}n,i)}}{(\mathrm{Dominant}P_{\mathrm{d}})_{(\mathrm{D}m,i)}} \tag{8.4.1}$$

式中：i 是建筑物区块的编号，$i=1,2,\cdots,9$。Dn-Dm 代表一组多时相数据对。对震后-震前数据对，Dn＝D1。

图 8.4.5(a)为震后-震前数据对中对选取的 9 块区域计算得到的评估因子 $\mathrm{Ratio}_{(\mathrm{D}n\text{-}\mathrm{D}m,i)}$。这些数据对的时间基线为 138～1472 天，空间基线为 1747～4680m。对所有这些数据对，均可十分清楚地得到该评估因子与建筑物区块损毁程度呈现明显的线性关系：随着损毁程度的增加，评估因子取值减小。区块 1 的损毁程度为 80%～100%，即有等量的"地面-墙体"二面角结构被破坏，这时得到的评估因子取值为 0～0.2。对损毁程度为 50%～80%的区块 2～3，评估因子取值为 0.2～0.5。同样，对损毁程度为 20%～50%的区块 4～6，评估因子取值为 0.5～0.8。此外，对基本没有建筑物被冲毁的区块 7～9，评估因子的取值保持在 1 附近。数据对 D1-D4 中，区块 5 的评估因子略高于 0.8，为 $\mathrm{Ratio}_{(\mathrm{D1}\text{-}\mathrm{D4},5)}=0.825$。即使如此，该值也低于区块 7～9 中的最低取值 $\mathrm{Ratio}_{(\mathrm{D1}\text{-}\mathrm{D3},9)}=0.886$。虽然得到的评估因子的取值在这些多时相数据对中有轻微起伏，但是并没有发现该评估因子具有明显的时间基线或空间基线的依赖性。

为了进一步验证该评估因子的有效性，对震前-震前数据对也计算了 9 个区块的评估因子，如图 8.4.5(b)所示。数据对的时间基线为 46～1334 天，空间基线为 267～2932m。对这些数据对，9 个区块的评估因子取值均保持在 1 附近。其中，最大和最小的取值分别为 $\mathrm{Ratio}_{(\mathrm{D2}\text{-}\mathrm{D3},3)}=1.152$ 和 $\mathrm{Ratio}_{(\mathrm{D2}\text{-}\mathrm{D3},9)}=0.866$。该结果证实了城区中"地面-墙体"这种二面角结构和二次散射机理的稳定性。因此，主二次散射分量的评估因子能够很好地反映城区中"地面-墙体"二面角结构的减少情况，进而可以有效地反映城区建筑物的损毁程度。最后，将每种损毁等级中的样本值进行平均，可以得到最终的评估因子与建筑物损毁等级的关系，二者具有十分显著的线性关系，也就进一步验证了该评估因子的优越性能。

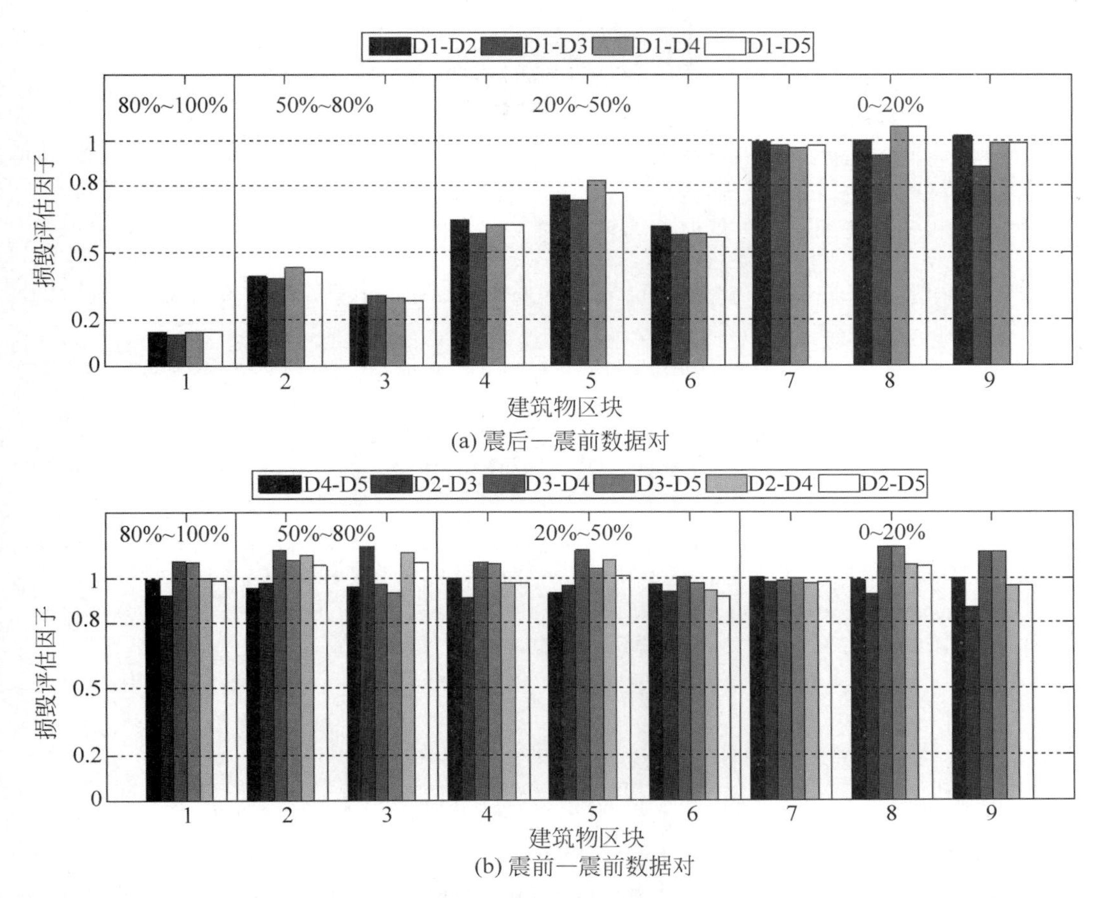

(a) 震后—震前数据对

(b) 震前—震前数据对

图 8.4.5　计算得到的建筑物损毁程度评估因子。建筑物区块 1、2～3、4～6、7～9 的损毁程度分别为 80%～100%、50%～80%、20%～50%和 0～20%。

参考文献

[1] Sinclair G. The transmission and reception of elliptically polarized waves[J]. Proceedings of the IRE, 1950,38(2): 148-151.

[2] Kennaugh E M. Polarization properties of radar reflections[D]. Ohio State University, Columbus, OH,1952.

[3] Brichel S H. Some invariant properties of the polarization scattering matrix[J]. Proceedings of the IEEE,1965,53(8): 1070-1072.

[4] Huynen J R. Phenomenological theory of radar targets[M]. Electromagnetic Scattering Academic Press,1978.

[5] Poelman A J. Virtual polarisation adaptation: A method for increasing the detection capability of a radar system through polarisation-vector processing[J]. Proceedings of the IEEE, 1981, 128(5): 261-270.

[6] Chamberlain N E, Walton E K, Garber F D. Radar target identification of aircraft using polarization diverse features[J]. IEEE Transactions on Aerospace and Electronic Systems,1991,27(1): 58-67.

[7] Lowenschuss O. Scattering matrix application[J]. Proceedings of the IEEE,1965,53(8): 988-992.

[8] Eaves J L,Reedy E K. 现代雷达原理[M]. 卓荣邦,杨士毅,等译. 北京: 电子工业出版社,1991.

[9] Morgan L A, Weisbrod S. A feasibility study of RCS matrix signature for target classification[R]. RADC Rep. RADC-TR 8050,1980.

[10] Manson A C,Boerner W M. Interpretation of high resolution polarimetric radar target down-range signatures using Kennaugh's and Huynen's target characteristic operator theories[J]. Inverse Methords in Electromagnetic Imaging,1985,143: 261-270.

[11] Giuli D. Polarization diversity in radars[J]. Proceedings of the IEEE,1986,74(2): 695-720.

[12] Giuli D,Facheris L, Fossi M, et al. Simultaneous scattering matrix measurement through signal coding[C]. IEEE Radar Conference,Florence University,Italy,1990,258-262.

[13] Giuli D,Fossi M. Radar target scattering matrix measurement through orthogonal signals[J]. Proceedings of the IEEE,1993,140(4): 233-242.

[14] Zakharov A I. Comparison of multipolarization SAR systems depending on the way of the full scattering matrix measurements[C]. IEEE International Geoscience and Remote Sensing Symposium,2003,Toulouse,France,7: 4419-4423.

[15] Santalla V, Antar Y M M. A comparison between different polarimetric measurement schemes[J]. IEEE Transactions on Geoscience and Remote Sensing,2002,40(5): 1007-1017.

[16] 徐振海,陈明辉,金林,等. 雷达动目标极化散射矩阵瞬时测量技术[J]. 现代雷达,2008,30(8): 53-57.

[17] Freeman A. Polarimetric SAR calibration experiment using active radar calibrators[J]. IEEE Transactions on Geoscience and Remote Sensing,1990,28(2): 224-240.

[18] Richards M A, Trott K D. A Physical approximation to the range profile signature of a dihedral corner reflector[J]. IEEE Transactions on Electromagnetic Compatibility,1995,37(3): 478-481.

[19] Souyris J C, Borderies P, Combes P F, et al. Evaluation of several shaped dihedrals useful for polarimetric calibration[J]. IEEE Transactions on Geoscience and Remote Sensing, 1995, 33(4): 1026-1036.

[20] Sheen D R, Johansen E L, Elenbogen L P, et al. The gridded trihedral: a new polarimetric SAR calibration reflector[J]. IEEE Transactions on Geoscience and Remote Sensing, 1992, 30(6):

1149-1152.

[21] Chen T J,Chu T H,Chen F C. A new calibration algorithm of wide-band polarimetric measurement system[J]. IEEE Transactions on Antenna and Propagation,1991,39(8): 1188-1192.

[22] Chen T J. Calibration of wide-band polarimetric measurement system using three perfectly polarization-isolated calibrators[J]. IEEE Transactions on Antenna and Propagation,1992,40(2): 1573-1577.

[23] Sarabandi K, Ulaby F T, Tassoudji M A. Calibration of polarimetric radar systems with good polarization isolation[J]. IEEE Transactions on Geoscience and Remote Sensing,1990,28(1): 70-75.

[24] Sarabandi K,Ulaby F T. A convenient technique for polarimetric calibration of single antenna radar systems[J]. IEEE Transactions on Geoscience and Remote Sensing,1990,28(6): 1022-1033.

[25] Gau J J,Burnside W D. New polarimetric calibration technique using a single calibration dihedral[J]. IEE Proceedings-Microwave,Antennas and Progagation,1995,142(1): 19-25.

[26] Freeman A. A New system model for radar polarimeters[J]. IEEE Transactions on Geoscience and Remote Sensing,1991,29(5): 761-768.

[27] 庄钊文,肖顺平,王雪松. 雷达极化信息处理及应用[M]. 北京：国防工业出版社,1999.

[28] 肖顺平. 宽带极化雷达目标识别的理论与应用[D]. 长沙：国防科技大学,1995.

[29] 黄培康,等. 雷达目标特征信号[M]. 北京：宇航出版社,1993.

[30] 黄培康,殷红成,许小剑. 雷达目标特性[M]. 北京：电子工业出版社,2005.

[31] 黄培康. 雷达目标特征信号的测量与分析(专辑)[M]. 北京环境特性研究所,1988.

[32] Mott H. 天线和雷达中的极化[M]. 林昌禄,等译. 北京：电子科技大学出版社,1989.

[33] Stapor D P. Optimal receive antenna polarization in the presence of interference and noise[J]. IEEE Transactions on Antenna and Propagation,1995,43(5): 473-477.

[34] 徐振海,王雪松,肖顺平,等. 信号最优极化滤波及性能分析[J]. 电子与信息学报,2006,28(3): 498-501.

[35] Xu Z H,Xiong Z Y,Chang Y L. Optimal receiving polarization obtained through solving unitary quadratic equation[J]. IEEE Antennas and Wireless Propagation Letters,2015,14: 198-200.

[36] 徐振海,王雪松,肖顺平,等. 极化自适应递推滤波算法[J]. 电子学报,2002,30(4): 608-610.

[37] Poelman J. Virtual polarization adaptation[J]. Proceedings of the IEEE,1981,128(5): 261-270.

[38] 李卓林. 雷达极化滤波在抗干扰中的应用研究[D]. 北京：中国航天集团第2研究院,1997.

[39] Chen S W,Wang X S,Xiao S P,et al. Target scattering mechanism in polarimetric synthetic aperture radar-interpretation and application[M]. Singapore: Springer,2018.

[40] Lee J S,Pottier E. Polarimetric radar imaging: from basics to applications[M]. Boca Raton, US: CRC Press,2009.

[41] Zyl J J V,Kim Y. Synthetic aperture radar polarimetry[M]. Hoboken,NJ: Wiley,2011.

[42] Cloude S R. Polarization application in remote sensing[M]. New York, US: Oxford University Press,2010.

[43] Krogager E. New decomposition of the radar target scattering matrix[J]. Electronics Letters,1990, 26: 1525-1527.

[44] Cameron W L,Youssef N N,Leung L K. Simulated polarimetric signatures of primitive geometrical shapes[J]. IEEE Transactions on Geoscience and Remote Sensing,1996,34(3): 793-803.

[45] Sato M,Chen S W,Satake M. Polarimetric SAR analysis of tsunami damage following the March 11th East Japan earthquake[J]. Proceedings of the IEEE,2012,100(10): 2861-2875.

[46] Chen S W,Sato M. Tsunami damage investigation of built-up areas using multi-temporal spaceborne full polarimetric SAR images[J]. IEEE Transactions on Geoscience and Remote Sensing,2013, 51(4): 1985-1997.

[47] Chen S W, Wang X S, Xiao S P, et al. General polarimetric model-based decomposition for coherency matrix[J]. IEEE Transactions on Geoscience and Remote Sensing, 2014, 52(3): 1843-1855.

[48] Chen S W, Li Y Z, Wang X S, et al. Modeling and Interpretation of Scattering Mechanisms in Polarimetric SAR: Advances and Perspectives[J]. IEEE Signal Processing Magazine, 2014, 31(4): 79-89.

[49] Chen S W, Wang X S, Sato M. Urban damage level mapping based on scattering mechanism investigation using fully polarimetric SAR data for the 3. 11 east Japan earthquake[J]. IEEE Transactions on Geoscience and Remote Sensing, 2016, 54(12): 6919-6929.

[50] Chen S W, Wang X S, Xiao S P. Urban damage level mapping based on co-polarization coherence pattern using multi-temporal polarimetric SAR data[J]. IEEE Journal of Selected Topics in Applied Earth Observations and Remote Sensing, 2018, 11(8): 2657-2667.

[51] Xiao S P, Chen S W, Chang Y L, et al. Polarimetric coherence optimization and its application for manmade target extraction in PolSAR data[J]. IEICE Transactions on Electronics, 2014, E97-C(6): 566-574.

[52] Chen S W, Wang X S, Sato M. Uniform polarimetric matrix rotation theory and its applications[J]. IEEE Transactions on Geoscience and Remote Sensing, 2014, 52(8): 4756-4770.

[53] Chen S W. Polarimetric coherence pattern: A visualization and characterization tool for PolSAR data investigation[J]. IEEE Transactions on Geoscience and Remote Sensing, 2018, 56(1): 286-297.